A MÁQUINA DA CRIAÇÃO

TAMBÉM DE AMY WEBB

The Signals Are Talking:
Why Today's Fringe Is Tomorrow's Mainstream

Os Nove Titãs da IA: Como as Gigantes da Tecnologia e
Suas Máquinas Pensantes Podem Subverter a Humanidade

A MÁQUINA DA CRIAÇÃO

NOSSA JORNADA PARA REESCREVER A VIDA NA ERA DA BIOLOGIA SINTÉTICA

Amy Webb
Andrew Hessel

ALTA BOOKS
GRUPO EDITORIAL
Rio de Janeiro, 2023

A Máquina da Criação

ISBN: 978-85-508-1746-0

Impresso no Brasil – 1ª Edição, 2023 – Edição revisada conforme o Acordo Ortográfico da Língua Portuguesa de 2009.

Dados Internacionais de Catalogação na Publicação (CIP) de acordo com ISBD

W217m Webb, Amy

A máquina da criação: nossa jornada para reescrever a vida na era da biologia sintética / Amy Webb, Andrew Hessel ; traduzido por Cibelle Ravaglia. - Rio de Janeiro : Alta Cult, 2023.
368 p. ; 16cm x 23cm.

Tradução de: The Genesis Machine
Inclui bibliografia e índice.
ISBN: 978-85-508-1746-0

1. Biologia. 2. Genética. 3. Biologia sintética. I. Hessel, Andrew. II. Ravaglia, Cibelle. III. Título.

2023-212 CDD 572.8
CDU 575

Elaborado por Odilio Hilario Moreira Junior - CRB-8/9949

Índice para catálogo sistemático:
1. Biologia molecular 572.8
2. Genética 575

Produção Editorial
Grupo Editorial Alta Books

Diretor Editorial
Anderson Vieira
anderson.vieira@altabooks.com.br

Editor
José Ruggeri
j.ruggeri@altabooks.com.br

Gerência Comercial
Claudio Lima
claudio@altabooks.com.br

Gerência Marketing
Andréa Guatiello
andrea@altabooks.com.br

Coordenação Comercial
Thiago Biaggi

Coordenação de Eventos
Viviane Paiva
comercial@altabooks.com.br

Coordenação ADM/Finc.
Solange Souza

Coordenação Logística
Waldir Rodrigues
logistica@altabooks.com.br

Direitos Autorais
Raquel Porto
rights@altabooks.com.br

Assistente Editorial
Mariana Portugal

Produtores Editoriais
Illysabelle Trajano
Maria de Lourdes Borges
Paulo Gomes
Thales Silva
Thiê Alves

Equipe Comercial
Adenir Gomes
Ana Carolina Marinho
Ana Claudia Lima
Daiana Costa
Everson Sete
Kaique Luiz
Luana Santos
Maira Conceição
Natasha Sales

Equipe Editorial
Ana Clara Tambasco
Andreza Moraes
Arthur Candreva
Beatriz de Assis
Beatriz Frohe
Betânia Santos
Brenda Rodrigues
Caroline David
Erick Brandão
Elton Manhães
Fernanda Teixeira
Gabriela Paiva
Henrique Waldez
Karolayne Alves
Kelry Oliveira
Lorrahn Candido
Luana Maura
Marcelli Ferreira
Matheus Mello
Milena Soares
Patricia Silvestre
Viviane Corrêa
Yasmin Sayonara

Marketing Editorial
Amanda Mucci
Guilherme Nunes
Livia Carvalho
Pedro Guimarães
Thiago Brito

Atuaram na edição desta obra:

Tradução
Cibelle Ravaglia

Copidesque
Wendy Campos

Revisão Gramatical
Hellen Suzuki
Kamila Wozniak

Diagramação
Joyce Matos

Capa
Alice Sampaio

Editora **afiliada à:**

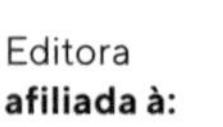

Rua Viúva Cláudio, 291 – Bairro Industrial do Jacaré
CEP: 20.970-031 – Rio de Janeiro (RJ)
Tels.: (21) 3278-8069 / 3278-8419
www.altabooks.com.br – altabooks@altabooks.com.br
Ouvidoria: ouvidoria@altabooks.com.br

Para Kaiya, sabedoria e luz. E para Steve, que me proporcionou um novo começo.

— AW

Para Hani, Ro e Dax, pelas lições de vida.

— AH

AGRADECIMENTOS

Muito semelhante à própria biologia sintética, este livro se transformou e evoluiu à medida que investigávamos as inúmeras perspectivas e futuros da biotecnologia na última década. Temos que agradecer a muitas pessoas.

Amy — *A Máquina da Criação* é o resultado de centenas de reuniões, conversas telefônicas, entrevistas, trocas de e-mails e discussões abrangentes regadas a refeições maravilhosas. Meus agradecimentos a Arfiya Eri, Jake Sotiriadis, Jodi Halpern, John Cumbers, Kara Snesko, Frances Colon, Noriyuki Shikata, John Noonan, Masao Takahashi, Kathryn Kelly, Craig Beauchamp, Jim Baker, Bill McBain, Sewell Chan, Ros Deegan, Alfonso Wenker, Julia Mossbridge, Camille Fournier, Paola Antonelli, Kris Schenck, Hardy Kagimoto, Maggie Lewis, Jeff Le, Megan Palmer, Andrea Wong e Matt Chessen, que generosamente criaram oportunidades para eu aprender sobre as questões que apresentamos nesta obra: inteligência artificial, biotecnologia, guerra, geopolítica, economia global, cadeias de suprimentos globais e tomada de decisão nos mais altos escalões do governo dos EUA, bem como os desafios éticos, os impactos geopolíticos e as oportunidades econômicas da biologia sintética. Muitas dessas pessoas me explicaram pacientemente os complicados aspectos da biologia, leram as primeiras páginas do manuscrito e me apresentaram a outras pessoas da área.

Meus sinceros agradecimentos a meu companheiro e marido, Dr. Brian Woolf, que ouve minhas hipóteses, lê os primeiros rascunhos e questiona minhas ideias. Testei sua paciência regularmente enquanto escrevia este livro, perguntando-lhe sobre as pesquisas acadêmicas, conforme ele me explicava os pormenores da edição genética e debatíamos sem parar sobre a possibilidade do teletransporte biológico (ou se eu estava somente falando de um aparelho de fax de última geração). Meu pai, Don Webb, morou conosco durante o primeiro ano da pandemia de Covid-19 e leu muitos dos meus primeiros rascunhos, e minha filha, Petra, ajudou a pensar nos cenários dos capítulos.

Minha incrível comunidade Spark Camp ouviu as primeiras ideias e conceitos. Sobretudo, Esther Dyson, que foi uma fonte de inspiração contínua. Ela sempre me faz questionar minhas crenças inabaláveis, incentiva a autorreflexão e me estimula a pensar mais além. Em Harvard, James Geary e Ann Marie Lipinski têm sido extremamente generosos há muitos anos, possibilitando que eu organizasse reuniões para falar sobre o futuro e desenvolvesse ainda mais minha metodologia de previsão.

A comunidade do US-Japan Leadership Program [Programa de Liderança EUA-Japão, em tradução livre], da qual sou membro, é um grupo de pessoas geniais e de apoio, dedicado a construir um futuro melhor. Kelly Nixon, James Ulak, George Packard, Tomoyuki Watanabe e Aya Tsujita: vejo o mundo de forma diferente por causa de suas iniciativas e dedicação. *A Máquina da Criação* e *Os Nove Titãs da IA* mudaram de rumo por conta das semanas que passei junto com os representantes e membros do programa e devido às sucessivas conversas que tive com os membros da USJLP.

A comunidade SynBioBeta foi incrivelmente acolhedora, e sinto-me honrada de ter tido a oportunidade de conhecer o trabalho dessas pessoas inovadoras. No outono de 2020, em meio à pandemia de Covid-19, a SynBioBeta fez a transição de seu congresso anual para um formato virtual, e isso ocorreu exatamente quando estávamos começando a escrever esta obra. As conversas online e offline que tive com os palestrantes e com os participantes foram inestimáveis. Além disso, as conversas informais com meus colegas membros do Council on Foreign Relations desempenharam um papel fundamental em minhas pesquisas.

Tive a sorte de aprofundar meus estudos sobre previsão estratégica na Stern School of Business da Universidade de Nova York, onde pesquiso os segmentos de negócios e como eles planejam o futuro. Sou grata ao professor Sam Craig por me levar para o programa de MBA e por me aconselhar nos últimos anos. Não tenho palavras suficientes para descrever os alunos inteligentíssimos e criativos de MBA que assistiram às minhas aulas. Durante as aulas do outono de 2020 e da primavera de 2021, tive a oportunidade de testar alguns cenários de biologia sintética durante exercícios de "repercepção" com meus alunos, que ofereceram insights prodigiosos.

Sou sortuda de conhecer o superconector Danny Stern, que insiste que eu pense de forma mais exponencial. Mel Blake foi meu mentor, moldou minhas ideias, me empurrou para além da minha zona de conforto e me incitou a servir a um propósito maior do que aquele que inicialmente imaginei para mim. Ele também me apresentou a Andrew, a quem serei eternamente grata. Agradeço a Mark Fortier e Lisa Barnes, da Fortier Public Relations, e a Jamie Leifer e Miguel Cervantes, da PublicAffairs, cuja paciência parece ilimitada e cujo trabalho garantiu que meus livros fossem lidos por representantes midiáticos e também por newsmakers, e que eu estivesse sempre preparada para ter uma conversa significativa. Meus sinceros agradecimentos a Clive Priddle, por publicar meus dois livros anteriores e por me possibilitar explorar assuntos desafiadores. Como sempre, sou grata ao professor Sam Freedman, que me iniciou em minha jornada como escritora de livros enquanto eu era estudante de graduação na Universidade Columbia.

Sem minha equipe do Future Today Institute, eu nunca teria concluído este livro. Cheryl Cooney organizou os projetos e fluxos de trabalho de nossos clientes a fim de que eu tivesse o tempo de que precisava para pesquisar e escrever. Minha colega maravilhosa, Emily Caufield, gerenciou o design e a produção de nosso relatório anual de tendências enquanto eu concluía os capítulos finais. Maureen Adams manteve todos nos trilhos e me deixou a par das coisas durante um ano frenético de trabalho virtual.

Por último, estou em dívida com Jon Fine, Carol Franco, Kent Lineback e John Mahaney. Jon revisou meus textos durante muitos anos — ele conhece minha voz melhor do que ninguém (e desaprova este travessão que acabei de usar). Jon ajudou a dar vida às histórias deste livro, assegurou que fornecêssemos cores e detalhes e nos lembrou de explicar a ciência. Jon é uma estrela do punk rock (literalmente), um editor talentoso e, o mais importante, um amigo querido. Sempre que começo um projeto novo, minha agente literária Carol e seu marido Kent me recebem em sua linda casa em Santa Fé para compartilhar ideias, apurar os assuntos e sistematizar a "promessa" do livro. Passamos dias e noites refinando todas as minhas pesquisas, conceitos, personagens e ideias em argumentos sólidos e, entre os turnos de trabalho, caminhávamos pela cidade e tínhamos discussões animadas em ótimos restaurantes. Graças a Carol, conheci meu editor John Mahaney, que agora cuida de três de meus livros. Este exigiu um voto de confiança, e bota confiança nisso, ainda mais quando os prazos iniciais se esgotaram. John, adoro conhecê-lo há muitos anos e ainda mal consigo acreditar como sou afortunada por ter trabalhado com você.

Andrew — Tantas pessoas fizeram parte das experiências resumidas neste livro que é impossível enumerar todas elas. As seguintes pessoas desempenharam papéis fundamentais em minha empreitada e eu gostaria de agradecê-las: Betty McCaffrey, quem me fez ser o que sou, basicamente; Frank Herbert, Arthur C. Clarke, James Cameron, Ridley Scott, Michael Crichton e tantas outras pessoas com histórias incríveis; Dr. Ken Sanderson, por me apresentar às maravilhas das bactérias e ao mapeamento do genoma; Dr. Tak Mak e Amgen, por me apresentarem ao mundo da ciência e da indústria farmacêutica. Agradeço aos Drs. Craig Venter e Ham Smith, a dupla dinâmica que lê e escreve genomas, por estarem tão à frente de nosso tempo; Stephanie Selig, por mostrar a um cientista geek um lado completamente diferente da vida, do amor e da espiritualidade; Dr. Tom Ray, por me ensinar que a mente é tão programável quanto uma célula; Drew Endy, Rob Carlson, Tom Knight, Randy Rettberg, Meagan Lizarazo e muitas outras pessoas por criarem o programa e a fantástica comunidade iGEM.

Quero agradecer também a Aubrey de Grey e Kevin Perrott por me apresentarem às pesquisas de longevidade e envelhecimento; Marc Hodosh pelo TEDMED; Drs. Chris Dambrowitz, Hans-Joachim Wieden, Christian Jacob, Michael Ellison e muitas outras pessoas em Alberta por liderarem a comunidade de biologia sintética no Canadá; John Carlson e Jason

Tymko por explorar a biotecnologia cooperativa comigo; Peter Diamandis pela Singularity University e pela X-Prize; todo mundo da Autodesk, sobretudo Jonathan Knowles, Carl Bass, Jeff Kowalski, Carlos Olguin e Larry, Peck, por adotar o CAD [Desenho Assistido por Computador] na biologia; Alicia Jackson por sua mente inventiva e repleta de ideias; George Church, Jef Boeke e Nancy Kelley por serem cofundadores do Genome Project-Write, e Amy Schwartz por encabeçar seu crescimento; Jane Metcalfe pela Revista *Wired* e pela NEO.LIFE e também pelas longas conversas.

Obrigado também a Rajeev Ronanki, Chad Moles, Peter Weijmarshausen e a 2048 Ventures, que deram vida a Humane Genomics; Michael Hopmeier por sua amizade, pelas perspectivas e pelo silo de mísseis; à NASA por ousar grandes feitos; a Elon Musk por fazer o quase impossível repetidas vezes; a Mickey McManus por ser um ser humano incrível e versátil; e, claro, a Hani, Ro, a Dax, e ao resto da extensa família Hong pelo amor incondicional e pelos motivos para construir um futuro melhor. Eu clonaria cada um de vocês, com permissão. No entanto, *A Máquina da Criação* não existiria sem a ampla pesquisa, escrita e domínio dos meios de publicação de Amy. Meus eternos agradecimentos a ela, e a Mel Blake e Danny Stern por nos conectar. Todos os autores de primeira viagem deveriam ter tanta sorte quanto eu.

ELENA SEIBERT

Amy Webb é autora de diversos livros populares, dentre eles *Os Nove Titãs da IA: Como as Gigantes da Tecnologia e Suas Máquinas Pensantes Podem Subverter a Humanidade,* que foi indicado ao Prêmio Financial Times and McKinsey Business Book of the Year, finalista do Prêmio Thinkers50 Digital Thinking e vencedor da Medalha Gold Axiom de 2020 como o melhor livro de negócios e tecnologia. Seu livro anterior, *The Signals Are Talking: Why Today's Fringe Is Tomorrow's Mainstream* ["Os Sinais Estão Falando: Por que o Incomum de Hoje É a Tendência Dominante do Amanhã", em tradução livre], ganhou o Prêmio Thinkers50 Radar e a Medalha Gold Axiom de 2017 como o melhor livro de negócios e tecnologia. A obra também foi selecionada como um dos melhores livros de negócios da Fast Company de 2016 e um dos melhores livros da Amazon em dezembro de 2016. Webb aconselha CEOs de algumas das empresas mais admiradas do mundo, bem como almirantes e generais três estrelas e a liderança sênior de bancos centrais e organizações intergovernamentais. Fundadora do Future Today Institute, empresa líder de visão estratégica que ajuda líderes e organizações a se prepararem para as complexidades do futuro, Amy foi pioneira na metodologia de previsão baseada em dados e na tecnologia que atualmente é usada em centenas de organizações.

Ela é professora de visão estratégica na Stern School of Business da Universidade de Nova York, onde desenvolveu e ministra o curso de MBA sobre visão estratégica; fellow convidada na Säid Business School da Universidade de Oxford; fellow sênior não residente no Centro GeoTech do Atlantic Council; fellow no Programa US-Japan Leadership; e foresight fellow no Center for Strategic Foresight do US Government Accountability Office. Amy foi eleita membro vitalício do Council on Foreign Relations e é membro do Comitê de

Bretton Woods e do Fórum Econômico Mundial, onde atua no Global Future Council on Media, Entertainment and Culture e na Stewardship Board of the Forum's Platform for Shaping the Future of Media, Entertainment and Culture. Ela também foi Fellow Nieman visitante na Universidade Harvard, onde sua pesquisa recebeu um prêmio nacional Sigma Delta Chi, e representante na US-Russia Bilateral Presidential Commission, onde trabalhou no futuro da tecnologia, mídia e diplomacia internacional.

Fã de ficção científica de longa data, Amy colabora ativamente com escritores e produtores de Hollywood em filmes, programas de TV e comerciais sobre ciência, tecnologia e futuro. Foi nomeada pela *Forbes* como uma das "Women Changing the World" [Mulheres que Mudam o Mundo, em tradução livre], indicada pela BBC para a lista 100 Women of 2020 de "mulheres inspiradoras e influentes de todo o mundo" e indicada para a lista Thinkers50 Radar "dos 30 pensadores de gestão com maior probabilidade de moldar o futuro de como as organizações são gerenciadas e lideradas". Amy mora em Nova York.

Andrew Hessel é geneticista, empresário e comunicador da ciência que investiga as linhas de frente da biologia digital com foco na síntese completa do genoma. Ex-pesquisador da Amgen e da Autodesk, ele é cofundador da Humane Genomics, Inc., uma empresa de biotecnologia sediada em Nova York especializada em vírus artificiais que têm como alvo células cancerosas. Ele também é cofundador e presidente do Genome Project-Write (GPW), iniciativa científica internacional que promove o design, a construção e o teste de grandes genomas, incluindo o genoma humano. Atualmente, trabalha em projetos de biotecnologia e tecnologias de blockchain, biofoundries online e ecossistemas sustentáveis fechados. Andrew mora em São Francisco, Califórnia.

SUMÁRIO

| INTRODUÇÃO |

A VIDA DEVERIA SER FRUTO DO ACASO?

Amy — A primeira vez que senti uma dor aguda na barriga foi durante uma importante reunião com um cliente. Ao redor da mesa, estavam os executivos seniores de uma empresa multinacional de tecnologia da informação. Estávamos elaborando a estratégia de longo prazo da empresa quando senti a pontada de dor novamente. Mais do que depressa, pedi para que um dos meus colegas assumisse a reunião e corri para o banheiro. A essa altura, uma camada de sangue viscoso e escuro tinha encharcado minha meia-calça preta e grudado na parte interna das minhas coxas. Eu não conseguia respirar. Literalmente, eu não conseguia inalar o ar. Desabei e sentei no banheiro, e finalmente me permiti chorar, em silêncio, de modo que ninguém pudesse ouvir.

Eu estava grávida de oito semanas. Na semana seguinte, eu faria meu primeiro ultrassom. Já tinha começado a pensar em nomes: Zev, se fosse menino; Sacha, se fosse menina. Conforme limpava o sangue em minhas pernas e no chão, eu procurava respostas, mas sempre chegava à mesma sensação de raiva e culpa. Foi minha culpa. Devo ter feito algo errado.

Na terceira vez que senti a dor aguda, já sabia o que esperar: perda de sangue e um trajeto humilhante à farmácia para comprar absorventes extragrandes, seguidos de depressão profunda, insônia e uma enxurrada de perguntas sem respostas. Eu e meu marido consultamos os melhores especialistas de fertilidade em Manhattan e Baltimore e nos submetemos a todos os exames possíveis: exames de sangue para avaliar meus hormônios, exames para garantir que eu tinha óvulos suficientes de reserva e exames a fim de determinar se eu tinha algum tipo de tumor benigno ou cistos que poderiam causar problemas. Eram apenas palpites vagos de última geração, não respostas.

Continuamos tentando e, em uma gravidez subsequente, ultrapassei a marca de quatro meses, um grande avanço, e finalmente nos permitimos ficar entusiasmados. Chegamos ao centro de ginecologia e obstetrícia para um checkup de rotina. Eu estava com dezoito semanas agora e minha barriga estava começando a aparecer. Deitei na mesa de exame e uma técnica espirrou uma gosma gelatinosa fria na minha barriga, espalhando-a com um bastão de ultrassom. Ela digitou alguma coisa no teclado do equipamento, ampliando um vídeo granulado, quase todo preto. Depois, se desculpou, resmungou algo sobre o equipamento antigo e saiu da sala de exames, retornando com outra máquina e meu médico. Mais uma vez, ela espirrou uma gosma gelatinosa em mim e novamente a espalhou, digitando no teclado para aumentar o zoom enquanto encarava meu médico e, depois, relutante, me olhava de volta.

Não recordo exatamente o que eles disseram, porém me lembro do meu médico pegando a minha mão e de ouvir meu marido chorando. Eu seria internada para uma cirurgia a fim de remover o tecido fetal. No final, disseram-me que, em termos médicos, não havia nada de errado comigo e com meu marido. Estávamos com pouco mais de trinta anos. Éramos saudáveis. Podíamos engravidar. Aparentemente, a questão era minha capacidade de levar a gestação adiante.

Uma em cada seis mulheres sofrerá abortos espontâneos durante a vida, e não há um motivo específico para isso. Na maioria das vezes, a causa é uma anormalidade cromossômica — algo dá errado enquanto o embrião se divide — que não tem nada a ver com a saúde ou idade dos pais. Não foi minha culpa, segundo me disseram. Meu corpo simplesmente não estava cooperando.[1]

Andrew — Desde os dez anos de idade, decidi não ter filhos. Minha família vivia em uma propriedade rural nos arredores de Montreal. Meus pais viviam em pé de guerra e, como resultado, brigavam comigo e com meus dois irmãos. Nós três nascemos um atrás do outro: meu irmão era um ano mais novo que eu; minha irmã, um ano mais velha. Quando meus pais nos informaram que estavam se separando, não fiquei triste, porém lembro-me de ter pensado que minha mãe seria mais feliz se virasse freira. Mas foi ao contrário, ela se tornou mãe solo e uma enfermeira que trabalhava no turno da noite.

Ela dormia durante o dia enquanto estávamos na escola. O fato de sermos crianças independentes e habilidosas ajudava. Não raro, eu fugia para a biblioteca — minha segunda casa, onde eu morava nas estantes. Eu levava para a casa pilhas e mais pilhas de livros e, depois que minha mãe saía para o trabalho às 22h, eu tomava conta dos meus irmãos, muitas vezes lendo para eles até o amanhecer, quando minha mãe retornava. Para mim, histórias sobre famílias essencialmente tradicionais eram estranhas. Eu não conseguia me identificar. Para mim, o que fazia sentido era a lógica confiável da engenharia, as maravilhas da biologia e as perspectivas da ficção científica. Às vezes, quando meu irmão e minha irmã caíam no sono, eu ficava acordado lendo e pensando sobre a vida: de onde vinham as criaturas enormes e microscópicas, como evoluíam e a expectativa do que poderiam se tornar.

Aos 18 anos, eu queria estudar os fundamentos da vida — genética, biologia celular, microbiologia —, mas não tinha intenção de ter filhos. Naquela época, eu programava software e bancos de dados, ficava pensando em código genético e de computador, e tinha uma vida inteira de pesquisas pela frente. O sexo era atraente, mas ter filhos não. As únicas formas de controle de natalidade masculino eram mecânicas, não médicas, e pouco confiáveis. A solução garantida era a vasectomia, assim procurei meu médico e pedi para fazer uma. No início, ele foi contra — aos 18 anos, eu mal era um adulto e certamente não estava em posição de fazer uma escolha tão radical. As vasectomias eram reversíveis, argumentei, e eu poderia armazenar meu esperma, caso tivesse dúvidas, mas não fiz isso. Minha convicção resultou na autorização médica e em encaminhamentos para urologistas, mas, no final das contas, demoraria seis anos para que conseguisse. A maioria dos especialistas achava que eu estava sendo precipitado e imaturo. Argumentei que estava apenas tentando ser responsável. Ainda assim, depois de fazer a vasectomia, não havia garantia de que teria filhos no futuro.

Trinta anos depois, em uma conferência, senti uma forte ligação com uma bela mulher. Ela ficou entusiasmada quando falei sobre células e tolerou minhas severas críticas a respeito do DNA como software. Certa manhã, deitado ao lado dela em seu apartamento em Manhattan, fui dominado por um sentimento novo e assustador: eu queria filhos. Eu queria formar uma família com ela. Mas agora eu estava com quase 40 anos e sabia exatamente o que esperar do ponto de vista médico e biológico. Quando decidimos engravidar, apesar de estarmos esperançosos, éramos realistas.

No dia da reversão da minha vasectomia, fixei meus olhos no teto enquanto os enfermeiros me levavam para uma sala de cirurgia. As luzes eram como borrões dançando em um padrão rítmico e, a cada clarão de luz, eu me recordava do aviso do médico há muito tempo, pensando em como nossos caminhos podem mudar repentinamente. Os ductos que conectavam meus testículos à minha uretra, o que teria possibilitado que os espermatozoides saíssem do meu corpo, não foram pinçados ou suturados — o que facilitaria a reversão. Foi o contrário, o cirurgião os cortou inteiramente e os cauterizou para assegurar que os espermatozoides não vazassem internamente. Seriam necessárias uma microcirurgia delicada e anestesia geral para reconectá-los.

Durante dezoito meses, tentamos, sem sucesso, engravidar. Eu sabia o que estava errado — e que não poderia fazer quase nada para mudar as coisas. A cirurgia foi bem-sucedida, mas o sistema havia ficado fechado por muito tempo. Em termos médicos, não havia nada de errado comigo. Meu corpo simplesmente não estava cooperando.

No momento, os cientistas estão reescrevendo as leis genéticas de nossa realidade. A angústia que ambos sentimos enquanto nos esforçávamos para ser pais pode ser uma anomalia nas próximas décadas. Uma área emergente da ciência promete desvendar como a vida é criada e como pode ser recriada, para os mais diversos propósitos: para nos ajudar a curar sem medicamentos prescritos, cultivar carne sem abater animais e construir nossas famílias quando a natureza falha. Essa área, que se chama biologia sintética, tem um único objetivo: obter acesso às células para escrever um novo — e possivelmente melhor — código biológico.

No século XX, os biólogos se concentraram em separar as coisas (tecidos, células, proteínas) para aprender como funcionavam. Neste século, uma nova geração de cientistas está tentando construir novos materiais a partir dos blocos de construção de vida, e muitos outros já estão tendo êxito no campo incipiente da biologia sintética. Os engenheiros estão arquitetando novos sistemas de computador para a biologia e as startups estão vendendo impressoras capazes de transformar códigos de computador em organismos vivos. Os arquitetos de rede estão usando o DNA como discos rígidos. Os pesquisadores estão desenvolvendo sistemas body-on-a-chip: imagine um dominó translúcido integrado aos órgãos humanos em nanoescala que vive e cresce fora do corpo humano. Juntos, biólogos, engenheiros, cientistas da computação e muitos outros engendraram uma máquina da criação: um aparato complexo de pessoas, laboratórios de pesquisa, sistemas computacionais, agências governamentais e empresas que estão criando interpretações, bem como formas de vida.

A máquina da criação impulsionará a grande transformação da humanidade — que já está em andamento. Em breve, a vida não será mais fruto do acaso, e sim o resultado de design, seleção e escolha. A máquina da criação determinará como conceberemos e como definiremos a família, como identificaremos doenças e trataremos o envelhecimento, onde construiremos nossas casas e como nos alimentaremos. Ela desempenhará papel determinante no gerenciamento de nossa emergência climática e, por fim, em nossa sobrevivência em longo prazo como espécie.

Em uma máquina, os genes incorporam muitas biotecnologias diferentes, todas criadas para editar e redesenhar a vida. Uma série de tecnologias e técnicas biológicas novas, que geralmente são abarcadas pela área de biologia sintética, nos possibilitará não somente ler e editar o código de DNA, como também *escrevê-lo*. Ou seja, em breve, programaremos estruturas biológicas vivas como se fossem computadores minúsculos.

Desde 2010, já é possível editar o código de DNA usando uma dessas tecnologias: o CRISPR-Cas9.[2] Os cientistas afirmam que a técnica funciona como uma "tesoura molecular", porque utiliza processos biológicos para cortar e colar informações genéticas. O CRISPR aparece com frequência nas manchetes sobre intervenções médicas inovadoras, como a edição de genes de pessoas cegas para ajudá-las a enxergar novamente. Os cientistas têm usado a técnica de tesoura molecular física do CRISPR com a molécula de DNA em uma espécie de colagem biológica, com letras realocadas em lugares novos. O problema é que os pesquisadores não conseguem ver diretamente as mudanças que estão sendo feitas na molécula em que estão trabalhando. Cada deslocamento exige manipulações laboratoriais que devem ser validadas experimentalmente, o que faz com que tudo seja muito evasivo, oneroso e demorado.

A biologia sintética digitaliza o processo de manipulação. Faz-se o upload das sequências de DNA em ferramentas de software (imagine um editor de texto para código de DNA) que simplificam, e muito, as edições — é como utilizar um processador de texto. Após o DNA ser escrito ou editado para a satisfação do pesquisador, uma nova molécula de DNA é impressa do zero usando algo parecido com uma impressora 3D. A tecnologia de síntese de DNA (transformação do código genético digital em DNA molecular) vem melhorando de forma exponencial. As tecnologias de hoje imprimem rotineiramente cadeias de DNA com milhares de pares bases que podem ser montados com o objetivo de criar vias metabólicas para uma célula, ou mesmo criar o genoma completo de uma célula. Agora podemos programar sistemas biológicos como programamos computadores.

Essas inovações científicas promovem o crescimento rápido e contemporâneo da indústria de biologia sintética. Dentre os usos de maior relevância se destacam os combustíveis e as especialidades químicas, medicamentos, vacinas e até células projetadas que funcionam como máquinas robóticas em microescala. Os avanços em inteligência artificial impulsionaram substancialmente a área, pois quanto melhor se torna a IA, mais aplicações biológicas podem ser testadas e realizadas. Conforme as ferramentas de design de software se tornam mais poderosas e as tecnologias de impressão e montagem de DNA evoluem, os desenvolvedores serão capazes de trabalhar em criações biológicas cada vez mais complexas. Um exemplo importante: em breve conseguiremos escrever qualquer genoma de vírus do zero. Talvez isso pareça uma perspectiva aterrorizante, já que o coronavírus conhecido como SARS-CoV-2, que provoca a Covid-19, já resultou, até o momento em que escrevíamos este livro, na morte de mais de 4,2 milhões de pessoas ao redor do mundo.[3]

O que dificulta o combate de vírus como o SARS-CoV-2 — e o SARS, H1N1, Ebola e o HIV antes dele — é o fato de eles serem códigos microscópicos poderosos que prosperam e se reproduzem em um hospedeiro desprotegido. Podemos considerar os vírus como um dispositivo USB que você carregaria em seu computador: ele se anexa a uma célula, carregando um novo código. E por mais bizarro que isso possa parecer, ainda mais agora em que vivemos uma pandemia, os vírus também podem ser nossa esperança de um futuro melhor.

Imagine uma loja de apps de biologia sintética, em que é possível fazer o download e adicionar funcionalidades novas a qualquer célula, micróbio, planta ou animal. No Reino Unido, pesquisadores sintetizaram e programaram do zero o primeiro genoma do *Escherichia coli* em 2019.[4] Depois, será a vez dos genomas em escala de gigabase de organismos multicelulares — plantas, animais e nosso próprio genoma — serem sintetizados. Um dia, teremos os alicerces tecnológicos para curar qualquer doença genética humana e, no processo, desencadearemos uma explosão cambriana de plantas e animais modificados para usos difíceis de se conceber hoje, mas que responderão aos desafios globais que enfrentamos na alimentação, roupas, habitação e no cuidado de bilhões de seres humanos.

A vida está se tornando programável, e a biologia sintética faz a promessa ousada de melhorar a existência humana. Neste livro, nosso propósito é ajudá-lo a pensar sobre os desafios e oportunidades que se avizinham. Na próxima década, precisaremos tomar decisões importantes: se programaremos novos vírus para combater doenças, como será a privacidade genética, quem será o "dono" dos organismos vivos, como as empresas devem gerar receita com células modificadas e como confinar um organismo sintético em um laboratório. Quais seriam suas escolhas se você pudesse reprogramar seu corpo?

Você pensaria bem antes de editar seus futuros filhos ou não? Você aceitaria comer OGMs (organismos geneticamente modificados) se eles reduzissem a mudança climática? Nós nos tornamos peritos no uso de recursos naturais e processos químicos a fim de sustentar nossa espécie. Agora temos a chance de escrever um código novo que toma como base a mesma arquitetura de toda a vida em nosso planeta. A promessa da biologia sintética é um futuro construído pela plataforma industrial mais poderosa e sustentável que a humanidade já teve. Estamos à beira de uma nova evolução industrial preeminente.

As conversas que estamos tendo hoje sobre inteligência artificial — o medo e o otimismo descabidos, o entusiasmo irracional sobre o potencial de mercado, as declarações de ignorância intencional de nossos governantes eleitos — refletirão as conversas que teremos em breve sobre biologia sintética, área que está recebendo cada vez mais investimento devido ao novo coronavírus. Como resultado, os avanços nas vacinas de mRNA, testes de diagnóstico em casa e desenvolvimento de drogas antivirais estão acelerando. Agora é a hora de levar a conversa à consciência coletiva. Simplesmente não podemos nos dar ao luxo de esperar mais.

A promessa deste livro é simples e objetiva: se pudermos aprofundar nosso pensamento e nossa estratégia em biologia sintética hoje, estaremos mais perto de solucionar os desafios existenciais imediatos e de longo prazo impostos pelas mudanças climáticas, pela insegurança alimentar global e pela longevidade humana. Podemos nos preparar agora para combater o próximo surto viral com um vírus que criamos e enviaremos para a batalha. Se esperarmos para tomar providências, o futuro da biologia sintética pode ser determinado por conflitos de propriedade intelectual e segurança nacional, por infindáveis processos judiciais e guerras comerciais. Precisamos assegurar que os avanços genéticos ajudem a humanidade, e não a prejudiquem de forma irremediável.

O código para o nosso futuro está sendo escrito hoje. Basta reconhecê-lo e decifrar seu significado para darmos início à nova história da origem da humanidade.

Este é um livro sobre a vida: como se origina, como é codificada e as ferramentas que em breve nos possibilitarão controlar nossos destinos genéticos. Tem a ver também com o direito de tomar decisões sobre a vida, estabelecendo uma nova geração em termos científicos — bem como éticos, morais e religiosos. Com sistemas poderosos implementados, a quem facultaremos a autoridade para programar a vida, para criar formas de vida e até mesmo para trazer formas de vida anteriores de volta da extinção? Para responder a essas perguntas, a humanidade será obrigada a solucionar os conflitos econômicos, geopolíticos e sociais.

- Aqueles que podem manipular a vida podem exercer controle sobre nossa provisão de alimentos, remédios e matérias-primas necessárias à nossa sobrevivência.
- Nossa saúde e prosperidade futuras serão determinadas, pelo menos em parte, pelas empresas que investem e controlam os direitos legais do código genético e os processos por meio dos quais ele é alterado.
- A edição de genoma e a síntese de DNA são tecnologias primordiais da biologia sintética, e o mercado global dessas ferramentas está em franca expansão. No entanto, existem divergências iminentes sobre se essas ferramentas e dados genéticos brutos devem ser acessíveis a todos ou armazenados em bancos de dados proprietários e licenciados para aqueles que podem pagar pelo acesso.
- As startups apoiadas por capital de risco não podem retornar os investimentos somente da pesquisa básica. Por isso, elas muitas vezes são pressionadas a desenvolver produtos comercializáveis dentro de prazos razoáveis, ao passo que as empresas com financiamento privado têm liberdade para inovar. Já a pesquisa em biotecnologia com financiamento público costuma progredir lentamente, aderindo às práticas tradicionais.
- Na ausência de uma ordem governamental, como vencer a corrida espacial ou desenvolver uma vacina eficaz, as concessões do governo recompensam as competências e o conservadorismo; elas não incentivam a velocidade, a inovação ou abordagens progressistas.
- Aqueles que legislam, elaboram políticas, criam e garantem o cumprimento de regulamentos e promulgam leis têm um tremendo poder sobre

nosso futuro, e atualmente não existe um consenso quanto às circunstâncias aceitáveis sob as quais os humanos devem manipular a vida humana, animal ou vegetal.

- Tampouco existe consenso a respeito de como tomar decisões que poderiam nos beneficiar em escala planetária. Nos Estados Unidos, formas de vida inteiramente novas, que nunca existiram antes, já estão em desenvolvimento — algumas foram iniciadas a partir do código de computador para o tecido vivo.
- Na China, o presidente Xi Jinping declarou que o país "deve potencializar o forte desenvolvimento da ciência e da tecnologia e empenhar-se para se tornar o maior centro científico do mundo e uma terra inovadora", com foco principal em reescrever a vida.[5] O planejamento estratégico da China inclui um banco de dados abrangente para informações genômicas e um cronograma agressivo para a comercialização de sistemas vivos modificados. A liderança do país busca progredir na cadeia de valor de "oficina do mundo" para se tornar o líder global em setores modernos, como biotecnologia e inteligência artificial.[6]
- Os Estados Unidos e a China podem ser interdependentes e dependentes de suas economias para prosperar, mas a busca da China para se tornar a superpotência tecnológica, científica e econômica dominante há muito tempo ocasiona tensão entre os dois países. Um planejamento coordenado e executável é quesito básico, visto que nossas tensões geopolíticas atuais não refletem os conflitos do passado.
- A capacidade de editar e escrever a vida tem impactos sociais profundos, e devemos conciliar a confiança da sociedade e a velocidade do progresso biotecnológico. Teremos que reconciliar nossos desejos de privacidade com os avanços trazidos por enormes conjuntos de dados feitos a partir de nosso código genético.
- É necessário determinar como essa tecnologia será igualitária e acessível a todos, porém uma divisão é inevitável, pois nem todo mundo confiará na ciência ou terá acesso às ferramentas mais recentes. Por isso, precisaremos nos preparar para lidar com questões sociais complexas, como a segregação genética, por exemplo. Parte dessa segregação será entre

pessoas com códigos genéticos aprimorados — que podem ter habilidades especiais ou a quem privilégios especiais podem ser concedidos — e pessoas que nunca tiveram seus códigos manipulados.

Esta obra também é sobre você e sua vida, e as decisões que precisará tomar durante sua jornada. Estamos à beira de uma mudança radical e você deve desempenhar um papel ativo em seu próprio futuro, tomando decisões fundamentadas e conscientes hoje. Você precisará fazer escolhas que têm consequências, como se quer ter seu genoma sequenciado e o que fazer com esses dados. Ou, se estiver planejando ter um filho, seja para congelar seus óvulos, buscar tecnologia de reprodução assistida, como fertilização in vitro (FIV), ou usar triagem genética para selecionar o mais forte de seus embriões. São decisões com as quais estamos intimamente familiarizados. Na verdade, foram essas decisões que nos levaram a escrever esta obra.

Para ver qual futuro a máquina da criação poderá construir um dia, é essencial revisitar o passado. Na primeira parte deste livro, explicaremos a origem da biologia sintética e a história de como os pesquisadores decodificaram a vida — e posteriormente a manipularam — com a intenção de criar organismos sintéticos cujos pais eram computadores. Na Parte Dois, abordaremos a nova bioeconomia gerada pela máquina da criação — que inclui uma profusão de medicamentos fantásticos, alimentos, material de revestimento e têxtil e até mesmo cervejas e vinhos que os empresários estão tentando fabricar — e as possíveis soluções biotecnológicas para problemas como a propagação de plásticos no oceano, o aumento de eventos climáticos extremos e a crescente possibilidade de vírus mortais que resultem em novas pandemias. Abordaremos também os riscos que a biologia sintética representa, que vão desde o hackeamento cibernético até a iminente segregação genética, colocando pessoas abastadas e modificadas geneticamente contra aquelas que não poderão pagar pela tecnologia de reprodução assistida. Na Parte Três, exploraremos diferentes futuros na forma de cenários especulativos e criativos, sugerindo as muitas formas pelas quais a máquina da criação pode transformar o mundo. Por último, na Parte Quatro, oferecemos nossas recomendações para garantir que a máquina da criação dê à luz o melhor desses futuros possíveis.

Mas primeiro você precisa conhecer um jovem chamado Bill.

PARTE UM | Origem

| UM |

RECUSANDO OS GENES RUINS

O Nascimento da Máquina da Criação

Os dias mais curtos e as noites mais frias sugeriam a chegada do outono em Duxbury, Massachusetts, uma bela cidade litorânea ao sul de Boston. Bill McBain era um estudante inteligente com uma ampla gama de interesses: fotografia, matemática e jornalismo, porém, em outros aspectos, era um garoto comum: no primeiro dia de aula do 9º ano, era óbvio que Bill havia crescido bastante durante o verão, assim como seus amigos. Agora, estava dez centímetros mais alto. Mas ao contrário das outras crianças, ele também havia perdido peso. Enquanto seus amigos do sexo masculino estavam começando a encorpar e ganhar músculos, Bill era alto e magro — só cotovelos, costelas e joelhos.

Ele se deitava cedo todas as noites e acordava exausto todas as manhãs. Bill começou a beber água — copos e mais copos —, mas parecia nunca saciar a sede. Era 1999, e as garrafas de água de plástico transparente Nalgene — para o uso ao ar livre — se tornaram repentinamente populares como acessório escolar da moda. Mas para Bill, a garrafa era uma necessidade: ele a enchia de água entre as aulas e a bebia com avidez. Uma vez, enquanto encarava os mililitros marcados em um dos lados da garrafa, Bill — que amava matemática — se perdeu em pensamentos, fazendo alguns cálculos mentais. Ele estimou que bebia quatro litros de água por dia, às vezes cinco.

Em fevereiro, uma amiga foi visitar a família à tarde e observou com preocupação Bill beber água da garrafa repetidas vezes. Como enfermeira, ela reconheceu de imediato os sinais de alerta e foi, discreta e rapidamente, ao banheiro para confirmar suas suspeitas: na verdade, o assento do vaso sanitário estava pegajoso, e quando se abaixou para sentir o cheiro, o odor era doce e enjoativo. Ela pediu aos pais de Bill que o levassem à clínica para fazer um exame de sangue na manhã seguinte.

No caminho da clínica, a família parou para tomar um rápido café da manhã, e Bill pediu um bagel de canela e açúcar e uma garrafa de Gatorade vermelho. Não era a melhor refeição para comer antes de um teste de glicemia, que deve ser feito em jejum, mas Bill não sabia de nada disso. Na clínica, o médico picou o dedo de Bill com uma agulha minúscula e espremeu uma gota de sangue em uma tira de reagente anexada a um aparelho de medição. Em alguns segundos, o medidor apitou e a tela mostrou "alto". Significava que a taxa de açúcar em seu sangue estava acima de 500 miligramas por decilitro (mg/dL). Geralmente, a taxa de açúcar no sangue de uma pessoa em jejum e com um pâncreas normal ficaria entre 70 e 99 mg/dL, ou pouco menos de um milésimo de grama por decilitro. Ou seja, quase imperceptível, já que o sistema de uma pessoa saudável rapidamente decompõe o açúcar e o converte em energia, de modo que não sobra muito açúcar na corrente sanguínea. Se uma pessoa saudável fizer o mesmo exame de sangue logo após comer, a taxa será maior por algumas horas, porque o corpo está processando a comida, mas, ainda assim, será menor que 140 mg/dL.

O médico coletou mais sangue e enviou ao laboratório para uma análise detalhada. Ele ficou surpreso com os resultados. Quando voltou ao consultório, o médico se sentou, desviando o olhar da pasta com os resultados para Bill e seus pais, depois voltou a olhar novamente para a pasta. A leitura da taxa de açúcar no sangue de Bill era de impressionantes 1.380 mg/dL. Os níveis de sódio, magnésio e zinco estavam tão acima da média que o pH de seu sangue havia mudado. Ele estava prestes a sofrer um coma diabético ou algo pior: seu sangue poderia matá-lo.

Bill e os pais se viram obrigados a fazer um curso intensivo sobre o diabetes mellitus tipo 1 e como tratá-lo. Um pâncreas saudável está sempre secretando insulina, hormônio necessário às células para produzir energia. Ao comermos, nosso pâncreas nos fornece uma dose adicional de insulina para metabolizar o açúcar consumido. Mas subitamente o pâncreas de Bill parou de produzir insulina. O diabetes tipo 1 normalmente se manifesta durante a adolescência, e ele tinha todos os sintomas clássicos: fadiga, sede excessiva, urina doce e pegajosa e necessidade contínua de ir ao banheiro. Na tentativa grosseira de se curar, o corpo de Bill tinha uma vontade incessante de beber água: uma grande quantidade de água ajudaria a eliminar o açúcar não metabolizado de seu sangue. No entanto, mais cedo ou mais tarde, ele enfrentaria uma reação em cadeia que colocaria sua vida em risco. O corpo começaria a usar gordura a fim de obter a energia necessária para se manter vivo e, no processo, liberaria substâncias químicas chamadas cetonas. As cetonas são extremamente ácidas e, quando presas na corrente sanguínea, são um veneno. Se o nível de cetonas subisse muito, Bill acabaria sofrendo uma cetoacidose diabética — conhecida também por coma diabético. Nesse ponto, se não fosse tratado, ele morreria em breve.

Apreensivos de que pudessem de alguma forma contribuir para o diagnóstico do filho, os pais de Bill perguntaram o que havia provocado aquela condição. O apressado café da manhã com bagel e Gatorade não era rotina, garantiram ao médico; a família costumava fazer refeições saudáveis e praticar muitos exercícios. "São apenas genes ruins", disse o médico. Ainda, segundo o médico, os cientistas não sabiam exatamente por que o corpo de algumas pessoas se tornava resistente à insulina ou por que, em alguns adolescentes — como Bill —, o pâncreas de repente parava de funcionar de modo adequado. No entanto, havia uma luz no final do túnel: um tratamento com o qual Bill supriria as tarefas que seu corpo deveria fazer automaticamente. Ele começaria a usar um medicamento injetável chamado Humulin Regular, insulina humana sintética que forneceria pequenas doses na hora das refeições, e com Humulin NPH (*protamina neutra de Hagedorn*), desenvolvida para fornecer a Bill um suprimento lento de insulina durante a noite.[1]

A DESCOBERTA DA INSULINA

Os sintomas clínicos relacionados ao diabetes tipo 1 — urinar com frequência, confusão, irritabilidade, dificuldade de concentração e, às vezes, morte — foram registrados pela primeira vez há cerca de 3 mil anos no Egito. Por volta de 1550 A.E.C.*, um egípcio recomendou beber "uma mistura de água do lago onde os pássaros bebem, sabugueiro, fibras da planta *asit*, leite fresco, pelos de porco embebidos em cerveja, flor de pepino e tâmaras verdes" como tratamento para micção excessiva. Os médicos egípcios já suspeitavam que havia uma correlação entre o que as pessoas comiam e os sintomas que agora associamos ao diabetes. Contudo, passaram-se mais 1.500 anos até que Aretaeus, um médico da Capadócia que falava grego, descrevesse "um colapso da carne e dos membros pela urina", uma condição que ele chamou de *diabetes* por causa da palavra grega "sifão". Por volta da mesma época, médicos na China e no Sul da Ásia fizeram descobertas semelhantes.[2]

Em 1674, um clínico geral da Universidade de Oxford chamado Thomas Willis começou empreender as próprias pesquisas usando um procedimento que talvez lhe pareça repugnante. Ele fazia os pacientes com sintomas de diabetes urinarem em um pequeno copo — talvez você queira pular o resto deste parágrafo se estiver comendo — e, em seguida, cheirava e bebericava a urina. Como o monitor eletrônico que avalia os miligramas de açúcar por decilitro no sangue de Bill, Willis estava verificando o quanto a urina era doce.[3]

Mas durante os próximos séculos, a causa do diabetes ainda permanecia um mistério. No início dos anos 1900, alguns médicos defendiam o que chamavam de "dieta da fome", teorizando que, se os pacientes não ingerissem qualquer tipo de açúcar, o diabetes poderia desaparecer por conta própria. Não é de se admirar que isso levou a problemas piores — os pacientes costumavam morrer de fome em vez de melhorar.

---

* A.E.C significa "antes da Era Comum" e é uma alternativa a a.C., que significa "antes de Cristo".

Então, em 1921, houve um grande progresso.[4] Nessa época, uma teoria há muito defendida na comunidade médica — embora sem comprovação — afirmava que uma secreção do pâncreas era responsável pela regulação do açúcar no sangue. Assim, o clínico geral canadense Frederick Banting e seu aluno Charles Best começaram a levantar hipóteses de que enzimas digestivas podiam estar destruindo essa secreção antes que qualquer pesquisador pudesse extraí-la. O plano era amarrar os ductos pancreáticos até degenerar as células que produzem as enzimas e, depois, analisar o que havia restado.[5] Infelizmente, nenhum dos dois tinha muita habilidade como cirurgião e suas primeiras pesquisas, realizadas com cães de laboratórios, foram claramente horripilantes: a maioria dos cães morreu. Desse modo, eles começaram a comprar cachorros de rua no mercado clandestino e, com um pouco de prática, conseguiram remover um pâncreas sem matar o animal. Então, congelaram esse pâncreas e o moeram até se transformar em uma pasta, depois o filtraram e injetaram o líquido resultante no cachorro, coletando amostras de sangue a cada trinta minutos para observar se as taxas de açúcar haviam mudado. Para o espanto deles, as taxas de açúcar no sangue do cachorro haviam se normalizado — embora o pobre vira-lata agora não tivesse pâncreas. Eles observaram mudanças mensuráveis no que mais tarde ficaria conhecido como insulina.[6]

Se o tratamento funcionava em cachorros, também funcionaria em humanos? Possivelmente. Mas encontrar um cadáver humano com um pâncreas saudável — sem mencionar o fato de ter que encontrar milhares deles para atender a uma nova demanda, caso o tratamento tivesse efeito — apresentava problemas óbvios. Assim, Banting e Best, junto com uma equipe de pesquisa recém-ampliada, recorreram às vacas. Eles compraram diversos pâncreas de um frigorífico local e usaram um moedor industrial: imagine uma máquina gigante com um funil na parte superior e um bico na parte inferior, operada por alguém usando luvas grandes que empurrava glândula após glândula no funil, extraindo pelo bico o tecido pulverizado em uma lata.

Eles extraíram a insulina e a purificaram, injetando-a em um adolescente como Bill — o garoto tinha 14 anos e diabetes juvenil e teria morrido se ninguém intervisse. O adolescente teve uma melhora radical. Em uma atitude inesperada de generosidade e perspicácia, a equipe de pesquisa ofereceu licenças a empresas farmacêuticas, autorizando-as a reproduzir seu trabalho gratuitamente. Isso estimulou a produção comercial de insulina. Banting, Best e sua equipe de pesquisa ganharam o Prêmio Nobel em 1923, em reconhecimento ao modo como o trabalho deles mudou o rumo da vida de milhões de pessoas em todo o mundo.[7] Mas ao longo dos anos o número de diabéticos continuou a crescer, e havia um número limitado de pâncreas bovinos que eles podiam abater.

O NASCIMENTO DA BIOTECNOLOGIA

A injeção de insulina bovina tratou — mas não solucionou de fato — o problema do "gene ruim" mencionado pelo médico de Bill, porém não ajudava o número crescente de adultos diagnosticados com diabetes mellitus tipo 2. Segundo os pesquisadores, o diabetes tipo 2 é ocasionado por fatores ambientais, incluindo obesidade, sedentarismo e consumo excessivo de doces, bem como predisposição à doença. Por isso, pessoas aparentemente em forma e atléticas também podem desenvolver de forma inexplicável os mesmos sinais de alerta que Bill. Há teorias que explicam o que pode estar errado: às vezes o próprio sistema imunológico, que normalmente combate vírus e bactérias prejudiciais, fica confuso e, sem querer, começa a destruir as células produtoras de insulina. Outras teorias atribuem a culpa a um vírus diabético ou sugerem que possa haver um efeito colateral de um vírus que ataca silenciosamente o corpo de outras maneiras. Nos últimos cem anos, o tratamento-padrão tem sido pedir aos pacientes que monitorem exatamente o que estão comendo e quanta energia estão gastando, seja por medição manual ou, mais recentemente, com o auxílio de um monitor digital de glicose. Algum tipo de medicação, insulina e pílulas normaliza as taxas de açúcar no sangue.

Como evoluímos de moer o pâncreas bovino com o intuito de extrair insulina para bombas inovadoras e insulina humana sintética que Bill, já adulto, usa hoje? Logo após Banting e Best provarem que a insulina bovina funcionava, a empresa farmacêutica Eli Lilly começou a fabricá-la, mas em 1923 o processo era demorado e caro, resultando em um problema imprevisto na cadeia de suprimentos: as pessoas adicionadas às listas de espera por insulina ultrapassaram significativamente a capacidade dos agricultores de criar e abater rebanhos de gado.[8] Os pesquisadores encontraram outras opções que funcionavam em humanos — a extração do pâncreas de suínos resultou em insulina utilizável —, contudo não havia um modo sustentável de fabricar suprimentos em uma escala razoável. Eram necessários cerca de 3.700 quilos de pâncreas — o que exigia o abate de aproximadamente 23.500 animais — para produzir somente meio quilo de insulina. Isso totalizava cerca de 400 mil frascos de insulina, o suficiente apenas para tratar 100 mil pacientes por mês. E não era muito, visto a crescente demanda.[9] Em 1958, aproximadamente 1,6 milhão de pessoas precisavam de insulina; em 1978, o número chegou a 5 milhões só nos Estados Unidos.[10] Isso significava que a Eli Lilly precisaria abater 56 milhões de animais por ano somente para o fornecimento de insulina aos norte-americanos. A empresa precisava encontrar uma alternativa, e rápido.

Pouco antes de morrer em 1977, Eli Lilly Jr., cujo avô havia fundado a empresa que leva seu nome, lançou uma iniciativa estratégica a fim de solucionar o problema de fornecimento de pâncreas.[11] Se vacas e porcos podiam ser usados, sem dúvidas, haveria muitos outros animais viáveis. Ele fez acordos com diversas universidades, incluindo a Universidade Harvard e a Universidade da Califórnia em São Francisco, para desenvolver novos tipos de insulinas a partir de outros animais. Essas instituições começaram a trabalhar com genes de ratos para a produção de insulina. Lilly Jr. prometeu um contrato lucrativo à primeira instituição que conseguisse resolver esse problema de abastecimento e finalmente acelerasse a produção de insulina.[12]

No entanto, outro grupo de pesquisadores tinha uma ideia totalmente diferente para o futuro, que não envolvia a extração de órgãos. Caso não houvesse cura para o diabetes, e se o número de pessoas diagnosticadas continuasse a aumentar, a Eli Lilly — sem mencionar outras gigantes farmacêuticas — enfrentaria outro problema na cadeia de suprimentos, em algum momento. Do ponto de vista desse grupo, havia na verdade dois problemas a se resolver abrangendo um horizonte de tempo mais longo. O primeiro — o problema de abastecimento — poderia ser resolvido fazendo com que células bacterianas modificadas produzissem insulina humana, em vez de cultivá-las e extraí-las de animais. O segundo, que poderia ser resolvido no futuro, era reprogramar os "genes ruins" para se comportarem adequadamente. A Universidade Harvard, o Campus Parnassus da Universidade da Califórnia em São Francisco (UCSF) e a Genentech estavam usando tecnologia de rDNA. O que diferenciava a Genentech dos outros grupos foi que a empresa decidiu ir direto para a clonagem e expressão de insulina humana com bactéria *E. coli*.

Os pesquisadores trabalharam em uma startup chamada Genentech, que estava no mercado havia somente um ano e estava desenvolvendo uma nova tecnologia polêmica chamada DNA recombinante. Enquanto as universidades e empresas farmacêuticas consolidadas, repletas de cientistas biomédicos condecorados, estavam aperfeiçoando as práticas mais utilizadas, a Genentech estava mexendo no nível molecular, pegando dois filamentos diferentes de DNA e "recombinando-os".[13] O DNA, ou ácido desoxirribonucleico, é o material genético da vida, e a tecnologia de DNA recombinante possibilita a união de espécies distintas — por exemplo, humana e bacteriana —, que, juntas, replicam, sintetizam e eventualmente melhoram nosso código genético existente.[14] Apesar de já ter obtido alguns sucessos iniciais em 1977, a Genentech não era levada a sério pelo establishment científico e de pesquisa. Havia alguns motivos para isso. Em primeiro lugar, "sintetizar" era o mesmo que "clonar" material genético, e isso poderia levar a riscos posteriores, como a manipulação genética. Dado o progresso que estava sendo feito em outra tecnologia polêmica — fertilização in vitro ou FIV —, alguns previram um futuro no qual os humanos projetariam bebês com cabelos, cor de olhos, musculatura e outras características desejadas. Nesse ponto, havia especulações insensatas e distópicas, além de uma resistência ferrenha à mudança.[15] Como resultado, a tecnologia de DNA recombinante da Genentech foi considerada bastante heterodoxa, carecendo de um exame cuidadoso.

Para piorar as coisas, o financiamento da Genentech para pesquisas de biotecnologia vinha de investidores de risco, e não do governo federal, outro sinal de alerta para o establishment. A startup de capital de risco até então conhecida como Kleiner, Perkins, Caufield & Byers investiu cerca de US$1 milhão em capital semente na Genentech (hoje, cerca de US$4,6 milhões ajustados pela inflação).[16, 17] Os parceiros também eram novos na área e, a princípio, estavam interessados em semicondutores. Eles decidiram arriscar por causa da visão do futuro da Genentech — e a empresa assumiu o risco de trabalhar com financiadores que, ao contrário do governo federal, exigiriam um retorno sobre investimento.

Como uma startup, a Genentech não gastava dinheiro com conforto. Por volta da mesma época em que Steve Jobs e Steve Wozniak construíam computadores em uma garagem, a equipe de cientistas da Genentech construía um laboratório de bioquímica em um depósito de carga aérea, em um trecho desinteressante do Sul industrial de São Francisco. A Genentech obteve alguns êxitos iniciais usando técnicas de DNA recombinante. Os laboratórios da empresa sintetizaram outro hormônio pancreático — a somatostatina, que ajuda a regular o sistema endócrino. Quando a notícia de que a Eli Lilly estava tentando fabricar outro tipo de insulina se espalhou, a Genentech pensou que poderia ter uma solução viável — embora radicalmente diferente — para o problema de abastecimento.

Como a abordagem de DNA recombinante da Genentech batia de frente com o pensamento convencional, as universidades não estavam muito animadas em oferecer parcerias ou seus laboratórios para as pesquisas. Para a Genentech concorrer com outras empresas, precisaria recrutar mais cientistas dispostos a ir além dos limites do DNA recombinante para a produção de insulina. Os ganhos em potencial eram enormes, mas não se tratava de uma competição com direito a medalhas de prata e bronze: a Eli Lilly só estava interessada em uma equipe que entregasse um produto seguro e escalonável. Ou a Genentech chegaria primeiro e ganharia o contrato, ou acabaria de mãos vazias após trabalhar arduamente.

Os experimentos para melhorar a técnica de splicing de genes, que a Genentech desenvolveu pela primeira vez quando descobriu a somatostatina, exigiriam trabalho ininterrupto. A Lilly providenciou recursos adicionais, e os fundadores expandiram sua equipe com jovens cientistas recém-saídos da faculdade. Em vez do grupo usual de pesquisadores, a Genentech reuniu um supergrupo com um amplo leque de especialidades, incluindo químicos orgânicos (Dennis Kleid e David Goeddel, que haviam trabalhado na clonagem de DNA no Stanford Research Institute), um bioquímico (Roberto Crea, especializado em modificação de nucleotídeos), um geneticista (Arthur Riggs, que expressou o primeiro gene artificial em bactérias) e um biólogo molecular e celular (Keiichi Itakura, que ajudou a desenvolver a tecnologia de DNA recombinante).[18, 19]

Ao sintetizar a insulina, o desafio enfrentado pela Genentech era que molécula em questão tinha longas cadeias de aminoácidos — 51 em vez das 14 da somatostatina —, e tinha duas cadeias, A e B, quimicamente ligadas entre si. Os pesquisadores teriam que agrupar os pedaços corretos do código de DNA para fazer cada cadeia, transplantá-las em duas cepas bacterianas diferentes e apoderar-se da maquinaria celular da bactéria para sintetizar as cadeias. E isso era somente a metade do caminho. Se tudo corresse bem, ainda era preciso purificar as cadeias de insulina, recombiná-las para formar uma molécula completa e esperar que fosse idêntica à molécula produzida por um pâncreas humano. Para a equipe da Genentech, as proteínas — que catalisam a maioria das reações nas células vivas e controlam praticamente todos os processos celulares — eram a chave para a produção de insulina.

Mas supondo que a equipe obtivesse 51 aminoácidos — as moléculas que se combinam para produzir proteínas — na ordem exata, a fim de fabricar insulina, ela ainda precisaria recriá-los.[20] Isso exigiria vincular quimicamente os recortes corretos das sequências de DNA, costurá-los e transplantá-los nas bactérias. E isso era somente a metade do caminho. Eles também precisariam sequestrar a maquinaria das bactérias e forçá-la a produzir suas cadeias de insulina sintetizadas — tarefa nada fácil. Se tudo corresse bem, ainda precisariam purificar as cadeias de insulina, recombiná-las para formar uma molécula completa e esperar que esta fosse idêntica à molécula produzida por um pâncreas humano.

Era uma tecnologia inovadora a nível celular sendo utilizada por um grupo pequeno de cientistas pesquisadores com poucos recursos, cujas ideias sobre o futuro eram desconcertantes para alguns e extremamente perigosas para outros. A complexidade da tarefa e o alcance de toda essa competição forçaram a equipe da Genentech a trabalhar em segredo de suas casas, a usar emprestado laboratórios e um depósito esquecido, distante dos sagrados corredores de Harvard e da Universidade da Califórnia, ao mesmo tempo que suportavam um estresse absurdo e um prazo impiedoso. Primeiro, a equipe precisaria construir um gene sintético com a sequência exata de DNA que pudesse funcionar como instruções para uma proteína. Em seguida, teria que transferir esse gene para o lugar adequado de um organismo que conseguisse ler as instruções e produzir a proteína desejada, neste caso, a insulina.

A equipe usou substâncias químicas cuidadosamente misturadas e testou diferentes combinações repetidas vezes, na tentativa de construir a sequência correta de filamentos de DNA. Eles também precisavam trabalhar com a própria bactéria a fim de descobrir onde exatamente unir a *E. coli* com o gene sintético para produzir a proteína de que precisavam. O processo era parecido com uma competição culinária de confeitaria. Imagine os juízes lhe dando uma caixa repleta de ingredientes, outra cheia de utensílios de cozinha e um forno, pedindo-lhe para fazer um bolo de chocolate com doze camadas — com um prazo apertadíssimo, em que você tenha que trabalhar em uma cozinha velha e precária, sem nenhuma instrução.

Mas na madrugada de 21 de agosto de 1978 — bem antes de seus concorrentes e para grande surpresa de todos (inclusive dos próprios membros da equipe) —, eles retiram do forno um bolo perfeito.[21] A Genentech conseguiu encontrar a sequência exata de DNA, instruir um organismo a executar comandos e produzir insulina humana. Era o nascimento da biotecnologia e a criação de um tipo de campo da ciência chamado *biologia sintética.*

A Lilly assinou um contrato multimilionário de vinte anos com a Genentech para desenvolver e comercializar o primeiro produto de biotecnologia do mundo: o Humulin, aprovado pela Agência Federal de Alimentos e Medicamentos dos Estados Unidos (FDA, na sigla em inglês) em 1982.[22]

A FÁBRICA DA VIDA

A façanha impressionante da Genentech colocou a sociedade humana em um rumo diferente. Pela primeira vez, intervimos em um processo biológico manipulando células e moléculas com o intuito de substituir o que o corpo faria naturalmente. Em pessoas saudáveis, nossas células são semelhantes a uma fábrica futurística, automatizada e computadorizada operando nos mais altos níveis de eficiência. Imagine estações com robôs modernos trabalhando juntos: impressoras 3D que fabricam tudo o que é necessário sob demanda e em qualquer quantidade; uma cadeia de suprimentos e sistema logísticos otimizados para produção máxima; e um sistema operacional com bilhões de linhas de código executadas de modo ininterrupto. Nunca em toda a história da sociedade humana construímos uma máquina ou fábrica tão sofisticada ou elegante. Nosso corpo é simplesmente um complexo grandioso e móvel — abrigando quase 40 trilhões de fábricas celulares futuristas trabalhando juntas para mantê-lo vivo.[23]

Cada uma dessas fábricas celulares tem três componentes principais: um conjunto de instruções, um sistema de comunicação para transmitir essas instruções e uma linha de produção que fabrica o produto designado. Esses componentes são DNA, RNA e proteína. O descomunal ecossistema genético responsável por todas as formas de vida é composto apenas de esses três agentes moleculares primários.

Nas aulas de biologia, todo mundo aprende a escada torcida, a dupla hélice do DNA. É inconfundível e emblemático. O DNA é composto de nucleotídeos representados pelas letras A (adenina), T (timina), G (guanina) e C (citosina), que são quimicamente interligados a uma estrutura de açúcar (desoxirribose) e de fosfato (ácido). Esses nucleotídeos, quando emparelhados, se encaixam com firmeza. Mas também podem ser separados com relativa facilidade. Isso possibilita que os dois lados da dupla hélice do DNA sejam desmembrados, como quando abrimos um zíper. Quando "abrimos" o DNA, uma célula consegue fazer cópias precisas de seu DNA usando esse DNA "aberto", como um modelo para escrever filamentos adicionais, antes de "fechá-lo" novamente. Na cadeia de DNA, a ordem ou sequência dos quatro nucleotídeos codifica todas as informações de que a célula precisa para viver e se desenvolver. O DNA armazena nossas instruções genéticas e, embora outros micróbios (como vírus) sejam capazes de armazenar o próprio conjunto de instruções, dentro das células é o DNA que toma as rédeas da situação. Não é exagero afirmar que a molécula de DNA é provavelmente a molécula mais importante de todos os tempos (embora a molécula da água e a da cafeína, sem dúvidas, tenham seus defensores).

O DNA armazena as instruções genéticas nas células, porém ele precisa do ácido ribonucleico, ou RNA, para informar à fábrica celular o que ele quer que ela faça. Assim, em uma máquina complexa, dentro de uma célula chamada ribossomo, o RNA é convertido ou traduzido em uma sequência de aminoácidos. À medida que o RNA é convertido dentro do ribossomo, ocorre um processo mágico. O RNA mensageiro, ou mRNA, se prende ao ribossomo e procura pelo equivalente biológico de um botão "iniciar", uma sequência de três letras chamada códon. O ribossomo percorre o filamento de mRNA, lendo cada conjunto de três letras, até encontrar o botão "parar". Durante todo esse tempo, o produto da fábrica celular — a proteína — está sendo produzido.

As proteínas — cadeias de aminoácidos — são o principal material estrutural das células e se encarregam da maior parte do trabalho operacional, variando em milhares de tipos e funções diferentes. As proteínas estruturais, como o colágeno, sustentam os tendões e a cartilagem, por exemplo. A hemoglobina é uma proteína transportadora, que carrega oxigênio essencial nas células vermelhas do sangue. Os anticorpos são proteínas em formato de Y com recursos especiais de reconhecimento: ao se depararem com um micróbio pela primeira vez, os anticorpos se ligam a ele e interagem para destruí-lo ou impedi-lo de infectar outras células. Caso já tenha se recuperado de uma infecção, um pequeno número de células imunológicas produtoras de anticorpos permanece em seu corpo como células de memória, e elas voltam a agir na próxima vez que você se deparar com o mesmo micróbio que causou a infecção. As vacinas são desenvolvidas para desencadear a mesma resposta. Apesar de existirem mais de quinhentos aminoácidos conhecidos, somente vinte aparecem com frequência em sistemas biológicos.[24]

Se a célula é uma fábrica futurística, o genoma é um sistema operacional futurista em que os genes podem ser ativados ou desativados. Dois organismos podem ter o mesmo gene vinculado a uma determinada característica, porém, se esse gene não estiver ativado, ele não será expresso. O controle de quais genes são ativados e desativados, ou quantos, é complicado e sistêmico. O processo envolve sequências de codificação não proteicas, como promotores e potenciadores e diversos fatores de transcrição de proteínas. Tem sido difícil estudá-los, já que é complicado mensurá-los em tempo real, mas vejamos um exemplo do mundo selvagem: a raia de inverno — uma espécie plana e cartilaginosa de peixe — ativa automaticamente seus genes para mudar sua estrutura corporal, a fim de se adaptar às águas cada vez mais quentes no inverno, resultado das mudanças climáticas.[25]

Ao contrário de uma fábrica ou de um computador tradicional, em que a lógica e o maquinário estrutural são independentes, o sistema operacional da vida exige plena interoperabilidade — e nós estamos somente começando a entender como tudo funciona em conjunto. Em computadores tradicionais, como seu notebook ou smartphone, a lógica e o maquinário estrutural são independentes. Por exemplo, um PC novo teria a versão mais recente do Windows instalada, mas você teria que comprar jogos e software de produtividade e carregá-lo na máquina. Não é o caso da biologia, em que máquina e informações estão totalmente interligadas.

Os computadores eletrônicos de hoje são um pouco mais do que calculadoras sofisticadas. Eles também consomem muita energia, são instáveis, não conseguem se curar ou se reproduzir, e não conseguem fabricar nada tangível sem uma impressora. Se os computadores pudessem sonhar, eles sonhariam em ser como as células: computadores que podem se reproduzir, se consertar e funcionar com quase qualquer fonte de energia.

É justamente por isso que o trabalho pioneiro da Genentech foi tão significativo, e também é por essa razão que a biologia sintética reformulará a vida como a conhecemos hoje. Assim que conseguirmos falar e manipular a linguagem da biologia, teremos como opinar sobre o que está acontecendo dentro das células. Teremos o poder não somente de ler o código e editá-lo — seja para clonar a insulina ou realizar pequenas correções — como também de escrever instruções novas e fazer com que elas sejam entregues e produzam novos produtos biológicos do outro lado. O Humulin foi um dos primeiros produtos da biologia sintética, uma área que, apesar de nova, está crescendo. Os pesquisadores que trabalham com biologia sintética se esforçam para delimitar suas fronteiras, porém a área abrange outros campos de atuação, como química, biologia, ciência da computação, engenharia e design, todos unidos com um único propósito: obter acesso à fábrica celular e ao sistema operacional da vida para escrever novos — e possivelmente melhores — códigos biológicos.

A biologia sintética se cruza com a ciência da computação e, principalmente, com a inteligência artificial, usando o aprendizado de máquina e revelando padrões significativos em grandes conjuntos de dados. O aprendizado de máquina alimenta os serviços que você usa o tempo todo, como as recomendações que recebe no YouTube e no Spotify, e as interações que tem com assistentes de voz como Alexa e Siri. No âmbito da biologia, o aprendizado de máquina possibilita que os cientistas pesquisadores busquem e apostem em uma gama de padrões. Em geral, rodar experimentos com diversas variáveis exige ajustes finos e rigorosos quanto a medições, materiais e entradas — e, no final, talvez não se tenha um produto viável. A divisão DeepMind do Google, que pesquisa e desenvolve sistemas de IA a fim de lançá-los para solucionar problemas complicados, criou uma maneira de testar e modelar os complexos padrões de dobramento de longas cadeias de aminoácidos, resolvendo, assim, um problema que há muito incomodava os cientistas. O sistema da DeepMind que conseguiu isso — o AlphaFold — foi utilizado para predizer a estrutura de mais de 350 mil proteínas humanas e 20 organismos modelos. O conjunto de dados deve ultrapassar 130 milhões de estruturas até 2022.[26] Isso possibilitará que os cientistas desenvolvam medicamentos para tratar doenças mais rapidamente do que o método de tentativa e erro que a Genentech usou para criar o Humulin.[27] Essa técnica, e outras abordagens de biologia sintética, podem levar os laboratórios a apostar mais alto, o que diminui o custo de disponibilização de novos medicamentos no mercado.

Os pesquisadores da Genentech sintetizaram a insulina humana *antes* da era da inteligência artificial e dos computadores que usam enormes conjuntos de dados, aprendizado de máquina e redes neurais profundas desenvolvidas para superar as pessoas mais inteligentes da humanidade. Atualmente, existem bancos de dados enormes de proteínas e metabolismo, além de computadores capazes de rodar bilhões de simulações, indefinidamente, em busca de uma solução para problemas computacionais. Se o mesmo grupo de pesquisadores começasse a abordar o problema da insulina agora, eles não precisariam de meses de trabalho ininterrupto em um laboratório, debruçados sobre tubos de ensaio e placas de Petri. Se trabalhassem com uma plataforma baseada em IA, eles poderiam rodar todas as diferentes combinações possíveis desses códigos de três letras para arquitetar a solução ideal em questão de horas.

Quarenta trilhões de fábricas em microescala seguem instruções, tomam decisões, se reproduzem e se comunicam umas com as outras de forma autônoma ao longo do dia, sem nunca pedir sua permissão ou opinião. Na próxima década, a biologia sintética colocará o poder de programar o supercomputador definitivo — as células — nas mãos humanas.

SOBRESCREVENDO OS GENES RUINS

E se questionássemos uma suposição profundamente arraigada: que os genes ruins, como os que causam o diabetes tipo 1 de Bill, são simplesmente um fato infeliz da condição humana? Bill teve sorte. Seus pais procuraram um bom tratamento para ele e — o mais importante — podiam pagar por isso. Sua condição se tornou um projeto de família. Depois que o ano letivo terminou, seus pais o levaram para acampamentos de diabetes no verão, onde ele passou um tempo com outras crianças e médicos aprendendo a controlar a doença. Contudo, mesmo hoje, alguém como Bill, que foi para um acampamento especial e tinha pais que estavam atentos à sua saúde, ainda enfrentaria incertezas sobre o diabetes.

No auge da pandemia de Covid-19, milhões de norte-americanos perderam seus empregos e planos de saúde. Novas redes clandestinas de compartilhamento para diabéticos surgiram no Facebook: conveniados de planos de saúde que tinham frascos extras de insulina começaram a fornecê-los a outras pessoas que não podiam pagar, caso contrário, elas morreriam.[28, 29] Não era um tipo de tráfico de drogas estilo Silk Road. As pessoas estavam fazendo isso para salvar vidas. Mesmo antes da Covid-19, 25% das pessoas com diabetes nos Estados Unidos foram obrigadas a racionar insulina por causa do preço.[30] (Isso acontece sobretudo com as populações latinas, indígenas e negras, grupos com taxas elevadas de diabetes e pobreza.) Antes de a pandemia desencadear o fechamento das fronteiras, os diabéticos norte-americanos costumavam ir ao México ou ao Canadá a fim de comprar insulina por uma fração do preço vendido nos EUA.[31]

A insulina, que cerca de 10% dos norte-americanos necessitam todos os dias, é produzida por somente três empresas — Sanofi, Novo Nordisk e Eli

Lilly —, e seu preço disparou.[32, 33] Entre 2012 e 2016, o custo mensal dobrou de US$234 para US$450.[34] Hoje, um frasco de insulina pode custar US$250. Algumas pessoas precisam de seis frascos por mês, o que, não raro, força os norte-americanos que não têm um bom plano de saúde a racionar as doses — ou escolher entre pagar pela insulina, alimentar suas famílias e pagar o aluguel. As empresas farmacêuticas argumentam que o aumento dos preços é devido ao custo da inovação. Criar fórmulas, testes e tecnologias cada vez mais eficazes custa dinheiro e tempo — como vimos com Genentech, Banting e Best —, e, como empresas de capital aberto, elas devem recuperar o investimento que fazem em pesquisa e desenvolvimento.

Temos uma ironia histórica aqui. Lembre-se de que quando Banting, Best e sua equipe descobriram e criaram a insulina em 1923, eles se recusaram a comercializar ou ganhar dinheiro com a descoberta. Eles venderam a patente para a Universidade de Toronto por US$1, pois queriam que todos que precisassem do medicamento pudessem pagá-lo. "Enquanto soluções para a crise do custo da insulina estão sendo consideradas", escreveu o conselho editorial do *New England Journal of Medicine*, "vale a pena se lembrar de que... [Banting e Best] achavam que a insulina pertencia à sociedade. Agora, quase cem anos depois, a insulina é inacessível a milhares de norte-americanos devido ao alto custo".[35]

A insulina de hoje é produzida em fábricas usando um processo sintético, porém foi desenvolvida basicamente para imitar o que o corpo deve fazer por conta própria. À medida que a biologia sintética evolui, não ficaremos limitados à imitação: uma cepa customizada de células produtoras de insulina poderia ser arquitetada para funcionar de maneiras bem mais precisas e sofisticadas. Um dos avanços mais promissores se encontra na reengenharia de células, que podem fabricar insulina apenas quando necessário. Os impactos são significativos: e se, no futuro, frascos de insulina com preços exorbitantes não fossem mais necessários? E se, em vez de bombas e injeções de insulina, os diabéticos tomassem uma dose única de células sintéticas capazes de reagir aos níveis de glicose no sangue e, assim, produzir insulina por conta própria?

Embora pareça ficção científica, esse futuro está mais próximo do que você pode imaginar. Em 2010, um dos biotecnologistas mais proeminentes do mundo, John Craig Venter, liderou uma equipe que sintetizou o DNA de uma bactéria inteira — copiando algo que já existia na natureza, mas que fez toda a diferença. O novo genoma incluiu os nomes dos 46 pesquisadores que ajudaram a escrever o projeto, junto com citações de J. Robert Oppenheimer, poemas de James Joyce e mensagens secretas que somente aqueles da equipe conseguiam decifrar. Quando a bactéria se reproduzia, ela carregava esse novo código biológico — e poemas, citações e mensagens — de geração em geração. Foi a primeira evidência de que uma nova forma de vida, programada para concluir tarefas que lhe foram atribuídas, poderia ser criada e prosperar.[36]

Não se tratava apenas de sintetizar a insulina humana. Foi uma evolução arquitetada e intencional da vida desenvolvida usando um genoma gerado por computador. Tivemos uma ideia desse poder em 2019, quando pesquisadores que trabalharam com Venter demonstraram que era possível escrever código genético, pressagiando um futuro em que seria possível melhorar a genética e o tratamento de pessoas como Bill.[37] Dito de outro modo: se as células podem ser reprogramadas, talvez as pessoas com diabetes possam se tornar suas próprias farmácias internas.

Os impactos gerais são acentuados e problemáticos: se um grupo de cientistas pode criar uma cepa de bactéria com a marca d'água biológica "Viver, errar, cair, triunfar, recriar vida para além da vida", quais funções e características personalizadas podem ser engendradas em nossa máquina da vida?[38] Se, no futuro, toda a vida for programável, aqueles com o conhecimento e a capacidade adequados estarão em posse de um poder incomensurável. Seria possível criar vida e ajustar as formas de vida existentes para fazer basicamente qualquer coisa — seja ela boa ou ruim.

Por isso, uma segunda corrida — envolvendo não apenas uma célula, ou uma proteína, como a insulina, mas todo o genoma humano — foi uma aposta ainda maior, que resultou em um vencedor improvável e em apreensões sobre quem deveria ser autorizado a escrever os níveis de permissões de acesso ao nosso código biológico compartilhado.

| DOIS |

CORRIDA PARA A LINHA DE LARGADA

Os pesquisadores precisavam de um conjunto de ferramentas para desenvolver a hipótese de que, se pudéssemos decodificar a vida, poderíamos construí-la e repará-la — ou até redesenhá-la para atender a uma infinidade de propósitos. A partir da descoberta e da síntese da insulina, criamos um mapa, ferramentas e, posteriormente, um sistema de computador, e fomos bem-sucedidos, mas no processo ocasionamos uma série de novos problemas. Fazer uma descoberta acabou por ser mais fácil do que confrontar as estruturas políticas e organizacionais da ciência em si. Então, teve início uma corrida entre concorrentes de peso: de um lado, a nova guarda, a nova ciência e o financiamento privado, e do outro, os tradicionalistas, que defendiam métodos conservadores, cujo dinheiro vinha do governo.

Os contornos dessa disputa começaram a se tornar evidentes quando os cientistas tentaram encontrar uma resposta para uma questão crucial que precisava ser abordada, antes que os genes pudessem ser sequenciados: qual a proximidade dos genes agrupados em um filamento de DNA?

No início da década de 1980, o Departamento de Energia dos EUA (DOE) e o Gabinete de Política de Ciência e Tecnologia promoveram uma reunião em Utah para discutir genética e energia. O tema da reunião se originava de um evento abominável e suas consequências. Nos anos após os Estados Unidos lançarem bombas atômicas em Hiroshima e Nagasaki em 1945, o governo norte-americano conduziu um estudo ainda em andamento (e não voluntário) sobre os sobreviventes japoneses. O Congresso havia encarregado os antecessores do DOE, o Comitê de Energia Atômica e o Comitê de Pesquisa e Desenvolvimento de Energia, de estudar os efeitos da radiação.[1] Durante décadas, os cientistas estudaram e analisaram as consequências das substâncias químicas utilizadas e da radiação emitida, na esperança de compreender a estrutura do genoma e as mutações resultantes.

Em 1984, quando os cientistas se reuniram em Utah, essa pesquisa ainda estava em andamento.[2] Alguns nomes de peso estavam presentes, incluindo o biólogo David Botstein (MIT), o bioquímico Ronald Davis (Stanford) e os geneticistas Mark Skolnick e Ray White (Universidade de Utah).[3] No entanto, a conversa tomou um rumo inesperado quando o geneticista George Church (Harvard) começou a discorrer sobre as consequências da energia atômica e da evolução humana. Isso o levou a conceber a necessidade de um mapa genético mais completo, o que resultou em uma nova conversa: em teoria, era possível predizer a probabilidade de dois genes estarem intimamente correlacionados, com base na frequência com que eram separados quando o DNA se dividia e se recombinava. Isso, eles cogitaram, possibilitaria a criação de mapas de relação genética em humanos. Portanto, era possível criar um mapa do genoma humano, mesmo que ainda não fosse tecnicamente viável.

Quanto mais Church e os outros membros desse grupo pensavam a respeito, mais um projeto de genoma fazia sentido — só que isso exigiria uma iniciativa em larga escala. Church mobilizou um esforço inicial para explorar a ideia do projeto, resultando em uma série de outras reuniões e, posteriormente, em uma iniciativa para sequenciar todo o genoma humano.[4] Mas não tardou para que diversas agências federais se envolvessem em uma disputa territorial sobre o escopo, financiamento e liderança propostos. Alguns argumentavam que, se a tentativa de mapear todo o genoma humano (que nunca havia sido feito antes) fosse concretizada, sem dúvidas, o projeto precisava ser encabeçado pelo National Institutes of Health — e não pelo patrocinador da reunião de Utah, o Departamento de Energia.[5] Nesse ínterim, a Academia Nacional de Ciências dos Estados Unidos instituiu um comitê especial para avaliar e aconselhar os legisladores. Em 1987, o Congresso decidiu que era necessária uma nova organização entre o NIH e o chamado Projeto Genoma Humano (PGH). James Watson, vencedor do Prêmio Nobel pela descoberta da estrutura de dupla hélice do DNA, estava trabalhando no NIH e compareceu perante o Congresso em 1988 para ajudar a defender a ideia de que explorar a molécula e decodificar o genoma era algo imprescindível, mesmo que tal projeto exigisse décadas de trabalho e bilhões de dólares.[6]

O NIH e o DOE assinaram um protocolo de entendimento para "coordenar pesquisas e atividades técnicas relacionadas ao genoma humano", e Watson foi eleito para liderar um novo Gabinete de Pesquisa do Genoma Humano no NIH e supervisionar o projeto.[7] O plano original era sequenciar o genoma humano até 2005 — uma iniciativa de quinze anos, com três ciclos de financiamento de cinco anos. O NIH receberia boa parte do financiamento, porém o DOE desempenharia um papel de apoio.[8]

Naquela época, um jovem cientista promissor, conhecido tanto pela rapidez como pelos problemas com autoridade, trabalhava no NIH: John Craig Venter. Passariam anos até ele irritar os detentores dos direitos autorais de James Joyce por publicar um poema dentro de uma célula sem pedir permissão.

Venter cresceu em Millbrae, Califórnia, uma cidade operária, a oeste do Aeroporto Internacional de São Francisco.[9] Desde pequeno, demonstrava um desejo incomum de correr riscos. Com sua bicicleta, gostava de apostar corrida com os aviões na pista do aeroporto, e continuou a fazer isso mesmo depois de ser instruído a não fazer — ainda que os guardas gritassem com ele. Venter morava com a família em uma casa modesta, perto de uma ferrovia. Não raro, ele ficava sobre os trilhos enquanto os trens aceleravam em sua direção até que, no último instante, pulava para fora. No ensino médio, mostrou potencial tanto nas aulas de marcenaria quanto nas aulas de biologia; sempre curioso e inventivo, já havia construído duas lanchas quando terminou a escola. Ele também gostava de passar o tempo na praia, surfando sempre que o tempo ajudava. E, muitas vezes, quando o tempo não ajudava.[10]

Em 1964, Venter se alistou na Marinha para fugir do recrutamento militar e acabou em San Diego como enfermeiro — basicamente, um assistente de médico — em um hospital da Marinha. Pela manhã, ele realizava punções lombares e biópsias hepáticas e, à tarde, seguia para a costa arenosa de La Jolla para surfar. Mesmo assim, ele acabou sendo enviado para o Vietnã, onde cumpriu um período de serviço cruel no hospital da Marinha em Da Nang, durante a Ofensiva do Tet de 1968. Membros do Exército eram alvos de explosões por toda a parte. Após retornar para casa, obteve um doutorado na Universidade da Califórnia em San Diego, onde estudou com o renomado bioquímico Nathan Kaplan, que contribuiu com o Projeto Manhattan.[11]

Em 1984, Venter começou a trabalhar no NIH, época em que maioria dos cientistas usava um processo trabalhoso para ler sequências inteiras de cada gene que estudavam. Ao observá-los, Venter se recordou do tempo em que trabalhava com projetos em sua bancada ou tratava os pacientes gravemente feridos no Vietnã — em ambas as situações, ele havia aprendido a resolver problemas, mesmo tendo informações incompletas. Ele então pensou que, se isolasse os fragmentos e depois os agrupasse, a leitura das sequências de genes seria mais rápida; era como montar um quebra-cabeça.

Venter teve a ideia pouco ortodoxa de decodificar fragmentos de genes, em vez de sequências inteiras. Ele começou a isolar os chamados rótulos de sequência expressa, ou ESTs, filamentos de mRNA que eram copiadas de volta ao DNA usando a enzima transcriptase reversa.[12] Esses fragmentos curtos de DNA podem fornecer informações reveladoras sobre quais genes existem, onde estão localizados no genoma e se estão ativados em uma célula ou tecido específico. Venter utilizou os ESTs para identificar trechos de genes humanos até então desconhecidos. Ele achou que, se os ESTs fossem como peças de quebra-cabeças, poderia recorrer a computadores personalizados para ajudar a identificá-los e conectá-los, tendo assim um panorama genético mais abrangente.

Seus colegas pesquisadores não gostaram muito disso, pois consideravam o método de Venter negligente: era uma abordagem superficial, ao contrário do trabalho aprofundado e tradicional que eles preferiam. Venter os ignorou. Em 1991, ele havia identificado novas sequências parciais de cerca de 350 genes humanos, mais do que qualquer outra pessoa; naquela época, era o conhecimento mais completo do genoma humano.[13] Para se ter uma ideia desse número, o genoma humano contém, pelo menos, 6,4 bilhões de letras de código genético, aproximadamente o mesmo número de letras de 4 mil exemplares do Moby Dick.[14] Mas 350 era só o começo, e o novo método de Venter provou ser mais fácil, poderoso e mais rápido do que o modo convencional de fazer as coisas. Logicamente, alguns cientistas se sentiram ameaçados. À medida que se preparava para enviar sua pesquisa a um periódico científico revisado por pares, alguns de seus colegas de trabalho lhe imploraram para que não o fizesse, temendo que as suas reputações e o financiamento para o sequenciamento do genoma fossem prejudicados. Venter seguiu em frente e enviou a pesquisa, sentindo que, por meio de computadores e sequenciadores ultrapoderosos, sua proposta metodológica poderia ser difundida ampla e rapidamente — e que um artigo publicado sobre suas técnicas ajudaria a angariar apoio.[15]

James Watson reprovou seu jovem subordinado rebelde.[16] O Projeto Genoma Humano era um empreendimento extremamente complexo, e Watson achava que o projeto seria mais bem conduzido por equipes diferentes. Em todo o país, ele mobilizou diferentes instituições acadêmicas para cada sequência de DNA, um empenho hercúleo cujo orçamento era de espantosos US$3 bilhões (aproximadamente US$6 bilhões nos dias de hoje), que chegaram a ele como cortesia de diversas agências governamentais dos EUA e do Wellcome Trust, com sede em Londres, uma das maiores instituições filantrópicas de apoio à pesquisa médica do mundo.[17, 18] Watson e seus colegas elaboraram um plano inicial de cinco anos para definir as metas do projeto. Primeiro, o projeto melhoraria e desenvolveria a tecnologia necessária para sequenciar o genoma humano, isolando cada cromossomo e fragmentos de clones a fim de criar bibliotecas de clones. Esses clones seriam ordenados por meio do uso de técnicas genéticas e físicas para produzir um conjunto sobreposto. Em meados da década de 1990, o projeto começaria a sequenciar os clones e analisar as sequências com computadores para identificar os genes e, futuramente, determinar quais deles estavam associados a doenças genéticas incuráveis, como a doença de Huntington, a síndrome do X frágil, dentre outras. Ao longo do processo, o projeto tentaria desenvolver métodos mais rápidos e automatizados, sobretudo para sequenciamento de DNA.

Watson representava a velha guarda: os tradicionalistas que não buscavam novas abordagens e estavam preocupados com a velocidade do processo de Venter. Mas os pontos de vista limitados de Watson não se restringiam apenas às descobertas científicas. Antes de Watson e Crick se tornarem famosos por descobrirem a dupla hélice do DNA, uma jovem e genial cientista do

King's College London, Rosalind Franklin, estava usando uma técnica chamada cristalografia de raios X, que empregava raios X para explorar a molécula de DNA.[19] Ela estava tentando descobrir como o DNA, que era conhecido por ter um papel na transformação celular, codificava a informação genética. Ao disparar feixes de raios X em uma amostra de molécula cristalizada, Rosalind percebeu que a amostra produzia um padrão característico, mas do quê ela ainda não tinha certeza. Sem que ela soubesse, um acadêmico sênior pegou sua pesquisa e a mostrou a Watson, e o resto da história já sabemos — ele, junto com Crick, sugeriu que a molécula de DNA era uma dupla hélice, composta de duas cadeias de nucleotídeos. Watson não apenas se recusou a lhe dar o crédito pela descoberta, como mais tarde retratou Rosalind de forma sexista em seu livro *A Dupla Hélice*. Ele a tratou como se fosse uma criança, chamando-lhe de "Rosy" — um apelido que ela nunca usou — e enfatizando exclusivamente sua aparência, e não suas contribuições para a ciência:

> No começo, suspeitei que Maurice esperava que Rosy se acalmasse. No entanto, uma simples análise sugeria que ela não se renderia facilmente. Por escolha, ela não destacava suas qualidades femininas. E ainda que tivesse traços fortes, não era desprovida de charme e poderia ter sido uma mulher deslumbrante se tivesse um leve interesse em se vestir melhor. Isso ela não tinha. Nunca lhe ocorreu passar um batom para contrastar com seu cabelo preto liso, e mesmo aos 31 anos, seus vestidos evidenciavam toda a imaginação de uma adolescente britânica intelectualizada. Ou seja, não era difícil imaginá-la como produto de uma mãe insatisfeita que vivia reforçando indevidamente a conveniência de carreiras profissionais, que salvariam garotas inteligentes de casamentos com homens estúpidos.[20]

Watson tinha opiniões explícitas e fortes sobre mulheres, pessoas não brancas e sobre a comunidade LGBTQIA+; sem dúvidas, ele achava que as ciências exatas ou a pesquisa acadêmica não era o "lugar 'para essas pessoas'". Em 1997, Watson disse a um repórter do *Sunday Telegraph*, que se um "gene gay" fosse descoberto, as mulheres grávidas em estágio fetal com esse gene deveriam ter autorização para abortar.[21] Convidado para uma palestra na Universidade da Califórnia, em Berkeley, ele disse a um grupo de estudantes que não contrataria uma pessoa gorda e, erroneamente, afirmou-lhes que havia uma relação genética entre pele mais escura e habilidade sexual.[22] Em um documentário da

BBC de 2003, ele alegou que a pesquisa genética poderia ser usada de forma prática e útil para "corrigir" o que achava ser a maldição de mulheres pouco atraentes: "As pessoas dizem que seria horrível se tornássemos todas as garotas bonitas. Eu acho que seria ótimo."[23] Em 2007, Watson disse ao *London Times* que os africanos não eram tão inteligentes quanto os europeus, por causa de sua "raça": "Todas as políticas sociais [da Inglaterra] são baseadas no fato de que a inteligência deles é a mesma que a nossa — embora todas as análises mostrem não ser."[24] Naquele mesmo ano, em uma entrevista à *Esquire*, ele reforçou os estereótipos sobre os judeus. "Por que todos os judeus não são tão inteligentes como os judeus asquenazes?", perguntou, insinuando que pessoas inteligentes e ricas — embora talvez não judias — deveriam ser pagas para ter mais bebês.[25] Em 2019, Watson usou uma linguagem ainda mais direta, dizendo em um documentário da PBS que, "nos testes de QI, há uma diferença na média entre negros e brancos, eu diria que a diferença é genética".[26]

Não é difícil entender por que Watson se sentiu ameaçado por Venter, que teve cabelos compridos a maior parte de sua vida, que considera as mulheres como iguais e queria as pessoas mais inteligentes ao seu redor, quem quer que fossem. A ciência era tudo o que importava para Venter.

Venter também não escondia sua irritação, o que causou desavenças no NIH. Ele acreditava que seu processo poderia tornar o trabalho mais rápido e era mais barato. Parte do motivo pelo qual isso estava acontecendo, ele sabia, era que o NIH estava mais acostumado com estruturas e abordagens estabelecidas. No entanto, Venter culpava Watson, pois o achava um administrador incompetente. Segundo as acusações de Venter, a burocracia que Watson criava "tornou-se uma distração sem sentido, desagradável e frustrante da ciência".[27] Mas Venter também não tinha paciência — ou aptidão — com habilidades mais brandas de persuasão. Em geral, o carisma e as habilidades de negociação determinam o sucesso em grandes organizações, e sua postura desafiadora e ríspida não lhe rendia amigos. Na verdade, as pessoas o odiavam. Venter disse a terceiros: "Eu estava desperdiçando meu tempo, minha energia e meu entusiasmo brigando com um grupo que parecia não ter nenhum interesse sério em permitir que alguém de fora analisasse o genoma humano."[28]

Ainda assim, o NIH decidiu solicitar as patentes sobre a pesquisa dos fragmentos de genes identificados por Venter. Era um passo importante, pois quem detinha as patentes determinava como elas poderiam ser licenciadas. Venter não estava tentando patentear o material biológico em si — o Escritório de Patentes e Marcas Registradas dos Estados Unidos não teria concedido tal patente —, e sim o código que ele havia sequenciado. Com isso, Watson ficou histérico. Ele gritou com Bernadine Healy, diretora do NIH, exigindo que o instituto revogasse o financiamento da tentativa da patente (Healy concordou).[29] No entanto, a briga chegou ao Congresso. No Capitólio, Watson e Venter foram convocados para uma sala de audiência do Senado em 1991. Não havia quase ninguém. Os Estados Unidos haviam acabado de começar a retirar todos os 540 mil soldados norte-americanos da Guerra do Golfo, e filmagens divulgadas na imprensa mostravam quatro policiais de Los Angeles espancando Rodney King repetidas vezes, então não havia muito espaço para uma briga sobre um assunto desconhecido, que poucos, pelo menos naquela época, conseguiriam entender.[30, 31] Alguns senadores compareceram, mas nenhum deles demonstrava entender muita coisa sobre genômica. Eles fizeram perguntas insipientes sobre o projeto e as patentes. Em dado momento, um Watson exasperado, esforçando-se para expressar suas preocupações com o trabalho de Venter, o comparou a um macaco. "Isso não é ciência!", berrou Watson.[32]

Em outubro, o escritório de patentes recusou a solicitação do NIH.[33] Venter, cada vez mais frustrado com Watson e com o NIH, queria usar um pouco do dinheiro de financiamento recebido anteriormente do instituto de sequenciamento de DNA para o sequenciamento EST. Ele pediu autorização — talvez tivesse aprendido algumas coisas sobre burocracia —, mas o Projeto Genoma recusou a solicitação e rejeitou sua participação. Indignado, ele devolveu o dinheiro do financiamento e enviou uma carta mordaz a Watson. Pouco depois, Venter deixou o NIH, e um capitalista de risco chamado Wallace Steinberg se ofereceu para criar uma empresa usando o método EST. Venter queria se concentrar exclusivamente na pesquisa básica e não se preocupar com a gestão do negócio, então os dois chegaram a um acordo. Venter trabalharia com sua esposa, Claire Fraser, cientista genômica e especialista em genômica microbiana no The Institute for Genomic Research (TIGR). Steinberg criaria uma empresa com fins lucrativos, a Human Genome Sciences. As duas organizações trabalhariam juntas — a pesquisa de Venter no TIGR seria usada pela Human Genome Sciences para desenvolvimento comercial. Após toda a repercussão,

Watson foi obrigado a renunciar como chefe do Projeto Genoma Humano em 1992, em parte por suas atitudes em relação a Venter e ao fiasco das patentes.[34] Enfurecido, Watson se afastou da vida pública, mas continuou orientando e aconselhando o Projeto Genoma Humano sem chamar atenção, nos bastidores.

Em 1994, o PGH havia desenvolvido tecnologia e processos suficientes para mapear (mas não sequenciar) os genomas da mosca-da-fruta, da levedura, de nematódeos e da *E. coli*. Mas o projeto avançava lentamente.[35] Nesse ínterim, Venter e um colega, Hamilton O. Smith, então na The Johns Hopkins University School of Medicine, propuseram — isso mesmo, você acertou — acelerar as coisas usando outra técnica controversa: o sequenciamento shotgun. No mapeamento tradicional do genoma, os cientistas passam por um processo laborioso isolando cada cromossomo, recortando pequenos pedaços de DNA em intervalos regulares, um por vez, ordenando esses pedaços e, em seguida, inserindo-os em máquinas de sequenciamento que "leem" as letras. É um processo lógico, porém lento. Era mais ou menos como dirigir por uma longa rodovia, durante uma nevasca, em que só conseguimos enxergar uma curta distância à nossa frente.[36]

O processo de sequenciamento shotgun funcionaria assim: Smith e Venter pegariam diversas cópias do DNA genômico, fragmentariam essas cópias e, em seguida, clonariam esses fragmentos em plasmídeos bacterianos. Cada plasmídeo teria algumas centenas de letras de DNA que, depois, seriam sequenciadas. O software leria cada fragmento e identificaria sobreposições correspondentes. Desse modo, era possível agrupar um genoma inteiro. Não seria necessário usar o método demorado de ordenação para os plasmídeos clonados.

Mas não seria uma tarefa fácil: embora o sequenciamento shotgun tenha sido usado antes em projetos menores, nunca havia sido utilizado em algo tão complexo e grande quanto um genoma humano. Como o DNA tinha que ser fragmentado de modo aleatório para criar as sobreposições, haveria uma quantidade enorme de fragmentos para sequenciar e reagrupar. Isso exigiria software customizado e capacidade de processamento computacional. Apesar de tudo, era uma abordagem genial, que empolgou grande parte da comunidade científica.

Smith e Venter pediram um subsídio ao NIH para sequenciar a bactéria *Haemophilus influenzae*, que causa a meningite em crianças — e depois informaram que só precisavam de um ano para concluir o trabalho.[37] Essa bactéria tem 1,8 milhão de letras de código. Ou seja, seria necessário identificar e combinar de forma exata aproximadamente 5 mil fragmentos de código genético todos os dias, inclusive aos fins de semana.[38] O grupo de análise do NIH atribuiu uma pontuação baixa à proposta, advertindo os dois sobre a técnica: o sequenciamento shotgun de genoma não era somente impossível, como também perigoso. Smith e Venter apelaram da decisão. No entanto, Venter seguiu em frente, supondo que não valia a pena esperar pela burocracia do processo de apelação.

Um ano depois, em maio de 1995, Venter e Smith fizeram o discurso de abertura da noite no congresso anual da Sociedade Norte-americana de Microbiologia (ASM), em Washington, D.C.[39] Andrew estava na plateia e, junto com seus colegas Ken Sanderson e Ken Rudd, estava pesquisando o mapa híbrido (parte genético, parte físico) da bactéria *Salmonella typhimurium*. Ele lembra que centenas de cientistas ouviram em silêncio perturbador o anúncio de Venter e Smith sobre o sequenciamento completo do genoma do *H. influenzae*, mostrando-lhes cada etapa do processo e a organização do genoma em detalhes impressionantes por meio de mapas gerados por computador. Foi a primeira vez que o genoma completo de um organismo de vida livre era sequenciado. Mas então, quatro anos antes de Steve Jobs começar a usar sua famosa chamada publicitária "one more thing" [só mais uma coisa, em tradução livre], Venter e Smith fecharam a abertura com o mapa completo do genoma de uma *segunda* bactéria, a *Mycoplasma genitalium*.

Andrew sabia que era um anúncio importante. Ele havia presumido que a bactéria *E. coli*, amplamente estudada e mapeada, seria a primeira a ser sequenciada. Venter e Smith estavam para trás e simplesmente ultrapassaram todo o mundo da microbiologia. Andrew logo decidiu deixar a academia para trabalhar na empresa biofarmacêutica Amgen, que tinha os recursos técnicos e financeiros para realizar o sequenciamento do genoma no nível de Venter em grande escala.

Meses depois, detalhes de ambos os genomas microbianos foram publicados na renomada revista *Science*, exatamente como Venter e Smith haviam planejado.[40, 41] Como uma ironia que, sem dúvidas agradou Venter, o artigo foi publicado na época em que ele e seus colegas receberam a carta de rejeição final do comitê de apelações do NIH. O documento informava a Smith e a Venter que o método shotgun não era viável.

Nesse intervalo de tempo, o ilustre geneticista médico Francis Collins havia sido eleito como o novo chefe do Projeto Genoma Humano, após a renúncia de Watson. Mas Watson não largava o osso — vivia recorrendo a meios não oficiais de informação e compartilhando com frequência suas opiniões com Collins. Os pesquisadores do TIGR começaram a trabalhar em outros projetos, mas Venter continuou irritado porque sabia que existia outra forma melhor de sequenciar o genoma humano. Ele tinha razão. Uma auditoria interna revelou que, no ritmo em que as coisas estavam, apenas uma fração dos genes seria sequenciada com sucesso até o prazo de 2005. A estrutura organizacional complexa instituída por Watson, repleta de muitos grupos diferentes que recebiam doações, não estava funcionando. O inchaço organizacional estava minando quaisquer iniciativas e, talvez, até mesmo o próprio PGH.

NECESSIDADE DE VELOCIDADE

Ninguém jamais confundiria a Perkin-Elmer Corporation com a Exxon ou com a Procter and Gamble. Mas era um nome familiar em usos domésticos específicos: a empresa detinha cerca de 90% do mercado de substâncias químicas necessárias aos cientistas para sequenciar o DNA. Uma das empresas resultantes de sua fusão na década de 1990, a Applied Biosystems, estava trabalhando em um projeto paralelo: um sequenciador automatizado chamado ABI Prism 3700, desenvolvido para sequenciar DNA continuamente em alta velocidade, substituindo os grandes géis para sequenciamento, usados na época, por finíssimos capilares (tubos) cheios de gel.[42]

Alguns meses antes do congresso da ASM, Andrew já tinha visto um protótipo do equipamento, quando foi a Edmonton, Alberta, para discutir uma colaboração de um novo conceito de "sequenciamento por síntese" com o Dr. Norm Dovichi, um proeminente químico analítico, especializado em sistemas de detecção de moléculas únicas. Educadamente, o Dr. Dovichi ouviu a ideia de Andrew, mas disse que estava ocupadíssimo. Além do mais, ele já estava trabalhando com um novo sequenciador, e ficou feliz em mostrá-lo a Andrew. O protótipo tinha 32 capilares, cada um equivalente a uma "faixa" em uma placa de gel de sequenciamento. (O modelo final teria 96, o mesmo número de orifícios em uma microplaca padrão usada em sistemas de laboratório robóticos.) Dovichi também compartilhou a taxa de desempenho. Ao fazer alguns cálculos rápidos, Andrew percebeu que uma única máquina seria capaz de sequenciar uma bactéria em algumas semanas.[43]

Um ABI Prism 3700 sozinho não era poderoso o bastante para sequenciar o genoma humano, porém alguns dos executivos da Perkin-Elmer acreditavam que centenas deles juntos poderiam conseguir decodificar o DNA humano mais rápido do que os métodos convencionais. O código resultante teria algumas lacunas, mas essa etapa seria considerada a primeira análise do problema; a execução repetida do código nos computadores garantiria que todos os pedaços ausentes ou ilegíveis fossem corrigidos. Essa parte deixou o pessoal do departamento financeiro da empresa preocupado, pois, em última análise, o ressequenciamento, como era conhecido, poderia levar anos, não meses, e a venda dos produtos químicos da empresa gerava margens de lucro bem maiores do que a venda de computadores.

Os executivos da Perkin-Elmer, que conheciam Venter e sua técnica shotgun, acreditavam que, juntos, os computadores e o método de Venter poderiam contribuir para um avanço magistral na genômica. De sua parte, Venter compreendeu de imediato que essa abordagem aceleraria o processo de decodificação. Assim, em 1998, Venter e seus colaboradores foram ao NIH e anunciaram que estavam fechando parceria com uma corporação privada cujo intuito era sequenciar o genoma humano, usando a técnica de Venter e um exército de computadores ABI Prism 3700.[44] Eles defenderam uma parceria público-privada: aliando a metodologia e os computadores deles aos métodos tradicionais de pesquisa dos cientistas do setor público, eles poderiam trabalhar colaborativamente e terminar de decodificar o genoma antes do prazo de 2005, economizando bastante dinheiro público no processo.[45] Venter propôs o compartilhamento de dados e, uma vez que o sequenciamento do genoma humano fosse publicado como artigo, todos eles compartilhariam a glória de ter contribuído com uma das maiores conquistas científicas da história humana. Ninguém se atreveu a dizer em voz alta, mas se o Prêmio Nobel fosse concedido, todos compartilhariam essa honra também.

Collins disse a Venter que pensaria em sua proposta. Mas a oferta de Venter talvez não tenha sido completamente sincera. Ele já havia entrado em contato com o *New York Times* para vazar um comunicado de imprensa afirmando que sua nova empresa, Celera ("velocidade" em latim), sequenciaria o genoma humano em 2001, quatro anos antes do prazo prometido pelo PGH. O comunicado também afirmava que a Celera faria o sequenciamento por uma fração do orçamento do projeto público — menos de US$300 milhões, menos de um décimo do preço da iniciativa financiada pelo governo federal. A história final que o *New York Times* publicou deu a entender que, como a equipe de Venter usava um método comprovado e supercomputadores modernos, os métodos lentos e tradicionais do PGH eram duvidosos.[46] Após a publicação da reportagem, a próxima parada de Venter foi uma reunião com o pessoal do Projeto Genoma Humano, na qual ele zombou dos participantes, dizendo-lhes que simplesmente parassem de trabalhar, pois logo estariam irremediavelmente para trás.

O papo furado de Venter não parou por aí. Após a reunião do PGH, ocorreu uma coletiva de imprensa para explicar os progressos realizados. Na mesa de destaque, sentado ao lado de Collins, Venter disse aos repórteres que o PGH alcançaria melhores resultados se tivesse uma meta mais realista: sequenciar o genoma de um camundongo. Talvez reconhecendo que tinha ido longe demais, Venter tentou remendar. "O camundongo é essencial para interpretar o genoma humano." Após a coletiva de imprensa, Watson — que não participou da entrevista com Collins e Venter — perdeu o controle no saguão, comparando publicamente Venter a Hitler.[47] Mais tarde, Watson esculachou Collins na frente dos outros, dizendo-lhe para ser mais positivo e ser como Churchill, não como Chamberlain.[48]

Outros cientistas do PGH não ficaram apenas chateados com os métodos de Venter ou com seus comentários mordazes. Eles acreditavam que criar uma corporação com fins lucrativos para conduzir uma pesquisa tão crucial era simplesmente descabido. Eles também receavam que Venter não somente atingiria a meta antes deles, como dificultaria o acesso à pesquisa. Tecnicamente, a Celera poderia disponibilizar o código genético para qualquer pessoa ver e usar. Mas sem o sistema de computador adequado e sem o conhecimento profundo de como o método de Venter funcionava, seria quase ou totalmente impossível compreender o banco de dados público. Além disso, se alguém quisesse uma verdadeira análise — coisas importantes, como lhe dizer onde estão as coisas no genoma —, precisaria pagar.

Os chefões do Wellcome Trust, o grande financiador do PGH, souberam de todo esse tumulto e, compreensivelmente, ficaram preocupados com uma corporação privada — sobretudo uma encabeçada por um renegado que participou muito tempo do projeto — se intrometendo subitamente e dizendo que o projeto público estava desperdiçando dinheiro a rodo. Os executivos da Wellcome Trust foram para os Estados Unidos, apreensivos de que sua considerável doação fosse desperdiçada e que todo o projeto estivesse em risco. Collins tentou convencê-los de que estava tudo bem com o projeto, dizendo-lhes que Venter era um pesquisador egocêntrico que adorava se vangloriar e que sua abordagem, usando computadores e método shotgun, não funcionaria. Como se não bastasse, Collins disse ao *USA Today* que a Celera produziria a "versão Cliffs Notes de estudantes ou a versão de humor satírico da Mad Magazine" do genoma humano.[49]

A corrida havia começado. Venter alegou que seu grupo teria um rascunho do genoma humano em 2001 e uma versão completa em 2003. O PGH não tinha opção, era necessário acelerar as coisas também. Watson começou a pressionar o Congresso por mais dinheiro para que o PGH comprasse suas próprias máquinas ABI 3700, cada uma custando cerca de US$300 mil. O NIH consolidou o projeto, concentrando o trabalho em três centros acadêmicos: Universidade Baylor, Instituto de Tecnologia de Massachusetts (MIT) e Universidade de Washington. Mas fazer isso significava cortar muitas pessoas. A essa altura, centenas de cientistas que trabalhavam há quase uma década no projeto ficaram inesperadamente sem recursos financeiros. Era fácil ver por que isso estava acontecendo: de uma hora para outra, uma nova iniciativa concorrente reformulou o projeto.

DECODIFICANDO O CÓDIGO GENÉTICO

Como a corrida estava a todo vapor, houve a tentativa de incentivar a cooperação entre o consórcio internacional e a Celera, mas em fevereiro de 2000, com os ânimos cada vez mais exaltados, as negociações fracassaram. E boa parte das discussões aconteciam na imprensa. Venter ficou enraivecido, pois o PGH vazou uma carta que enviou à Celera detalhando os problemas com seus métodos. Então ele disse aos repórteres que o PGH simplesmente recorreu a uma resposta "imoral". Enquanto isso, um membro importante do PGH alegou que os planos da Celera de vender sua pesquisa proprietária, junto com dados públicos do genoma, eram "um trabalho fraudulento".[50]

Em março de 2000, Venter fez um grande anúncio: a Celera, usando as técnicas dele e os computadores Prism, havia sequenciado o genoma da mosca-da-fruta *Drosophila*.[51] Esse feito validou as alegações feitas por Venter o tempo todo, bem como os métodos da Celera. Centenas de Prisms estavam agora zumbindo, processando códigos, como as enormes fazendas de servidores atuais que você vê no filme do James Bond *Operação Skyfall*, exceto que tudo isso estava acontecendo anos antes de alguém inventar a termo "fazenda de servidores". Venter também disse que a Celera havia começado a sequenciar o DNA humano e em breve concluiria um rascunho do genoma humano — aproximadamente 1,2 bilhão de letras de código — junto com patentes provisórias para 6.500 genes humanos. Era como jogar *Monopoly*, mas as jogadas e os privilégios eram concedidos por meio de descobertas científicas, não jogadas de dados e acasos. A primeira equipe que conseguisse sequenciar um gene poderia reivindicá-lo. Patentear era como construir uma casa ou um hotel: outros que quisessem ou precisassem usar aquele gene tinham que pagar pelo privilégio (neste caso, uma taxa de licenciamento). O jogo de Venter era alicerçado por uma estratégia simples e distinta: ele reivindicou basicamente todos os genes que conseguiu sequenciar por meio de patentes provisórias, com a intenção de determinar mais tarde quais valiam a pena manter.

As patentes são importantes nos campos da saúde, medicina e genômica porque conferem ao detentor a capacidade de criar produtos comerciais lucrativos, como novos medicamentos para doenças persistentes. As patentes da Celera significavam que qualquer coisa proveniente de seus genes patenteados pertenceria à empresa por dezessete anos. Imagine o impacto disso: diferentes empresas com direitos distintos aos componentes-chave da vida humana. A Celera reivindica determinados genes, ao passo que o Projeto Genoma Humano reivindica outros, e outras empresas ou agências governamentais reivindicam outros. O sequenciamento do genoma humano ainda era primordial, mas desmembrar partes do mapa poderia retardar o processo de obtenção das informações necessárias oriundas de todo esse trabalho. Seria necessária a colaboração para solucionar problemas espinhosos de saúde com novas terapias genéticas complicadas e desnecessariamente caras. No jogo *Monopoly*, as propriedades vermelhas e laranjas são as mais cobiçadas, ou seja, estatisticamente, são aquelas em que os peões dos jogadores caem com mais frequência e, portanto, as mais propensas a gerar uma boa renda de aluguel. Se Venter e a Celera estivessem perseguindo um ao outro no tabuleiro do *Monopoly*, cada um tentando angariar o maior número possível de propriedades vermelhas e laranjas — ou seja, sequenciar e patentear os genes que seriam os mais úteis para terapias genéticas comuns —, isso poderia ser um problema.

O establishment científico refletiu bastante sobre essas questões de propriedade intelectual. A Celera poderia patentear milhares de genes humanos e, uma vez que fizesse isso, o que mais Venter inventaria? Algumas das preocupações eram existenciais. Se a Celera fosse bem-sucedida, poderia anunciar ao mundo exterior que o caminho tradicional da pesquisa básica — normalmente nas mãos de grandes instituições de pesquisa e agências governamentais — talvez não fosse o melhor rumo a seguir, e que grupos de elite menores e mais rápidos podiam ser mais eficazes. Os métodos não tradicionais de Venter eram uma ameaça. A Celera não estava apenas trabalhando em novas tecnologias científicas experimentais, como também estava tentando criar um modelo de negócios para a biotecnologia.[52] Venter planejava disponibilizar os dados brutos ao público, mas sua empresa venderia software, assinaturas a dados processados e acesso à sua formidável máquina de sequenciamento que tornaria os dados utilizáveis. Em dado momento, a Celera foi avaliada em US$3,5 bilhões, meio bilhão de dólares a mais do que o custo orçado do PGH.

Além do mais, a intenção de lucrar com algo tão universal e natural — nosso genoma humano — preocupou muitos. O genoma humano não deveria ser de domínio público? Ainda mais porque, até então, as pesquisas associadas não eram financiadas com dinheiro dos contribuintes de diversos países? Por que somente uma empresa deve se beneficiar de tamanho lucro financeiro?

Enquanto o establishment científico discutia, em 6 de abril de 2000, Venter anunciou que a Celera havia terminado de sequenciar o DNA necessário e empreenderia a "primeira montagem" de um genoma humano.[53] Seria apenas uma questão de semanas antes que o esboço do genoma estivesse concluído — bem antes do que qualquer um havia previsto.[54] Esse genoma em particular pertencia a um homem. (Embora o homem não tenha sido identificado, alguns se questionavam se era o próprio DNA de Venter. Venter não confirmou nada, mas também não negou.) O PGH, por outro lado, usou material genético de várias pessoas diferentes.

Ficou evidente que a Celera ultrapassaria a iniciativa pública, mas, por conta de todo o financiamento federal, todas as partes concordaram que a corrida para sequenciar o genoma humano e os aprendizados, as descobertas e os novos processos resultantes de todo o trabalho acabaria em empate: a Celera e o PGH dividiriam o crédito. Mas ainda existiam questões delicadas. A indústria farmacêutica e empresas de biotecnologia entenderam que, mais cedo ou mais tarde, outras pessoas — pesquisadores acadêmicos, instituições governamentais, startups — precisariam ter acesso à sequência e às patentes. A fim de criar terapias, precisariam dos dados brutos do genoma e da capacidade de processamento para lê-los — mas não queriam pagar por isso. A Celera também tinha dois concorrentes pequenos — a Human Genome Sciences e a Incyte —, que assumiram enormes riscos financeiros na tentativa de sequenciar o genoma e tinham que recuperar o que gastaram.

Todas essas dificuldades refletiam as consequências imensas desse tipo de pesquisa. Quem controlava o acesso aos genes controlava o acesso ao futuro da biologia. Em nenhuma outra área de negócios haveria um debate sobre qual organização pode controlar e lucrar com a forma como empreende suas pesquisas. (A analogia mais próxima, talvez, seja o debate atual sobre acesso e controle de nossos dados individuais, porém, até o momento, nenhuma providência efetiva foi tomada e nenhuma está à vista.) No entanto, isso evidencia por que o campo da biotecnologia — e o emergente mundo da biologia sintética — é distinto de qualquer outro campo de negócio já criado por qualquer pessoa na Terra.

NEGOCIAÇÕES DE PAZ

As preocupações sobre todas as questões em jogo acabaram sendo levadas aos mais altos escalões do governo. A resolução ocorreu em 26 de junho de 2000, quando Venter e Collins, fingindo ser colegas, reuniram-se com o presidente Bill Clinton na Casa Branca e com o primeiro-ministro britânico Tony Blair — cujo governo trabalhista havia sido alertado por Collins e pelo Wellcome Trust sobre esses assuntos — via satélite.[55] Watson não foi convidado à tribuna, embora Clinton tenha gentilmente reconhecido seus esforços:

> Há quase dois séculos, nesta sala, neste andar, Thomas Jefferson e um assessor de confiança estenderam um mapa suntuoso, um mapa que Jefferson há muito ansiava ver em sua vida. O assessor era Meriwether Lewis e o mapa era o produto de sua corajosa expedição pela fronteira norte-americana, até o Pacífico. Foi um mapa que definiu os limites e ampliou para sempre as fronteiras do nosso continente e do nosso imaginário.
>
> Hoje o mundo está se reunindo conosco aqui na Sala Leste para contemplar o mapa com importância ainda maior. Estamos aqui para comemorar a conclusão do primeiro levantamento de todo o genoma humano. Sem dúvidas, este é o mapa mais importante e fenomenal já criado pela humanidade.

> Há menos de cinquenta anos, um jovem britânico chamado Crick e um norte-americano impetuoso, ainda mais jovem, chamado Watson descobriram a estrutura elegante do nosso código genético. Dr. Watson, a forma pela qual você anunciou sua descoberta na revista *Nature* foi um dos grandes eufemismos de todos os tempos: "Esta estrutura tem características novas que são de considerável interesse biológico."
>
> Obrigado, senhor.[56]

O presidente anunciou que, apesar de a corrida para concluir o mapa tivesse terminado, a partir daquele momento, equipes de pesquisa públicas e privadas trabalhariam colaborativamente para o benefício de todos com o objetivo de concluir o esboço final do genoma sem erros. Depois, eles identificariam cada gene e, por último, usariam todos esses dados para desenvolver novos tratamentos médicos.

Contudo, o anúncio histórico terminava com uma advertência. Clinton afirmou que a ciência sozinha não poderia ser o árbitro do "poder ético, moral e espiritual" que a humanidade agora tinha em mãos. A informação genética não deve ser utilizada para estigmatizar ou discriminar nenhum grupo. Nunca deve ser usada para forçar a entrada das portas da privacidade. O primeiro-ministro continuou enfatizando: "Todos nós compartilhamos o dever de garantir que a propriedade comum do genoma humano seja usada livremente para o bem comum de toda a raça humana."[57]

Antes de Clinton parabenizar Venter e Collins e apertar suas mãos, Venter tinha uma última coisa a dizer: "Uma das maravilhosas descobertas que meus colegas e eu fizemos ao decodificar o DNA de mais de duas dúzias de espécies, de vírus a bactérias, insetos e agora seres humanos, é que estamos todos vinculados à semelhança do código genético e da evolução. Quando a vida é reduzida à sua própria essência, descobrimos que temos muitos genes em comum com todas as espécies do planeta e que não somos tão diferentes uns dos outros. Você pode se surpreender ao saber que suas sequências são mais de 90% idênticas às proteínas de outros animais."[58]

Venter, que é ateu, parecia bastante com alguém que vislumbrou o divino e respondeu com uma humildade recém-descoberta.[59] Ele tinha outras razões para ser humilde. Apesar da importância de seu sucesso em realizar o sequenciamento genético, ele sabia que só havia vencido a corrida até a linha de largada. O verdadeiro jogo — arquitetar o futuro da biologia sintética — estava apenas começando.

| TRÊS |

TIJOLOS DA VIDA

Células são máquinas universais e sofisticadas que transmitem informações. Embora se comportem como computadores — armazenando, recuperando e processando dados —, elas não se parecem em nada com um. As células também se comportam como fábricas supermodernas totalmente automatizadas cujos departamentos realizam tarefas específicas para fabricar os produtos desejados. Essas analogias contrariam nosso modelo mental de enxergar a vida como uma caixa-preta: estamos cientes das entradas (possivelmente até as controlamos) e podemos ver as saídas. No entanto, os mecanismos internos que possibilitam a criação da vida e de seus sistemas manipulados são inescrutáveis. Se pudéssemos manipular as células — os tijolos básicos da vida —, poderíamos orientar as máquinas para cumprir nossas ordens.

Se considerarmos as células como computadores biológicos que executam comandos a fim de produzir produtos e serviços, talvez seja útil considerar uma linguagem de programação digital para o DNA que não seja binária. Os computadores em suas mesas e dentro dos smartphones entendem 1s e 0s, uma linguagem de dois símbolos (ou seja, binária) em que os símbolos representam verdadeiro (1) ou falso (0). Esses 1s e 0s são encadeados, geralmente em conjuntos de oito, como um byte — unidade-padrão de informação digital. O código binário para a letra A é 01000001. Se quisesse soletrar A-M-Y, precisaria de três bytes, com o ordenamento adequado de 1s e 0s.

A linguagem do DNA usa A-C-T-G, e a versão do DNA de um byte é um códon, que utiliza três, em vez de oito, posições. Por exemplo, a ATG (globulina antitimócito) codifica o aminoácido metionina. Ao se deparar com essa primeira sequência ATG, a célula sabe que tem que começar a produzir proteína. A sequência ATG é o "hello world" da biologia.

Quando o consórcio do Projeto Genoma Humano e a equipe de Craig Venter fizeram o sequenciamento, foram identificados cerca de 20 mil genes presentes em humanos. Isso nos deu uma melhor compreensão do nosso código-fonte: o conjunto de instruções detalhando a estrutura, a organização e a função de nosso desenvolvimento e evolução. Era uma visão geral pormenorizada das células humanas que forneceria informações reveladoras para identificar, tratar e prevenir doenças. E uma oportunidade de pensar além.

As células têm cópias completas do genoma, e cada célula tem a capacidade de tomar decisões sobre o próprio futuro. Uma célula não pode ser ao mesmo tempo uma célula muscular e uma célula da pele — uma escolha deve ser feita. Ao longo da vida, uma célula tem o potencial de se dividir e se diferenciar, e cada nova geração se torna mais especializada. Mas outro tipo de célula — uma célula-tronco — é universal e inespecífica, podendo se dividir e se replicar repetidamente, tornando-se um recurso renovável e inestimável. As células-tronco geram células de reposição para células danificadas durante os tratamentos de quimioterapia, ajudam o sistema imunológico a combater doenças do sangue e auxiliam na regeneração de tecidos lesionados.

No início do século XXI, tínhamos um mapa do genoma — o entendimento básico da localização dos genes e a distância entre eles nos cromossomos — e também hipóteses arrojadas sobre como poderíamos empregar esse conhecimento para melhorar a vida. O que faltava eram as ferramentas e a linguagem padronizada necessária para programar células. Os cientistas que trabalham nos limites extremos dessa nova e ousada interseção da biologia com a tecnologia se questionaram se a vida não era tão misteriosa ou se era simplesmente uma questão técnica — um projeto de engenharia desafiador esperando para ser decifrado. Mas sem padronização, léxico comum compartilhado e sistemas hierárquicos (elementos, dispositivos e métodos), os pesquisadores não poderiam compartilhar suas descobertas, divulgar patentes sobre parametrizações biológicas recém-identificadas e tomar como base as contribuições uns dos outros. Os blocos básicos de construção de outros reinos materiais foram padronizados, e é por isso que você pode entrar em uma loja de ferramentas e comprar um punhado de parafusos sem ter que perguntar se a porca é do tamanho adequado. Parafusos com porca, parafusos com arruelas, pregos — e tantas outras coisas — são fabricados de acordo com padrões específicos. Na engenharia, o mesmo vale para metais, polímeros e outros materiais. No segmento computacional, os discos rígidos e a memória são fabricados com as mesmas configurações físicas básicas, portanto, se um driver não funcionar, é possível comprar um online, abrir sua máquina e substituí-lo. Por que o mesmo não ocorre com os elementos biológicos?

Pense, por um instante, como essa abordagem poderia ser mágica. Com o tempo, teríamos resultados fascinantes: uma loja de wetware para peças-padrão biológicas e impressoras especiais para sintetizar moléculas. O DNA poderia ser reimaginado na forma de uma data storage regravável, e as células como unidades de produção microscópicas. Para aqueles que entendem que um dia tudo isso pode se concretizar, haveria uma nova demanda por biotecnólogos, pessoas capazes de desenvolver uma interface biológica comum. Antes de escrevermos um novo código para controlar a natureza — talvez até mesmo programas que pudessem nortear a evolução futura da humanidade —, alguém tem que construir a loja de ferramentas.

Como estudante, Marvin Minsky se perdia em devaneios: ele refletia sobre o pensar. Ele usava óculos redondos e tinha vastos cabelos castanhos, que costumavam bagunçar enquanto lia os livros da biblioteca do pai. Enquanto outras crianças em seu bairro do Bronx, em Nova York, jogavam stickball, Minsky devorava as obras completas de Freud. Ele ficava imaginando construir uma réplica do cérebro humano — não um autômato, mas uma verdadeira máquina cognitiva, que fosse compatível com nosso poder computacional bruto e também tivesse nossa capacidade de criar, imaginar e sentir. Minsky explorou essa ideia como um estudante simpático e amigável na prestigiosa Bronx High School of Science, cujos ex-alunos incluíam diversos vencedores do Prêmio Nobel, e, mais tarde, na Phillips Academy em Andover, Massachusetts, onde o famoso geneticista George Church estudaria posteriormente.

Em 1946, Minsky se matriculou em Harvard com a intenção de estudar matemática, porém seu caminho acadêmico logo se tornou incerto. Ele estudou matemática e física — além de psicologia, linguagem e até composição musical com Irving Fine, cujos seguidores devotados incluíam Aaron Copeland e Leonard Bernstein. Enquanto estudante de graduação, Minsky também administrava os próprios laboratórios. Era uma proeza rara para um calouro, e ainda mais raro era seu trabalho interdisciplinar: biologia e psicologia. No entanto, ele passou a maior parte de seu tempo de pesquisa tentando decifrar a mente humana: por que funcionava, de onde os pensamentos se originavam, como a mente comandava outras funções do corpo, como era sua interação com órgãos e células e se, de fato, temos ou não livre-arbítrio. Cada vez mais, sua curiosidade insaciável se voltava ao que ele pensava ser os três problemas mais instigantes do mundo: genética, física e inteligência humana.[1, 2, 3]

Em meados da década de 1950, Minsky havia concluído um doutorado em matemática, porém não conseguia se livrar da obsessão em descobrir, em um nível elementar, como o cérebro funcionava. Em 1956, ele e alguns amigos, John McCarthy (um matemático), Claude Shannon (um matemático e criptógrafo da Bell Labs) e Nathaniel Rochester (um cientista da computação da IBM) propuseram um seminário de dois meses para explorar a mente humana e a questão de saber se as máquinas poderiam um dia pensar, assim como as pessoas. Junto com um grupo interdisciplinar de pesquisadores independentes de diversas áreas distintas — ciência da computação, psicologia, matemática, neurociência e física —, eles passaram dois meses daquele verão em Dartmouth investigando a conexão entre mente e máquina. No final, propuseram um novo campo de estudo, que chamaram de "inteligência artificial", a mesma IA que conhecemos hoje.[4]

Naquele verão, Minsky e seus colegas pesquisadores não foram os primeiros a investigar o pensamento humano e por que nossas células funcionam aparentemente de forma autônoma. Platão e Sócrates se perguntavam o significado de "conhece-te a ti mesmo" na Grécia Antiga, pois eles também tentaram fazer engenharia reversa do pensamento e da identidade. Aristóteles inventou a lógica silogística, assim como nosso primeiro sistema formal de raciocínio dedutivo, o que levou Euclides a criar o primeiro algoritmo matemático quando descobriu como encontrar o máximo divisor comum de dois números. Ainda que, aparentemente, esse trabalho não esteja relacionado às células e ao genoma humano, ele estabeleceu os alicerces para ideias primordiais na biologia sintética: que determinados sistemas físicos podem operar como um conjunto de regras lógicas, e que o próprio pensamento humano pode ser um sistema simbólico, um conjunto de códigos e regras.

Essas ideias iniciais em filosofia e matemática resultaram em centenas de anos de questionamento por parte dos cientistas que tentavam descobrir como nossas mentes estão conectadas a nossos corpos — o receptáculo de milhões de células, cada uma operando de forma individual, como sistemas complexos, que tomam decisões e nos mantêm vivos. Por que nossa biologia funcionava como o requintado relógio de pêndulo ao qual era tantas vezes comparada? O matemático e filósofo francês René Descartes questionou a consciência e até se era possível comprovar se nossos pensamentos eram reais. Em seu livro *Meditações sobre Filosofia Primeira*, Descartes sugere um experimento mental, pedindo aos leitores que imaginassem uma criatura demoníaca criando intencionalmente uma ilusão do mundo em que viviam. Caso sua experiência física e sensorial de nadar em um lago fosse obra de uma criatura demoníaca, então você não poderia *saber* se realmente estava nadando. Mas na visão de Descartes, se você tivesse autoconsciência de sua própria existência, alcançaria os critérios para o conhecimento. "Eu sou, eu existo, sempre que isso é proferido por mim, ou concebido pela mente, é necessariamente real", escreveu ele. Em outras palavras, o fato de nossa existência reside além da dúvida, ainda que haja uma criatura demoníaca ludibriadora no meio. Ou, como na frase mais famosa de Descartes, "Penso, logo existo". Mais tarde, em seu *Tratado do Homem*, Descartes argumentou que os humanos provavelmente poderiam construir um autômato — neste caso, um pequeno animal — que seria indissociável do real. Mas, ainda que um dia criássemos um humano mecanizado, ele nunca se passaria como real, alegou Descartes, pois lhe faltaria uma mente e, portanto, uma alma. Diferentemente dos humanos, uma máquina nunca poderia alcançar os critérios do conhecimento: nunca poderia ter autoconsciência como nós. Para Descartes, a consciência se dava intrinsecamente. A alma era o fantasma que assombraria as máquinas que são nossos corpos.

Em 1836, Charles Darwin retornou de sua viagem ao redor do mundo a bordo do HMS *Beagle*. Durante a jornada, entre muitas outras coisas, ele descobriu crânios enormes, restos mortais de preguiças terrestres pré-históricos e outros fósseis do ambiente primitivo da Terra, e nas Ilhas Galápagos, viu diferentes espécies de tentilhões e tartarugas gigantes, ficando maravilhado como as criaturas variavam ligeiramente de ilha para ilha. Nos anos após seu retorno, Darwin ficou obcecado pelo ciclo da vida — nascimento e extinção —, perguntando-se sobre hierarquias e hereditariedade, e formulou uma teoria de que todas as espécies sobreviviam por meio de um processo de "seleção natural". Os seres vivos que se adaptavam ou evoluíam com sucesso, superando os desafios de seus ambientes, passaram a se reproduzir e prosperar; aqueles que não conseguiram se adaptar ou evoluir não se reproduziram nem prosperaram, e acabavam morrendo. Isso valia para pássaros e tartarugas, para os animais fossilizados que ele encontrara, para samambaias e árvores e para os seres humanos. Toda a vida, segundo Darwin, nascia de ancestrais comuns e evoluía por longos períodos de tempo. Não existia intervenção divina; nem os dias em que Deus criou todos os animais que habitam a Terra, assim como o primeiro homem e a primeira mulher, conforme acreditavam os vitorianos. Deus não era um criador, e sim uma estratégia de sobrevivência tribal forte e arraigada que desenvolvemos como parte de nosso próprio processo de seleção natural.[5]

À medida que Darwin estava identificando uma linguagem biológica em comum que interligava todos os seres vivos, a matemática britânica Ada Lovelace e o cientista Charles Babbage tentavam imitar parte de nossa biologia — a função cognitiva — por meio da engenharia. Na década de 1820, eles criaram uma máquina chamada "Máquina Diferencial", que tabulava números e então postularam a base teórica para uma "Máquina Analítica", mais avançada, que seguia uma série de instruções predeterminadas para resolver problemas matemáticos. Nas notas de rodapé de um artigo científico que Lovelace traduziu em 1842, ela arquitetou um sistema ainda mais complexo que poderia seguir instruções e produzir música e arte, escrevendo, na prática, o primeiro programa de computador, ainda que conceitual. O avanço das teorias das máquinas pensantes para computadores que começaram a imitar o pensamento humano aconteceu na década de 1930, com a publicação de dois artigos importantíssimos: "On Computable Numbers, with an Application to the *Entscheidungsproblem*" [Sobre Cálculos Computacionais, com a Aplicação do *Entscheidungsproblem*, em tradução livre], de Alan Turing, e "A Symbolic Analysis of Switching and Relay Circuits" [Uma Análise Representativa da Comutação de Circuitos e Circuitos de Relé, em tradução livre], de Claude Shannon. (Shannon ultrapassou os limites da matemática, da engenharia e do pensamento humano com Minsky durante aquele verão mágico em Dartmouth.)[6]

Todo esse resgate histórico é importante porque mostra há quanto tempo pensamos sobre o que é a vida — desde nosso maquinário biológico até nossas mentes e como os dois funcionam juntos.

Em meados da década de 1960, Minsky publicou artigos precursores sobre IA que abordavam o futuro, os desafios iminentes das máquinas autoconscientes. Ele fundou o Laboratório de IA do MIT e começou a pesquisar os mais variados problemas homem-máquina, como ensinar computadores a reproduzir e compreender a linguagem. Um de seus alunos mais promissores — Tom Knight — não era tecnicamente um estudante de graduação. Knight era um estudante do ensino médio de Wakefield, Massachusetts, uma cidadezinha sossegada, com enormes florestas e lagos, que ficava a vinte minutos de carro, ao norte do campus do MIT. Ele passou os verões de seu primeiro e último ano trabalhando para Minsky ao mesmo tempo que fazia cursos do MIT em programação de computadores e química orgânica. Após concluir o ensino médio, Knight se matriculou no MIT, mas, como Minsky, teve dificuldade em encontrar o campo acadêmico adequado. Não existia nenhum curso de ciência da computação — naquela época, a área ainda estava em processo de formação — e, antigamente, as universidades ainda desencorajavam conteúdos híbridos de estudo.[7]

Desse modo, ele dedicou sua energia, como fez Minsky, a fazer as máquinas pensarem. Knight, que tinha a barba cheia e um bigode bem aparado, cabelos escuros e óculos que o faziam parecer um menonita nerd, rapidamente se tornou uma figura cult no campus. Em 1967, ele criou um kernel original para um sistema operacional que monitorava o tempo em que os usuários passavam em computadores — tarefa de suma importância, visto que, naquela época, só havia computadores nas universidades e nos laboratórios governamentais, e apenas uma pessoa por vez podia usá-los. Ele participou da equipe que ajudou a construir a ARPANET, que mais tarde se tornou a NSFNet e, futuramente, a internet que usamos hoje. Na década de 1970, Knight desenvolveu uma das primeiras imagens de bitmap baseadas em memória semicondutora e uma impressora orientada a bitmap. Em 1978, ele e um colega do MIT, Richard Greenblatt, tentaram criar um computador mais simples, que pudesse ser usado por qualquer pessoa, não somente por programadores capacitados. Apesar de terem conseguido criar a máquina, eles não tiverem sucesso em comercializá-la. No entanto, ambos fundaram empresas que fabricavam computadores: Greenblatt fundou a Lisp Machines, e Knight, a Symbolics, que em 1985 se tornou o primeiro domínio pontocom registrado.[8]

Com o passar do tempo, Knight continuou acumulando dezenas de patentes devido às suas contribuições à ciência da computação e à engenharia elétrica e, como parte de sua tese de doutorado, concluída em 1983, descobriu como projetar circuitos integrados. A lei de Moore, teoria de que o número de transistores possíveis inseridos em uma placa de circuito integrado pelo mesmo preço dobraria a cada 18 a 24 meses, ainda se mantinha, e Knight previu que, em um futuro próximo, a instalação de mais transistores em um circuito integrado usando os métodos tradicionais de engenharia seria fisicamente impossível. Ele percebeu que, em algum momento, a duplicação resultaria em nanômetros. Dez nanômetros têm a distância de setenta átomos enfileirados. Seria então estatisticamente improvável (mas não tecnicamente impossível) projetar sistemas que funcionassem de modo correto.

Knight, recordando-se dos cursos de química orgânica que fez quando adolescente no MIT, perguntou-se se as moléculas poderiam ser persuadidas a se autoagruparem com o propósito de construir um chip de computador melhor. Ele mergulhou de cabeça em seus antigos livros de biologia para refrescar a memória e, depois, encontrou livros mais modernos sobre organismos simples. Knight leu os trabalhos do biofísico Harold Morowitz, segundo o qual "todos os processos biológicos começam com a captura de fótons solares e terminam com o fluxo de calor para o ambiente". O biofísico também explicava a termodinâmica necessária para fazer uma pizza perfeita.[9] Na verdade, uma tecnologia comprovada já era amplamente utilizada e era capaz de mover os átomos de acordo com especificações precisas: a química.[10]

Enquanto professor ativo no MIT, Knight se rematriculou como estudante em 1995 e fez os cursos básicos de pós-graduação em biologia.[11] Ele queria investigar o fluxo de informações biológicas e a arquitetura física necessária para viabilizá-lo. A unidade fundamental de informação de hereditariedade é um gene; o DNA é o código e o armazenamento; e a expressão de um gene possibilita ou interrompe a produção de proteínas. As proteínas são as moléculas que executam comandos dentro das células; proteínas que se chamam enzimas catalisam reações químicas. Essa série encadeada de reações estrutura uma via metabólica, em que o produto de uma reação se torna a entrada para a próxima. Quais genes são expressos e quando — ativos ou desativados — representam o fluxo de informação biológica. Para os biólogos, isso é conhecido como dogma central. Para Knight, representava um potencial inexplorado.

No ensino médio, nas aulas de biologia, talvez o professor tenha pedido para você dissecar um sapo e seus órgãos, anotar o que viu e depois remontar a criatura. (Pelo menos, essa foi a experiência de Amy.) Em meados da década de 1990, acontecia a mesma coisa: o campo incipiente da biotecnologia ainda se concentrava na desconstrução e na observação. Knight não queria trabalhar no análogo molecular de cadáveres de sapos, tampouco queria simplesmente desenvolver clones de genes, células e tecidos, atividade principal da biotecnologia naquela época, pois isso não contribuiria com as respostas para as perguntas que ele estava investigando: os humanos são apenas máquinas frágeis? As células poderiam ser programadas como computadores? Os computadores poderiam ser repaginados a partir de peças biológicas?

As respostas exigiriam um estudo pesado, e isso significaria confrontar algumas crenças acadêmicas profundamente arraigadas sobre manter as pesquisas inacessíveis a outras pessoas. A ciência da computação, a robótica e a inteligência artificial propriamente ditas não poderiam levar a respostas, muito menos as abordagens tradicionais da biologia ou da química. A abordagem da engenharia utilizada para entender a computação — as máquinas, a transferência de informações, conectividade, rede e decisões autônomas — poderia ser usada no maquinário das células. Contudo, os pesquisados teriam que adotar de bom grado a complexidade e a variabilidade da biologia.

Um novo conjunto de ferramentas e uma tentativa de padronização podem trazer à tona abordagens diferentes. Uma série de partes biológicas (biopartes) poderia codificar funções biológicas; dispositivos feitos de biopeças poderiam codificar funções definidas; e os sistemas executariam as tarefas. A influência abrangente do grupo interdisciplinar de Minsky em Dartmouth — que resultou na criação da inteligência artificial como um campo de estudo, na próxima geração computacional e nos avanços em inúmeras áreas de pesquisa — estava no subconsciente de Knight quando ele organizou seu próprio seminário de verão em 1995, em Cape Cod. Lá, ele reuniu um grupo de cientistas para se concentrar na união de engenharia, ciência da computação, biologia e química, em uma tentativa sem precedentes de definir a biologia como uma plataforma tecnológica, o genoma como código e a matéria viva como objetos programáveis. Ele chamou isso de computação celular.[12]

No ano letivo seguinte, ele convenceu o MIT a financiar um laboratório de biologia molecular dentro do famoso laboratório de ciência da computação da universidade. Mas rapidamente se deparou com outro obstáculo no caminho das células programáveis. No laboratório, cada experimento feito exigia muitas vezes a construção do pedaço de DNA, de que a equipe precisava, do zero. Isso demandava os próprios conjuntos de experimentos e desperdiçava muito tempo.

A ERA DA BIOLOGIA SINTÉTICA

Na época em que Tom Knight estava criando um campo da ciência, uma nova cepa resistente a medicamentos da malária assolava a África. Bastava uma picada de um mosquito infectado para ocasionar adoecimentos graves ou a morte; na verdade, 200 milhões de pessoas picadas por mosquitos eram infectadas a cada ano, e quase 2 milhões delas morriam.[13] O medicamento mais usado, a cloroquina, estava rapidamente se tornando ineficaz, pois uma nova cepa havia desenvolvido resistência ao fármaco. Essa nova cepa estava dominando tudo, até os lugares onde a cloroquina nunca havia sido utilizada. Outras formas da doença estavam se disseminando pela grande população de mosquitos que se reproduzia com rapidez. O que complicava as coisas era a malária em si. É uma doença furtiva e, não raro, assemelha-se a outras enfermidades. Os sintomas variam de calafrios e sudorese, diarreia e dores de cabeça, até mesmo a sensação de uma leve indisposição. Às vezes, o vírus fica dormente por um ano e, de repente, manifesta-se, aparentemente do nada.[14]

Como em muitos outros lugares ao redor do mundo, a China enfrentava a malária há milênios. Herbalistas antigos recorriam a algo chamado *qinghao* — artemísia —, uma erva aromática com uma estação de crescimento relativamente curta, cujas folhas se parecem com os densos caules das cenouras. Um médico chinês, Ge Hang, em seu *Handbook of Prescriptions for Emergency Treatments* ["Manual de Prescrições para Tratamentos de Emergência", em tradução livre], recomendava tratar os sintomas da malária com artemísia em 340 E.C.— mesmo antes de a doença ser nomeada ou a transmissão, compreendida. Durante a Guerra do Vietnã, os mosquitos foram uma complicação inesperada para todos os lados. Bem antes de a cloroquina se tornar absolutamente ineficaz na África, cepas de malária resistentes a medicamentos estavam se alastrando no Sudeste da Ásia, e a doença subjugou as tropas. Assim, a China empreendeu um projeto secreto governamental com o objetivo de encontrar um tratamento eficaz contra a malária para os norte-vietnamitas aliados da China. Uma fitoquímica chinesa — uma cientista especializada em química de plantas — chamada Tu Youyou se envolveu. Ela e sua equipe de pesquisadores estudaram os textos médicos antigos, incluindo o manual de Ge Hang, e usaram seu conhecimento em medicina tradicional chinesa para identificar 640 plantas e 2 mil remédios potenciais para a malária. Por fim, encontraram uma forte candidata em uma planta antiga: a artemísia de Ge Hang. Em 1972, a equipe havia isolado um composto ativo encontrado em um extrato não tóxico, que eles chamaram de *quighaosu* ou artemisinina. Na época, os cientistas chineses foram proibidos de compartilhar suas descobertas com o mundo exterior, então Tu Youyou não pôde publicar suas pesquisas. No início dos anos 1980, quando a descoberta foi finalmente divulgada ao público, acabou se tornando a base para novos e melhores tratamentos. Em 2015, Tu recebeu o Prêmio Nobel tardiamente em reconhecimento por suas descobertas.[15]

O problema com a artemísia é que as condições para cultivo precisam ser perfeitas. É necessário plena luz e solo bem drenado, a planta não prosperará em condições úmidas. Para atender à nova demanda pela erva medicinal, houve um aumento da produção comercial na China, Sudeste Asiático e África.

Mas era um vegetal tão exigente que a qualidade, o fornecimento e o custo não eram compatíveis. Era difícil predizer as quantidades fornecidas com antecedência, o que trouxe instabilidade para a cadeia de suprimentos global da artemisinina. No início da década de 1990, a artemisinina, tomada em combinação com outros fármacos, era o único tratamento persistentemente eficaz contra a malária, porém a demanda pelo medicamento superava muito a capacidade dos agricultores de cultivar e colher a planta.

À medida que Knight analisava células programáveis em Cambridge, a alguns milhares de quilômetros de distância, na Universidade da Califórnia, em Berkeley, um engenheiro bioquímico e professor assistente chamado Jay Keasling também refletia sobre a interseção entre engenharia, ciência da computação, química e biologia molecular. Seus colegas veteranos o aconselharam a manter a pesquisa estabelecida em andamento, prever os resultados da inserção de novos genes nas células. Mas Keasling estava fascinado com a perspectiva de desenvolver um novo conjunto de ferramentas. Ele tinha interesse particular em vias metabólicas e em novas formas de reprogramar células, de modo que futuros organismos pudessem fazer algo além do que eles evoluíram para fazer. Keasling já havia desenvolvido uma espécie de reostato biológico, um interruptor que podia controlar a corrente dos genes, não muito diferente de um dimmer que possibilita aumentar ou diminuir gradualmente a luminosidade. Ele empregou essa abordagem em diversas vias metabólicas de diferentes organismos, tentando criar circuitos biológicos, com o intuito de ajustar os efeitos — ou mesmo inventar efeitos novos.

Keasling e sua equipe começaram a analisar os terpenoides, derivados produzidos pelas vias metabólicas das plantas.[16] O cheiro característico e doce de uma peônia; o amarelo vivo da semente da cúrcuma e da mostarda; o resíduo pegajoso conhecido como betume (usado para impermeabilizar barcos); os compostos benéficos da cannabis — todos estes são exemplos de terpenoides. E eles não eram fáceis de recriar em 1995. Alguns cientistas tentaram enxertar diferentes genes de plantas em micróbios para produzir terpenoides a partir do zero, mas o processo era custoso e não rendia grande coisa. Então Keasling e sua equipe pensaram em explorar outra via metabólica.[17] Em vez de recorrer a plantas estreitamente relacionadas, eles tentaram algo muito diferente: levedura.

Se você já fez massa de pizza ou assou um pão, com certeza se lembrará daquela etapa mágica do processo em que adiciona grânulos de fermento marrom à água morna e açúcar, agita um pouco e depois vê a mistura se transformar em uma pasta espumosa. A levedura é um microrganismo unicelular que se alimenta de açúcar (e expele dióxido de carbono no processo, o que faz a massa crescer). Keasling e sua equipe inseriram a via metabólica em colônias, o que criou uma reação abundante. Em seguida, eles adicionaram outra via metabólica de uma planta, esperando que o resultado fosse um derivado próximo a um terpenoide. Mas qual deles reproduzir? Um carotenoide, que fornece o tom amarelo vivo aos narcisos e o tom vermelho aos tomates? O mentol ou a cânfora?

Um dos membros da equipe estava familiarizado com a pesquisa de Tu sobre a artemísia e a artemisinina. Embora parecesse promissora, naquela época, a planta ainda não havia sido adotada pelas grandes empresas farmacêuticas, que preferiam continuar comercializando seus tratamentos existentes contra a malária. A cloroquina era barata e altamente lucrativa: era oferecida a cerca de US$0,10 por tratamento. Legalmente, a adição de artemisinina podia elevar o preço até US$2,40 e, no mercado clandestino, até US$27.[18] Mas a equipe de Keasling percebeu que nenhum dos problemas com a artemisinina colhida de modo natural faria diferença se ela pudesse ser fabricada sinteticamente. Com o reostato ao máximo, eles prepararam uma molécula precursora chamada farnesil pirofosfato (FPP) e dobraram os genes que convertem a FPP em um material que forma a estrutura das paredes das células da levedura. Em seguida, utilizaram um gene da artemísia que converte a FPP em ácido artemisínico, inserindo-o no genoma da levedura — e os micróbios se reproduziram. Não era a própria artemisinina, mas era um bom começo.

Keasling e Knight, em localidades opostas, estavam chegando a conclusões semelhantes. Se eles reimaginassem as células como computadores ou fábricas programáveis, e se tivessem as ferramentas para direcionar o fluxo de informações, a humanidade não precisaria mais aceitar a inevitabilidade da seleção natural. A era da biologia sintética moderna havia começado.

Como disciplina híbrida e nova, Keasling e Knight sabiam que para a biologia sintética sair dos laboratórios irrelevantes e introduzir-se no mundo acadêmico convencional e, por último, no mundo exterior, seriam necessários alicerces mais sólidos. Eram necessários mais estudantes interessados na interseção de engenharia, ciência da computação e biologia, e também alguma forma de padronizar os principais componentes. O processo de construção contínua de pedaços de DNA do zero e de identificação de inúmeras vias metabólicas era tedioso e demorado, e impedia as equipes de fazer o trabalho mais importante — e mais benéfico para a sociedade —, que era fabricar novos organismos. Seria muito melhor ter uma loja de hardware biológico com um repositório disponível de biopeças, dispositivos e sistemas.

Em 2002, as equipes de Keasling e Knight estavam empreendendo iniciativas novas e ousadas. Drew Endy, biotecnólogo e engenheiro bioquímico da equipe de Knight, estava trabalhando na padronização da montagem do DNA, de modo que as partes pudessem ser combinadas dentro de dispositivos operacionais, vias metabólicas e sistemas. Como Knight sempre foi fã de Lego, ele se inspirou nas peças e tijolos icônicos. Ele imaginou um tipo de conjunto de ferramentas chamado BioBricks, um conjunto de peças biológicas com sequências padronizadas que pudessem ser montadas e remontadas conforme necessário. No entanto, para que isso funcionasse, ele e sua equipe precisavam saber o que as outras pessoas fariam com esse sistema e o quanto o campus do MIT estaria interessado, já que as pesquisas estavam sendo feitas por lá e, a princípio, seriam também destinadas à universidade.[19] Eles pensaram em ministrar um curso de biologia sintética, mas as ideias eram tão novas que não existia um sistema pedagógico: nenhum livro didático, nenhuma grade curricular padrão e pouquíssimos experimentos do mundo real para usar como estudos de caso.

Ainda assim, eles criaram um curso e o apresentaram em uma famosa aula, ministrada no MIT, pela cientista da computação e engenheira elétrica Lynn Conway, durante o verão de 1978. Conway, professora da Caltech Carver Mead, havia criado um curso em parceria com um de seus colegas sobre um novo tipo de design de microchip enquanto os dois ainda estavam no processo de inventá-lo. Conway e Mead, junto com seus alunos, rapidamente prototiparam circuitos e enviaram seus designs via ARPANET para uma fundição de chips na Califórnia. O projeto, parcialmente financiado pela Agência de Projetos de

Pesquisa Avançada de Defesa (DARPA, na sigla em inglês), resultou em cópias de chips operacionais um mês depois. Essa aula revolucionou a forma como os chips eram projetados e usados, provando que uma infraestrutura alternativa de projeto e de fabricação de chips poderia funcionar em larga escala; e, assim, a aula definiu o caminho evolutivo dos chips, das máquinas que os usavam e dos ecossistemas de negócios que precisariam dessas máquinas.[20]

No inverno, o MIT tem um período de estudo chamado Independent Activities Period (IAP) [Período de Atividades Independentes, em tradução livre], quando alunos e professores podem fazer cursos de curta duração sobre uma ampla variedade de tópicos experimentais incomuns. Endy e Knight, relembrando o sucesso e a revolução desencadeada pela aula de Conway, decidiram fazer algo semelhante, oferecendo um curso IAP sobre BioBricks e biologia sintética. O plano era fazer com que os alunos projetassem e construíssem um circuito de DNA e depois o enviassem pela internet comercial para uma fundição em Seattle, a fim de imprimi-lo.[21] Um dos primeiros projetos da turma, que ficou conhecido como repressilador, foi idealizado pelos alunos Mike Elowitz e Stanislas Leibler em 2000.[22] O repressilador seria um pequeno circuito *E. coli* com três genes repressores. Para facilitar, vamos chamá-los de A, B e C. Os genes repressores seriam conectados em um circuito de retroalimentação. A proteína feita pelo gene A reprimiria a produção de proteína do gene B. A proteína feita pelo gene B reprimiria a produção de proteína do gene C. Para fechar o circuito, a proteína do gene C reprimiria a produção de proteína do gene A. A proteína C também reprimiria outro gene, um que codificava a proteína fluorescente verde (GFP, na sigla em inglês). Isso geraria um sinal visual do que está acontecendo com o sistema. Quando o sistema fosse iniciado, cada proteína seria produzida, incluindo a GFP e, assim, a célula ficaria verde. À medida que os diversos repressores começassem a trabalhar em cada gene, seria criado um ciclo: C reprimiria A (e a GFP, assim a célula apagaria), o que aumentaria B, que reprimiria C (e a célula se iluminaria). Conforme a dinâmica do sistema se estabilizasse, a quantidade de GFP produzida oscilaria entre baixa e alta. Em suma, as células piscariam lentamente. Ou, pelo menos, era o que deveria ter acontecido.

Quando Endy recebeu as sequências de volta da fundição de Seattle, elas não funcionaram como deveriam. A primeira geração de BioBricks se encaixou conforme esperado, mas não produziu os resultados desejados. A questão era que eles não estavam trabalhando com material genético suficiente. Eles estavam tentando construir um projeto de Lego superior com uma fração das peças necessárias.

Felizmente, o curso IAP de 2003 de Endy e Knight era popular, então eles dividiram a turma em equipes, e cada equipe trabalhou em um projeto diferente.[23] Eles forneceram a cada equipe algumas partes preexistentes padrão, juntamente com os recursos financeiros para sintetizar cerca de 5 mil pares-bases de DNA novo, mas os projetos criados pela equipe eram muito extensos. Era necessária uma biblioteca maior de peças padronizadas e um registro a fim de monitorar os dados.

No verão de 2004, Endy e Knight organizaram o primeiro International Meeting on Synthetic Biology, SB1.0, no MIT.[24] O congresso de três dias reuniu pesquisadores interessados em como projetar e construir sistemas biológicos padronizados — e o que isso poderia significar para a sociedade. Por fim, isso resultou na International Genetically Engineered Machine, ou iGEM, bem como no primeiro Registry of Standard Biological Parts [Registro de Peças Biológicas Padrão, em tradução livre], instalado no MIT. Andrew estava acompanhando de perto os avanços desse grupo e queria participar. Ele ajudou a organizar um congresso menor com Endy e outras pessoas, em um novo centro de genoma em Oklahoma, trabalhou com a equipe da iGEM de Toronto em 2005 e tornou-se embaixador da iGEM em 2006, ajudando o programa a crescer de treze para 39 equipes.

Além das peças, seria necessário um método-padrão de medição — os BioBricks precisavam ser descritos usando dados, o que possibilitaria aos pesquisadores construir uma base de conhecimento mais ampla para outros usarem. Logo, a comunidade de pesquisadores começou a desenvolver sistemas para catalogar descrições de biopeças, dispositivos e sistemas necessários, codificados em um banco de dados revisado por pares. Uma comunidade mais ampla começaria a padronizar uma linguagem de computador especial, chamada SBOL, Linguagem Aberta de Biologia Sintética. Isso traria legibilidade aos dados e facilidade de integração com diferentes ferramentas de software.

Um dos amigos de Endy, o físico Rob Carlson, vinha monitorando os índices de melhora das diferentes biotecnologias. Ele estava bastante interessado na síntese de DNA. Carlson calculou que, em 2010, um profissional laboratorial seria capaz de sintetizar inúmeros genomas humanos, a partir do zero, todos os dias ao custo de somente US$10 ou US$12 por par de bases. Dado o tempo que o Projeto Genoma Humano e as equipes de Craig Venter levaram para fazer seu trabalho — sem mencionar as somas astronômicas de dez dígitos —, era uma declaração audaciosa. Mas a declaração de Carlson tinha como base os dados e o que pareciam modelos razoáveis. Endy, Knight, Keasling e outros vislumbraram um futuro em que a engenharia de sistemas biológicos seria possível em larga escala. Uma nova revolução estava prestes a começar.

EMPRESA NÚMERO UM

Nesse ínterim, em 2002, a equipe de pesquisa de Keasling conseguiu produzir alguns microgramas de artemisinina usando a tecnologia de vias metabólicas. Eles publicaram os resultados na prestigiosa revista *Nature Biotechnology*, que detalhou ainda mais o novo processo de inserção de genes na bactéria *E. coli.*[25] Mas Keasling sabia que o sucesso no laboratório ainda não salvaria milhões de pessoas da malária. Ele assegurou uma doação de US$42,6 milhões da Fundação Bill e Melinda Gates para estudar como aumentar a produção e, em 2003, abriu uma empresa chamada Amyris Biotechnologies — a primeira empresa de biologia sintética destinada a fabricar produtos —, com o objetivo expresso de criar uma terapia de artemisinina disponível para todos.[26] Keasling, junto com Endy, também inaugurou uma competição semelhante às iGEMs chamada BIOFAB, com a intenção de desenvolver e catalogar profissionalmente peças biológicas novas e existentes.[27]

Em 2008, a Amyris, que havia desenvolvido artemisinina em um laboratório, porém não havia construído as instalações para viabilizá-la comercialmente e em larga escala, concordou em conceder uma licença isenta de royalties à gigante farmacêutica francesa Sanofi-Aventis, que prometeu fabricar e distribuir artemisinina usando a técnica de biologia sintética de Keasling para o que chamou de margem "sem lucro, sem perda" de US$350 a US$400 por quilo. Esperava-se que o medicamento chegasse às prateleiras antes de 2012. Mas a produção e o potencial para salvar milhões de pessoas da malária viraram notícia internacional e, quando os agricultores souberam do valor da artemísia, começaram a plantar dezenas de milhares de hectares. O mercado asiático logo ficou saturado. Havia tanta artemísia que o preço caiu, passando de US$1.100 por quilo para menos de US$200.[28] Para piorar as coisas, a Sanofi vendeu outros produtos para mercados onde a artemísia era cultivada naturalmente, incluindo a China. As empresas farmacêuticas locais estavam relutantes em fazer negócios com a Sanofi, pois agora a enxergavam como uma concorrente.

Mesmo assim, considere o que a Amyris havia realizado. A Monsanto, a megacorporação agrícola, tem uma base global de clientes e, na época, um orçamento de pesquisa e desenvolvimento de bilhões de dólares. A essa altura, a empresa havia apenas agrupado o código genético de uma variedade de milho com oito novos genes. A Amyris, trabalhando em um pequeno laboratório perto de Berkeley, em Emeryville, Califórnia, e com um orçamento bem menor, conseguiu transformar treze novos genes em levedura.

Os lendários capitalistas de risco do Vale do Silício apareceram. John Doerr, da Kleiner Perkins Caufield & Byers, queria financiar aplicações de biologia sintética na Amyris, assim como Vinod Khosla, cofundador da Sun Microsystems, e Geoff Duyk, da TPG Biotech. Eles não estavam tão entusiasmados com a malária e não estavam interessados em bancos de dados open source ou licenças gratuitas. Ao contrário, enxergavam um meio para revolucionar a indústria do petróleo com essas inovações. Eles queriam que a empresa se concentrasse no uso da biologia sintética para criar biocombustíveis. Ao fundar a Amyris, Keasling convidou quatro pós-doutorandos para ver o que poderiam fazer com a artemisinina. Nenhum deles tinha formação ou experiência para liderar o tipo de empresa sonhada pelos investidores, que queriam um executivo corporativo experiente no papel de CEO.[29]

Como geralmente acontece, os investidores conseguiram o que queriam. A Amyris se tornou uma empresa de biotecnologia voltada para combustíveis e produtos químicos, que podiam ser modificados usando a tecnologia de levedura de Keasling, e contratou John Melo, que havia sido presidente das operações de combustível da British Petroleum, nos Estados Unidos, como CEO. Quase imediatamente houve problemas. Melo e seus gerentes seniores recém-empossados queriam acompanhar as métricas de produtividade de uma equipe de pesquisadores experientes, que não estavam acostumados com o cronograma de produção P&D e sabiam que os avanços aconteciam a seu próprio tempo. Ele também criou uma subsidiária no Brasil para produzir açúcar barato e em quantidade — que a levedura precisava para fabricar seus produtos biocombustíveis.

Melo e o conselho da Amyris decidiram que a empresa deveria abrir o capital e levantar centenas de milhões de dólares. Eles fizeram um road show, antes da oferta pública (IPO) em 2010, apresentando uma demanda futura por combustível e a perspectiva de sintetizar combustível de forma barata a partir de levedura. A animação — e as estimativas de quanto combustível poderia ser produzido usando biologia sintética — continuou crescendo. A empresa estreou na Bolsa de Nasdaq em setembro do mesmo ano com ações a US$16, levantando US$85 milhões iniciais em uma avaliação de US$680 milhões. Durante uma entrevista na Nasdaq, Melo sorriu, dizendo: "O Brasil é como a Arábia Saudita da biomassa."[30]

Melo prometeu que até 2012, a Amyris produziria 50 milhões de litros de farneseno, composto químico que poderia substituir o óleo diesel e poderia ser usado em carros e até em jatos, sem prejudicar o meio ambiente. Seria o fim do combustível natural e o início da era dos biocombustíveis, declararam. Era mais um prazo familiar e autoimposto: a Sanofi alegou que começaria a produzir artemisinina sintética em larga escala para as populações naquele mesmo ano. Mas 2012 veio e acabou. No final do ano, não havia nenhum medicamento novo disponível, e também nenhuma alternativa barata ao diesel.[31]

CIÊNCIA VERSUS NEGÓCIOS

O problema com qualquer tecnologia nova e complexa é que ela cria expectativas ao mesmo tempo que estimula prazos irreais para novos produtos e serviços. O sequenciamento do genoma humano foi um projeto com início e fim definidos. O acesso à biologia sintética revelou possibilidades emocionantes sobre como a vida pode ser conduzida e evoluir, mas ainda era uma pesquisa básica, emergindo como uma nova disciplina científica.

A promessa da Amyris era sua abordagem inovadora para sintetizar materiais biológicos, porém a empresa e a ciência precisavam de tempo para amadurecer. O conceito original de Keasling era que um biólogo algum dia desenvolveria um código genético virtual em um computador, testando-o em modelos algorítmicos e, por último, printaria a combinação decisiva — por meio da qual robôs e máquinas produziriam de modo automático os organismos necessários. Será que um dia isso poderia ocorrer com o farneseno? Claro, quem sabe um dia. Mas a simples promessa de transformar açúcar em combustível era em si uma espécie de reagente químico, desencadeando uma cadeia de reações entre os investidores: à medida que o entusiasmo deles aumentava, a paciência se esgotava, e logo eles estavam animados com a economia do biocombustível, como adolescentes que tomam Red Bull e consomem Skittles.

No entanto, o fator mais importante é: enxergar essa nova era da ciência pelo prisma das startups tecnológicas serviu apenas para aumentar e depois não atingir as expectativas, pois ainda que a biologia sintética se origine da engenharia, da ciência da computação e da IA, é um campo fundamentalmente diferente — é uma tecnologia oriunda da biologia. Apesar de ser uma área em rápida expansão, é pouco madura. Os investidores não conseguiram estipular corretamente o ritmo da biologia sintética, porque não conseguiam entender que o campo ainda estava engatinhando. Sim, teremos produtos incríveis que mudarão o rumo de nossas vidas neste planeta — e talvez a vida fora do planeta também —, porém o investimento contribuiu para construir e melhorar a loja de ferramentas: os materiais e o estoque, a cadeia de suprimentos e todas as partes da cadeia de valor.

A artemisinina é aclamada como o primeiro produto de sucesso da biologia sintética, embora o negócio criado para fabricá-la e vendê-la tenha sido um fracasso. O declínio da Amyris é uma narrativa exemplar de alerta. Certa vez, Keasling estimou que eram necessários cerca de 150 pessoas/ano de trabalho para chegar às descobertas da via metabólica feitas pela sua equipe.[32] Os próximos passos deveriam ser o estabelecimento de todos os alicerces de negócio. Mas foi o contrário, investidores, jornalistas e, francamente, muitos cientistas, criticaram a biologia sintética e questionaram se todo o alarde era compatível com o valor agregado à pesquisa acadêmica e ao mercado.

Comparado com as descobertas científicas de outros campos, como física, aeroespacial e química, o que os antepassados da biologia sintética — Keasling, Knight, Endy, Venter, Church, Collins e, sim, até mesmo Watson — conseguiram realizar em menos de duas décadas foi realmente extraordinário. Inacreditável. Impressionante. O fato de agências governamentais e instituições filantrópicas não estarem se engalfinhando para financiar a próxima geração de pesquisa nos diz algo sobre os desafios de estabelecer novos campos científicos. A inteligência artificial, que tem um forte alicerce hoje, com um enorme ecossistema global, enfrentou o que é amplamente conhecido como inverno da IA na década de 1980, quando investimentos e promessas ousadas das décadas de 1960 e 1970 falharam em fabricar produtos comerciais especulativos — como computadores que poderiam traduzir idiomas automaticamente em tempo real — ou ferramentas de inteligência do governo, como era o caso.[33]

A nova era da ciência é tudo o que os tradicionalistas costumam abominar: velocidade, técnicas novas e uma mistura de disciplinas opostas. A nova era subverte nossas crenças valorizadas sobre a vida e suas origens. A própria existência da biologia sintética desafia o status quo, e isso deixa muita gente incomodada. Muitos cientistas criticam o BioBricks, alegando que a metodologia de sua montagem é muito lenta, ou muito simplista, ou muito... *Lego*. Até então, Knight estava usando com frequência a analogia do Lego a fim de descrever o conceito de peças biológicas e da loja de ferramentas para não biólogos, pois era uma analogia compreensível. No entanto, um grupo entendeu de forma literal a explicação, argumentando que peças de Lego eram divertidas para as crianças brincarem, mas ninguém moraria em uma casa de Lego.

Podemos aprender a seguinte lição: a ciência exige uma mente aberta e bastante paciência. Não produzimos ainda biocombustíveis em grande escala, mas temos sólidos alicerces para o nosso futuro. Nos próximos capítulos, detalharemos todas as maneiras — às vezes de forma gradual e aprofundada — pelas quais nossas vidas começarão a mudar nas próximas décadas devido à biologia sintética. Já temos novos órgãos de pesquisa e estudos que servirão de base para outras pessoas e um novo léxico para descrever ferramentas e processos biológicos. Temos biopeças, dispositivos e sistemas, e modelos para novas formas de armazenamento e acesso aos dados biológicos. Já temos a linguagem de programação para que as máquinas consigam ler o DNA e o início de uma loja de ferramentas, com tudo o que precisamos para projetar o futuro da vida.

| QUATRO |

DEUS, CHURCH E (PRINCIPALMENTE) UM MAMUTE-LANOSO

Um homem, sua amante adolescente e meia-irmã dela fizeram check-in no Hôtel d'Angleterre, um estabelecimento modesto perto da margem do Lago Genebra, na Suíça, em maio de 1816. O homem, um poeta, havia engravidado a amante mais jovem, Mary, dois anos antes. Mas poucos dias após dar as boas-vindas ao bebê, antes mesmo de escolher seu nome, Mary o encontrou morto. Ingênua e apavorada com o que poderia ter causado a morte do bebê, ela temia que o leite de seus seios inchados pudesse ter sido envenenado, e que também seria envenenada. Ela tinha sonhos com vislumbres de uma realidade alternativa e mais feliz. Os pesadelos recomeçavam no momento em que seus olhos se abriam. Em seu diário, ela escreveu: "Sonhei que meu bebezinho voltou à vida; que estava apenas frio, e que o esfregamos diante da lareira para se aquecer, e ele reviveu."[1]

Ao chegar ao Lago Genebra, ela estava grávida novamente e tinha um filho saudável. Mas ainda estava arrasada pela perda. Uma noite, outro poeta de seu círculo de amigos veio para ficar no lago e sugeriu que todos escrevessem histórias de terror. Como escritora prolífica, ela começou a canalizar sua dor em uma nova obra de ficção sobre um corpo sem vida que havia sido reconstruído a partir de cadáveres por um cientista suíço chamado Victor, que então o trouxe à vida. Mary não deu um nome ao próprio monstro. Ela publicou o livro anonimamente, porém hoje sabemos que Mary Shelley foi a autora de *Frankenstein ou O Prometeu Moderno*. Em uma passagem do livro, Victor exclamou: "Por mais que se tenha feito, muito mais eu alcançarei. Desbravarei novos caminhos, explorarei forças desconhecidas e revelarei ao mundo os mistérios da criação. Estava, finalmente, ao meu alcance aquilo que fora o objeto de estudos e o anseio dos mais sábios dos homens desde a criação do mundo." *Frankenstein* resiste ao tempo porque nos obriga a pensar em nossas próprias origens e também em nossas tentativas de longa data para entender e controlar a criação. Perguntas desse tipo sempre nos fascinaram: o que é isso, a vida? Como ela começou? A vida realmente acaba? Podemos controlá-la ao nosso bel-prazer?

Todas as culturas praticamente respondem a perguntas sobre as origens da vida recorrendo a um conjunto de personagens e uma história. Na mitologia grega, havia o Caos — um vazio. Desse vazio surgiu Gaia, a terra, que deu à luz a Urano, o céu. Deles se originaram os Titãs, os Ciclopes de um olho só, criaturas de cem mãos, os deuses (Héstia, Deméter, Zeus) e, por fim, os humanos. Os antigos sumérios acreditavam em uma deusa chamada Nammu, figura materna que deu à luz os céus e a Terra e, depois, as plantas e os animais e, por último, os seres humanos. Na tradição do povo Lakota, havia um mundo antes deste mundo. Como os humanos não se comportavam nesse outro mundo, então o Grande Espírito inundou a Terra, e apenas Kangi, um corvo, sobreviveu. Mais três animais foram enviados para buscar a lama, e o Grande Espírito a moldou em terra, distribuiu animais por toda a Terra e, posteriormente, moldou homens e mulheres com lama vermelha, branca, preta e amarela. Nas histórias cristãs, Deus criou um espaço ermo e disforme, depois a luz, o céu, a terra, os animais e, finalmente, Adão e Eva, que receberam o domínio sobre todas as coisas vivas e tornaram-se os pais da raça humana.

Todas essas histórias foram escritas bem antes de entendermos a biologia, a seleção natural ou como a vida evolui. O Livro de Gênesis reúne histórias dramáticas de um mundo em perigo, uma família que se esforça para ter filhos e a missão de construir uma terra para o futuro. Seus autores desconheciam as observações de Darwin sobre a seleção natural ou as leis fundamentais da genética que Gregor Mendel esboçou séculos depois. (As sequências genéticas de algumas das famílias bíblicas famosas — as de Sarah, Rebecca e Rachel — talvez expliquem por que algumas delas tinham problemas para engravidar e manter a gravidez.)

O filósofo escocês David Hume constatou que nossos mitos universais de criação existem porque precisamos de histórias de causa e efeito para dar sentido ao mundo ao nosso redor, e porque a sociedade funciona melhor quando as regras são contextualizadas.[2] O que acontece agora, à medida que a biologia sintética rompe nossos paradigmas, nos força a reconsiderar as regras e questiona as histórias sobre nossa origem? Atualmente, o futuro da vida está sendo arquitetado, projetado e fabricado por cientistas em centenas de laboratórios — incluindo um, onde uma figura de destaque nos pede para reconciliar nossas crenças sobre ciência e fé.

Não se pode negar que George Church é uma figura de destaque na biologia. Com 1,96m de altura, ele não consegue passar sem se abaixar pelas portas dos campi do MIT e Harvard, onde gerencia laboratórios e é professor. Ele tem um sorriso largo e angelical, bochechas rosadas, vastos cabelos brancos e uma barba longa e macia. Basicamente, o irmão geneticista simpático do Papai Noel. Dada à pesquisa de Church, outros o comparam a Charles Darwin ou a figuras ainda mais proeminentes. Durante uma longa conversa sobre engendrar o futuro da vida a partir da biologia sintética, o comediante Steven Colbert uma vez interrompeu Church com uma pergunta inadiável: "Precisamos ser reinventados?" Ele continuou: "Nós fomos inventados uma vez. Por Deus, o Pai Todo-poderoso, criador do céu e da terra. Você está brincando de Deus, senhor? Porque barba para isso você tem."[3] Não se sabe se Church percebeu ou não, visto que a comparação não era totalmente uma piada, pois ele está bastante envolvido com iniciativas para criar formas de vida e ressuscitar os mortos.

Church nasceu na Base Aérea de MacDill, na Flórida, em 1954 e cresceu em típicos bairros de classe média, perto da Baía de Tampa. Seu pai era um tenente da Força Aérea — além de piloto de corrida, praticante de esqui aquático com os pés e alguém mais interessado em atividades com muita adrenalina do que em uma vida familiar tranquila. Sua mãe, advogada, psicóloga e autora, era uma pensadora genial que se cansou das estripulias do marido. Ela se casou novamente duas vezes, na última, com um médico chamado Gaylord Church, que adotou legalmente George, na época, com 9 anos. Imediatamente, o garoto ficou encantado com os instrumentos médicos que o padrasto carregava em uma mala. Gaylord mostrou ao filho curioso como esterilizar agulhas e, às vezes, deixava George injetar nele medicamentos de verdade.[4]

Ao mesmo tempo, Church vivia causando problemas aos professores católicos da escola. Ele era educado, porém tinha mais perguntas do que as freiras estavam preparadas para responder, colocando frequentemente seus professores em situações teológicas embaraçosas. No ensino médio, ele foi para a Phillips Academy, o venerado internato em Massachusetts que Marvin Minsky frequentou, onde se enturmou melhor. Lá, ele mergulhou de cabeça nos computadores e nos estudos de biologia e matemática — apesar de ele ter cada vez mais dificuldade de dormir à noite ou ficar acordado durante o dia, mesmo nas aulas de matemática que ele tanto gostava. Os outros alunos implicavam com ele sem parar por causa disso. E para piorar, seu professor de álgebra finalmente lhe disse para não se preocupar mais em assistir às aulas: se era para cair no sono durante as aulas, ele que aprendesse a matéria sozinho. Church ficou morrendo de vergonha por ter decepcionado o professor e detestava a ideia de não ser como todo mundo.

O problema persistiu depois que ele se matriculou na Duke University. Nas reuniões ou em seminários, ele cochilava involuntariamente por alguns minutos. Ao ouvir seu nome, Church acordava e respondia como se estivesse alerta e prestando atenção o tempo todo. Uma vez, um chefe de departamento, indignado por um aluno ousar cochilar, jogou um giz nele. Mesmo assim, ele concluiu uma graduação em química e outra em zoologia em apenas dois anos. Em seguida, ingressou na pós-graduação e estudou bioquímica. Church logo se desviou para a cristalografia, uma forma nova de estudar a estrutura tridimensional do RNA transportador, que decodifica o DNA e carrega instruções genéticas para outras partes das células.[5] Ele continuou a ter problemas com seu ciclo de sono e vigília. A maioria das pessoas presumia que ele adormecia porque estava entediado ou apenas sonhando acordado. Na verdade, ele entrava involuntária e rapidamente em sono REM — o estágio do sono em que ocorrem os sonhos —, trazendo consigo seus pensamentos de vigília. Nesses estados de sonho lúcido, ele tinha visões de futuros alternativos, onde investigava diferentes combinações de soluções científicas com aplicações tecnológicas ousadas e estranhas que ninguém pensaria em considerar se não estivesse sonhando.

Como estudante, Church muitas vezes vivia encrencado por causa de sua curiosidade intelectual e sua predisposição ao devaneio (sem mencionar o sono). Ele gastava tanto tempo — cem horas por semana ou mais — trabalhando em sua pesquisa inovadora de cristalografia que nunca comparecia às aulas principais, o que, sem surpresa, ocasionou sua reprovação. O programa de bioquímica o descartou, e ele tentou transferência para outros departamentos a fim de prosseguir com a pesquisa. Mas a confusão que ele fazia com as aulas, a reputação de esquisitão e sua estranha área de pesquisa não cativavam os professores. Aos 20 anos, já tinha publicado excelentes artigos de pesquisa e obtido uma prestigiosa bolsa de estudos da National Science Foundation. No entanto, ele se via prejudicado pela burocracia da academia.[6]

Apesar disso, ele conseguiu transferência para Harvard, resolvendo concluir a pós-graduação. No seu primeiro semestre, em um dia de outono, ele estava alguns minutos atrasado para uma das aulas, quando se esgueirou discretamente e sentou-se na última fileira. Ele pegou o caderno e encarou de relance a apresentação de slides que já havia começado. Church ficou espantado com o que viu: a aula daquele dia tinha como foco um artigo de sua própria autoria. O professor, o biólogo molecular precursor Walter Gilbert, não percebeu que ele estava na aula. (Após três anos, Gilbert ganharia o Prêmio Nobel por desenvolver um dos primeiros métodos de sequenciamento de DNA.)

Church continuava devaneando com bioquímica e teve diversas ideias arrojadas. Uma delas envolvia uma máquina para leitura rápida e barata de DNA. Outra se concentrava em reescrever genomas usando moléculas disponíveis no mercado, como meio de melhorar as criações da natureza. Ele imaginava enzimas que poderiam editar partes de genomas e teve visões de pessoas neurodiversas — pessoas com, digamos, transtorno obsessivo-compulsivo e autismo

— que poderiam ser capazes de potencializar ou diminuir suas habilidades especiais, em vez de atenuá-las com medicação. Essas ideias foram parar no laboratório, onde Church focou o sequenciamento genômico e a multiplexação molecular, técnica que sequenciava múltiplos filamentos de DNA de modo simultâneo, em vez de apenas um filamento de cada vez, o método aceito naquela época. Não era uma técnica nova, porém os cientistas não a adotavam porque parecia absurda para eles. Church provou que poderia funcionar e a popularizou, reduzindo consideravelmente o custo do sequenciamento de DNA.[7]

Durante suas pesquisas, ele conheceu a bióloga molecular Chao-ting Wu, uma doutora de Harvard. Ela admirava sua ética de trabalho e criatividade incondicionais, e apoiava suas ideias arrojadas. Eles se apaixonaram perdidamente e casaram-se em 1990. Poucos anos depois, tiveram uma filha, que também desenvolveu padrões incomuns de sono. Wu sugeriu que ambos fossem avaliados, e Church e a filha foram diagnosticados com narcolepsia. Church se deu conta de que o tratamento-padrão poderia privá-lo de seus estados de sonho lúcido, então decidiu conviver com os sintomas. Ele parou de dirigir, mas também aprendeu truques para ficar alerta, como ficar de pé e alternar o peso corporal entre os pés.[8]

Inspirado pela família, que o ajudou a prosperar a despeito de suas idiossincrasias, Church se tornou defensor das ideias alheias. No início dos anos 2000, ele e uma ampla diáspora de seguidores publicaram centenas de artigos, muitos dos quais estabeleceram os alicerces para a biologia sintética atual. Um artigo de 2004 defendia a síntese de DNA mais barata e mostrava como imprimir filamentos em microchips.[9] Em 2009, um estudo pioneiro divulgou uma tecnologia nova que possibilitaria a análise simultânea de milhões de sequências genômicas.[10] Church então teve uma ideia sobre como acelerar o processo de construção e montagem de genes, trabalhando com a evolução em laboratório. Lembre-se de que sintetizar a artemisinina exigia cerca de US$25 milhões e 150 pessoas/ano de trabalho — e a tarefa envolvia somente ajustar algumas dúzias de genes, muito aquém de sintetizar um organismo. Church pensou que, em vez de escrever o DNA perfeito do zero, talvez o ponto de partida fosse uma máquina que criasse um design rudimentar, desenvolvesse múltiplas variantes de forma automática e depois selecionasse as melhores versões.

Em seu laboratório, ele e um pequeno grupo criaram uma máquina para fazer justamente isso. Era um sistema confuso de braços robóticos, frascos, tubos, fios e sensores e um computador para rodar tudo. O primeiro experimento foi aprimorar uma cepa da bactéria *E. coli* para produzir mais licopeno, o tipo de carotenoide responsável pela cor vermelha dos tomates. O processo resultou em 15 bilhões de novas cepas, todas com retoques genéticos e algumas com cinco vezes mais licopeno que a produção original. Church chamou essa abordagem de engenharia genômica automatizada multiplex (MAGE). Era evolução, mas a um ritmo acelerado. Ele imaginou usos práticos, como criar linhagens de células humanas com diferentes variações que pudessem ser estudadas. Com esse método, os cientistas poderiam estudar como as mutações causam doenças, por exemplo. Isso poderia mudar de forma drástica nossa abordagem medicinal. Poderíamos criar células-tronco resistentes a vírus e usá-las em terapias baseadas em células. Ou poderíamos projetar e cultivar novos órgãos que seriam resistentes a doenças. Em teoria, poderíamos criar bebês resistentes a vírus, aprimorando genomas e utilizando a fertilização in vitro para implantar embriões.

Em 2012, talvez seu feito mais notável, Church ajudou a estabelecer as bases para CRISPR, tecnologia fundamental para edição de genes, descobrindo como alterar facilmente as sequências de DNA e modificar a função dos genes. "CRISPR" significa "Conjunto de Repetições Palindrômicas Curtas Regularmente Interespaçadas" e refere-se a determinados tipos de sequências de DNA repetidas em um genoma que as lê de modo regressivo e progressivo. Em termos mais gerais, trata-se de uma técnica com aplicações abrangentes, desde a correção de defeitos genéticos até a criação de plantas mais resistentes ou a eliminação de patógenos.

Church e seu ex-aluno de pós-doutorado Feng Zhang, do Broad Institute de Harvard, publicaram artigos na revista *Science* demonstrando como usar a tecnologia CRISPR para guiar uma enzima bacteriana, a Cas9, direcionando e cortando com precisão o DNA em células humanas. O artigo dos dois tomou como base descobertas anteriores da microbiologista Emmanuelle Charpentier e da bioquímica Jennifer Doudna, que, na época, estavam no Umeå Center for Microbial Research, na Suécia, e na Universidade da Califórnia, em Berkeley, respectivamente. Charpentier e Doudna mostraram o uso de enzimas conhecidas como proteínas associadas o CRISPR para cortar e colar DNA de maneira eficaz.[11] Esse sistema inspirou uma corrida do ouro na década de 2010 e resultou no Prêmio Nobel de Química em 2020 — a primeira vez em que uma equipe só de mulheres ganhou um Nobel de ciência.[12] Church, cujo papel não foi alvo da mesma adulação, não se importou de ficar nos bastidores, dizendo a um repórter: "Acho que é uma ótima escolha, elas fizeram a descoberta principal", e elogiou Charpentier e Doudna pelo trabalho.[13]

Nas últimas duas décadas, Church cofundou uma nova empresa a cada ano, em média, sobretudo como meio de tirar seus pós-doutorandos mais promissores do laboratório e enviá-los para o mundo real. Ele registrou sessenta patentes e serviu como mentor para uma nova geração de engenheiros genéticos, cujo trabalho está moldando o mundo de amanhã.[14] Em meados dos anos 2000, começou a pensar em reinventar o copo plástico, sem usar petroquímicos. Church e sua equipe, em suma, reprogramaram geneticamente os micróbios para que consumissem açúcar e excretassem polihidroxibutirato, material forte e biodegradável que poderia reter líquidos por um curto período. Em outras palavras, os micróbios eram candidatos perfeitos para quiosques de comida e bebida — e em 2009 eles fizeram sua estreia no Kennedy Center durante um intervalo, estampado um rótulo que com orgulho declarava "Plástico feito com 100% de plantas".[15]

Church também fez parte de um pequeno grupo de cientistas que propôs a ideia da BRAIN Initiative, uma ambiciosa iniciativa colaborativa público-privada entre a National Science Foundation, DARPA e outras instituições para entender o funcionamento do cérebro humano. Em 2005, ele inaugurou o Projeto Genoma Pessoal, uma central de informações para dados públicos de genoma, saúde e características.[16] Como parte desse projeto, ele e outras vozes proeminentes na comunidade científica — incluindo Esther Dyson, investidora, filantropa e cosmonauta em treinamento; o reitor de tecnologia da Harvard Medical School, John Halamka; Rosalynn Gill, fundadora da empresa personalizada de assistência médica Sciona; o famoso psicólogo e escritor Steven Pinker; e, claro, o próprio Church — divulgaram publicamente os dados de seus próprios genomas, em uma tentativa de fomentar pesquisas acessíveis sobre os genes e as características que nos moldam, e estimular um diálogo sobre transparência versus privacidade quando se trata de nossos códigos genéticos individuais.[17,18,19] Pense na repercussão de pessoas tão proeminentes disponibilizando o acesso a seus dados genéticos: dez genomas não é exatamente um grande conjunto de dados e, embora os dados tenham sido anonimizados, suas identidades foram divulgadas ao público. Não existia nenhuma maneira efetiva de garantir privacidade absoluta. Eles se voluntariaram a pedido de Church.

VOLTANDO À VIDA

Você provavelmente já deve ter percebido que Church é um pensador genial e provocador, um mentor inspirador e, talvez, propenso a assumir mais projetos do que qualquer ser humano consegue lidar. E que ele seria o tipo de cara, em outras palavras, que descobriria como ressuscitar animais extintos — especificamente o mamute-lanoso, que desapareceu há cerca de 4 mil anos, durante o período Pleistoceno.

Antes disso, os mamutes-lanosos habitaram por milênios as partes mais ao norte do planeta. Imagine um primo próximo do elefante, mas com pelos grossos e camadas de gordura para protegê-lo do frio da era do gelo, e com longas presas que os ajudavam a forragear alimentos. (Muito tempo depois, eles inspiraram os banthas fictícios em *Guerra das Estrelas*.) O motivo exato da extinção dos mamutes é desconhecido, mas os pesquisadores sugerem uma combinação de caça e oscilações de temperatura, que exauriram os rebanhos e reduziram o suprimento de alimentos.

Os mamutes-lanosos eram uma "espécie fundamental", da qual outras espécies do ecossistema dependiam de diversas formas para obter estabilidade. Eles andavam em manadas, derrubando árvores e pressionando as camadas de neve enquanto procuravam por gramíneas mortas para comer, e isso ajudou a estabilizar a camada permafrost. Assim que os mamutes e outros animais de grande porte e de pastoreio pararam de compactar a neve e comer gramíneas mortas, o ecossistema começou a mudar: a neve derreteu com mais facilidade, possibilitando que o sol atingisse a permafrost. Atualmente, a camada permafrost está derretendo a um ritmo alarmante e liberando gases de efeito estufa na atmosfera, criando um círculo vicioso: temperaturas mais elevadas resultam em mais derretimento, provocando a liberação de mais gases que, por sua vez, ocasionam temperaturas mais altas, e assim por diante. Ressuscitar o mamute-lanoso e reincorporá-lo ao habitat do Canadá e da Rússia poderia restaurar o ecossistema e, convenhamos, ser uma nova barreira defensiva incrível contra as ameaças existenciais representadas pelas mudanças climáticas. Church pensou bastante em como a desextinção poderia funcionar, mas ele não era a primeira pessoa a querer tentá-la. Em 1996, nascia a ovelha Dolly, o primeiro mamífero clonado do mundo.[20] Graças a uma técnica chamada transferência nuclear, seu nascimento ajudou a vislumbrar possibilidades de trazer de volta animais extintos. Nessa técnica, o núcleo de uma célula intacta é extraído com o máximo de cuidado e inserido no óvulo da mesma espécie ou de uma espécie estritamente relacionada. O restante se parece com um procedimento de fertilização in vitro: o óvulo híbrido é implantado no útero para gestação e, se tudo der certo, o resultado é um ser saudável e vivo. Em 2000, o último íbex-dos-pirinéus sobrevivente, um tipo de cabra selvagem da montanha, morreu. Mas as células desse último animal foram congeladas em nitrogênio líquido e, graças à técnica de transferência nuclear, em 2003, pesquisadores clonaram com sucesso um filhote e o trouxeram à vida, mesmo que apenas por alguns minutos.[21] É possível que o método seja bem-sucedido apenas se genomas funcionais totalmente intactos estiverem disponíveis — de, digamos, uma carcaça congelada muito bem preservada. Acontece que o Círculo Polar Ártico tem espécimes de mamutes-lanosos magníficos. Ainda assim, não temos garantia de que a tentativa para reviver uma espécie extinta daria certo. Um clone pode não sobreviver. Um animal que foi extinto há milhares de anos provavelmente não terá um genoma adaptado para viver na Terra hoje.

Por isso, Church criou uma abordagem diferente: começando com uma célula saudável totalmente intacta de uma espécie estritamente relacionada e trabalhando de modo regressivo, com fragmentos genéticos de espécimes preservados.[22] O pombo-passageiro, por exemplo, extinto desde 1914, era tão predominante nos Estados Unidos, que milhões deles eram capazes de bloquear o sol enquanto sobrevoavam.[23] Essa espécie de pombo pode ser trazida de volta usando células-tronco de um parente próximo atual, o pombo-comum. Ou seja, alguns dos genes do pombo-passageiro podem ser inseridos em células-tronco, transformados em espermatozoides e, depois, injetados em óvulos para se desenvolverem em embriões. O resultado seria um pombo-comum com algumas características do pombo-passageiro.

Essas noções fascinaram Stewart Brand, a lenda da tecnologia que criou o *Catálogo da Terra Inteira* e o serviço online pioneiro The WELL, e a executiva de biotecnologia Ryan Phelan (que também é esposa de Brand). Brand, Ryan e Church colaboraram em uma iniciativa para desextinguir os animais fundamentais, incluindo o pombo-passageiro e o mamute-lanoso. Ou, para ser mais preciso, a *maior parte* do mamute-lanoso, já que trazê-lo de volta envolveria o processamento dos genes da espécie extinta nas células-tronco de um elefante asiático moderno, o parente vivo mais próximo do mamute.

A ideia de desextinção ganhou força na conferência especial TEDx DeExtinction em 2013, que reuniu biólogos moleculares, conservacionistas e jornalistas para discutir as possibilidades de trazer de volta mamutes-lanosos, tigres da Tasmânia e outras espécies. Lá, Brand ministrou uma palestra agressiva sobre a perda da biodiversidade e a promessa de trazer de volta à vida animais extintos usando a tecnologia de Church. Ele usou a conferência e a plataforma TED para lançar o Revive and Restore, iniciativa para investigar as causas das extinções, preservar a diversidade biológica e genética e reparar nossos ecossistemas usando biotecnologias.[24]

A palestra de Brand no TED se tornou mundialmente popular.[25] Muitos ficaram indignados também, incluindo cientistas, conservacionistas e outros que ficaram aterrorizados com a possibilidade de trazer de volta criaturas há muito extintas. Aquilo não era clonagem — não se tratava simplesmente fazer uma cópia de um animal que recentemente estava vivo. Ao contrário, era a distorção da nítida diferença entre existência e extinção. E Church também deixou claro que não estava interessado apenas em mamutes e pombos. Ele também queria mexer no DNA dos neandertais — não para ressuscitar uma espécie diferente, e sim para melhorar a nossa.[26]

Talvez você acredite, como os cientistas já acreditaram, que os neandertais eram sub-humanos primitivos, versões mais animalescas e brutas de nós mesmos. No entanto, um estudo mais recente revelou que os neandertais eram extremamente inteligentes. Eles construíram uma civilização bem organizada e, como espécie, tiveram bastante sucesso: duraram 250 mil anos. (Acredita-se que o *Homo sapiens* mais antigo tenha 300 mil anos.) Os corpos dos neandertais conservavam o calor com eficiência, o que significava que podiam sobreviver a ambientes hostis. E tinham uma força incrível — essa parte do estereótipo é verdade —, mas também tinham excelente coordenação motora fina. A criação de um neandertal mais novo, um cruzamento de *Homo sapiens* com *Homo neanderthalensis*, poderia resultar em uma espécie de pessoas mais robustas, que resistiriam melhor aos desafios modernos das mudanças climáticas e aos eventos climáticos extremos, e teriam maior probabilidade de sobreviver a uma migração necessária para um ambiente novo e completamente diferente.

Múltiplos genomas neandertais foram sequenciados a partir de DNA em fósseis encontrados em toda a Europa e Ásia. Analisar e sintetizar o genoma em pedaços menores acabaria permitindo aos cientistas montar a sequência correta em uma célula-tronco humana, o que, em teoria, resultaria em um clone de neandertal. Mas deixemos Church explicar:

> "Você começaria com o genoma de uma célula-tronco de um adulto humano e, pouco a pouco, faria engenharia reversa no genoma neandertal ou em um equivalente razoavelmente próximo. Essas células-tronco podem produzir tecidos e órgãos. Caso a sociedade se sinta à vontade com a clonagem e enxergue o valor na inegável diversidade humana, então toda a criatura neandertal poderia ser clonada."[27]

Claro que o neandertal moderno enfrentaria desafios. Para citar um, a típica dieta ocidental é recheada de laticínios, produtos refinados e alimentos altamente processados. O Nacho Cheese Doritos Locos Taco, da Taco Bell, vendido nos Estados Unidos — quem nunca comeu provavelmente consegue imaginar uma casca de taco feita de Doritos, recheada com carne barata temperada e uma mistura de queijo cheddar feito com um agente antiaglomerante —, é difícil de digerir até para quem tem estômago de avestruz. Por mais resistentes que os neandertais sejam, talvez o consumo de alguns tacos destruíssem seus tratos gastrointestinais pré-históricos.

Talvez ressuscitar o neandertal seja uma péssima ideia. Mas e se pudéssemos emprestar somente alguns genes neandertais para melhorar um pouco nossas biologias? Os neandertais não tinham doença celíaca, por exemplo, uma condição dolorosa para os humanos modernos alérgicos ao glúten. Os sistemas imunológicos deles reagem de modo diferente do nosso, o que possibilitaria aos pesquisadores insights sobre a cura de doenças autoimunes, como artrite reumatoide, esclerose múltipla e doença de Crohn. E os ossos dos neandertais eram extremamente fortes, então poderíamos emprestar esses genes em prol da densidade óssea para ajudar a tratar a osteoporose, que afeta centenas de milhões de mulheres à medida que envelhecem.

Se você acha que misturar genes neandertais com os nossos e implantá-los em um substituto gestacional parece coisa de filme de terror ou de uma obra distópica de ficção científica, você chegou perto. Na maioria das vezes, quando os humanos interferem no grande plano de Deus, segue-se o desastre: *A Ilha do Dr. Moreau* (1896) de H. G. Wells, *Admirável Mundo Novo* (1931) de Aldous Huxley, *Duna* (1965) de Frank Herbert, *A Mão Esquerda da Escuridão* (1969) de Ursula Le Guin, *Beggars in Spain* (1991) de Nancy Kress, *Carbono Alterado* (2002) de Richard Morgan. Esse tem sido um tema constante e recorrente em *Jornada nas Estrelas* e na série X-Men da Marvel, em que o vilão Magneto bola um plano para "fazer o *Homo sapiens* se curvar ao *Homo superior*!".

Historicamente, nem a ciência nem a sociedade gostam quando as pessoas brincam de Deus, ou mesmo quando cogitam essa possibilidade. Mary Shelley havia criado uma história sobre um monstro — não um monstro de verdade, veja bem — tão subversiva que ela temia que o governo tirasse os filhos dela, caso seu nome fosse associado ao livro. Quando a ovelha Dolly foi clonada com sucesso, o evento desencadeou reuniões de emergência e coletivas de imprensa em todo o mundo. Quase todas as pessoas se esqueceram do objetivo declarado do projeto Dolly, que era aprofundar nossa compreensão de como as células mudavam durante seu desenvolvimento. Mas as reações foram imediatas e extremamente negativas. O Dr. Ronald Munson, especialista em ética médica da Universidade de Missouri em St. Louis, disse ao *New York Times*: "O gênio está fora da garrafa." O que viria a seguir, argumentava ele: clonar Jesus Cristo usando uma gota de sangue da cruz?[28] O professor George Annas, presidente do Health Law Department at Boston University's School of Public Health, repreendeu a comunidade de biologia e genética. "A reação deve ser o horror", argumentando que a clonagem humana completa era o próximo passo lógico. "Os pais não têm o direito de coletar células de uma criança para reproduzi-la. A comoção pública contra a clonagem humana é justa."[29] A Igreja da Escócia emitiu um decisão oficial exigindo que as Nações Unidas aprovassem uma proibição da clonagem. Recorrendo à citação de Jeremias 1:4, 5 do Antigo Testamento, a igreja argumentou que a humanidade não poderia tomar o lugar de Deus: "A palavra do Senhor... Antes de formá-lo no ventre eu o escolhi; antes de você nascer, eu o separei e o designei profeta às nações."[30] O então presidente Bill Clinton realizou um evento televisionado a fim de anunciar uma nova proibição de fundos federais para qualquer projeto de pesquisa que envolvesse clonagem humana.[31]

Uma pesquisa da CNN/Time divulgada em 1º de março de 1997 revelou que a maioria dos norte-americanos de repente tinha opiniões ferrenhas sobre a tecnologia de transferência nuclear, uma forma de clonagem.[32] É difícil imaginar que as pessoas pensavam em clonagem ou nessa técnica antes da Dolly. Um terço dos participantes alegou estar tão preocupado com a mera existência de Dolly que participaria de manifestações e de protestos públicos. Nesse ínterim, em quase um quarto de século desde Dolly, adquirimos conhecimentos importantes, novas tecnologias biológicas e uma compreensão mais abrangente de como a vida funciona. Da última vez que conferimos, o planeta não havia sido infestado por ovelhas demoníacas. Por causa de Dolly, os cientistas começaram a clonar células-tronco adultas, o que levou à criação de células-tronco de pluripotência induzida artificialmente (CTPI) que poderiam ser usadas em pesquisas médicas. Isso reduziu a necessidade de embriões, que há bastante tempo era motivo de preocupações éticas para muitas pessoas. Os pesquisadores conseguiram estudar o processo de envelhecimento: era a primeira vez que se reprogramava uma célula adulta para se comportar como se fosse jovem novamente. Esse trabalho abriu as portas para todos os tipos de novas terapias baseadas em células-tronco em humanos: se um remédio fosse derivado do próprio código genético, não haveria chance de o sistema imunológico rejeitá-lo. Hoje, existem diversos tratamentos de terapia regenerativa disponíveis para tratar doenças relacionadas ao sangue, incluindo leucemia, linfoma e mieloma múltiplo, e outras condições degenerativas, como insuficiência cardíaca.

Talvez nossas crenças e percepções demorem a mudar, o que é compreensível — séculos de obras escritas e valores sociais profundamente arraigados influenciam o modo como pensamos. Em geral, só sabemos das descobertas científicas inovadoras após a publicação. Ou seja, podemos ficar abalados, confusos ou até mesmo apreensivos com notícias que contestam nossos modelos mentais. Não raro, isso acontece até dentro da própria comunidade científica. À medida que os pontos de vista de Church sobre a desextinção se tornavam mais conhecidos, o conselho editorial da *Scientific American* escreveu uma crítica ferina em 2013, concentrando-se principalmente em como o dinheiro gasto nessa tecnologia experimental seria mais bem usado em iniciativas tradicionais de conservação.[33] Church respondeu com um artigo de sua autoria na própria *Scientific American*, explicando calmamente que o objetivo de trazer animais de volta à vida, e o de seu projeto, não era fazer "cópias vivas perfeitas de organismos extintos, tampouco empreender uma façanha única em um laboratório ou zoológico". Segundo ele, o objetivo era aprender como podemos adaptar os ecossistemas existentes às mudanças ambientais que causamos, para garantir nossa própria sobrevivência.[34]

Em dezembro de 2020, Church e sua equipe de pesquisadores de Harvard estavam progredindo em seu objetivo grande como um mamute (desculpe o trocadilho). Apesar de o genoma do elefante asiático apresentar 99,96% de semelhanças com o mamute-lanoso, essa diferença de 0,04% soma 1,4 milhão de diferenças no DNA. Boa parte não é significativa, mas até o momento em que este capítulo foi escrito, a equipe de Church havia identificado 1.642 genes relevantes. O trabalho continua: atualmente, eles também estão projetando, testando e ajustando meticulosamente essas células cultivadas em laboratório, uma de cada vez, a fim de produzir a sequência genética correta para que um elefante asiático parecido com um mamute sobreviva. Eles almejam uma base de elefantes comum, mas com o pelo grosso do mamute; a hemoglobina, exclusivamente adaptada ao clima frio; a capacidade de armazenar camadas de gordura; e outras melhorias, como células que podem passar íons de sódio através das membranas, tornando-as mais adaptadas a ambientes rigorosos de inverno.[35] Depois de regular as combinações adequadas de características, eles podem começar a injetar essas células da pele em células-tronco e produzir mamutes vivos, principalmente mamutes-lanosos.

E se forem criados com sucesso, esses mamutes-lanosos do século XXI terão um lar em um lugar inspirado no romancista Michael Crichton, embora com o nome do período Pleistoceno, e não do Jurássico. O Pleistocene Park [Parque Pleistoceno] (realmente, esse é o nome) é um experimento na Sibéria, uma reserva natural que foi reincorporada com cavalos yakutianos, alces, bisões, iaques e outras espécies nativas depois que anos de industrialização dizimaram essas populações.[36] Mamutes remodelados poderiam demonstrar se animais pesados pressionando a neve e a permafrost poderiam atenuar um pouco os problemas climáticos.

Supostamente, trazer esses animais à vida e reincorporá-los ao habitat colocaria os humanos decisivamente no papel do Criador mais do que nunca. Na realidade, temos desempenhado o papel de Criador por milênios. O verdadeiro problema é que estamos fazendo um péssimo trabalho.

No século XV, à medida que os europeus navegavam no Atlântico, eles sistematicamente alteravam o meio ambiente. Eles não descobriam apenas "novos mundos" (ou, para ser mais exato, mundos novos para eles), como também introduziam suas próprias plantas nativas, seus animais e espalhavam doenças para as pessoas que encontravam. Em 1492, Cristóvão Colombo desembarcou na atual República Dominicana. Um ano depois, ele retornou com 1.500 pessoas, dezenas de sementes e mudas de plantas (trigo, cevada, cebola, pepino, melão, oliveiras e videira) e centenas de cavalos, novilhos e porcos. Isso deu origem ao que é conhecido como intercâmbio colombiano, uma grande reorganização de organismos que atravessam os oceanos para novas terras. Por mais estranho que pareça hoje, antes do intercâmbio colombiano, as pimentas da espécie capsicum nativas do Brasil ainda não eram alimentos básicos na comida picante indiana, e ninguém na Irlanda ainda tinha provado uma batata. Antes do século XVI, não havia amendoim na África nem tomate na Itália. Não havia trigo na América do Norte antes do intercâmbio colombiano, que transformou de forma drástica a agricultura, mudou as dietas (de pessoas e animais) e remodelou vidas e culturas.[37]

Mas, ao mesmo tempo que os europeus desembarcavam em terras desconhecidas, eles também traziam consigo patógenos perigosos, contra os quais os povos indígenas não tinham imunidade natural. Cada novo navio de pessoas também trazia novos surtos de doenças infecciosas: varíola, pneumonia, escarlatina, malária, febre amarela, sarampo, coqueluche, tifo e rinovírus. As doenças novas dizimaram 80% de todos os povos indígenas e aniquilaram grande parte das populações locais de animais e plantas. (Colombo e muitos de seus compatriotas também adoeceram.)[38]

Esse intercâmbio acabou originando uma estrutura econômica global. As consequências distópicas imediatas que se seguiram até hoje atormentam a humanidade de formas que os marinheiros de centenas de anos atrás nunca poderiam imaginar. A disseminação de doenças, a conversão de terras para agricultura em escala industrial, a caça excessiva de animais, séculos de mineração e poluição gerada por nossas rotas comerciais globais estabeleceram os alicerces para as perdas de biodiversidade e para as mudanças climáticas que estamos enfrentando.

Em todo o mundo, de 2000 a 2019, houve 7.348 grandes desastres naturais, muitos deles ocasionados pelas mudanças climáticas.[39] O número de grandes enchentes dobrou. Tempestades severas o bastante para causar danos materiais significativos aumentaram 40%. Na Austrália, os incêndios florestais históricos nos anos de 2019 a 2020 lançaram tantas cinzas e sedimentos na atmosfera que bloquearam a luz solar e causaram uma espécie de miniera do gelo: pesquisadores das condições meteorológicas relataram que a Terra esfriou temporariamente uma fração de grau (não se sabe ainda a quantidade exata). Nuvens pirocumulonimbus — nuvens de trovoada cheias de fogo — se agitavam em seus próprios ventos, resultando em vórtices perigosos em outros países. Até agora, os incêndios florestais resultaram em quase US$3 trilhões em perdas econômicas globais acumuladas.[40]

Estima-se que as cidades do mundo sofrerão um aquecimento de 4,4°C até o ano 2100. É uma quantidade imensa de energia adicional em nossos sistemas climáticos. Talvez isso não lhe pareça catastrófico, se você mora em uma casa com um bom ar-condicionado, aquecedor e uma boa circulação de ar. Mas em cidades como Paris e Londres, com áreas metropolitanas que abrigam 25 milhões de pessoas, muitos prédios antigos não têm dutos de arrefecimento e não suportam aparelhos de ar condicionado. Alguns dias quentes de verão ocasionam sérios problemas para a vida humana. Ao sentir calor excessivo, seu corpo redireciona o sangue que geralmente flui para seus órgãos de volta para a pele, em uma tentativa de resfriá-lo. Em condições extremas e prolongadas de calor, esse processo continua, e a falta de fluxo sanguíneo em direção aos órgãos faz com que eles parem de funcionar. Caso esteja quente e úmido, o processo biológico que seu corpo normalmente realizaria para resfriá-lo — sudorese — não funciona mais. Cientistas da Universidade do Havaí em Manoa classificaram 27 maneiras distintas pelas quais uma onda de calor pode matar até as pessoas mais saudáveis.[41] Nossa trajetória climática atual significa que a maioria das pessoas vivas em 2100 será regularmente exposta a um calor de níveis letais.

Considere também que nas próximas décadas a população mundial deverá aumentar de 7,7 bilhões para 9,7 bilhões. Ainda que não tivéssemos que enfrentar os impactos agrícolas das mudanças climáticas, não temos condições de alimentar outras 2 bilhões de pessoas. Estima-se que grande parte desse crescimento populacional ocorrerá na Índia, onde cerca de 10% dos alimentos cultivados são irrigados usando fontes de água subterrânea não renováveis, que estão minguando rapidamente. O mesmo acontece no Vale Central da Califórnia, no Nordeste da China e no Paquistão, as principais áreas produtoras de alimentos responsáveis por grãos de cereais, vegetais e frutas, algodão, feno e arroz — alimentos básicos dos quais todos dependemos economicamente. Apesar de todos os progressos empreendidos na agricultura, cerca de 80% das plantações do mundo dependem da água da chuva, de modo que a agricultura ainda exige padrões climáticos previsíveis. Eventos extremos de precipitação destroem o suprimento mundial de alimentos. Se reconhecermos as pesquisas baseadas em evidências sobre mudanças climáticas, crescimento populacional e eventos climáticos extremos, a conclusão lógica é que nosso rumo atual resultará em muitas mortes desnecessárias, na melhor das hipóteses, e fome e caos em todo o mundo, na pior.

Além disso, a biodiversidade do nosso planeta despencou. A biomassa total da raça humana é responsável por menos de 0,01% de toda a vida na Terra — ou seja, compomos menos de um centésimo dos organismos vivos —, mas exterminamos 83% das espécies animais. A Plataforma Intergovernamental de Políticas Científicas da ONU sobre Biodiversidade e Serviços Ecossistêmicos publicou um conjunto apocalíptico de dados em 2019, concluindo que 1 milhão de espécies de animais e plantas estavam em risco de destruição. Não se trata de 1 milhão de coelhos ou 1 milhão de narcisos, mas 1 milhão de *espécies* em risco de desaparecer.[42]

O mundo que criamos sem o mínimo de planejamento e de cálculo evolui irracionalmente ao longo de séculos de escolhas e ações, que continuam se projetando de maneiras imprevisíveis. Para citar um pequeno exemplo, considere como o aumento do nível do mar mudou a paisagem e a fauna do Sudeste dos Estados Unidos. Criaram-se as condições perfeitas para um minúsculo e imperceptível caranguejo-roxo (*Sesarma reticulatrum*) prosperar. A população de caranguejos explodiu e começou a se alimentar de uma espécie de planta nativa chamada cordgrass, um tipo de grama do pântano cuja função era manter uma boa parte dos pântanos costeiros no lugar. Agora, as pradarias adjacentes estão se separando e os canais de maré, se ampliando.[43] Há mais sedimentos nos cursos d'água locais, mais inundações durante as tempestades, perda de espaço recreativo para esportes aquáticos e menos áreas de pesca comercial. Esses caranguejos já causaram tantos danos que você pode vê-los do espaço. Eles também forçaram os cientistas a reorganizar a hierarquia de seu ecossistema: os caranguejos *Sesarma* agora são considerados uma espécie fundamental. É hora — na verdade, já passou da hora — de começar a estudar histórias alternativas que contradizem nossas crenças anteriores, que nos obrigam a avaliar o risco de forma objetiva, e não emocional. Como e de que maneira a biologia sintética tem o potencial de contribuir para esses problemas? Vejamos alguns exemplos.

Upgrade de humanos: já fazemos isso, mas não chamamos de "upgrade". Os seres humanos nascem com vulnerabilidades a determinados vírus, como o rotavírus, hepatite A, hepatite B, poliomielite, pneumonia, *Haemophilus influenzae* tipo B, catapora, sarampo, caxumba e rubéola, difteria, tétano e coqueluche. Nos Estados Unidos e em outros países desenvolvidos, a maioria dos bebês recebe "upgrades", na forma de vacinas, no primeiro ano de vida. Os adultos recebem uma vacina anual contra a gripe; aos 50, podem tomar a vacina contra o herpes-zóster. No início de 2021, muitos de nós suplicavam pelo "upgrade" mais importante de nossas vidas: a vacina contra a Covid-19.

O que viria a seguir? Poderíamos acatar a sugestão de Church e desenvolver ferramentas que permitam que pessoas neurodiversas melhorem suas vidas. Quando Amy estava na casa dos 30 anos, ela foi diagnosticada com transtorno obsessivo-compulsivo (TOC), um diagnóstico clínico que confirmou o que ela suspeitava há muito tempo. Ela passava por fases incapacitantes em que contava silenciosamente seus passos, se via incapaz de parar de refazer modelos estatísticos ou se sentia compelida a seguir exatamente o mesmo caminho para trabalhar. Às vezes, esses ciclos a forçavam a se isolar de outras pessoas, mas também lhe davam um nível quase sobre-humano de resistência: ela podia manter o foco e trabalhar em problemas difíceis por dias a fio sem precisar de uma pausa. O TOC é o resultado da serotonina bagunçando as linhas de comunicação entre a parte frontal do cérebro e as estruturas mais profundas localizadas no interior. O tratamento envolve medicamentos que normalizam a serotonina ou terapia cognitivo-comportamental, um tipo de psicoterapia que reconecta os neurotransmissores ao longo do tempo, ou ambos. Um inibidor de serotonina teria impedido Amy de entrar em um ciclo sem fim, mas também teria diminuído sua criatividade e energia. Não haveria reostato — nenhuma forma de aumentar ou diminuir sua serotonina, conforme necessário. Com o conselho de seus médicos, Amy escolheu a terapia cognitivo-comportamental, mas pensa com frequência no repressilador de Endy e Knight — talvez ele possibilitasse o uso do TOC conforme necessário. O TOC se tornaria uma funcionalidade, em vez de um bug em seu sistema.

Upgrade na agricultura: as amêndoas são um ótimo alimento — saborosas, nutritivas, utilizáveis de várias formas. Mas seu cultivo exige bastante água. O genoma da amendoeira foi sequenciado em 2019; poderia ser melhorado para exigir menos água, produzir o dobro de amêndoas por pé e crescer como uma planta compacta em vez de uma árvore grande e frondosa.[44] Desse modo, ela poderia ser cultivada de uma forma bastante diferente. Quase todos os nossos alimentos são cultivados ao ar livre, onde não temos controle sobre as condições climáticas. Edição genética, micróbios customizados e sistemas agrícolas de precisão que fazem uso de inteligência artificial e robótica estão nos possibilitando explorar meios alternativos de produção — como fazendas verticais, nas quais o cultivo é feito em camadas empilhadas dentro de enormes armazéns. As luzes de LED se comportam como o sol, ao passo que sensores e sistemas de inteligência artificial monitoram a hidratação e os nutrientes, ajustando os níveis conforme necessário. Robôs se movem ao longo de fileiras de ervilhas, alho, espinafre e alface. Operações como essa tendem a produzir dez a vinte vezes mais do que as fazendas convencionais e com bem menos desperdício.

Podemos arquitetar de modo inteligente a próxima fase de nossa evolução — na verdade, em breve não teremos escolha —, mas apenas se estivermos dispostos a reconsiderar nossas ideias de longa data sobre a criação e o Criador. Hoje, alguns estudiosos religiosos e comunidades de fé acreditam que a biologia sintética (assim como outras ciências e tecnologias) são exemplos de crescimento e progresso humano, e que a missão de Deus envolve a transformação e renovação da criação. Trabalhar contra a doença, a fome e a morte são valores importantes em diversas religiões. A biologia sintética é uma expressão natural desse progresso.

O Dr. Francis Collins, diretor do National Institutes of Health, é um cristão comprometido. Ele escreveu best-sellers sobre a relação entre ciência e religião, incluindo *A Linguagem de Deus*, no qual argumenta cientificamente a existência de Deus, e *Belief: Readings on the Reason for Faith* ["Crença: Leituras sobre a Razão da Fé", em tradução livre], no qual ele examina os mistérios de Deus e da fé.

Como George Church e Craig Venter, Collins é um pioneiro em genética que contribuiu com pesquisas significativas para o campo. Sua nomeação pelo presidente Barack Obama como diretor do NIH em 2009 o colocou no comando de 20 mil cientistas e funcionários, 325 mil pesquisadores externos e 27 institutos e centros de pesquisa.[45] Nessa época, ele permitiu e defendeu a pesquisa com células-tronco, apesar das objeções de muitos que compartilham sua fé — na verdade, a despeito de suas próprias preocupações pessoais baseadas na fé. Collins, que trabalhou com os presidentes Obama, Trump e Biden, continua defendendo a edição de genes.

Se nós, como Collins, pensarmos em futuros alternativos de forma objetiva e não emocional, poderemos abrir espaço tanto para Deus quanto para alterações no genoma. Se nós, como Church, permitirmos que nossas mentes devaneiem de forma produtiva, um novo mundo nos espera: um mundo caracterizado por uma nova bioeconomia, soluções científicas inovadoras para problemas espinhosos e inúmeras formas inteligentes pelas quais podemos melhorar categoricamente — até salvar — a vida como a conhecemos.

PARTE DOIS | Os Dias Atuais

| CINCO |

A BIOECONOMIA

No final de 2019, enquanto o governo chinês tomava medidas enérgicas para minimizar as evidências de um coronavírus recém-emergente e altamente perigoso, o Dr. Zhang Yongzhen, virologista do Centro de Saúde Pública de Xangai, estava cada vez mais apreensivo com o misterioso patógeno. Ele e sua equipe já haviam descoberto mais de 2 mil vírus, porém esse vírus novo que assolava a cidade de Wuhan, a apenas oito horas a oeste de seu laboratório, tinha características perturbadoras. Dentre muitas outras coisas, alguém poderia estar infectado por dez a quatorze dias antes de desenvolver sintomas. Caso o governo não agisse rápido, temia Zhang, a doença se propagaria depressa das pessoas em Wuhan — cidadãos chineses, trabalhadores estrangeiros e turistas — às comunidades para onde viajavam. Como os pesquisadores de muitos outros laboratórios chineses que conheciam esse novo patógeno, Zhang e sua equipe começaram a trabalhar para sequenciar o coronavírus.[1]

A equipe de Zhang, baseando-se em sua vasta experiência de descoberta de novos vírus e na tecnologia moderna, decodificou o genoma em apenas quarenta horas.[2,3] Como todos suspeitavam, esse coronavírus se assemelhava ao vírus da síndrome respiratória aguda grave (SARS) que devastou muitos países em 2003.

Como o governo chinês demorava para reconhecer os perigos desse coronavírus, Zhang ponderou as consequências pessoais e políticas de publicar o sequenciamento versus a oportunidade cada vez menor de impedir a propagação do vírus. Felizmente para o mundo, ele não esperou muito. Em 5 de janeiro de 2020, Zhang publicou o sequenciamento no GenBank, que é basicamente uma versão biológica da Wikipédia.[4,5] Lá, os pesquisadores fazem o upload das sequências genéticas que decodificaram junto com notas informativas. Os moderadores da comunidade analisam as sequências e, se forem aprovadas, publicam. (Assim como na Wikipédia, ninguém é pago pelo trabalho, mas todos se beneficiam.) Contudo, Zhang estava preocupado porque, mesmo com esse processo que exigia menos tempo do que artigos tradicionais revisados por pares, a divulgação ainda demoraria muito tempo. Então ele recorreu a um amigo australiano e pediu que ele publicasse uma mensagem no Virological.org, um site de discussão mais livre. Pense no Reddit, mas para virologistas. Em 10 de janeiro de 2020, essa postagem foi publicada, estimulando imediatamente uma ação rápida no GenBank.[6]

Dias depois, o empresário Noubar Afeyan foi jantar em Cambridge, Massachusetts, para comemorar o aniversário da filha, quando recebeu uma mensagem de texto urgente de Stéphane Bancel, seu CEO. Afeyan havia fundado a Moderna, que, na época, ainda era bastante desconhecida. O nome da empresa combina as palavras "modificado" e "RNA" — remetendo à ideia de que o RNA mensageiro poderia ser reprojetado por meio de técnicas de biologia sintética para desenvolver tratamentos personalizados contra o câncer. Apesar de a tecnologia ter funcionado em laboratório, não resultou em nenhum produto comercializável, então a equipe de Bancel passou da engenharia de mRNA para outros tratamentos, como o desenvolvimento de novos bits de código para ensinar nossas células a desempenhar funções novas, incluindo o desenvolvimento de anticorpos e tecido de cicatrização.

Mais do que depressa, Afeyan saiu no frio para retornar a Bancel. O CEO vinha acompanhando a discussão sobre o sequenciamento de Zhang e sabia que uma corrida para encontrar antivirais e vacinas já estava em andamento. Era necessária a permissão para ele redirecionar os recursos dos vinte produtos em desenvolvimento na Moderna para a vacina de mRNA contra esse novo vírus. Eles eram bastante experientes: a Moderna estava trabalhando com o NIH com o intuito de prototipar vacinas de mRNA para o coronavírus. Mas eles ainda não haviam disponibilizado nenhuma dessas vacinas para o mercado, e a Moderna não tinha dinheiro a rodo para desenvolver um programa de produção de vacina em massa a partir do zero. Apesar desses riscos, Bancel pressentiu que algo grande estava acontecendo e Afeyan concordou, dizendo-lhe: "Apenas se apresse."[7]

Trabalhando com as sequências que Zhang havia publicado no GenBank, a Moderna começou a projetar sequências de RNA específicas para a proteína spike do coronavírus. Como você sabe muito bem, o vírus se assemelha a uma bola coberta de espinhos. Com base na pesquisa anterior da equipe, eles sabiam que essas proteínas spike teriam maior probabilidade de desencadear uma resposta: o sistema imunológico humano tende a se concentrar em estímulos grandes e óbvios. A vacina da Moderna funcionaria basicamente como um cartaz biológico de mais procurado *à la* Velho Oeste que dizia: "Procurado! Fique de olho nesta bola coberta de espinhos! Se encontrá-la, mate-a na hora!"

A Moderna já havia feito grande parte do trabalho pesado, como descobrir de que forma direcionar esse mRNA para a região externa das células, o citoplasma, onde as proteínas são produzidas. O mRNA montaria acampamento temporário fora do núcleo da célula, traduziria a própria sequência de letras em uma proteína e partiria logo depois. Isso estimularia as células a produzir os componentes seguros do coronavírus para dar o pontapé inicial no sistema imunológico. Em seguida, o mRNA se degradaria, deixando o corpo para lutar com defesas próprias.

Com o uso de ferramentas customizadas, eles procuraram determinadas funções no código genético: parâmetros de ativação e desativação, sequências de ácidos nucleicos que sinalizam o fim de um gene durante a transcrição e conjuntos de instruções que definem os pontos inicial e final de diversas proteínas. Levou somente dois dias para decodificar o código. A diferença entre o SARS-CoV-2 e outros coronavírus são apenas doze letras extras em seu genoma: CCU CGG CGG GCA. Essas doze letras são o que o torna tão virulento. São elas que possibilitam que a proteína spike seja ativada e invada as células humanas. No entanto, o mRNA poderia fornecer um conjunto de instruções às células para direcionar essa sequência de letras e impedir o ataque do vírus — e levou apenas dois dias para projetar esse código.[8]

Essa abordagem — usando RNA sintético — seria mais eficaz e adaptável do que os protocolos de vacinas de longa data, como o uso de vírus enfraquecidos ou a vacina anual contra a gripe, que precisa de milhões de ovos para produzir as doses necessárias. Na realidade, a Moderna estava criando instruções genéticas que poderiam ser escritas como software e empacotadas em equivalentes de drives USB nanoscópicos. Uma vez que essas unidades biológicas USB fossem inseridas nas células, essas células fariam diligentemente o download das instruções do mRNA e as seguiriam. Seriam também vacinas mais seguras e fáceis de controlar. Ao contrário das terapias genéticas, que podem resultar em alterações genéticas permanentes ou mesmo hereditárias, a existência do mRNA em nossas células é efêmera. O programa de geração de vacinas seria executado por um curto período de tempo e se autodestruiria.

A Moderna, junto com a startup de biotecnologia BioNTech, finalmente encontrou uma utilização tangível para o que todos pensavam ser uma tecnologia impraticável e fantasiosa. Mas as vacinas que temos hoje não seriam possíveis sem décadas de progresso nas máquinas e tecnologias que fundamentam os processos da biologia sintética. Todas essas tecnologias, máquinas, sistemas periféricos e o que eles produzem constituem a bioeconomia: as atividades de produção e consumo relacionadas e derivadas da biologia sintética que atendem coletivamente às necessidades das empresas que nela operam. As vacinas de mRNA para a Covid-19 são somente a primeira de muitas maravilhas que a bioeconomia do futuro criará.

Essa última frase parece fantasiosa? A história nos diz que não.

Alexander Graham Bell e Thomas Watson subiram ao palco do auditório Chickering Hall, em Nova York, a fim de demonstrar uma curiosa engenhoca de madeira e metal para uma multidão de trezentos espectadores. Era 17 de maio de 1877. Os dois passaram anos trabalhando incógnitos, perseguindo com obstinação o que era na época uma ideia para lá de inusitada: como transmitir a voz humana usando os pulsos elétricos de um fio de telégrafo. Com o tempo, eles inventaram um receptor e uma membrana que podiam transformar a fala em pulsos elétricos e, depois, transformar esses pulsos de volta em fala. Eles demonstraram pela primeira vez essa tecnologia ao vivo no Chickering Hall. Os dois disseram à multidão que um fio conectava sua invenção a um dispositivo em New Brunswick, Nova Jersey, e depois a outro dispositivo em Nova York, onde um homem com uma voz profunda de barítono cantava o hino popular "Hold the Fort".[9]

Bell falou sobre sua invenção — e as conexões improvisadas que a possibilitavam — e, de repente, o público ouviu um cantor invisível. Na plateia, alguns expectadores estavam convencidos de que aquele "telefone falante" não era mais do que um belo truque e, fazendo o maior estardalhaço, exigiram que procurassem nos bastidores por um vocalista escondido. Bell prosseguiu com a demonstração, recorrendo a uma palestra exaustiva, detalhando o projeto elétrico e a ciência do som. Isso, somado a um tour pelos bastidores, acabou convencendo os incrédulos de que o telefone era real.[10]

Demorariam alguns anos para os empreendedores perceberem o valor dessa tecnologia inovadora, mas com o tempo dezenas de empresas foram criadas a fim de atender às demandas da nova economia de telefonia: sistemas de baterias comuns; circuitos metálicos; cabos; interruptores, monofones e telefones de parede; design de redes para centrais telefônicas; antenas gigantescas para transmitir sinais telefônicos e empresas para instalá-los; centrais e telefonistas; concessionárias para gerar e distribuir energia e até mesmo empresas de artesãos especializados encarregadas de decorar as centrais telefônicas originais, que eram estruturas conectando fios a postes aterrados, com guirlandas e bandeiras ornamentadas.

Em 1918, havia 10 milhões de telefones Bell System nos Estados Unidos e redes locais semelhantes na Europa e nos países escandinavos. O problema era que as redes eram geograficamente restritas. O mundo ainda precisava de mais invenções, como sistemas de comutação eletrônica, tecnologia de rádio de micro-ondas e transistores, antes que as chamadas telefônicas pudessem atravessar os oceanos.[11] Enquanto as operadoras de rede se concentravam em melhorias incrementais para as próximas décadas, um membro da Força Aérea Real do Reino Unido, chamado Arthur C. Clarke, tinha ideias mais ousadas para comunicações. Em 1945, ele escreveu um artigo descrevendo como enviar mensagens de modo instantâneo entre quaisquer dois pontos do planeta usando "retransmissores extraterrestres" e centrais telefônicas futuristas, que não ficariam presos ao chão, enfeitados com lindas guirlandas, mas, sim, orbitando a Terra, muito além do horizonte.[12] Clarke, que mais tarde se tornou o lendário escritor de ficção científica, imaginou um objeto se movendo na mesma velocidade da rotação da Terra, posicionado a cerca de 35.78537 quilômetros no espaço. Uma antena no solo poderia ser apontada continuamente para fornecer cobertura de rádio em qualquer lugar do planeta.

Quase ninguém ficou entusiasmado com uma ideia tão mirabolante. Seria necessário um evento mundial significativo — a URSS lançando um pedaço de metal do tamanho de uma bola de praia, chamado Sputnik I, em órbita — para angariar o apoio ao projeto. Em 1958, os Estados Unidos lançaram o Projeto SCORE (Signal Communication by Orbiting Relay Equipment, ou Comunicação de Sinal por Equipamento de Relé em Órbita, em tradução livre), um satélite que transmitia uma única mensagem: a voz do presidente Dwight D. Eisenhower dizendo: "Paz na Terra e boa vontade para com os homens em todos os lugares."[13, 14] Na década de 1960, a Bell Labs, parte da American Telephone and Telegraph Company (AT&T), trabalhou com a NASA com o intuito de aprimorar essa tecnologia, o que acabou resultando em uma das invenções mais importantes da história moderna: um satélite de comunicação bidirecional que poderia se mover em órbita síncrona em relação a um ponto fixo na superfície da Terra. Satélites como esse passariam a viabilizar a transmissão de televisão, agilizar as missões do mundo ao espaço, fornecer acesso ao GPS e possibilitar dispositivos como nossos smartphones. A invenção do "telefone falante" de Bell, outrora ridicularizada como mirabolante demais para ser usada no dia a dia, tornou-se um gigante da indústria de comunicações, que hoje vale US$1,7 trilhão.[15]

As redes que sustentam e se desenvolveram a partir do telefone desempenharam um papel determinante na evolução de quase todos os negócios e aspectos da sociedade, incluindo outro progresso originado de um artigo de pesquisa rebuscado, publicado em 1962. O cientista do MIT J.C.R. Licklider, que também trabalhou para a ARPA, detalhou uma hipótese tão implausível que alguns dos primeiros leitores pensaram que era uma piada. Talvez fosse o nome. Licklider propôs uma "rede galáctica" de computadores que pudessem conversar entre si.[16] O artigo foi publicado no auge das tensões da Guerra Fria, e Licklider explicou que seu conceito de rede possibilitaria que agências governamentais se comunicassem mesmo se a URSS destruísse o sistema telefônico. (Após o Sputnik, havia um temor constante, pois ninguém sabia o que as vantagens técnicas da URSS poderiam infligir aos Estados Unidos.) Então, em 1969, o Departamento de Defesa desenvolveu uma rede-piloto chamada ARPANET, conectando computadores na UCLA e Stanford, para testar a ideia de Licklider. Um professor da UCLA tentou enviar uma palavra simples, "login", para seus colegas no norte da Califórnia, mas o sistema travou após a letra "o". Assim, a primeira transmissão enviada pela internet foi, infelizmente, a mensagem de duas teclas "lo".[17]

Mas no final da década de 1970, o cientista da computação Vinton Cerf havia inventado o Transmission Control Protocol [Protocolo de Controle de Transmissão], ou TCP, uma espécie de cumprimento virtual entre computadores distantes, permitindo que eles enviem informações de um lado para o outro.[18] Esse avanço abriu caminho para a proposta de Tim Berners-Lee, em 1991, de uma "World Wide Web" descentralizada de informações, em que qualquer pessoa no planeta pudesse compartilhar e recuperar informações.[19] Em 1992, um grupo de estudantes da Universidade de Illinois criou o navegador Mosaic, um jeito mais amigável de pesquisar na recente Web.[20] Com o Mosaic, os usuários não estavam limitados a uma simples interface de texto e não precisavam saber programar um computador. Eles podiam visualizar imagens e usar links clicáveis a fim de navegar para outras páginas da web. Seguiu-se a internet comercial, assim como inúmeros negócios: hosts da web, provedores de e-mail, novas redes — como CompuServe e America Online — junto com o Google e outros mecanismos de busca e sites de comércio eletrônico, incluindo a Amazon. Os sites de mídia social recheados de mensagens ácidas e mordazes nos quais a maioria das pessoas pensa quando nos referimos à "internet" são um segmento minúsculo do que realmente está na rede. A internet é a infraestrutura invisível sobre a qual construímos quase todos os aspectos da vida moderna, desde nossos sistemas de folha de pagamento até serviços públicos, registros de saúde, exames escolares e cadeias de suprimentos de supermercados.

Diversos economistas de renome, incluindo Austan Goolsbee, Peter Klenow e Erik Brynjolfsson, tentaram calcular o valor criado pela internet.[21] Todos chegaram a conclusões parecidas: qualquer estudo seria imperfeito, porque a internet agora é uma tecnologia de uso geral, como a eletricidade. Se tirarmos a eletricidade da sociedade, haverá consequências econômicas terríveis para a produtividade, renda e nossa capacidade de criar bens e serviços. O mesmo vale para a internet.

Atualmente, a biologia sintética está no estágio "telefone falante do Chickering Hall". É real. Funciona. Mas as enormes redes de apoio e negócios relacionados, empresas e players auxiliares ainda precisam ser criados. No futuro, consideraremos a biologia sintética como uma tecnologia de uso geral. Assim como o telefone e a internet, o valor que a biologia sintética agregará à sociedade vai muito além do que podemos imaginar hoje. Vejamos alguns indicadores iniciais: em janeiro de 2020, a National Academies of Science, Engineering, and Medicine publicou um estudo abrangente que avaliou a bioeconomia dos EUA em 5% do produto interno bruto (PIB), mais de US$950 bilhões.[22] (Repare que isso foi antes da Covid-19 e dos avanços impulsionados pela biologia sintética decorrentes de iniciativas de empresas como a Moderna.) Em maio de 2020, um estudo da McKinsey analisou o impacto na economia global de quatrocentas inovações atuais em andamento relacionadas à biologia sintética e determinou que esses avanços poderiam render uma média de US$4 trilhões por ano até 2040.[23] E esses US$4 trilhões não representam todos os impactos financeiros indiretos dos negócios, serviços e produtos adjacentes que inevitavelmente surgirão para auxiliar o setor.

O crescimento desses impactos indiretos é o que é conhecido como rede de valor, uma ideia que Clayton Christensen, professor de Harvard, apresentou em seu livro inovador de 1997, *O Dilema da Inovação*. Grosso modo, uma rede de valor é um ecossistema saudável de empresas que trabalham juntas para criar produtos e serviços atraentes aos clientes. Se considerarmos somente uma pequena fatia da internet — a Internet das Coisas —, a rede de valor abarca software, plataformas, interfaces, conectividade, segurança, agricultura, assistência médica, veículos, cadeias de suprimentos, robótica, wearables industriais e dezenas de subcategorias de negócios, dentro das quais existem centenas de startups e empresas consolidadas, todas trabalhando para fazer com que os dispositivos conectados se comuniquem melhor entre si, com o objetivo de facilitar e deixar a vida mais agradável a todos.

A rede de valor da biologia sintética está apenas começando a se formar. Embora a resposta do setor à Covid-19 tenha acelerado o crescimento, até o momento, há poucos players em cada segmento. Mas isso está mudando rapidamente. Investidores mobilizaram US$8 bilhões em startups de biologia sintética em 2020.[24] Não é um volume de financiamento expressivo, se considerarmos que a Bytedance, criadora do TikTok, estava se aproximando de uma avaliação de US$400 bilhões no início de 2021, porém a taxa de crescimento de investimentos em biologia sintética dobrou a cada ano desde 2018.[25] Agora existem fundos de investimentos ETF feitos inteiramente de ações de biotecnologia. Há alguns anos, não existia nenhum. O gigante de gerenciamento de investimentos BlackRock lançou um ETF para biologia sintética em outubro de 2020, seguindo a ARK Capital Management e a Franklin Templeton, cujos ETFs estavam com desempenho melhor do que o esperado. Em 2019, a ARK obteve um retorno sobre o investimento de 44% e, em 2020, impressionantes 210%. O tamanho médio dos negócios de IPO de biologia sintética também está aumentando: em 2020, a avaliação média do IPO foi o dobro do que em 2019.[26]

Tudo isso mantém ocupadas as empresas que sustentam a infraestrutura da bioeconomia: fabricantes de hardware que produzem máquinas sintetizadoras, robôs e montadoras; empresas de wetware, que vendem DNA, enzimas, proteínas e células; e empresas de software que fazem ferramentas especiais, como o Photoshop, mas para biologia.

Todas essas empresas exigem conexão rápida com a internet, automação e nuvem, sem mencionar redes criptografadas, serviços de TI robustos e gerenciamento de banco de dados. Nesse ínterim, muitas das velhas ferramentas da biotecnologia simplesmente não são boas o suficiente para fazer o tipo de engenharia de alta precisão que o trabalho atual de biologia sintética exige. No entanto, como logo explicaremos, a tecnologia e as ferramentas que estão formando a bioeconomia também estão em ritmo de evolução acelerado.

Considerando a rapidez com que Zhang e sua equipe sequenciaram o SARS-CoV-2, pode ser difícil imaginar a forma antiga de sequenciar o DNA. Antes de as ferramentas computadorizadas e automatizadas serem amplamente utilizadas, o DNA tinha que ser preparado com cuidado, muitas vezes com o uso de protocolos locais desenvolvidos por laboratórios individuais. Os kits fáceis de usar de purificação de DNA que os laboratórios utilizam hoje não existiam, tampouco as máquinas de sequenciamento, que automatizaram muitos processos complexos de laboratório. Pelo contrário, os pesquisadores tinham que preparar as reações e uma grande quantidade de géis, ler e registrar os dados de forma manual. Afirmar algo relevante sobre as sequências produzidas era quase impossível, pois os bancos de dados genéticos e softwares de pesquisa especializados para genômica também não existiam.

Com o tempo, os avanços resultaram nos sequenciadores automatizados Prism, que realizaram o trabalho pesado de Venter e de Collins quando ambos competiam para concluir o genoma humano em 2003. A decodificação do primeiro genoma humano levou treze anos, e o custo total do Projeto Genoma Humano — que também incluiu despesas nada usuais e não relacionadas ao sequenciamento do genoma — foi de US$3,2 bilhões. Caso Venter e Collins iniciassem o projeto de novo em 2003, recorrendo à nova tecnologia disponível, talvez concluíssem tudo a um custo de US$50 milhões e em menos de um ano. Em 2007, uma startup desenvolveu um sistema ainda mais rápido que sequenciou o DNA de James Watson por US$1 milhão. Somente dez anos depois, uma nova geração de máquinas poderia ler moléculas únicas de DNA ou RNA, o que significava que os pesquisadores podiam examinar células individuais para ver quais genes estão ativados ou desativados. A Oxford Nanopore Technologies, no Reino Unido, fabrica uma máquina de sequenciamento ao custo e com metade do tamanho de um iPhone. Em 2016, ela foi usada pela astronauta Kate Rubin, quando realizou o primeiro sequenciamento de DNA bem-sucedido no espaço. Os sequenciadores estão ficando menores e mais inteligentes.[27] A Roswell Biotechnologies, com sede em San Diego, está desenvolvendo tecnologias de sequenciamento eletrônico molecular que fundem as enzimas de DNA diretamente em chips semicondutores. Esses chips serão capazes de registrar de modo eletrônico o que as enzimas individuais estão fazendo, rastreando com eficiência as atividades enzimáticas. A esperança é que, dentro de um ano ou dois, um dispositivo portátil seja capaz de sequenciar um genoma inteiro em menos de uma hora por menos de US$100.

Se consideramos os outros campos de atuação, a taxa de progresso no sequenciamento é inigualável: de US$3,2 bilhões e treze anos, no começo, para US$100 e sessenta minutos em um futuro próximo, um intervalo de tempo de trinta anos. E isso compreende somente a leitura do genoma. Quando se trata de coisas realmente grandes, estamos apenas no começo.

É mais complicado programar células do que programar um computador, em parte, porque não temos um entendimento abrangente do maquinário celular e porque a biologia é uma tecnologia que toma como base a água. Isso a torna diferente das tecnologias baseadas em, digamos, chips de silício e eletrônicos, em que os elétrons circulam em trajetórias fixas ao mesmo tempo em que interruptores precisos e de alta velocidade controlam esse fluxo. A célula é um caldeirão de sopa com milhares de moléculas diferentes, e todas elas estão constantemente se sacudindo e interagindo, porém se movem de forma mais lenta quando comparadas aos velozes elétrons. Os processos e os códigos celulares não são totalmente aleatórios, mas também não são lineares nem lógicos, o que dificulta a previsão exata de como será o comportamento de qualquer sistema biológico. As células e seus componentes não vêm com manuais do proprietário — não temos padrões ou especificações que normalmente ajudariam um engenheiro a construir um dispositivo.

Tradicionalmente, experimentos de biologia molecular têm sido realizados tanto em organismos vivos (*in vivo*) ou dentro de tubos de ensaio (in vitro). No entanto, como a biologia sintética faz uso do aprendizado de máquina, os experimentos podem ser simulados em um computador. Bem-vindo, então, à era dos experimentos *in silico*. Por exemplo, uma cadeia polipeptídica com mais de cem aminoácidos é considerada uma proteína. Há mais sequências possíveis nessa minúscula cadeia do que átomos no universo observável. Mas com o modelo *in silico*, os pesquisadores podem testar como diferentes combinações genéticas podem interagir, aprender a predizer o comportamento celular e realizar experimentos para analisar o que acontece quando os processos biológicos continuam a progredir após uma intervenção sintética.

Ainda assim, os modelos só podem ser testados de modo exaustivo *in silico*. Os cientistas também precisam observar a atividade biológica do mundo real e, para isso, é necessário cultivar células e construir moléculas. E eles precisam de formas cada vez mais rápidas de sintetizar DNA. Assim como nossos primeiros computadores, os primeiros sintetizadores de DNA eram pessoas altamente treinadas, capazes de realizar tarefas desafiadoras e repetitivas. No entanto, devido aos gases nocivos do laboratório e à monotonia dessas tarefas, os químicos estavam ansiosos para automatizar essa parte do trabalho.

O primeiro sintetizador de DNA foi lançado em 1980, quando a Vega Biotechnologies disponibilizou no mercado uma máquina do tamanho de um forno de micro-ondas capaz de automatizar a produção de DNA.[28] Custava US$50 mil — cerca de US$160 mil em dólares de hoje — e podia produzir um fragmento de DNA (chamado oligonucleotídeo ou oligo) por dia, desde que tivesse apenas quinze bases de comprimento. Desde então, o custo de produção de oligos caiu drasticamente, para centavos por base ou menos. Agora milhões podem ser sintetizados de uma vez só.

Os sintetizadores modernos são extremamente precisos e podem adicionar a base de DNA correta a uma cadeia com 99,5% de acurácia. Mas expandir os ciclos de adição de bases a uma cadeia aumenta a probabilidade de introdução de erros, dado o grande volume de bases envolvidas. Isso restringe o comprimento dos oligos que podem ser feitos com síntese química a algumas centenas de bases; a maioria pode alcançar aproximadamente sessenta bases. Para muitas tarefas, como o teste padrão ouro de PCR (reação em cadeia da polimerase) para a Covid-19 que detecta o RNA específico do vírus, esse tamanho é suficiente. Contudo, para escrever um fragmento do tamanho de um gene ou algo maior, os oligos precisam ser reunidos em uma cadeia mais longa. Na natureza, a síntese e a montagem do DNA acontecem simbioticamente. Por ora, esses processos são separados em um laboratório. E um único erro no código genético prejudicaria tudo o que acontece na cadeia.

Dentro da bioeconomia, existem empresas fundadas com o intuito de mitigar parte dessa incerteza. A Twist Bioscience, citando um exemplo, projetou um sistema que pode produzir grandes volumes de sequências de DNA com baixas taxas de erro a custos muito baixos. A tecnologia da empresa utiliza um chip de silício com pequenos orifícios, que são preenchidos com material genético e seu DNA é então montado em sequências precisas. Comparados aos métodos convencionais usados em laboratórios de ciências biológicas, a inovação da Twist reduz em 1 milhão de vezes a necessidade de reagentes caros, ao passo que aumenta o número de genes que podem ser sintetizados em 9.600.[29] Os cientistas podem enviar design de DNA para a Twist e receber moléculas de DNA após alguns dias. Antes que você fique entusiasmado, saiba que a Twist não vende para qualquer um. É necessário ser um usuário verificado e autorizado, ou seja, alguém vinculado a um laboratório acadêmico registrado ou a uma empresa aprovada. Eles também não sintetizam qualquer coisa. Cada sequência de DNA é confrontada com um banco de dados de sequências potencialmente perigosas, como as de vírus ou toxinas. No entanto, nem todas as empresas de síntese de DNA fazem isso — por incrível que pareça, exames desse tipo não são obrigatórios por lei. Falaremos mais a respeito em um capítulo posterior.

A síntese de DNA ocorre em cenários ambientados em um futuro distante, como os de filmes de ficção científica: enormes braços robóticos brancos seguindo caminhos determinados no chão de salas estéreis e bem iluminadas. Esses braços robóticos atravessam o espaço, pegando placas e chips pontilhados com os minúsculos orifícios, onde injetam diferentes materiais genéticos. Esses robôs trabalham de modo colaborativo, aspirando e dispensando líquidos à medida que as moléculas de DNA são sintetizadas e montadas a partir de bytes de código computadorizados e depois preparadas para envio.

Construir e equipar um biolaboratório moderno como o Twist Bioscience pode custar dezenas de milhões de dólares. Mas as empresas de pequeno porte têm outras opções. As biofundições são instalações em que robôs e sistemas computadorizados de alto rendimento e manuseio de líquidos trabalham em ambientes estéreis para arquitetar geneticamente sistemas vivos, com computadores registrando todas as atividades e dados. A construção e manutenção também são caríssimas, porém o trabalho é feito por encomenda ou contrato. As biofundições são a versão da biologia sintética das cozinhas fantasmas, cozinhas comerciais compartilhadas usadas por restaurantes somente para a entrega nas grandes cidades. Como os recursos são compartilhados, as biofundições podem realizar muitos experimentos em grande escala. Algumas delas, incluindo a Emerald Cloud Labs no Sul de São Francisco e a Strateos, em Menlo Park, adotaram totalmente a virtualização de laboratórios, de modo que os cientistas conseguem programá-los e operá-los de praticamente qualquer lugar.

Essas biofundições estão recebendo ajuda de um nome inesperado, mas conhecido: a Microsoft. Um dos departamentos de pesquisa da empresa trabalha de um posto avançado em Cambridge (Inglaterra, não em Massachusetts), fundado em 1997 e administra seu laboratório de biologia molecular. É um local apropriado:

Watson e Crick realizaram suas descobertas de DNA em Cambridge. Em 2019, a Microsoft lançou uma plataforma chamada Station B, com a ideia de criar aplicativos e serviços interconectados de ponta a ponta para biologia sintética.[30] A plataforma tem parcerias com startups para o desenvolvimento da linguagem de programação open-source usada para experimentos biológicos e para a automação do trabalho de máquinas de laboratório feitas por diferentes fabricantes. Por exemplo, a plataforma é utilizada para substituir instruções de biologia sintética da primeira geração, como "agitar vigorosamente um tubo de ensaio", por comandos digitais precisos para robôs de laboratório.

Junto com pesquisadores da Universidade de Washington e da Twist Bioscience, a Microsoft também está estudando um uso novo e incomum para o DNA: o armazenamento de informações. O DNA já é o disco rígido da natureza. E se pudesse armazenar também outros tipos de informação nele? Hoje, você encontraria e armazenaria uma foto do ator Dwayne Johnson, "The Rock", em seu computador gravando um arquivo completo na memória. No futuro, essa mesma imagem seria dividida em milhares de pequenos fragmentos e escrita em milhares de filamentos individuais de DNA. Uma vez sequenciada, a informação do DNA pode ser reagrupada por computadores no arquivo original.[31] Em 2019, os pesquisadores prototiparam o primeiro sistema de armazenamento de DNA de leitura e gravação totalmente automatizado e o usaram para escrever e depois ler a palavra "Hello" em apenas cinco bytes de dados.[32] O problema? O tempo de resposta foi de 21 *horas*, não os milissegundos que um computador tradicional levaria para recuperar o arquivo. Foi um dos primeiros exemplos de um novo tipo de memória de computador, em que moléculas eram utilizadas para armazenar dados e sistemas eletrônicos, para controle e processamento. Com esse protótipo funcional em mãos, a Microsoft, a Twist, a Universidade de Washington, a empresa de sequenciamento Illumina e a empresa de armazenamento digital Western Digital fundaram a DNA Data Storage Alliance, com o objetivo de criar padrões sobre os quais um ecossistema de armazenamento de DNA pudesse ser construído. Uma dúzia de outras organizações membros rapidamente aderiram.

Está claro por que o armazenamento de dados de DNA é uma proposta atraente: o mundo gera uma quantidade assombrosa de informações a cada ano. As memórias ópticas, magnéticas e de estado sólido (SSD) em uso hoje não acompanharão o ritmo por muito mais tempo. Quantidades colossais de informação podem ser armazenadas em uma quantidade minúscula de DNA: apenas um grama pode armazenar mais de 200 milhões de DVDs de informações.[33] Nessa densidade, todas as informações digitais do mundo poderiam ser armazenadas em moléculas de DNA suspensas em cerca de nove litros de solução — imagine nove litros de leite — e, algum dia em um futuro distante, arquivos digitais específicos poderiam ser recuperados conforme necessário.

Os progressos na síntese de DNA eliminaram o que costumava ser uma das maiores barreiras da engenharia genética: traduzir o código de DNA digital em um código que uma célula consegue executar. No entanto, boa parte do DNA sintetizado hoje tem apenas alguns milhares de bases, o suficiente apenas para uma única proteína. Construir algo mais complexo, como escrever o genoma completo de um micróbio, exige rodadas tediosas de montagem de fragmentos e sequenciamento de precisão, antes que o design biológico possa ser inicializado, testado e depurado. As biofundições simplificam ou automatizam esse trabalho hercúleo, porém, como os primeiros computadores mainframe, custa caro para montá-las e operá-las, além de terem capacidade limitada. Isso não é um problema para empresas respaldadas por capital de risco como a Moderna, que buscam mercados de bilhões de dólares, mas dificulta a participação da maioria dos cientistas acadêmicos. Por isso, um grupo pequeno de instituições de pesquisa em todo o mundo construiu suas próprias biofundições não comerciais. Em 2019, dezesseis organizações se uniram e formaram a Global Biofoundry Alliance, com o objetivo de cooperar para solucionar essas questões e enfrentar desafios comuns, como encontrar os melhores preços para síntese de DNA, buscar talentos e identificar modelos de negócios sustentáveis.[34]

Ainda existem desafios técnicos. Por exemplo, manipular o DNA durante o processo de montagem é complicado, pois há muitas oportunidades para as coisas darem errado. Os fragmentos de DNA são delicados e podem quebrar, ou pode haver um contaminante invisível à espreita no laboratório. Embora existam alguns padrões iniciais, ainda não há práticas padronizadas entre (ou às vezes mesmo dentro de) laboratórios para calibrar equipamentos, controlar processos ou usar metadados.

A biotecnologia é um dos setores mais complexos do mundo. Não se trata apenas de como os processos celulares desafiam a padronização ou o custo e a precisão exigidos pelos procedimentos laboratoriais. Quaisquer experimentos realizados em organismos que possam ser consumidos, injetados ou lançados no mundo natural exigem estruturas regulatórias rigorosas e testes exaustivos. O controle garante que o produto final faça o que os pesquisadores o desenvolveram para fazer, com segurança. A lista de organizações envolvidas preencheria uma dúzia de páginas, no entanto nenhuma delas usa um único conjunto de padrões ou regras acordadas.

Como todas as empresas farmacêuticas, a Moderna teve que realizar uma série de testes, começando com um estudo pré-clínico, antes de poder distribuir suas vacinas ao público em geral. De início, realizam-se testes de laboratório nas linhagens celulares, células aprovadas por órgãos de regulamentação e que são cultivadas e mantidas para testes científicos. A equipe precisava assegurar que a vacina de mRNA produzisse com sucesso os elementos não prejudiciais corretos do vírus nos lugares apropriados para desencadear a resposta imune do corpo.

A Moderna finalizou sua vacina candidata (mRNA-1273) somente dois dias após o Dr. Zhang Yongzhen e sua equipe publicaram a sequência do vírus.

Em seguida, tomou a corajosa decisão de passar diretamente para a fabricação de nível clínico antes que quaisquer aprovações regulatórias aprovassem a vacina. A empresa não estava tentando burlar os órgãos de regulamentação, mas dada à velocidade com que o vírus poderia se espalhar e o potencial de causar uma pandemia, os tomadores de decisão da Moderna queriam adiantar o máximo possível o processo de testes clínicos.[35]

Na época, a Moderna não sabia disso, mas uma pequena empresa alemã de biotecnologia, a BioNTech, com experiência semelhante em mRNA, também estava projetando vacinas candidatas e firmando parcerias com a Pfizer, nos Estados Unidos, e a Fosun, empresa farmacêutica chinesa. No início de fevereiro de 2020, tanto a Moderna quanto a BioNTech tinham lotes prontos para passar pelo processo tradicional de testes clínicos em fases.

Em 27 de março de 2020, a Moderna iniciou o estudo de fase 1, que testa dosagem e segurança em um pequeno grupo de voluntários humanos. Nesse ponto, a Organização Mundial da Saúde enumerou 52 vacinas candidatas adicionais, a maioria das quais usava vírus inteiros inativados ou enfraquecidos. Os ensaios da fase 2, que testam a eficácia e os efeitos colaterais, começaram somente um mês depois. O estudo de fase 3 da Moderna, que incluiu 30 mil participantes, foi projetado para avaliar a eficácia geral e continuar testando a segurança. No momento da escrita deste livro, a vacina de mRNA era 94% eficaz na prevenção de casos sintomáticos de Covid-19. (Estudos de fase 4 monitoram a segurança e a eficácia de um medicamento após ser disponibilizado no mercado, analisando os efeitos adversos mais raros ou de longo prazo que podem não ter sido revelados em estudos anteriores.)[36]

Nem sempre os medicamentos testados funcionam. Há sempre uma chance de que mais ajustes sejam necessários ou que eles não tenham efeito algum. Mas este não foi o caso do mRNA-1273. Em uma entrevista de dezembro de 2020, realizada poucas horas antes de a FDA aprovar a vacina de sua empresa, Bancel alegou que estava mais orgulhoso de que a vacina fosse "100%, átomo por átomo", e que foi projetada em um computador em janeiro.[37] A vacina tinha funcionado perfeitamente desde o início — um golaço para a biologia sintética. Mesmo com o sucesso da Moderna na defesa contra esse coronavírus, há fatores externos a serem gerenciados, como o monitoramento da produção, a fim de garantir que cada lote seja formulado com acurácia. Trabalhadores de uma instalação de Baltimore se depararam com problemas ao misturar alguns ingredientes para a vacina da Johnson & Johnson, arruinando 15 milhões de doses.[38] Por conta de uma falha de embalagem em um lote de vacinas BioNTech entregues a Hong Kong e Macau, a vacinação local foi suspensa em março de 2021.[39] A Moderna e a BioNTech estão cada vez mais confiantes de que, se necessário, vacinas atualizadas para fazer frente a variantes novas podem ser criadas ainda mais rápido do que em 2020. No entanto, e mais importante: agora os órgãos de regulamentação têm experiência real com vacinas sintéticas de mRNA, o que deve abrir um novo caminho para outros casos de uso e ensaios clínicos. A Moderna tem nove vacinas de mRNA no pipeline de desenvolvimento, e algumas já estão em testes de fase 1. Enquanto isso, pesquisadores da Universidade Yale, em parceria com a Novartis, preparam-se para testar uma vacina de mRNA contra a malária com uma grande atualização tecnológica: o RNA pode se autorreplicar no corpo, o que significa que será necessária uma dose muito menor, facilitando a empresa produzir milhões de doses.[40] Como bônus, não será necessário que as vacinas fiquem congeladas em baixíssimas temperaturas, como exigido pelas vacinas de mRNA para a Covid-19.

Um artigo de 1965 com uma simples promessa — Cramming More Components onto Integrated Circuits [Colocando Mais Componentes em Circuitos Integrados] — mudou o curso da computação moderna.[41] Escrito pelo cofundador da Intel, Gordon Moore, o artigo expôs sua teoria de que o número de transistores que poderiam ser inseridos em uma placa de circuito integrado pelo mesmo preço dobraria a cada 18 a 24 meses. Essa ideia nova ficou conhecida como lei de Moore e rapidamente se tornou o combustível para uma indústria de computadores incipiente, mas próspera, porque validou as visões ousadas desses primeiros inovadores. Os investidores confiavam tanto nas previsões baseadas na lei de Morre que se sentiram encorajados a desviar recursos para a computação e capacitar os líderes da empresa a planejar novos produtos e serviços ambiciosos, à medida que a rede de valor de computação se desenvolvesse. Embora nenhuma empresa pudesse esquematizar suas conquistas em pesquisa e desenvolvimento, elas agora tinham um indicador relativo a quando o momento e as condições seriam adequados para fazer grandes melhorias e novas iniciativas ousadas. Referências à lei de Moore se tornaram comuns na área de TI, mas na época em que o artigo de Moore foi publicado, poucos fora do Vale do Silício tinham ouvido falar dele ou da empresa que ele cofundou. Eram tempos diferentes: quando Moore publicou seu artigo, o termo "Vale do Silício" ainda nem existia.

Atualmente, há um correspondente da lei de Moore na biologia sintética, em homenagem a um físico da Universidade de Washington chamado Rob Carlson. No início dos anos 2000, Carlson estudava as taxas em que as diferentes biotecnologias estavam melhorando. Inspirado no artigo de Moore, ele defendeu, em um livro de 2010, *Biology Is Technology* ["Biologia É Tecnologia", em tradução livre], que à medida que a tecnologia melhorasse, o custo do sequenciamento diminuiria de forma drástica.

Até agora, seus cálculos — que passaram a ser conhecidos como curvas de Carlson — corroboram a verdade. Segundo o National Human Genome Research Institute, o custo para sequenciar um rascunho de alta qualidade de um genoma humano em 2006 era de US$14 milhões, e uma sequência finalizada custava entre US$20 milhões e US$25 milhões. Em meados de 2015, o custo de uma sequência finalizada havia caído para US$4 mil.[42] Hoje, a BGI, uma empresa chinesa, pode sequenciar um genoma por US$100. O sequenciamento de um genoma humano é mais barato do que um tênis Air Jordan, e é por isso que milhões de genomas de pessoas estão sendo totalmente sequenciados a cada ano.[43]

À medida que o sequenciamento do genoma fica ainda mais barato, a promessa é impulsionar uma explosão de testes diagnósticos novos e baratos, como exames de detecção precoce de câncer. Isso possibilitaria o sequenciamento de cada bebê vindo ao mundo, na sala de parto mesmo ou ainda no útero, e poderia abrir um novo mundo de testes pré-natais personalizados para características como desempenho mental futuro. Em poucas décadas, seria possível decodificar o código de todas as plantas, animais, micróbios e vírus com os quais compartilhamos nosso mundo. Todos esses dados são matéria-prima para uma nova geração de engenheiros genéticos que, munidos de ferramentas de software avançadas, tecnologias de síntese cada vez mais baratas e poderosas e laboratórios em nuvem, precisarão somente de notebooks e recursos financeiros para realizar suas criações. Significa também uma segregação genética futura e potencial de aprimoramento genético para aqueles que podem custear as biotecnologias mais inovadoras, caso todos esses possíveis testes não sejam igualitários.

O que a bioeconomia trará? Como muita coisa na biologia sintética, Craig Venter pode ter vislumbrado esse futuro antes de qualquer outra pessoa. Uma vez que o Projeto Genoma Humano foi concluído, e depois de sua desavença com a Celera, ele voltou a atenção a escrever genomas, fundando a Synthetic Genomics, Inc., em 2005, perto das praias onde ele adorava surfar em La Jolla, Califórnia. Em 2017, a Synthetic Genomics demonstrou uma espécie de impressora biológica, que Venter chamou de conversor digital-biológico, ou DBC. Consistia em um sistema robótico sintetizador-montador de DNA/RNA do tamanho de um sofá. Os pesquisadores enviaram diversos programas genéticos para o DBC e imprimiram DNA para uma proteína, uma vacina de RNA e um bacteriófago (um vírus projetado para infectar células bacterianas). Cada produto foi então fabricado em seu laboratório. Em outras palavras, seu DBC possibilitou basicamente que eles reduzissem sua empresa — na verdade, todas as fases de projeto e fabricação da biologia sintética — a uma caixa que caberia perfeitamente em qualquer sala de estar.[44]

Hoje, a empresa, que agora se chama Codex DNA, está trabalhando em uma fundição poderosa ainda menor que a original — uma caixa do tamanho de um cooler que você levaria para a praia. Em vez de incorporar um sintetizador, a nova máquina usa cartuchos, como uma impressa a jato de tinta. Caso fizessem uma sequência, os cientistas fariam o upload dos requisitos e comprariam cartuchos pré-carregados com fragmentos do código genético desejado. Após alguns dias — enviar os cartuchos provavelmente demoraria mais tempo do que fabricá-los —, esses cartuchos seriam carregados na máquina e, apertando alguns botões, os experimentos começariam. Em teoria, com um gerador e conexão de internet via satélite, os cientistas poderiam construir DNA no meio da floresta tropical brasileira. Ou em um campo de batalha. Atualmente, a DARPA está financiando o desenvolvimento de dispositivos ainda menores que podem fabricar medicamentos e terapias em campo, a fim de proteger as tropas contra novas ameaças biológicas. Imagine uma situação em que os soldados são expostos a um patógeno projetado ou a um novo e perigoso vírus natural. Nessa situação, o sequenciamento genético poderia identificar com rapidez o genoma do patógeno. Em um instante, uma nova vacina ou medicamento poderia ser desenvolvido e, após fazer o download e imprimi-lo, seria utilizado para tratar soldados feridos ou doentes. Talvez essa mesma máquina, ou outra conectada a ela, fabricasse as doses necessárias para proteger o desempenho e a saúde das tropas.

Se, no futuro, organismos e medicamentos puderem ser enviados por fax ao redor do planeta, por que não enviá-los para outros planetas? Venter trabalhou com a NASA para demonstrar que, se células bacterianas baseadas em DNA fossem descobertas em solo marciano, elas poderiam ser sequenciadas no local, e os dados poderiam ser enviados para laboratórios na Terra para reconstrução e teste. O sistema também pode funcionar no sentido oposto. Com uma biofundição em Marte ou na Lua, enviar suprimentos, plantas e animais cruciais seria tão fácil quanto enviar um e-mail. Dito de outro modo: um "telefone falante" hiperatualizado que usa "retransmissores extraterrestres" como parte de uma "rede galáctica" para fins de teletransporte biológico.

Até então, a rede de valor para o futuro da biologia sintética continua progredindo. Como você está prestes a ver, um amplo leque de materiais, produtos farmacêuticos, têxteis, plantas e animais, para este planeta e para outros que um dia poderemos explorar, já está em produção.

| SEIS |

A ERA BIOLÓGICA

Imagine um mundo em que camarões são produzidos em laboratório. Um mundo em que não cheguem aos supermercados por meio de navios com enormes redes de arrasto que destroem o leito oceânico, deixando, assim, todos os outros peixes e organismos aquáticos que ficam presos a essas redes alegremente imperturbáveis. Imagine se as frutas fossem cultivadas em ambientes fechados, o ano inteiro, embaixo das mercearias que as vendem. Imagine que, em vez de colher as frutas vermelhas antes de estarem totalmente maduras, submetendo-as a lavagens com temperatura controlada para matar pragas, vedando-as em contêineres e enviando-as para o outro lado do mundo, você pudesse colhê-las diretamente do pé.

Ou imagine um futuro em que uma vida saudável tivesse a ver com melhoria e otimização, em vez de restrições. Um futuro em que a ressaca se tornasse relíquia de uma época passada, porque, antes de curtir uma noite, você comeria um suplemento probiótico especial para coibir os famigerados efeitos colaterais do álcool. Imagine um mundo no qual dietas fossem desnecessárias, porque um teste biométrico revelaria os níveis metabólicos do seu corpo, as intolerâncias alimentares e outros dados, de modo que você soubesse quais alimentos comer, o que beber e quando. Imagine um mundo em que doenças genéticas que incapacitam e matam bebês, como a anemia falciforme e a distrofia muscular, fossem prevenidas antes do nascimento.

Agora pense em todas as telas que quebraram, unhas que lascaram e lentes que foram destruídas de um jeito ou de outro. Imagine o dia em que revestimentos biológicos garantam que superfícies se autorregenerem de forma rápida, independentemente dos danos que lhes foram infligidos. Não importa quantas vezes você tenha manobrado mal o carro ao entrar ou sair de sua garagem, o acabamento de seu veículo ainda pareceria intocável. O esmalte orgânico secaria sem a necessidade de luzes ultravioletas prejudiciais ou acabamentos químicos agressivos.

O alicerce para essas realidades alternativas já existe. Na verdade, algumas dessas inovações já estão deixando de ser incomuns para se tornarem convencionais à medida que as possibilidades da bioeconomia se tornam mais tangíveis.

Muitos dos principais estágios do progresso humano foram descritos em termos dos materiais que usamos para transformar nossos ambientes construídos. Durante as Idades da Pedra, Bronze e Ferro, os humanos desenvolveram as tecnologias básicas para ferramentas cotidianas, agricultura, construção e guerra. Mais tarde, aproveitamos o vidro para decoração, garrafas, janelas, lentes e equipamentos médicos. O aço possibilitou a construção de arranha-céus. O plástico possibilitou a produção em massa de embalagens descartáveis, resultando em cadeias globais de suprimento de alimentos, medicamentos e água, dentre outros produtos. Nosso momento atual — em que estamos aprendendo a manipular moléculas, desenvolver microrganismos e arquitetar sistemas de biocomputação — é o início de uma nova era na evolução da civilização: a era biológica. As coisas que criaremos nesta nova era abrirão novas oportunidades de negócios, mitigarão ou até reverterão os danos ambientais e melhorarão a condição humana de inúmeras outras formas — tanto na Terra quanto em colônias fora do planeta. A biologia sintética transformará três áreas essenciais da vida: medicina, suprimento global de alimentos e meio ambiente.

MEDICINA

Nas próximas duas décadas, as tecnologias de biologia sintética serão utilizadas com o intuito de erradicar doenças potencialmente fatais e desenvolver medicamentos personalizados e individualizados para as pessoas e suas circunstâncias genéticas específicas. Os pesquisadores passarão a manipular geneticamente os vírus para tratar o câncer e cultivarão tecido humano em laboratório para transplante de órgãos e para teste de novos tratamentos terapêuticos. As novas tecnologias nos monitorarão de forma ininterrupta, extinguindo os exames médicos tradicionais. E, acima de tudo, projetaremos pessoas mais saudáveis: predizendo e eliminando doenças genéticas, e fazendo possíveis melhorias em bebês antes de eles nascerem.

ERRADICANDO AS DOENÇAS

Antes de passar um curto período de férias na Índia, uma médica fez questão de que a esposa e os dois filhos estivessem em dia com as vacinas: poliomielite; sarampo, caxumba e rubéola; difteria; catapora; gripe; hepatite A e B; tétano.[1] Eles não estavam viajando para uma área com surtos de cólera ou febre amarela. Estavam hospedados em Nova Delhi e planejavam fazer passeios diários para diversos pontos turísticos. Assistir ao pôr do sol no Taj Mahal em Agra foi mágico: à medida que a luz se desvanecia aos poucos, lançava um filtro laranja-rosado vivo sobre as alvas estruturas de mármore. Um dia perfeito, se não fosse o enxame de mosquitos que se adensava cada vez mais conforme as cores mudavam.

Algumas semanas depois que a família retornou para a casa, uma das mães — a médica — achou que estava com gripe. Como sentia calafrios, febre e dores no corpo, bebeu um pouco de água, tomou um Advil e foi para a cama. Mas seu estado de saúde rapidamente piorou. Quando chegou ao hospital, sua pressão arterial estava baixa. A enfermeira da triagem fez uma série de perguntas: ela havia tomado algum medicamento novo? Tinha algum tipo de alergia? E, por último, ela havia viajado para fora do país recentemente? Assim que a médica falou da noite no Taj Mahal, a enfermeira chamou um especialista em doenças infecciosas. Acabou sendo uma decisão muito boa: a médica havia contraído malária, a doença mortal transmitida por mosquitos.

Os mosquitos usam a ponta afiada de suas bocas em formato de agulha para perfurar a pele e sugar o sangue do corpo, ao mesmo tempo em que também injetam um anticoagulante para impedir a coagulação do sangue. Somente mosquitos fêmeas têm esse conjunto especializado de biomecânica; insetos machos se alimentam do néctar das plantas. Como os mosquitos fêmeas se alimentam de animais e pessoas, eles são os principais vetores de doenças. As fêmeas transmitem malária, dengue e uma série de outros vírus: o vírus Nilo Ocidental, Zika, Chikungunya e a encefalomielite equina do Leste, entre muitos outros. Qual é o predador mais prolífico e mortal da Terra? Não é uma cobra, tubarão ou escorpião. Não é um urso. Nem mesmo um humano. É um mosquito.

Todo ano, a malária causa a morte de mais de 400 mil pessoas, a maioria crianças pequenas.[2] A doença não é provocada por um vírus ou bactéria, e sim por um organismo do gênero plasmodium. Os plasmodia são organismos inteligentes que mudam de forma e enganam o sistema imunológico, por isso se proliferam e perseveram. A única vacina existente para a malária requer quatro doses e é relativamente ineficaz: oferece apenas resistência temporária. Alguém infectado com malária pode ser reinfectado inúmeras vezes. A melhor defesa que temos hoje contra a doença é o diagnóstico e o tratamento precoces. O fato de uma médica ter diagnosticado erroneamente seu próprio caso de malária nos diz o quanto a doença é perigosa — e por que os mosquitos se tornaram um dos primeiros alvos para a biologia sintética.

Como não conseguimos nos livrar facilmente dos mosquitos transmissores de doenças — eles se reproduzem depressa e são difíceis de capturar —, passamos décadas desenvolvendo loções e sprays para afugentá-los. O Exército dos Estados Unidos usou o DEET como repelente após a Segunda Guerra Mundial, o problema é que o DEET é tóxico. (Quando misturado incorretamente, pode derreter até plástico.) Além do mais, alguns mosquitos desenvolveram resistência genética ao DEET.

Mas agora existe um jeito de evitar a disseminação da malária sem ter que matar trilhões de mosquitos. Em 2021, geneticistas do Imperial College de Londres utilizaram um "gene drive" (ou impulsores genéticos) — modificação genética que faz com que a maioria dos descendentes carregue uma característica desejada — para combater a doença. A partir da tecnologia de edição de genes do CRISPR — técnica de edição em que se corta um local específico no DNA —, eles modificaram o desenvolvimento sexual e outras características dos mosquitos fêmeas. As fêmeas nascidas com os genes editados têm bocas diferentes, por isso não conseguem picar nem botar ovos, ou seja, elas não podem transmitir o parasita da malária. Sem o gene drive, essa mutação teria se disseminado de forma muito lenta pela população, mas com ele quase 100% dos descendentes herdam o novo formato de boca. O gene drive é uma tecnologia poderosa — e duradoura.[3]

Novos mosquitos com diferentes modificações genéticas estão sendo desenvolvidos e testados em grande escala e em uma instalação de alta segurança em Terni, Itália, assim como em outros lugares.[4] Em 2021, milhões de outros mosquitos geneticamente modificados foram programados para serem soltos no arquipélago de Florida Keys com o intuito de conter a propagação do Zika. O Florida Keys Mosquito Control District Board of Commissioners aprovou um projeto-piloto para introduzir mosquitos machos geneticamente editados e transmissores de um gene que dificulta a reprodução de seus descendentes.[5] As autoridades locais, que têm enfrentado cada vez mais casos de dengue e vírus do Nilo Ocidental, acreditam que uma população menor de mosquitos reduzirá as doenças e impedirá o uso excessivo de inseticidas ou substâncias químicas tóxicas no arquipélago.

PERSONALIZANDO A MEDICINA

O CRISPR possibilita que os cientistas editem posições exatas no DNA com o uso de uma enzima bacteriana. Aproximadamente 8 mil doenças se originam de apenas um único gene. Antes do sequenciamento de DNA, era difícil diagnosticar e tratar condições monogênicas ou unicelulares, como a anemia falciforme (condição hereditária que faz com que os glóbulos vermelhos se dobrem em forma de foice) e a fibrose cística (condição em que o corpo produz um muco espesso e pegajoso que obstrui os pulmões e o sistema digestivo). Mas o CRISPR poderia corrigir essas mutações genéticas, e a maquinaria de reparo do DNA da célula poderia recuperar a saúde das células editadas.

O número de pessoas que sofrem de doenças poligênicas é ainda maior, já que é mais complexo de tratá-las, pois se originam das ações combinadas de mais de um gene. A doença arterial coronariana e a aterosclerose são condições poligênicas, assim como a hipertensão que, em algumas pessoas, é hereditária. O pai de Amy é uma dessas pessoas. Aos vinte e poucos anos, ele foi diagnosticado com hipertensão grave, quando sua pressão arterial subitamente entrou em colapso: do nada, seu nariz começou a sangrar e ele sentiu tanta tontura que caiu. Ele era saudável e ativo, nunca fumou e evitava bebidas alcoólicas por causa de sua educação religiosa. No entanto, quando teve sintomas pela primeira vez, isso o colocou em uma situação de risco de vida. Nos últimos cinquenta anos, ele esteve sob os cuidados de especialistas da Cleveland Clinic e do Johns Hopkins Hypertension Center, que ajustam regularmente as dosagens do complexo coquetel de medicamentos prescritos: ele ingere 27 comprimidos, todo santo dia, para se manter vivo. A tarefa dos médicos agora é descobrir como neutralizar os efeitos colaterais de todos esses remédios em seu corpo, recorrendo a medicamentos adicionais que também não foram desenvolvidos especificamente para ele. Se somarmos todos os medicamentos prescritos, consultas médicas e idas ocasionais ao pronto-socorro, temos uma estimativa moderada das despesas médicas do pai de Amy: US$50 mil por ano, totalizando cerca de US$3 milhões gastos em assistência médica durante toda a vida, sem contar os ajustes da inflação. Ele tem uma situação privilegiada: um excelente plano de saúde, acesso a centros médicos de pesquisa clínica de qualidade internacional, médicos e uma família solidária e prestativa. Mesmo assim, as técnicas de biologia sintética poderão futuramente direcionar e editar ou reescrever o trecho específico do genoma responsável por sua hipertensão.

E quanto às outras doenças que exigem medicação, mas não respondem à edição do CRISPR? No futuro, tratamentos terapêuticos poderão ser feitos conforme necessário, em vez de serem produzidos em escala global. Como vimos no capítulo anterior, máquinas de sequenciamento portáteis já conseguem identificar a presença de um vírus ou bactéria, e a tecnologia para produzir medicamentos em tempo real não está tão distante da realidade. Se você fosse capaz de sequenciar um genoma rapidamente e tivesse os materiais adequados para sintetizar um tratamento, conseguiria imprimir uma barreira protetora para se defender contra uma série de patógenos. Imagine um kit com moléculas liofilizadas projetadas para inserção posterior em uma célula. A molécula ficaria dormente até que você precisasse usá-la, como feijões e cogumelos desidratados usados para fazer sopa. Para ativar o tratamento, seria necessário adicionar a quantidade adequada de água para reidratar e restaurar o sistema biológico. Assim que estivesse funcionando, você inseriria as instruções de DNA projetadas para vacinas ou antibióticos. Praticantes de trilhas, atletas, soldados em campo e enfermeiras escolares carregariam um kit do tamanho de um iPhone e combinariam os medicamentos quando e onde fossem necessários.

VENCENDO O CÂNCER

Aos cinquenta e poucos anos, a mãe de Amy desenvolveu uma forma rara de câncer neuroendócrino. O câncer não tinha um responsável evidente. Ela não bebia nem fumava e, tirando o sobrepeso — ela adorava doces e batatas fritas, —, era uma mulher ativa e saudável. Os sintomas também eram incomuns: sua pele ficou amarela da noite para o dia e ela emagreceu rapidamente. O clínico geral a encaminhou para uma equipe de especialistas da Universidade de Chicago, que a encaminhou para o MD Anderson Cancer Center, no Texas. Ela tinha um tumor maligno, mas esse não era o problema. Os médicos detectaram células preocupantes longe do local do câncer, com características semelhantes às células nervosas e hormonais. Essas células apareceram no pâncreas e nos pulmões, eram agressivas e se replicavam depressa. Ao sofrer uma mutação, o DNA de uma célula neuroendócrina aparentemente faz com que os tumores cresçam em qualquer lugar de forma espontânea. Ou seja, o tumor visível provavelmente não era o único tumor crescendo dentro do corpo dela.

A mãe de Amy lutou com heroísmo, insistindo que a vida continuaria conforme o planejado. Ela cobria o cateter de quimioterapia em seu braço com mangas compridas, encontrou uma peruca igual ao corte de cabelo pixie, sua marca registrada, e continuou lecionando para a turma da quarta série. Como os médicos não conseguiam identificar o local primário onde as células estavam se deteriorando, foram obrigados a combinar tratamentos de quimioterapia para outros tipos de câncer. Ela passava os sábados presa a bolsas intravenosas, debaixo de cobertores quentinhos, sem a peruca e sem o semblante corajoso que usava em todos os outros lugares. As primeiras quatro horas, ela passava com uma bolsa intravenosa para tratar o câncer pancreático, e as quatro horas seguintes, com uma bolsa para tratar o câncer de pulmão. Assim, completava seis ou oito semanas de tratamento, tirando algumas semanas de folga para recuperar as forças e começar outra rodada. A quimioterapia tanto a mantinha viva como abreviava consideravelmente seu tempo de vida. Após um ano, com o apoio da família, ela decidiu começar o tratamento de cuidados paliativos. Ela se foi poucos dias depois.

Seria difícil desenvolver uma vacina única e universal para o câncer, já que não se trata de uma doença única, e sim de um termo abrangente para uma miríade de centenas de mutações genéticas conhecidas. Talvez seja por esse motivo que costumamos nomear os cânceres por localização em vez de mutação: câncer de pulmão, câncer ósseo, câncer neuroendócrino. No entanto, é possível desenvolver vacinas individualizadas para vencer o misterioso câncer que matou a mãe de Amy, a partir de vírus geneticamente modificados, projetados para atacar e matar células cancerígenas. Outra opção: usar mRNA para estimular o corpo a construir defesas imunológicas a fim de identificar e matar cânceres, ao mesmo tempo em que se protege contra eles. E uma forma de fazer isso é por meio da terapia de células CAR-T, abreviação de transferência de células receptoras de antígenos quiméricos. Nesse tratamento, as células T (glóbulos brancos especializados) são retiradas do sangue de um paciente, modificadas em laboratório e reinjetadas para combater as células cancerígenas.

Muito antes de fabricar vacinas para a Covid-19, tanto a Moderna quanto a BioNTech faziam pesquisas de imunoterapias para o câncer. Após analisar uma amostra de tecido de um tumor maligno, as empresas empreenderam análises genéticas com o intuito de desenvolver vacinas de mRNA personalizadas, que codificam mutações com proteínas exclusivas do tumor do paciente. O sistema imunológico utiliza essas instruções para pesquisar e destruir células semelhantes em todo o corpo, parecido com funcionamento das vacinas contra Covid-19 desenvolvidas por essas empresas. Atualmente, a BioNTech está realizando testes clínicos de vacinas personalizadas para muitos tipos de câncer, incluindo câncer de ovário, câncer de mama e melanoma. A Moderna está desenvolvendo vacinas similares contra o câncer. Ambas as empresas entendem que a fábrica de produção de medicamentos mais poderosa do mundo talvez já esteja dentro de você. Só precisamos descobrir todas as maneiras para utilizá-la.

TECIDO HUMANO CUSTOMIZADO, CULTIVADO EM LABORATÓRIO

Em um mundo ideal, seria necessário testar as vacinas de câncer de mRNA ou vírus personalizados de forma metódica e rápida. Mas esses ensaios clínicos são dispendiosos e exigem uma extensa análise regulatória. Na ausência de uma situação crítica como a Covid-19, pode-se levar uma década ou mais para obter todas as aprovações. Para os cientistas, também é difícil e perigoso estudar como o tecido humano vivo responde a vírus e medicamentos. O tecido cerebral ou cardíaco, por exemplo, não pode ser removido de uma pessoa viva. Precisamos facilitar de alguma maneira o teste de novos tratamentos e reduzir o tempo necessário para desenvolvê-los.

A biologia sintética apresenta algumas alternativas para esses problemas. Por exemplo, a possibilidade de projetar e cultivar organoides — pequenas massas de tecido cultivadas a partir de células-tronco humanas. Enquanto escrevemos este livro, tecidos pulmonares e cerebrais cultivados em laboratório estão sendo usados para pesquisar os efeitos duradouros do SARSCoV-2.[6] Intestinos e fígados em miniatura também estão sendo cultivados e infectados com o vírus em laboratórios de segurança máxima. O Wake Forest Institute for Regenerative Medicine está encabeçando um projeto inédito de US$24 milhões, financiado pelo governo federal para desenvolver um "corpo em um chip", que incluirá diferentes combinações de organoides.[7] Imagine um chip de computador, mas com uma placa de circuito transparente conectada a um sistema que bombeia um substituto do sangue através dele. Com esse chip, os pesquisadores podem contaminar um sistema respiratório simulado com novos vírus, substâncias letais ou outras toxinas para ver como o corpo reagiria e, em seguida, testar possíveis tratamentos em tecidos humanos vivos sem prejudicar humanos ou outros animais.

Excertos em miniatura do sistema nervoso estão sendo utilizados para criar fragmentos de tecido cerebral. Em 2008, pesquisadores criaram os primeiros organoides cerebrais, proporcionando assim uma melhor compreensão de determinadas funções cerebrais. Desde então, os organoides cerebrais têm sido usados para pesquisar o autismo e outras doenças, como o vírus Zika.[8] Quando reunidos, músculos e organoides cerebrais cultivados em laboratório podem criar vias neurais e processar informações. Pesquisadores da Universidade de Stanford estão testando tecidos de automontagem, chamados de "assembloids", que respondem a estímulos.[9] A partir de células-tronco humanas que se fixam em uma placa de Petri, os pesquisadores desenvolveram um protótipo funcional de um circuito de células nervosas representando o córtex cerebral, a medula espinhal e o sistema musculoesquelético. Ao estimularem as células do córtex, a mensagem foi transmitida até o músculo, que se contraiu na placa. Em outro estudo, pesquisadores criaram organoides do prosencéfalo humano — o prosencéfalo é a parte do cérebro responsável por pensar, perceber e avaliar as coisas ao nosso redor. Outras pesquisas em andamento, como possíveis transplantes de pedaços de organoides do cérebro humano em camundongos, suscitam preocupações éticas complexas e, talvez, o medo de que supercamundongos possam processar informações tão bem quanto humanos. Falaremos mais a respeito no próximo capítulo.

EXAMES SEM MÉDICOS

Quando chegou ao mercado pela primeira vez em 2007, o kit de testes genéticos da deCODEme prometia examinar os genomas dos consumidores quanto ao risco e à etiologia das doenças. A empresa com sede na Islândia cobrava US$985 por triagem.[10] Nesse mesmo ano, a 23andMe, financiada pelo Google, começou a oferecer exames genéticos por US$1.000, retornando os resultados em poucas semanas, além de acesso a um painel online do Genome Explorer.[11] Ambas as empresas levantaram preocupações entre os conselheiros genéticos, profissionais de saúde especialmente treinados que aconselham futuros pais e pessoas diagnosticadas com doenças genéticas, pois eles achavam que os clientes teriam acesso aos próprios riscos genéticos sem ter contexto suficiente para interpretar os resultados dos testes. A princípio, a 23andMe só estava autorizada a enviar seus kits para alguns estados, pois as leis de Maryland e Nova York, entre outros, proibiam os residentes de adquirir testes vendidos direto ao consumidor que fornecessem informações de saúde. Em 2017, a FDA finalmente permitiu que a 23andMe comercializasse seus testes para dez patologias, que incluíam identificadores para Parkinson e Alzheimer.[12]

No entanto, os exames para consumidores não são apenas predições ou adivinhações genéticas. O microbioma humano é um miniuniverso de materiais genéticos que vivem dentro e fora de nossos corpos, herdado de nossas mães gestacionais. O número de genes em bactérias, fungos, protozoários e vírus que compõem nossos microbiomas é duzentas vezes maior que o número de genes no genoma humano. Esse microbioma pesa quase três quilos e vive principalmente no intestino e na pele. Os microbiomas divergem significativamente de pessoa para pessoa, mesmo que sejam irmãos morando na mesma cidade. Como você digere a lactose, o quão vulnerável é ao câncer de pele, a qualidade do seu sono, a probabilidade de desenvolver ansiedade ou se tornar obeso — todos essas características estão vinculadas ao microbioma e são influenciadas pelo que você come e bebe, se você fuma, com quais produtos químicos seu corpo entra em contato e quais medicamentos você usa. Apesar de esses dados serem coletados em consultas ao alergista, hoje em dia é possível realizar exames em casa para determinar a composição genética do seu microbioma. Algumas empresas misturam compostos probióticos especiais para mitigar as doenças ou otimizar a relação simbiótica que seu corpo tem com todos esses microrganismos.

Ou seja, a próxima fronteira a ser explorada na medicina podem ser os exames sem médicos. Não será mais necessário marcar horário em um laboratório de diagnóstico, ficar aguardando em uma fila e esperar ainda mais pelos resultados, pois um novo conjunto de tecnologias analisará seus dados em casa. Em breve, por meio de um dispositivo cotidiano em seu banheiro, você usará essas tecnologias a fim de coletar amostras biológicas para monitoramento e exames diários. Para ser franco, nossos banheiros já entram em contato direto todos os dias com as duas fontes principais de dados — nossa pele e nossos dejetos —, assim eles viabilizam uma excelente rota para monitorar nossa saúde em tempo real. Foi isso que deu aos pesquisadores da Universidade de Stanford a ideia de um banheiro inteligente, mesmo que equipado com os tipos de dispositivo que normalmente você não quer dentro de um banheiro: câmeras, microfones, sensores de pressão, pequenos braços robóticos, detectores de movimento, sensores infravermelhos e um sistema computadorizado com visão computacional e aprendizado de máquina.[13] Eles se baseavam no palpite de que amostras de diagnóstico regulares poderiam ser usadas como um sistema de alerta precoce para distúrbios intestinais, doenças hepáticas e renais, além de câncer. Foi um palpite certeiro. Se você estava acompanhando os experimentos de Stanford, não foi surpresa nenhuma quando o "Wellness Toilet" da Toto foi anunciado na Consumer Electronics Show (CES) em 2021. Por mais absurdo que isso possa parecer, é um dispositivo real destinado ao uso diário: o banheiro de alta tecnologia usa um conjunto parecido de sensores para analisar as "principais saídas" e fornecer aos usuários informações sobre hidratação e suas dietas. Existem também kits portáteis: a startup de testes caseiros Healthy.io desenvolveu um kit de teste de infecção do trato urinário que usa um app para conectar pacientes que têm resultados positivos a um médico online, enviando uma receita para a farmácia próxima, se necessário. A Healthy.io também fez parceria com a National Kidney Foundation com o intuito de disponibilizar um kit anual de teste renal para detectar sinais precoces de doença.

Em um futuro próximo, o diagnóstico exigirá ainda menos esforço, pois os dispositivos wearable e ingeríveis fornecerão dados para monitoramento remoto da saúde (RHM). Telefones e wearables há muito coletam e interpretam esses dados; veja como as pessoas que usam um Apple Watch sabem que uma frequência cardíaca anormalmente alta ou baixa ou ritmo irregular pode sugerir fibrilação atrial. Smartphones e smartwatches agora fazem medições da pressão arterial e realizam eletrocardiogramas, usando apps aprovados pela FDA. O RHM utiliza uma rede de tecnologias digitais, a internet e a nuvem a fim de coletar dados médicos dos pacientes e transmiti-los aos serviços de assistência médica para avaliação remota. Muitos dados — frequência cardíaca, eletrocardiogramas, pressão arterial, níveis de oxigênio no sangue, função renal e muito mais — podem ser extraídos a fim de tratar remotamente os casos. O RHM pode manter os idosos em suas casas por mais tempo e pode reduzir o número de visitas pessoais a clínicas e hospitais. Os ingeríveis, computadores minúsculos do tamanho de pílulas e equipados com sensores, câmeras e transmissores, podem coletar dados de dentro do seu corpo e enviá-los a um sistema alimentado por IA para análise. Pesquisadores do MIT desenvolveram um sistema eletrônico bacteriano baseado em ingestão com o objetivo de monitorar a saúde intestinal.[14] Outros ingeríveis conseguem detectar sangramento ou anormalidades nos tecidos, ou até mesmo verificar se o paciente está tomando a medicação prescrita.

O FIM (E O RENASCIMENTO) DA MEDICINA

Os fabricantes atualizam os preços dos remédios semestralmente, e esses preços aumentam cada vez mais. Por exemplo, em janeiro de 2019, 468 medicamentos tiveram um aumento médio de 5,2% nos Estados Unidos; já na atualização de preço de janeiro de 2021, 832 medicamentos tiveram um aumento médio de 4,5%.[15] Os fabricantes argumentam que os pacientes não veem esses aumentos quando buscam os remédios prescritos na farmácia, pois seus planos de saúde arcam com os custos adicionais. Mas, nos Estados Unidos, a mudança na tabela de preço impacta negativamente o custo geral com assistência médica e com remédios cada vez mais caros. Nos últimos trinta anos, os custos com plano de saúde aumentaram impressionantes 740%. Mais da metade dos norte-americanos depende dos planos de saúde cujos custos são subsidiados pelos empregadores. Os planos oferecidos pelos empregadores a uma típica família norte-americana têm um custo anual de US$20.576 às empresas, só que esses planos ainda geram muitas despesas às famílias, como o custo de coparticipação e de medicamentos que os planos não cobrem.[16]

O custo alto da medicina é um problema fácil de resolver. Uma das possíveis soluções seria capacitar as pessoas a conhecer os conceitos básicos para as principais métricas físicas, com a ajuda dos dispositivos de diagnóstico em suas próprias casas. No Japão, quando um paciente visita um médico, lhe pedem para informar sua temperatura normal, em vez de o médico assumir que é 37°C. Muitas pessoas têm valores acima ou abaixo dessa temperatura média. De acordo com os Centers for Disease Control and Prevention (CDC), somente uma temperatura acima de 38°C é considerada febre, mas pacientes com temperaturas normais (para eles) de 36,6°C e 37°C teriam respostas físicas bem diferentes a uma febre de 38°C. Além da temperatura corporal, existem milhares de outros pontos de dados circulando pelo corpo que podem sinalizar anomalias em relação a qualquer pessoa. Sensores, wearables e ingeríveis forneceriam dados para sistemas de aprendizado de máquina, determinariam se alguém está se desviando de seus níveis básicos e forneceriam às pessoas informações úteis.

Um tratamento poderia ser tão simples quanto beber um copo de água ou, para doenças mais graves, talvez aproveitássemos nossas próprias fábricas internas de medicamentos, utilizando micróbios personalizados e código biológico — em vez de engolir 27 pílulas por dia ou sofrer com uma combinação pontual de quimioterapias que não são destinadas ao seu tipo específico de câncer. Isso erradicaria a necessidade de medicamentos caros desenvolvidos para as massas e não para circunstâncias biológicas exclusivas, além de bater de frente com a estrutura atual de nossa indústria farmacêutica e de nossos planos de saúde. Com confiança e aceitação pública suficientes, isso poderia até mesmo acabar com a medicina que conhecemos hoje, que, além de custosa, é distribuída de forma desigual e inacessível a muitos. Poderíamos realizar a transição para um sistema de medicina personalizada, com melhor assistência médica igualitária e resultados para todos.

Mas a estratégia definitiva de prevenção para distúrbios genéticos, doenças e cânceres associados a genes hereditários é predizer, detectar e evitá-los antes de nascermos. Algumas pessoas optam por testes de triagem genética que podem ser realizados antes mesmo da gravidez a fim de identificar se os pais são portadores da doença. A Tay-Sachs, doença genética rara e fatal que destrói as células nervosas do cérebro e da medula espinhal, ocorre com mais frequência em pessoas com ascendência asquenaze. Os futuros pais cujos ancestrais eram judeus e emigraram da Europa Oriental ou Central podem fazer um "Painel Asquenaze" para determinar se são portadores da doença. Atualmente, outros identificadores também podem ser testados. A fertilização in vitro normalmente resulta em diversos embriões, e algumas pessoas que usam essa tecnologia optam por testar os embriões para condições como síndrome de Down ou fibrose cística antes da implantação.

Pesquisadores estão desenvolvendo uma técnica nova que pode um dia possibilitar com que as pessoas aprimorem seus filhos antes do nascimento. Com o uso de algoritmos para compreender as pequenas variações no DNA — polimorfismos de nucleotídeo único, ou SNPs —, eles esperam fazer predições com acurácia, baseadas em genes sobre o futuro de um indivíduo.[17] Se os SNPs fossem lidos in vitro, antes dos embriões serem implantados, eles poderiam revelar se determinada combinação genética tem maior probabilidade de desenvolver doenças cardíacas ou diabetes. Se um embrião fosse editado usando o CRISPR, os embriões também poderiam ser otimizados com as melhores características possíveis, dado o material genético bruto. Em teoria, os pais podem influenciar inúmeras características dos filhos, incluindo textura do cabelo, resistência a um vírus como o HIV ou proteção contra a doença de Alzheimer. Essa intervenção, como a edição do gene drive em mosquitos, teria um efeito permanente e hereditário. Poderia erradicar certas doenças transmitidas de pais para filhos e, no processo, melhorar todo o pool genético.

Dependendo de seu ponto de vista, isso pode ser algo entre "bastante animador" e "seriamente preocupante". No próximo capítulo, abordaremos os riscos existenciais. Até agora, pelo menos, a cautela e as preocupações éticas prevalecem.[18] Uma dúzia de países proibiu a engenharia de células germinativas em humanos, embora os Estados Unidos ou a China não estejam entre eles. A European Union's Convention on Human Rights and Biomedicine alega que adulterar o pool genético seria um crime contra a dignidade humana e os direitos humanos.[19] Mas todas essas alegações foram feitas antes que fosse realmente possível engendrar com precisão a linhagem germinativa. Agora, com o CRISPR, é possível.

Agora surgem muitas outras possibilidades que antes despertariam incredulidade. Uma tecnologia emergente chamada gametogênese in vitro, ou IVG na sigla em inglês, em breve possibilitará que casais do mesmo sexo tenham um bebê usando seu próprio material genético sem precisar de óvulos ou espermatozoides doados.[20] Um cientista japonês, Shinya Yamanaka, ganhou o Prêmio Nobel em 2006 por sua descoberta incrível: um método para transformar qualquer célula do corpo humano em células-tronco de pluripotência induzida artificialmente (CPTI), que podem ser reprogramadas com as funções de qualquer outra célula. Pesquisadores da Universidade de Kyoto usaram essa tecnologia em 2016 para transformar as CPTIs da cauda de um camundongo em ovos e, posteriormente, em camundongos bebês. Com essa tecnologia, nossa definição de "pais" genéticos mudará de forma radical nas próximas décadas, do nosso atual construto de pai e mãe para paternidade/maternidade em muitas combinações diferentes. Casais LGBTQIA+ serão capazes de se reproduzir com mais facilidade usando o próprio material genético, sem a necessidade de doadores. Uma mulher que opte por ter filhos não precisará mais do esperma do doador de um homem: mais cedo ou mais tarde, a tecnologia permitirá que ela conceba um bebê usando o próprio material genético e de mais ninguém.[21]

E se um homem ou uma pessoa que se identifica como mulher quiser se tornar pai/mãe algum dia? A IVG produziria um embrião, mas fazer com que esse bebê cresça e se desenvolva ainda exigiria um portador gestacional. Historicamente, sempre foi uma mulher, mas pesquisadores do Hospital Infantil da Filadélfia criaram um útero artificial, chamado biobag, que eles usaram para manter os cordeiros prematuros vivos e se desenvolvendo normalmente por 28 dias.[22] Em março de 2021, uma equipe de cientistas israelenses cultivou camundongos a partir de embriões em um útero completamente artificial.[23]

Ainda estamos a anos de sintetizar e desenvolver um útero orgânico em tamanho real, porém o biobag representa uma intervenção de portadora gestacional que pode ajudar os milhares de bebês prematuros nascidos todos os anos — e pressagia um possível futuro em que os humanos talvez não precisem carregar no ventre seus filhos. Dentro de uma geração, nossa concepção de "núcleo familiar" pode parecer completamente diferente e bem mais inclusiva do que é hoje.

O SUPRIMENTO GLOBAL DE ALIMENTOS

A represa Hoover já reteve as caudalosas águas do Rio Colorado, mas hoje, seu uso excessivo pelas cidades e áreas rurais, combinado com secas épicas e temperaturas elevadas, gerou a escassez de água. No momento em que escrevíamos este capítulo, o maior reservatório do Rio Colorado, o Lago Mead, estava somente 37% cheio, deixando milhões de acres de terras agrícolas vulneráveis.[24] Os sistemas modernos que utilizamos para cultivar alimentos estão contribuindo para a desestabilização do clima e do ecossistema da Terra. A biologia sintética oferece alternativas à agricultura e à pecuária quando se trata do uso intensivo de recursos e das cadeias de frio das quais dependemos para transportar alimentos perecíveis ao redor do mundo.

ESTABILIZANDO A AGRICULTURA E OS SISTEMAS DE AQUICULTURA

Há poucos anos, Amy e sua equipe do Future Today Institute estavam conduzindo um exercício de planejamento de cenários para uma empresa que fabricava um alimento congelado popular. A maior parte dos principais ingredientes desse produto vinha de apenas uma fazenda na Europa Ocidental, onde eventos climáticos extremos estavam se tornando mais comuns. Isso, aliado a crises de agitação civil e ao nacionalismo crescente, resultou em greves, sobretudo nessa fazenda, pois os trabalhadores sabiam que os produtos eram destinados principalmente a mercados mais prósperos fora de seu próprio país em dificuldades. Havia outras complexidades: o produto era perecível, sendo necessário transportá-lo da fazenda para uma fábrica distante na Europa Ocidental a fim de limpá-lo, prepará-lo e processá-lo em alimentos congelados para distribuição global. A empresa normalmente cumpria as metas porém, as recentes condições meteorológicas extremas, que resultaram em uma seca catastrófica, destruíram as colheitas necessárias para fabricar seu produto. Ou seja, a empresa não conseguiu fornecer o produto nas quantidades exigidas pelo mercado, e uma campanha de marketing bem-sucedida levou os consumidores a prateleiras vazias. Mas, dada à fragilidade de sua cadeia de suprimentos, foi um milagre que um colapso não tivesse ocorrido antes.

Na verdade, é um milagre que nossos atuais sistemas de agricultura e aquicultura funcionem. Problemas climáticos emergentes, incluindo incêndios, secas e calor e frio extremos, estão se tornando cada vez mais comuns em todos os lugares, apesar de serem bastante difíceis de predizer. A política da agricultura também é ambígua. Entre 2012 e 2021, o governo dos EUA mudou reiteradamente o curso do programa federal de vistos H-2A para trabalhadores agrícolas convidados. As medidas repressivas contra os trabalhadores imigrantes sem documentos primeiro diminuíram, depois se intensificaram e agora parecem estar diminuindo mais uma vez. Como resultado, a mão de obra agrícola tem se mantido instável. E, não raro, ocorrem problemas estranhos à medida que continuamos a testar os limites físicos de nossos sistemas de cadeia de suprimentos — como depender de enormes navios cargueiros que tecnicamente conseguem navegar pelo Canal de Suez, mas apenas em determinadas circunstâncias.

Aproximadamente um terço dos alimentos produzidos todos os anos para consumo humano — 1,3 bilhão de toneladas — é desperdiçado ou perdido.[25] Nos Estados Unidos, há mais resíduos de alimentos em aterros sanitários do que qualquer outro material.[26] Há diversos motivos para isso. As redes de restaurantes querem garantir o frescor ideal dos alimentos, assim os descartam após determinado número de horas, mesmo que ainda sejam seguros para consumo. Às vezes, atrasos no envio resultam no apodrecimento dos produtos. Produtos frescos, como laticínios e carnes, não são apenas alimentos, são marketing: esperamos que as maçãs tenham uma cor uniforme, que as cenouras sejam perfeitamente longas e retas, que nossos ovos da fazenda sejam extremamente brancos com gemas amarelinhas. Assim, os produtos deformados costumam apodrecer antes de serem vendidos. Nos restaurantes, porções gigantescas e cardápios com numerosas opções resultam em refeições não consumidas e sobras. À noite, ao fecharem as portas, algumas cadeias de restaurantes jogam fora quaisquer sobras de alimentos que tenham preparado, pois os funcionários são proibidos de levar essas mesmas sobras para casa. Mercearias e cadeias hesitam em doar sobras de alimentos para organizações que ajudam os necessitados por causa das responsabilidades legais. No total, mais de 40% do desperdício de alimentos ocorre no varejo e no consumo do mundo industrializado.[27] Nos países em desenvolvimento, as perdas acontecem durante a colheita, armazenamento e processamento: máquinas quebram, trabalhadores não qualificados cometem erros e margens muito baixas impedem o planejamento de contingência em caso de problemas graves. É nesse cenário que ocorrem surtos de doenças, como listeria, levando a grandes distúrbios.

O setor agrícola vem manipulando os alimentos geneticamente há décadas. A primeira bactéria geneticamente modificada foi desenvolvida em 1973, seguida por um camundongo modificado, em 1974 e pelo tabaco, em 1983, que continha genes de outro organismo vivo.[28] Eles foram os precursores da FDA em 1993, possibilitando que as empresas vendessem sementes geneticamente modificadas; um ano depois, o tomate Flavr Savr, que permanece maduro por mais tempo do que outras variedades, foi aprovado para a comercialização nos Estados Unidos.[29] Essa primeira onda de engenharia genética resultou no que veio a ser conhecido como organismos geneticamente modificados, ou OGMs, que incluíam modificações proprietárias e destinadas ao uso em conjunto com herbicidas e pesticidas específicos. Atualmente, cerca de 14% de todo o algodão cultivado no mundo e quase metade de toda a soja são geneticamente modificados.[30] Nos EUA, esses números são bem maiores, o algodão e a soja transgênicos ultrapassam os 90%.[31]

No entanto, o futuro da modificação genética será muito diferente do que vemos hoje. Considere a folha artificial, desenvolvida em Harvard. É um dispositivo criado em laboratório que aproveita a energia solar. Quando conectado a uma cepa de bactérias, converte o CO2 atmosférico e nitrogênio em formas orgânicas benéficas para os organismos vivos. Essas bactérias insaciáveis, alimentadas por energia solar, comem demais, a ponto de 30% de todo o seu peso corporal ser excesso de energia — CO2 e nitrogênio armazenados. Depois, esses microrganismos se misturam ao solo e, perto das raízes das plantas, liberam todo esse nitrogênio, que age como um fertilizante orgânico. Uma vez lá, eles também liberam o CO_2, que permanece preso no subsolo. O resultado: uma produção agrícola enorme sem os efeitos colaterais ambientalmente tóxicos normalmente associados aos fertilizantes químicos.[32]

A modificação de bactérias em alimentos vegetais, o uso do CRISPR para melhorar sementes, o aprimoramento de proteínas à base de plantas e a sintetização de carnes em laboratórios transformarão a agricultura como a conhecemos e resultarão em um consumo maior de alimentos cultivados em ambientes fechados. A expansão das fábricas de cultivo de alimentos geneticamente modificados possibilitará menor uso de recursos, menos danos ao meio ambiente local e alta produtividade agrícola. Haverá também a produção de alimentos e carnes com sabor e concentração de nutrientes melhores. Isso nos dará segurança diante de um futuro incerto, em que as mudanças climáticas ameaçam cada vez mais a oferta global de alimentos.

Será uma grande mudança na forma como cultivamos e produzimos alimentos, mas podemos não ter escolha. Hoje, a insegurança alimentar afeta uma em cada quatro pessoas na Terra.[33] A população global deverá aumentar em 2 bilhões de pessoas até 2050.[34] Ou precisaremos refrear a população — tarefa muito complexa e difícil — ou devemos aumentar o suprimento e a distribuição global de alimentos para todas as pessoas. O cultivo de mais arroz e a criação de mais gado simplesmente não ajudarão: os animais criados para carne, ovos e leite respondem por 14,5% de todos os gases de efeito estufa.[35] Aumentar nosso suprimento atual de alimentos para atender à demanda futura prejudicará ainda mais o clima do nosso planeta.

EDITANDO A PECUÁRIA (E A AGRICULTURA)

Em 2018, os surtos de peste suína africana dizimaram a população global de porcos. Não há vacina ou tratamento conhecido para o vírus altamente contagioso e mortal que provoca essa peste. É também muito difícil impedir sua propagação porque, como o SARS-CoV-2, o vírus tem um longo período de incubação e os animais infectados nem sempre apresentam sintomas. Na China, os efeitos foram piores, em parte porque, ironicamente, o governo chinês promulgou algumas regulamentações positivas para frear a contaminação. Depois que essas regulamentações entraram em vigor, os suinocultores industriais não conseguiram atualizar suas instalações com rapidez suficiente, levando ao fechamento de fazendas e mudanças na cadeia chinesa de suprimentos de suínos. Ou seja, porcos doentes eram enviados para todo o país, o que ajudou a propagação da doença. A princípio, o governo negou e depois minimizou a gravidade da doença. (Parece familiar?) Analistas da indústria frigorífica estimam que a doença tirou um quarto dos suínos do mundo do mercado e forçou o abate de metade do rebanho de suínos da China. O vírus é especialmente nocivo às comunidades de criação de porcos, onde as economias locais dependem de rebanhos saudáveis. Hoje, cientistas na China estão desenvolvendo "superporcos", que não somente resistem ao vírus, como são mais fortes e crescem mais rápido do que outros porcos.[36] Supostamente, eles também recebem o reforço de um gene que regula o calor do corpo, o que lhes possibilita ficar ao ar livre durante os invernos extremos do Norte da China.[37]

Na Bélgica do século XIX, fazendeiros locais descobriram um rebanho incomum de gado. Os animais eram bem maiores do que um típico bovino, com uma quantidade extrema de músculo que se projetava, no estilo Schwarzenegger, de suas costas, ombros, lombos e garupas. Eles ficaram conhecidos como Belgian Blues, e posteriormente os cientistas descobriram o que os tornava tão incomuns: esses bovinos nasceram com um gene extra que suprime a produção de miostatina, proteína que normalmente inibe o crescimento muscular depois que um animal atinge a maturidade. Alguns bovinos nasciam com duas cópias desse gene, fazendo com que suas estruturas tivessem ainda mais músculos.[38] Os Belgian Blues foram criados seletivamente com o intuito de produzir mais carne para consumo, mas os pesquisadores agora podem editar a miostatina para melhorar os genótipos de outros mamíferos, incluindo porcos, cavalos, cabras, coelhos e cães. Na China, a miostatina foi usada para criar cães musculosos, destinados ao trabalho policial.[39]

Em outras partes da cadeia alimentar, os pesquisadores estão aproveitando a biologia sintética a fim de produzir alimentos melhores para os animais. A startup KnipBio desenvolve alimentação dos peixes a partir de um microrganismo encontrado nas folhas, editando seu genoma a fim de elevar os carotenoides importantes para a saúde dos peixes e usando a fermentação para estimular seu crescimento. Em seguida, os microrganismos são pasteurizados, secos e moídos.

Outros projetos agrícolas em desenvolvimento incluem organismos sintéticos que podem produzir grandes quantidades de óleo vegetal, e nogueiras que podem ser cultivadas dentro de casa usando uma fração da água que essas árvores sedentas normalmente exigem, ao mesmo tempo que produzem o dobro de nozes. O CRISPR elevou o nível de ômega-3 nas plantas e auxiliou na criação de maçãs que não escurecem, de arroz resistente à seca e de cogumelos que podem resistir a solavancos durante o transporte. (Em consideração à confiança dos consumidores, na maioria dos países, os rótulos dos produtos identificam esses alimentos como geneticamente modificados.)

Muitos países não têm terras, clima ou infraestrutura para cultivar produtos de alta qualidade. Em outra época — a década de 1840 — as pragas naturais (além das terríveis políticas do governo britânico) levaram à Fome da Batata que assolou a Irlanda, e vulnerabilidades semelhantes ainda existem em todo o mundo. Mas agora cientistas e agricultores podem trazer a agricultura tradicional para o cultivo indoor e para o subsolo, podendo recorrer a robôs modernos, irrigação e sistemas de iluminação para cultivar alimentos. Com esses novos métodos, o progresso de cada colheita pode ser quantificado — usando sensores, algoritmos e análises de otimização — ao longo da cadeia, de um único tomate cereja pendurado até uma videira específica. A despesa de robôs, iluminação artificial e outros equipamentos já dificultou a escalabilidade da agricultura indoor. No entanto, isso está mudando conforme o ecossistema amadurece e a tecnologia melhora.

Atualmente, projetos de fazendas verticais se difundiram por todo o mundo, sobretudo em centros urbanos como Baltimore e Chicago. Mas quando se trata de agricultura indoor, o Japão é o líder mundial. Apesar de o governo ter subsidiado muitas dessas operações, elas prosperam graças à demanda dos consumidores japoneses por alimentos frescos, locais e sem agrotóxicos.[40] A Kansai Science City Microfarm, perto de Kyoto, usa inteligência artificial e robôs colaborativos para cultivar mudas, replantar, regar, ajustar a iluminação e colher produtos frescos. Ao utilizar algoritmos e sensores complexos acoplados às plantas, os pesquisadores rastreiam uma quantidade gigantesca de dados — desde dióxido de carbono e temperatura até os níveis de água e a integridade dos tecidos vegetais, analisando constantemente as melhores condições e sistemas para cultivar os alimentos mais nutritivos e saborosos possíveis.

A empresa Spread, também perto de Kyoto, com sede em Kameoka, usa máquinas e robôs para produzir entre 20 e 30 mil pés de alface por dia. Essas alfaces amadurecem duas vezes mais rápido do que aquelas cultivadas ao livre (em cerca de quarenta dias), depois são entregues aos supermercados japoneses locais.

No Azure Marketplace, a Microsoft opera o FarmBeats, uma espécie de internet das coisas para fazendas. A empresa está testando a tecnologia em duas fazendas dos Estados Unidos como parte de um plano plurianual para modernizar a agricultura com análise de dados. Os sistemas utilizam frequências televisivas de longo alcance e não licenciadas a fim de conectar e capturar os dados de sensores movidos por energia solar, ao mesmo tempo que drones capturam imagens aéreas das plantações. Os algoritmos de aprendizado de máquina extraem e refinam os dados antes de enviar análises de volta aos agricultores com recomendações sobre quais variáveis devem ser ajustadas.

Ou seja, até 2030, você poderá fazer compras em um supermercado cheio de alimentos frescos, nutritivos e editados por CRISPR. Lá, você encontrará alimentos cultivados nas proximidades: embaixo da própria loja, talvez, ou em uma fazenda vertical adjacente. Ou até mesmo em um laboratório de carnes em sua cidade.

O FIM DO CONSUMO DA CARNE

É possível que, até o ano de 2040, muitas sociedades pensem que é imoral comer carne e laticínios produzidos de forma tradicional. Há muito tempo, alguns estudiosos já acreditavam que isso era inevitável. Em seu ensaio "Fifty Years Hence" ["Daqui a Cinquenta Anos", em tradução livre], publicado em 1931, Winston Churchill profetizou: "Escaparemos do absurdo de criar uma galinha inteira para comer o peito ou a asa, cultivando essas partes separadamente em um meio adequado."[41]

Essa teoria foi testada em 2013, quando lançaram o primeiro hambúrguer cultivado em laboratório, a partir de células-tronco bovinas no laboratório do pesquisador holandês de células-tronco Mark Post, na Universidade de Maastricht, graças ao financiamento do cofundador do Google, Sergey Brin. Foi uma feliz coincidência um bilionário financiar o projeto, pois o custo para produzir um único hambúrguer era de US$375 mil.[42] Mas em 2015 o custo para produzir um hambúrguer cultivado em laboratório caiu para US$11.[43]

No final de 2020, Singapura aprovou um concorrente local como abatedouro: um biorreator, um tanque de alta tecnologia para cultivo de organismos, administrada pela Eat Just, com sede nos EUA, que produz nuggets de frango cultivados. Nos biorreatores da Eat Just, as células retiradas de galinhas vivas são misturadas com um soro à base de plantas e cultivadas em um produto comestível.[44] Os nuggets de frango produzidos dessa forma já estão sendo vendidos em Singapura, um país altamente regulamentado e também um dos centros de inovação mais importantes do mundo. E a crescente popularidade do produto pode acelerar sua entrada no mercado de outros países.

Uma empresa com sede em Israel, a Supermeat, desenvolveu o que chama de "frango cultivado crocante", ao passo que a Finless Foods, com sede na Califórnia, está desenvolvendo carne cultivada de atum-rabilho, espécie bastante procurada e atualmente ameaçada pela pesca excessiva de longa data. Outras empresas, incluindo a Mosa Meat (na Holanda), a Upside Foods (na Califórnia, anteriormente conhecida como Memphis Meats) e a Aleph Farms (em Israel), estão desenvolvendo carnes texturizadas, como bifes, que são cultivadas em laboratórios em escala industrial. Ao contrário das alternativas de carne proteica à base de plantas desenvolvidas pela Beyond Meat e pela Impossible Foods, o cultivo de carne baseado em células resulta em tecido muscular que é, molecularmente, bovino ou suíno.

Duas outras empresas da Califórnia também estão oferecendo produtos inovadores: a Clara Foods comercializa ovos cremosos cultivados em laboratório, peixes que nunca nadaram na água e leite de vaca fabricado a partir da levedura. A Perfect Day produz "laticínios" cultivados em laboratório — iogurte, queijo e sorvete. E a Real Vegan Cheese, um projeto grassroots sem fins lucrativos, começou como parte da competição iGEM em 2014, com sede também na Califórnia. Em vez de ser derivado de animais, é um queijo faça você mesmo, open-source e derivado de caseínas (as proteínas do leite). Adicionam-se os genes da caseína a leveduras e outras microfloras a fim de produzir proteínas, que são purificadas e transformadas por meio de gorduras e açúcares à base de plantas. Entre os investidores de carne e laticínios cultivados em laboratórios estão Bill Gates e Richard Branson, e as empresas Cargill e Tyson, duas das maiores produtoras de carne convencional do mundo.

Atualmente, a carne cultivada em laboratório ainda é cara, mas se espera que os custos continuem diminuindo à medida que a tecnologia amadurece. Até isso acontecer, algumas empresas estão desenvolvendo proteínas híbridas de animais e vegetais. No Reino Unido, startups estão desenvolvendo produtos que combinam carne suína, incluindo um tipo de bacon criado a partir de 70% de células de porco cultivadas misturadas com proteínas vegetais. Até a rede Kentucky Fried Chicken está explorando a viabilidade de comercializar nuggets híbridos de frango, que teriam 20% de células de frango cultivadas e 80% de plantas.

Abrir mão da agricultura tradicional traria um enorme impacto ambiental positivo. Cientistas da Universidade de Oxford e da Universidade de Amsterdã estimaram que a carne cultivada exigiria entre 35% e 60% menos de energia, ocuparia 98% a menos de terra e emitiria 80% a 95% menos gases de efeito estufa do que os animais convencionais criados para consumo.[45] A agricultura centrada na biologia sintética também promete diminuir a distância entre os agentes essenciais da cadeia de suprimentos. No futuro, teremos biorreatores enormes situados nos arredores das grandes cidades, onde será cultivada a carne artificial necessária a instituições como escolas, prédios governamentais e hospitais, e talvez até para restaurantes e mercearias locais. Em vez de enviar um atum do oceano para o Centro-oeste, o que exige uma cadeia de frio complicada e o uso intensivo de energia, os peixes poderiam ser cultivados em qualquer estado sem litoral. Imagine um sushi de atum-rabilho, mais suculento e delicioso, proveniente não das águas próximas ao Japão, mas de um biorreator em Hastings, Nebraska.

A biologia sintética também melhorará a segurança do suprimento global de alimentos. Segundo as estimativas da Organização Mundial da Saúde, cerca de 600 milhões de pessoas adoecem todos os anos devido à contaminação de alimentos e 400 mil morrem.[46] Em janeiro de 2020, a alface-romana contaminada com a bactéria *E. coli* infectou 167 pessoas em 27 estados, resultando em 85 hospitalizações.[47] Em 2018, um parasita intestinal conhecido como Cyclospora, que provoca o que é melhor descrito como evacuações explosivas, fez com que o McDonald's, o Trader Joe's, o Kroger e o Walgreens retirassem os alimentos das prateleiras. A agricultura vertical pode minimizar esses problemas. Mas a biologia sintética também pode ajudar de uma forma diferente: muitas vezes, rastrear a fonte de alimentos contaminados é difícil, e o trabalho investigativo pode levar semanas. No entanto, um pesquisador da Universidade Harvard foi pioneiro no uso na identificação genética (códigos de barra) que pode ser fixada em produtos alimentícios antes de entrarem na cadeia de suprimentos, tornando-os rastreáveis quando surgem problemas.

A equipe desse pesquisador desenvolveu cepas de bactérias e leveduras com códigos de barras biológicos exclusivos incorporados em esporos. Esses esporos ficam inativos, são resistentes e inofensivos aos seres humanos, e podem ser pulverizados em uma ampla variedade de superfícies, incluindo carne e verduras. Eles ainda são detectáveis meses depois, mesmo após serem submetidos ao vento, chuva, cozimento, fritura e micro-ondas. (Muitos agricultores, incluindo agricultores orgânicos, já pulverizam as plantações com os esporos do *Bacillus thuringiensis* para matar pragas, o que significa que há uma boa chance de você já ter ingerido alguns.) Esses códigos de barra podem não somente ajudar no rastreamento de contato, como também podem ser utilizados para reduzir a fraude alimentar e a rotulagem incorreta.[48] Em meados da década de 2010, houve uma onda de azeite extravirgem falso no mercado. O Functional Materials Laboratory da ETH Zurich, uma universidade pública de pesquisa na Suíça, desenvolveu uma solução semelhante à desenvolvida em Harvard: códigos de barras de DNA que revelavam o produtor e outros dados importantes sobre o petróleo.

PLANETA MAIS SAUDÁVEL

As matérias-primas exigidas da sociedade moderna — combustível, fibras e substâncias químicas — consomem recursos extraordinários ao mesmo tempo que contribuem para o desperdício ambiental e para as emissões de dióxido de carbono. Até pouco atrás, não havia alternativas: carros e caminhões dependiam do petróleo; a moda precisava do algodão cultivado de forma tradicional, couro de bovinos e grandes quantidades de água para a produção; e reduzir as emissões de gases de efeito estufa significava regulamentar todos esses setores. A bioeconomia trará alternativas desenvolvidas para matérias-primas e novas soluções para nosso crescente problema de CO_2.

BIOCOMBUSTÍVEIS

Após a queda da Amyris (veja o Capítulo 3), alguns duvidaram se a biologia sintética deveria ser uma pretensão. Apesar de as algas marinhas terem sido estudadas desde os choques do petróleo de 1970 como alternativa geopoliticamente menos arriscada ao combustível, a indústria do petróleo não tem dado apoio. A Chevron, a Shell e a BP destinaram recursos modestos à pesquisa de biocombustíveis de algas entre 2009 e 2016, porém a maioria desses programas não existe mais. Um pequeno grupo de pesquisadores da ExxonMobil ainda está trabalhando na edição de genes e de algas, mas em 2013 o então CEO da empresa, Rex Tillerson, reconheceu que os biocombustíveis estavam há três décadas da viabilidade comercial.[49] Contudo, o obstáculo para os biocombustíveis não é apenas a tecnologia, é a resistência do mercado. Os players tradicionais da indústria petroleira não estão ansiosos para mudar suas principais práticas comerciais e, sem empresas para ajudar a construir o ecossistema, um futuro produto de biocombustível tem muito poucas chances de sucesso comercial. Dentro dos governos, no entanto, os projetos de pesquisa ainda estão em andamento: o Departamento de Energia dos EUA concedeu ao J. Craig Venter Institute uma doação de US$10,7 milhões por cinco anos para o desenvolvimento de biocombustíveis, e o Bioenergy Technologies Office, um grupo do Departamento de Energia, administra um programa de pesquisa e desenvolvimento para explorar as algas como uma possível fonte de combustível.[50, 51] Mesmo com a mudança da indústria automotiva para veículos elétricos, o que aprendemos com os atuais projetos de biocombustíveis pode ser aplicado a outros setores, como jatos e aviões.

MODA MAIS SUSTENTÁVEL

A indústria têxtil e de vestuário é infame poluidora, porém a indústria da moda está trabalhando para tornar suas práticas mais sustentáveis. A transformação de algodão em fibras e tecidos para vestuário ainda depende do carvão, e o processo contribui com 10% das emissões globais de carbono. A confecção de roupas exige uma quantidade absurda de água, e a lavagem de roupas feitas de poliéster libera 500 mil toneladas de microfibras nos oceanos a cada ano. Isso é o equivalente a 50 bilhões de garrafas plásticas. Cerca de 85% dos produtos têxteis acabam em aterros sanitários todos os anos. São roupas que não foram vendidas nas lojas e precisam ser descartadas para dar lugar às substituições da nova temporada, ou roupas que as pessoas simplesmente jogam fora quando não as querem mais. Isso é suficiente para encher o porto de Sydney, o maior e mais profundo porto natural do mundo — *todo ano.*[52]

No entanto, imagine se pudéssemos cultivar microfibras em uma biofundição. A Bolt Threads desenvolveu um tecido sintético chamado "microsilk", projetado a partir de DNA da aranha, que Stella McCartney usou em sua linha para um desfile de moda de 2017. Uma startup japonesa, Spiber, sintetizou fibras suficientes para fabricar uma parca de edição limitada. Os processos de biologia sintética podem transformar o micélio — estruturas fibrosas e felpudas que ajudam os fungos a crescer — em um material resistente semelhante ao couro. Considerando que leva anos para um bovino crescer a fim de abatê-lo para retirada de sua pele — período em que o animal deve ser alimentado, alojado e cuidado —, demora apenas algumas semanas para um esporo se transformar em couro de micélio. A Hermès, famosa por suas bolsas de couro altamente cobiçadas, fez parceria com a startup MycoWorks em 2021 a fim de desenvolver tecidos sustentáveis feitos de micélio.[53] Se as fibras forem projetadas e cultivadas, em vez de retiradas e processadas, há outras oportunidades no horizonte: pigmentos de base biológica usados para tingir tecidos podem ser editados a fim de ajustar a quantidade ideal de cor, por exemplo, com menos (ou até sem) água e ser totalmente biodegradável.

Considere o que a biologia sintética poderia fazer pela indústria do náilon. O náilon é barato de produzir e resistente, por isso aparece em todos os lugares: tênis de corrida, pneus de borracha, utensílios de cozinha, barracas de acampamento, malas, coletes à prova de balas, mochilas, raquetes de tênis e muito mais. Sua produção gera mais de 60 milhões de toneladas de gases de efeito estufa por ano. Mas agora é possível produzir náilon usando microrganismos projetados. Duas startups, Aquafil e Genomatica, estão fazendo exatamente isso.[54]

TUDO INQUEBRÁVEL

Diversas empresas estão desenvolvendo biofilmes e revestimentos rígidos de base biológica e ultrarresistentes, para que unhas lascadas, tinta arranhada e telas rachadas se tornem o problema do passado. A Zymergen desenvolveu um biofilme transparente fino, flexível e resistente o bastante a fim de ser usado para transmitir toque em uma variedade de superfícies, incluindo smartphones, telas de TV e pele. Outros possíveis usos envolvem eletrônicos impressos quase invisíveis que se flexionam e se movem conforme necessário. Imagine uma bola de futebol coberta por um biofilme que pudesse revelar, em tempo real, a taxa de rotação e a velocidade da bola, junto com o posicionamento exato das mãos do quarterback.

Mas quando utilizados para telas e wearables, os biofilmes não substituiriam apenas as superfícies atuais; eles alterariam de modo radical a forma como os projetamos: em vez de telefones planos ou mesmo dobráveis, poderíamos ver telas roláveis. Imagine um dispositivo do tamanho e formato de uma lapiseira: ao clicar na parte superior, você libera não uma ponta de lápis, mas uma tela retrátil. Uma vez expandida, a tela se encaixaria e possibilitaria que você lesse um livro, conferisse as últimas notícias ou assistisse a um filme. Quando terminasse, você clicaria para retrair a tela, colocaria o dispositivo no bolso ou na bolsa e seguiria com o seu dia.

A biologia sintética também indica um futuro em que nossas embalagens e materiais de transporte podem ser muito mais sustentáveis do que são hoje. O interior das latas de refrigerante pode ser revestido com um filme totalmente biodegradável em vez de plástico, como são agora. Novas bioembalagens podem ser desenvolvidas a fim de resistir ao calor ou ao frio, revolucionando a cadeia de frio logisticamente complexa, com alta intensidade energética e nociva ao meio ambiente que usamos hoje para transportar produtos perecíveis. Em um futuro distante, até as baterias podem parecer bem diferentes do que são hoje. Se descobrirmos como engordar bactérias alimentadas por energia solar, por que não desenvolver campos de plantas artificiais de biomáquinas frondosas para se alimentar de açúcar e criar energia como bioproduto? Em vez de comprar e, em última análise, descartar as baterias tradicionais, que degradam e vazam mercúrio, chumbo, cádmio e outros metais nocivos ao meio ambiente, as baterias biológicas podem ser uma fonte abundante de energia limpa.

BIOSSEQUESTRO

O dióxido de carbono é o responsável incontestável por trás das mudanças climáticas. E se pudéssemos simplesmente retirá-lo do ar? As árvores fazem isso naturalmente, porém, depois de anos de desmatamento, elas simplesmente não são suficientes para causar um impacto considerável em todo o CO_2 que temos bombeado para a atmosfera. Os cientistas da Universidade Columbia estão desenvolvendo árvores de plástico que absorvem de modo passivo o dióxido de carbono do ar e o armazenam em uma "folha" em formato de favo de mel feita de carbonato de sódio — bicarbonato de sódio.

Até agora, essas árvores falsas têm se revelado mil vezes mais eficientes na absorção de CO_2 do que as árvores reais. As árvores podem levar décadas para crescer, mas as plantas perenes com folhas maiores — hostas, orelhas-de-elefante, cannas — amadurecem mais rápido e se proliferam com facilidade. A engenharia genética desses arbustos e coberturas de solo, comumente usados em paisagens residenciais, reduziria as concentrações atmosféricas de carbono.

O próximo desafio será purificar o dióxido de carbono, de modo que possa ser utilizado em outros processos ou enterrá-lo com segurança debaixo do solo oceânico. Uma abordagem é converter o CO_2 atmosférico em nanofibras de carbono que podem ser usadas para produtos de consumo e industriais, incluindo pás de turbinas eólicas ou aviões. Outra opção vem de químicos da Universidade George Washington, que estão testando o que chamam de "diamantes do céu". Esses cientistas banham o dióxido de carbono em carbonatos fundidos a 750°C, depois introduzem ar atmosférico e uma corrente elétrica em eletrodos de níquel e aço. O dióxido de carbono se dissolve e as nanofibras de carbono — os diamantes — se formam no eletrodo de aço. O CO_2 pode ser convertido em outros materiais utilizáveis. A startup Blue Planet desenvolveu uma forma de convertê-lo em um calcário sintético que pode ser utilizado como revestimento industrial ou misturado ao concreto. As rochas de bicarbonato da empresa foram empregadas na reforma do Aeroporto Internacional de São Francisco.

Esses progressos nos materiais não poderiam vir em melhor hora. A famigerada pilha de lixo flutuando no Oceano Pacífico é, na verdade, duas coleções distintas de lixo, conhecidas coletivamente como A Grande Porção de Lixo. Em 2018, os pesquisadores descobriram que a porção é dezesseis vezes maior do que as estimativas originais, pelo menos três vezes o tamanho da França, ou um total de cerca de 1,6 milhão de quilômetros quadrados.[55] Estima-se que 5 trilhões de pedaços de plástico flutuam no oceano, uma quantidade tão grande que os ambientalistas pediram às Nações Unidas que declarassem a mancha de lixo como um país, "As Ilhas do Lixo".[56] Um relatório do governo britânico alertou que, se não resolvermos o problema, a quantidade de plástico no oceano poderá triplicar até 2050. No entanto, a atenção à Grande Porção resultou em algumas abordagens inovadoras para limpá-la. Uma equipe de pesquisadores está isolando e sintetizando o muco gelatinoso feito por águas-vivas na esperança de usá-lo como agente de captura de microplásticos; esse muco também pode ser empregado como filtro em estações de tratamento de águas residuais ou para filtrar as águas residuais de processos industriais. No futuro, as enzimas que comem plástico podem quebrar pedaços maiores de plástico a fim ajudar nas tentativas de reciclagem.

Da mesma forma, micróbios especializados podem digerir polímeros de tecidos não utilizados — ou seus jeans velhos e desgastados — para convertê-los em novas fibras e tecidos, transformados em novas roupas. Outros micróbios poderiam ser desenvolvidos para transformar águas residuais industriais, escoamento agrícola e até mesmo esgoto, transformando tudo em água limpa.

Essas vantagens da biologia sintética, que se avizinham ou em um futuro mais distante, ilustram que a vida como a conhecemos pode mudar. Poderíamos ter assistência médica personalizada, uma solução para a crescente crise de insegurança alimentar do nosso planeta, abordagens mais seguras para a produção industrial e agricultura, novas formas de lidar com nossa emergência climática, até mesmo um caminho realista para a vida fora do planeta. Mas esses futuros também levantam questões graves sobre igualdade, desafios éticos, risco geopolítico e ameaças futuras à segurança nacional. As implicações subsequentes da manipulação da vida são profundas. A biologia sintética influenciará nossas sociedades, economias, segurança nacional e alianças geopolíticas de maneiras quase inconcebíveis, que detalharemos no próximo capítulo.

| SETE |

NOVE RISCOS

Qualquer pessoa que tenha cozinhado com cogumelos, principalmente com cogumelos champignon, normalmente usados em omeletes, pizzas e molho de espaguete, sabe que eles escurecem logo após serem cortados. Isso acontece porque, quando exposto ao ar, o cogumelo sofre oxidação e, especificamente, porque um gene codifica uma enzima chamada polifenoloxidase. Mas em 2015, Yinong Yang, cientista da Universidade Estadual da Pensilvânia, usou o CRISPR para editar seis genes de cogumelos, reduzindo a atividade dessa enzima em 30%. O resultado: cogumelos que permaneceram brancos por mais tempo na embalagem, não escureceram com facilidade quando cortados e resistiram ao manuseio por robôs de colheita automatizados.[1]

Após a descoberta, Yang seguiu o protocolo estabelecido: enviou uma carta ao US Department of Agriculture explicando os métodos que havia usado. Como havia apenas editado o genoma existente do cogumelo, em vez de introduzir nele sequências estranhas de DNA de outras plantas, Yang defendeu que seu cogumelo resistente ao escurecimento não deveria passar pelo processo regulatório.[2] Os OGMs anteriores, como a soja Roundup Ready da Monsanto, utilizavam genes estranhos para criar plantas que poderiam sobreviver a um herbicida letal. No caso de Yang, ele simplesmente desabilitou uma enzima. A edição não representava riscos aos seres humanos, e era improvável que impactasse outras plantas ou animais, mesmo se os cogumelos acabassem na natureza. No âmbito de descobertas biológicas, essa era genial, elegantemente simples e bastante sem graça.

Mesmo assim, a notícia se espalhou rápido, desencadeando uma discussão pública frenética sobre os "frankenfungi" potencialmente perigosos e o futuro dos alimentos geneticamente modificados. "Vem aí os OGMs não regulamentados", começava um artigo no *MIT Technology Review*. "As pessoas estão discutindo se os alimentos geneticamente modificados devem ter rótulos. Mas a próxima geração de OGMs, além de não ter rótulos, pode também não ser regulamentada."[3] A *Scientific American* publicou um extenso artigo com um título sinistro: "Gene-Edited CRISPR Mushroom Escapes US Regulation" [Cogumelo CRISPR Editado Geneticamente Escapa à Regulamentação dos EUA, em tradução livre].[4] Dezenas de meios de comunicação não científicos, incluindo o *The Independent* do Reino Unido, *Sina* (China) e — sabe-se lá por que — *The Weather Channel*, alimentavam as inquietações com histórias perturbadoras sobre os perigos dos cogumelos editados e não regulamentados.[5, 6, 7] Temendo uma reação negativa entre os consumidores, a Giorgio Mushroom Company, com sede na Pensilvânia, que ajudou a financiar a pesquisa de Yang, voltou atrás mais do que depressa, insistindo que nunca teve a intenção de comercializar os cogumelos CRISPR.

O "problema do cogumelo", como ficou conhecido entre os pesquisadores de biologia sintética, surgiu porque os consumidores, a mídia e o sistema regulatório não estavam preparados para um progresso desse tipo. Nos Estados Unidos, as regulamentações biotecnológicas sempre foram um caos desde a década de 1990, quando a Monsanto apresentou pela primeira vez seus produtos transgênicos. Naquela época, as estruturas regulatórias existentes haviam sido criadas para a agricultura tradicional, não incluindo plantas geneticamente modificadas. A Monsanto gastou milhões de dólares em lobby e relações públicas, forçando os órgãos reguladores a se apressarem. Em vez de desenvolver uma estrutura moderna para acompanhar o ritmo da evolução biológica, os formuladores de políticas agruparam de forma arbitrária as regras existentes em um sistema regulatório, como se fosse uma colcha de retalhos. Desde então, pouca coisa mudou. Em abril de 2018, o USDA anunciou que não regulamentaria as culturas geneticamente editadas.[8] Esse anúncio atraiu pouca atenção da mídia comparado ao cogumelo CRISPR. No entanto, resultou na criação de um trigo com mais fibras, na soja com ácidos graxos mais benéficos e em pés de tomate que exigem menos água e luz solar e que produzem mais frutos.

O alvoroço público em torno do cogumelo não foi nada se comparado ao anúncio feito alguns meses depois, em novembro de 2018: um cientista chinês chamado He Jiankui subiu a passos largos no palco de um congresso de edição de genoma humano na Universidade de Hong Kong, carregando sua maleta bege, e disse a uma multidão de cientistas apinhada na plateia que havia editado embriões humanos usando o CRISPR, supostamente com o intuito de lhes fornecer imunidade vitalícia contra o HIV. Segundo Jiankui, ele havia feito o experimento para simular uma mutação chamada CCR5Δ32, ocorrida naturalmente em alguns europeus do norte. A partir dessa mutação, identificaram-se 32 pares-bases da proteína CCR5 que poderiam ser deletados; ele disse que essa edição impediria o vírus HIV, causador da AIDS, de infectar uma importante classe de células do sistema imunológico humano.[9]

O cientista estava trabalhando há anos no experimento. Antes de recrutar oito casais, cujos espermatozoides e óvulos foram coletados para criar embriões, que depois foram editados, ele havia feito experimentos com camundongos e macacos. Jiankui alegou que havia consultado cientistas na China, nos Estados Unidos e na Europa, e que havia submetido sua pesquisa à publicação em periódicos revisados por pares. Insistiu também que obteve o consentimento dos pais, que eles haviam recebido todas as informações pertinentes — ele tinha os documentos assinados para provar isso — e haviam concordado com a implantação, mas que, curiosamente, haviam se recusado a fazer o exame de amniocentese para identificar anormalidades genéticas durante a gravidez. A essa altura, seus colegas na plateia estavam visivelmente assustados com o que estavam ouvindo. Mas ele prosseguiu, alegando que trabalhou duro para minimizar os efeitos involuntários durante seus experimentos, como alterar por engano quaisquer genes adicionais. “Sinto-me orgulhoso”, disse. Mas então veio a grande surpresa: os embriões editados resultaram em uma gravidez bem-sucedida de gêmeos. Os bebês geneticamente modificados, de codinomes

Lulu e Nana, nasceram apenas algumas semanas antes e estavam vivendo na China sob cuidados supervisionados.[10]

Quando o anúncio de Jiankui saiu do congresso acadêmico e ganhou as agências de notícias de todo o mundo, os pesquisadores analisaram minuciosamente seu experimento, examinando a metodologia e os resultados autorreportados. Inicialmente, eles descobriram que as edições feitas da proteína CCR5 pelo cientista não necessariamente resultariam em imunidade contra o HIV, já que a maioria das infecções por HIV se origina quando o vírus se acopla a uma proteína diferente — a CD4. Ao se acoplar a uma proteína, o vírus deve se acoplar também a uma segunda proteína que pode ser ou não a CCR5. E mesmo que algumas cepas de HIV exijam que a CCR5 se acople a uma célula e injete seu código, outras variantes não agem dessa forma.[11]

Por essa razão, os pesquisadores determinaram que Lulu e Nana provavelmente não tinham imunidade vitalícia contra o HIV. Mas é bem provável que o experimento tenha gerado mudanças genéticas em seus cérebros. Em 2016, uma equipe de pesquisadores da Western University of Health Sciences e da Universidade da Califórnia em Los Angeles descobriu que a edição da CCR5 melhorou de forma significativa a capacidade cognitiva e a memória em camundongos.[12] A pesquisa foi publicada em periódicos revisados por pares e inspirou muitos outros estudos. Será que também estimulou experimentos genéticos cognitivos sob o pretexto de prevenção do HIV? O experimento pode ter aumentado a capacidade das crianças de aprender e formar memórias, como ocorreu em camundongos. Dito de outro modo, poderia deixá-las mais inteligentes.

Os colegas da plateia e da comunidade científica em geral, bem como bioeticistas e políticos ao redor do mundo, imediatamente censuraram o experimento. Ao realizar modificações genéticas que seriam permanentes e até hereditárias em quaisquer níveis de descendência, Jiankui havia infringido o consenso global da edição germinativa humana. À medida que ele se oferecia para apresentar formulários de autorização assinados, parecia improvável que os casais submetidos à fertilização in vitro tivessem recebido as informações adequadas sobre o experimento e seus riscos, e que, dada a gravidade das consequências, tivessem concordado em fazê-lo. Nenhum outro cientista se apresentou para dizer que esteve em contato com Jiankui durante as diversas etapas de sua pesquisa ou que revisou suas descobertas iniciais. Ele participaria de outra sessão do congresso, mas os organizadores cancelaram sua participação. Sabe qual era o título de seu painel? "The Roadmap Towards Developing Standards for Safety and Efficacy for Human Germline Gene Editing and Moral Principles [Roteiro de Desenvolvimento de Padrões de Segurança e Eficácia para a Edição Genética Germinativa Humana e Princípios Morais, em tradução livre][13]

Mas a questão é: não existe regulamentação que proíba explicitamente a modificação deliberada de embriões humanos. Em 2003, o Partido Comunista da China (PCC) permitiu oficialmente experimentos de edição de genes em embriões, desde que os embriões se desenvolvessem até quatorze dias. Se o que Jiankui disse for verdade, que seu experimento resultou em nascidos vivos, ele violou as regras do Partido Comunista. Independentemente disso, agora o partido estava envolvido em um escândalo internacional. Vulnerável à opinião pública, o partido começou a censurar todas as menções de Jiankui e dos gêmeos editados nos canais chineses de mídia social. O cientista havia envergonhado o governo, exposto um sistema regulatório ineficaz e deixado brutalmente clara a ausência de um sistema que fiscalizasse os pactos éticos entre cientistas. O anúncio também levou a especulações descabidas de que Jiankui havia denunciado um programa de eugenia financiado pelo Partido Comunista Chinês, desenvolvido para criar um povo chinês superinteligente com o intuito de melhorar a competitividade da China contra os Estados Unidos. Em 2020, um tribunal chinês o condenou a três anos de prisão por "prática médica ilegal" e proferiu sentenças mais curtas a dois colegas que o ajudaram.[14]

O problema do cogumelo e o dos gêmeos editados pelo CRISPR ilustram o espectro de riscos associados à biologia sintética. Os gêmeos representam uma realidade nova e alarmante, em que especialistas altamente qualificados podem tomar decisões unilaterais que influenciam o futuro da humanidade. Os cogumelos resistentes ao escurecimento não prejudicarão o meio ambiente se plantados na natureza, embora tragam à tona as limitações de nossas atuais estruturas regulatórias e a falta de conhecimento básico em biologia do público em geral. No entanto, o mais alarmante é não se discutir abertamente os riscos futuros. Os mesmos genes deletados que mantêm os cogumelos brancos por mais tempo podem ser aprimorados e reintroduzidos para criar cogumelos que escurecem e apodrecem mais rápido. Ativistas radicais antiglobalização poderiam reformular nossos produtos para que estragassem rápido e não conseguissem resistir ao transporte. Isso destruiria o suprimento mundial de alimentos, do qual o comércio internacional em grande parte depende. Qual deve ser o limite entre melhoria e aprimoramento genético? Se optarmos por editar os genomas para melhorar as condições de saúde, talvez essas mudanças incluam resistência à obesidade e melhora da função muscular. Poderia a civilização ser dividida em pessoas geneticamente aprimoradas e aquelas que tiveram que aceitar seus destinos hereditários? Além das preocupações éticas e filosóficas incontestáveis, perguntas como essa são importantes. Sem restrições, a biologia se autorreplica em escala, reproduzindo-se e sustentando-se por gerações. Em geral, a biologia sintética é permanente. Como mostram os nove riscos que analisaremos, se não entrarmos nessa nova era com sabedoria, podemos perder o controle sobre o que vem a seguir.

RISCO 1: O USO DUAL É INEVITÁVEL

Em 1770, o químico alemão Carl Wilhelm Scheele realizou um experimento e percebeu que havia criado um gás nocivo. Ele o chamou de "ácido muriático deflogisticado". Hoje, nós os conhecemos como cloro.[15] Após dois séculos, um químico alemão, Fritz Haber, inventou um processo para sintetizar e produzir amônia em massa, revolucionando a agricultura e dando início à moderna indústria de fertilizantes. Ele ganhou o Prêmio Nobel de Química em 1918. Mas essa mesma pesquisa, aliada à descoberta anterior de Scheele, ajudou a criar o programa de armas químicas que a Alemanha usou na Primeira Guerra Mundial.[16]

Acabamos de citar um exemplo do "dilema do uso dual", em que a pesquisa científica e tecnológica é destinada ao bem, mas também pode, proposital ou acidentalmente, ser usada para o mal. Nos campos da química e da física, o dilema do uso dual é uma preocupação de longa data, resultando em tratados internacionais que limitam as aplicações mais alarmantes de pesquisas controversas. Devido à Convenção sobre a Proibição do Desenvolvimento, Produção, Armazenagem e Uso de Armas Químicas e sobre Sua Destruição (também conhecida como Convenção de Armas Químicas, ou CWC, na sigla em inglês), tratado assinado por 130 países, faz-se necessário monitorar e fiscalizar muitos produtos químicos perigosos que às vezes são usados nas pesquisas científicas ou médicas. Por exemplo, a ricina é produzida naturalmente nas sementes de mamona, porém é letal aos seres humanos, mesmo em pequenas quantidades. A breve exposição aos vapores ou o contato com alguns grãos em pó de ricina pode ser fatal, por isso a substância consta na lista da CWC. Já a trietanolamina, usada para tratar infecções de ouvido e excesso de cera no canal auditivo, é ingrediente para engrossar cremes faciais e equilibrar o pH de espumas de barbear, e também consta na lista, pois pode ser usada para fabricar HN3, conhecido como gás mostarda.

Existem tratados internacionais e protocolos de segurança semelhantes, e agências para monitorar os usos duais na química, física e inteligência artificial, mas a biologia sintética é um campo tão novo que ainda não temos tratados desse tipo, embora a comunidade científica discuta há anos como prevenir os dados.

Entre os anos de 2000 e 2002, uma equipe de pesquisadores da Universidade Estadual de Nova York, em Stony Brook, realizou um experimento para descobrir se conseguiria sintetizar, do zero, um vírus vivo, usando apenas informações genéticas disponíveis publicamente, produtos químicos encontrados no supermercado e testes de DNA por correio. (A DARPA ajudou o projeto com US$300 mil, como parte de um programa para criar medidas defensivas contra a guerra biológica.) Os pesquisadores compraram pequenos trechos de DNA, montaram esses trechos com bastante cuidado e utilizaram dezenove marcadores adicionais para distinguir o vírus sintético da cepa natural que tentavam reproduzir.

Eles conseguiram sintetizar o vírus. No dia 12 de julho de 2002 — logo depois da comemoração do primeiro 4 de julho pós-atentado de 11 de setembro, dia em que milhões de norte-americanos tensos se sentiram aliviados por não terem que enfrentar novamente outro evento horrível —, os cientistas anunciaram que haviam recriado o poliovírus em laboratório usando código, material e equipamento que qualquer um, até mesmo a Al-Qaeda, poderia ter acesso. O intuito deles era alertar que os terroristas poderiam estar fabricando armas biológicas, e que os agentes mal-intencionados não precisavam mais de um vírus vivo para transformar um patógeno perigoso como a varíola ou o Ebola[17] em arma.

Talvez o poliovírus seja o vírus mais estudado de todos os tempos, e na época do experimento havia amostras do vírus armazenadas em laboratórios ao redor do mundo. Essa equipe não tinha a intenção de reintroduzir o poliovírus na natureza, mas aprender como sintetizá-lo. Era a primeira vez que alguém criava esse tipo de vírus do zero, e o Departamento de Defesa considerou a pesquisa como uma grande conquista técnica. Saber como sintetizar o DNA viral pode ajudar os Estados Unidos a obter informações importantes sobre como os vírus sofrem mutações, como se tornam imunes a vacinas e como podem ser transformados em armas. E ainda que a criação de um vírus para estudar de que forma ele poderia ser usado como arma biológica possa parecer questionável em termos legais, o projeto não infringiu nenhum tratado existente de uso dual, nem mesmo um tratado de 1972 que proíbe explicitamente as armas bacteriológicas e considera ilegal a fabricação de agentes causadores de doenças — como bactérias, vírus e toxinas biológicas — que possam ser usados para prejudicar pessoas, animais ou plantas. Mesmo assim, a comunidade científica ficou indignada. Produzir de modo intencional um "patógeno humano sintético" era "irresponsável", disse Craig Venter na época. Mas esse não foi um incidente isolado.[18]

Em 1979, a Organização Mundial da Saúde declarou que a varíola estava erradicada. Isso destacava uma grande conquista humana, já que a varíola é uma doença cruel, altamente contagiosa e sem cura conhecida. Ela provoca febre alta, vômitos, dor abdominal intensa, erupção cutânea avermelhadas e pústulas dolorosas e amareladas por todo o corpo, que começam dentro da garganta e depois se espalham para a boca, bochechas, olhos e testa. À medida que o vírus se agrava, a erupção se generaliza: para as solas dos pés, as palmas das mãos, o vinco nas nádegas e pelas costas. Qualquer movimento pressiona as lesões que podem eclodir nos nervos e na pele, deixando para trás um rastro de fluido espesso, feito de tecido morto e escamoso, repleto de vírus.

Existem apenas duas amostras conhecidas de varíola natural: uma está armazenada no CDC, nos Estados Unidos, e a outra no Centro Estatal de Pesquisa de Virologia e Biotecnologia, na Rússia. Durante anos, especialistas em segurança e cientistas discutiram se deveriam destruir essas amostras, porque ninguém quer outra pandemia global de varíola. Esse debate se tornou controverso em 2018, quando uma equipe de pesquisa da Universidade de Alberta, no Canadá, sintetizou a varíola equina, uma prima extinta da varíola, em apenas seis meses, recorrendo a um teste de DNA pelo correio. O mesmo protocolo usado para sintetizar a varíola equina também funcionaria para sintetizar a varíola humana.[19]

A equipe publicou uma explicação detalhada da sintetização do vírus na *PLOS One*, revista científica de acesso livre e revisada por pares que qualquer pessoa pode ler online. O artigo citava a metodologia usada para ressuscitar a varíola equina, junto com as melhores práticas para aqueles que desejassem repetir o experimento em seus laboratórios. A equipe merece reconhecimento, pois antes de publicar a pesquisa o pesquisador-chefe seguiu o protocolo, assim como Yang fez com o cogumelo, e alertou o governo canadense. A equipe também divulgou os interesses conflitantes: um dos pesquisadores também era o CEO e presidente de uma empresa de biotecnologia chamada Tonix Pharmaceuticals, que estudava novas abordagens para doenças neurológicas; um ano antes, a empresa e a universidade haviam submetido um pedido de patente nos EUA para os "poxvírus quiméricos sintéticos". Ninguém — nem o governo canadense, nem os editores da revista — pediu à equipe que desistisse de publicar o artigo.

Os experimentos com poliovírus e varíola equina tomaram como base a sintetização com o uso da tecnologia desenvolvida para propósitos bem-intencionados. O medo dos cientistas e especialistas em segurança é outro: os terroristas podem não apenas sintetizar um patógeno mortal, como podem modificá-lo deliberadamente para que ganhe força, resistência e velocidade de contágio. Essas pesquisas são realizadas em laboratórios de contenção de alta segurança, e os cientistas tentam prever o pior cenário de patógenos ao criá-los e estudá-los.

Ron Fouchier, virologista do Erasmus Medical Center, em Roterdã, anunciou em 2011 que havia aprimorado com sucesso o vírus da gripe aviária H5N1, de modo que pudesse ser transmitido de pássaros para humanos e depois entre pessoas, como uma nova cepa de gripe mortal. Antes da Covid-19, o vírus H5N1 era o vírus mais mortal de nosso planeta desde a gripe espanhola de 1918. Na época em que Fouchier realizou seu experimento, sabia-se que apenas 565 pessoas estavam infectadas com H5N1, mas havia uma alta taxa de mortalidade: 59% dos infectados morreram. Mas então Fouchier pegou um dos vírus da gripe mais perigosos e de ocorrência natural que já encontramos e o tornou ainda mais letal. Ele disse a colegas cientistas que havia "feito uma mutação infernal" do H5N1 para torná-lo mais transmissível pelo ar. Ou seja, o vírus era mais contagioso. Não havia vacina contra o H5N1. O vírus existente já era resistente aos antivirais aprovados para tratamento. A descoberta de Fouchier, financiada em parte pelo governo dos EUA, assustou tanto os cientistas e os especialistas em segurança que, em uma ação sem precedentes, o National Science Advisory Board for Biosecurity dentro do National Institutes of Health, pediu às revistas *Science* e *Nature* para remover partes do artigo antes de publicá-lo. Eles tinham medo de que alguns detalhes e informações sobre a mutação pudessem possibilitar que um cientista desonesto, um governo hostil ou um grupo de terroristas criasse a própria versão ultracontagiosa do H5N1.[20]

Ninguém quer enfrentar outra pandemia global. Podemos ter vacinas contra a Covid-19, mas ainda estamos convivendo com o vírus. No momento em que escrevíamos este capítulo, existiam diversas variantes preocupantes nos Estados Unidos, que incluem cepas do Reino Unido (B.1.1.7), África do Sul (B.1.351), Brasil (P.1) e Índia (B.617.2, conhecida como a variante Delta). Antes de erradicarmos o SARS-CoV-2, como fizemos com a varíola, surgirão mais mutações e muitas novas cepas. Algumas delas podem afetar o corpo de maneiras que nunca vimos ou nem sequer imaginamos. E existe uma tremenda incerteza sobre como e quando esses vírus podem sofrer mutações.

Obviamente, espera-se que as pesquisas virais sejam realizadas em laboratórios, onde o cumprimento diligente da segurança e das políticas rigorosas de fiscalização sejam estritamente respeitados. Pouco antes de a Organização Mundial da Saúde declarar a varíola erradicada, uma fotógrafa chamada Janet Parker estava trabalhando em uma faculdade de medicina em Birmingham, Inglaterra. Ela teve febre alta e dores no corpo e, alguns dias depois, uma erupção cutânea avermelhada. Na época, ela pensou que era catapora. (A vacina de catapora ainda não havia sido desenvolvida.) No entanto, os minúsculos pontos, que ela achava serem espinhas, evoluíram para lesões muito maiores, cheios de um líquido amarelado e leitoso. À medida que sua condição piorava, os médicos diagnosticaram que ela havia contraído varíola, quase certamente de um laboratório de pesquisa de alta segurança mal administrado, dentro do mesmo prédio onde trabalhava. O pesquisador-chefe do laboratório cometeu suicídio logo após o diagnóstico de Parker. Infelizmente, agora ela é lembrada como a última pessoa conhecida a morrer de varíola.[21]

As vantagens de se conseguir predizer com acurácia as mutações de um vírus se sobrepõem aos riscos públicos das pesquisas de ganho de função (pesquisas que envolvem a mutação intencional de um vírus para torná-lo mais forte, transmissível e perigoso)? Depende de quem responde. Ou melhor, depende da agência que responde. Em 2013, o National Institutes of Health divulgou uma série de diretrizes de biossegurança para pesquisas sobre o H5N1 e outros vírus da gripe, porém, as diretrizes eram restritas e não abrangiam outros tipos de vírus. O Gabinete de Política Científica e Tecnológica da Casa Branca anunciou um novo processo para avaliar os riscos e benefícios dos experimentos de ganho de função em 2014, que incluía a gripe e os vírus MERS e SARS. Mas essa nova política também descontinuava os estudos existentes destinados a desenvolver vacinas contra a gripe. Só que, em 2017, o governo recuou, quando o Conselho Consultivo Nacional de Ciências para Biossegurança determinou que essas pesquisas não representariam um risco à segurança pública. Em 2019, o governo dos EUA alegou que havia retomado o financiamento — pasmem — de uma nova rodada de experimentos de ganho de função destinados a tornar a gripe aviária H5N1 mais transmissível novamente. Nesse ínterim, todas essas idas e vindas não impediram que os agentes mal-intencionados obtivessem acesso a documentos de pesquisa open-source e ao material genético enviado por correio.

Quando se trata de biologia sintética, os especialistas em segurança ficam bastante apreensivos com futuros problemas do uso dual. A força de proteção tradicional — as estratégias de segurança para manter as populações seguras — não funcionará contra um adversário que adaptou produtos genéticos ou moléculas projetadas para usá-las como armas biológicas. O Dr. Ken Wickiser, bioquímico e vice-reitor de pesquisa da academia militar de West Point, publicou um artigo em agosto de 2020 na revista científica *CTC Sentinel*, especializada em ameaças contemporâneas de terrorismo: "À medida que as técnicas de engenharia molecular dos biólogos sintéticos se tornam mais robustas e difundidas, a probabilidade de encontrar uma ou mais dessas ameaças está se aproximando da certeza... A mudança no cenário de ameaças criado por essas técnicas se iguala apenas ao desenvolvimento da bomba atômica."[22]

RISCO 2: A BIOLOGIA É IMPREVISÍVEL

Após o Projeto Genoma Humano, Craig Venter e sua equipe deixaram de ler genomas para escrevê-los. Eles tinham um objetivo peculiar: criar um organismo com o menor genoma possível que ainda pudesse sobreviver e se autorreproduzir. Venter se perguntou: se fosse possível editar o genoma de um micróbio em partes minimamente viáveis, seria possível decodificar o código-fonte da vida? E se alcançássemos esse conhecimento, poderíamos criar formas de vida inteiramente novas? Venter e seu colaborador Hamilton Smith levantaram a hipótese de que um genoma minimamente viável poderia funcionar como um chassi básico, a estrutura sobre a qual outros genes poderiam ser adicionados para novas funcionalidades. Eles usaram um organismo chamado *Mycoplasma genitalius*, com um genoma minúsculo, para ver se conseguiam sintetizar uma nova versão com código um pouco diferente. E em maio de 2012 eles fizeram uma descoberta incrível: era possível destruir o DNA da célula *Mycoplasma* e substituí-lo pelo DNA que eles haviam escrito, e assim a célula se autorreplicaria. Eles a chamaram de JCVI-syn1.0, ou Synthia, para abreviar. Sabe a bactéria sintética que descrevemos no Capítulo 1 — aquela marcada com citações de J. Robert Oppenheimer, poemas de James Joyce e os nomes dos pesquisadores que trabalharam no projeto? Era a Synthia.

De acordo com Venter, foi a primeira espécie autorreplicante do planeta cujo pai era um computador. Ou, mais precisamente, cujos pais eram uma equipe de vinte cientistas e um cluster de computadores, resultantes das milhares de seleções que humanos e máquinas fizeram enquanto trabalhavam juntos. Synthia era "uma espécie viva agora, parte do inventário de vida do nosso planeta", disse Venter. O projeto foi desenvolvido para ajudar a equipe de Venter a entender os princípios básicos da vida: uma célula mínima é um análogo ao último ancestral comum universal que correlaciona toda a vida na Terra.[23]

Antes de anunciar a descoberta da equipe, Venter enviou uma mensagem à Casa Branca, durante o governo Obama, para informar as autoridades sobre uma ampla gama de repercussões políticas, desafios de segurança e questões éticas que o projeto levantou. No início, as autoridades do governo não sabiam o que fazer com Synthia. Eles consideraram classificar a pesquisa como sigilosa, mas muitas pessoas na comunidade de biologia sintética já sabiam sobre o projeto de genoma minimamente viável de Venter. Eles aconselharam a publicação da pesquisa, porém instruíram a Comissão Presidencial para Estudo de Questões Bioéticas a estudar as implicações dessa conquista e entregar um relatório dentro de seis meses, com recomendações sobre o que o governo deveria fazer, caso houvesse algo a ser feito.

O jornal *Ottawa Citizen* citou o que Andrew havia declarado: "Venter merece o Prêmio Nobel por seu trabalho pioneiro na criação de um 'ramo na árvore evolucionária' — em que os humanos modelam e controlam novas espécies."[24] Nem todos compartilharam desse otimismo. Como esperado, a declaração de Andrew resultou na cobertura mediática intensa e em especulações insensatas. Julian Savulescu, professor de ética da Universidade de Oxford disse ao *The Guardian*: "É um passo em direção a algo mais controverso: a criação de seres vivos com capacidades e características que nunca poderiam ter evoluído naturalmente. Por mais que seja uma possibilidade futura e distante, é tangível e significativa: lidar com a poluição, com novas fontes de energia, com novas formas de comunicação. Mas os riscos também são inigualáveis, pois alguém poderia fabricar armas biológicas mais poderosas do que conseguimos imaginar."[25] O ETC Group, uma organização ativista e crítica da biotecnologia, comparou a criação de Venter à divisão do átomo: "Todos nós teremos que lidar com as consequências desse experimento alarmante." Grupos religiosos estavam furiosos porque Venter estava brincando de Deus e queriam que ele fosse preso.[26]

A comissão presidencial recebeu a orientação para elaborar um conjunto de critérios que avaliasse os benefícios do genoma minimamente viável versus seus riscos. E se no futuro uma forma de vida criada por humanos, como a Synthia, escapasse do laboratório? Ninguém nunca se preocupou com isso, pois Venter e sua equipe são meticulosos e observadores atentos dos protocolos de segurança. Mas o problema não era Venter. A preocupação dos especialistas era que outras pessoas se inspirassem em sua pesquisa. A comunidade científica é insanamente competitiva, as pessoas estão sempre competindo para fazer novas descobertas, para serem as primeiras a publicar artigos em periódicos revisados por pares e submeter seus pedidos ao escritório de patentes antes de qualquer outra. As corridas para sintetizar a insulina e mapear o genoma humano demonstram que, quando se trata de descobertas científicas, não há prêmio para o segundo lugar.

Venter e Smith já estavam pensando além de Synthia. Em teoria, eles poderiam remover cerca de cem genes do *M. genitalium* sem alterar sua função. Mas eles não estavam certos sobre quais genes deveriam remover. Então, sintetizaram centenas de genomas reduzidos, testando diferentes combinações com o objetivo de futuramente inserir candidatos viáveis em uma célula. Em 2016, a equipe de Venter criou o que eles chamaram de JCVI-syn3.0, um organismo unicelular com ainda menos genes — apenas 473 — o que o tornou a forma de vida mais simples já conhecida.[27] O organismo se comportava de maneiras que os cientistas não haviam previsto, porque produzia células de formatos estranhos conforme se autorreplicava. Eles passaram a acreditar que haviam removido muitos genes, inclusive aqueles responsáveis pela divisão celular normal. Assim, remisturaram o código mais uma vez e, em março de 2021, anunciaram uma nova variante, a JCVI-syn3A. Ainda tem menos de quinhentos genes, porém se comporta mais como uma célula normal.[28]

Mais uma vez, vale a pena ressaltar que a probabilidade da JCVI-syn3.0 de comportamento estranho escapar do laboratório e provocar algum dano era ínfima. No entanto, a biologia é extremamente interconectada e tende a se autossustentar, mesmo quando não queremos. Criar um genoma minimamente viável ou qualquer outro organismo pode resultar em um efeito cascata, impossível de se controlar na natureza. Um dos relatórios da comissão presidencial descreveu os perigos da chamada "fecundação cruzada", quando genes modificados se misturam com populações selvagens e espécies nativas. Por exemplo, a fecundação cruzada pode resultar em novos tipos de pragas que podem matar outras plantas ou em um novo microrganismo patogênico que pode transmitir doenças para insetos, aves e outros animais. Um acidente de laboratório ou uma falha de contenção pode fazer com que as bactérias de laboratório inofensivas de hoje se tornem a catástrofe ecológica de amanhã.

RISCO 3: DNA PRIVADO É UM RISCO DE SEGURANÇA

Em dezembro de 2019, uma organização misteriosa e anônima chamada Earnest Project anunciou que havia coletado secretamente o DNA dos talheres, taças de vinho e copos descartáveis de café usados na reunião anual do Fórum Econômico Mundial, em Davos. O Earnest Project lançou um site e um catálogo de leilões e anunciou planos para vender os dados genéticos de muitos líderes e celebridades mundiais, incluindo o então presidente Donald Trump, a chanceler alemã Angela Merkel e o músico Elton John, para quem pagasse mais. Não havia como comprovar se as amostras de DNA eram autênticas, porém, o mais importante, não havia lei norte-americana que proibisse o grupo de vender os dados genéticos de Trump. Os estados do Alasca, Nova York e Flórida condenavam por lei o roubo do DNA de alguém, e é ilegal coletar o cabelo de uma pessoa sem permissão. Mas não existe nenhuma lei federal que proíba alguém de pegar o DNA descartado de outra pessoa e fazer o que bem entender.

Na época em que Trump era presidente, ele — assim como todos os presidentes dos EUA — ficava sob a proteção dos agentes do Serviço Secreto. Era de responsabilidade dos agentes limpar todos os locais que Trump visitava, recolher todo o lixo e descartá-lo com segurança. Uma amostra de DNA retirada de um guardanapo ou um garfo de plástico usado por Trump pode revelar suas variantes genéticas — por exemplo, se ele tem uma mutação relacionada aos indícios de Parkinson ou Alzheimer. Poderia atestar também (ou refutar) uma alegação feita pela colunista E. Jean Carroll da revista *New York*, que acusou Trump de estuprá-la na década de 1990. (Ela guardou o vestido que estava usando durante o suposto encontro e disse que contém o material genético dele.) Se tivesse acesso a uma embalagem descartada do McDonald's ou a um guardanapo usado em Davos, ela mesma poderia obter o DNA de Trump sequenciado. Mas com a biologia sintética, essa sequência também pode ser usada para criar uma arma biológica personalizada. Para serem eficazes, as armas biológicas não precisam causar mortes em massa ou uma pandemia.

O DNA é resistente, consegue sobreviver por milênios nas condições adequadas. A grande maioria das pessoas importantes e conhecidas não viaja com seguranças atentos que limpam onde elas passam. Amy costumava viajar com Joe Biden pelas linhas ferroviárias da Amtrak, na rota do Corredor Nordeste antes de ele ser eleito presidente. Nessa rota, o vagão de primeira classe — onde Biden normalmente ficava — oferece serviço de café da manhã, almoço e jantar, acompanhado de pratos e talheres. Em outra viagem da Amtrak, Amy se sentou em frente ao juiz da Suprema Corte, Clarence Thomas. Durante o trajeto, ele espirrou diversas vezes em um lenço de papel, que deixou para trás após sua parada em Nova York. E se alguém nesses trens coletasse as amostras de DNA de Thomas ou de Biden? No decorrer das etapas iniciais das eleições presidenciais dos EUA, nenhuma equipe de segurança limpa cada embalagem e guardanapo após o término da campanha local. E se, em 2023, quando as próximas eleições presidenciais começarem e o leque de candidatos for amplo, um agente mal-intencionado coletar amostras e sequenciar o DNA de todos os candidatos? Quando o leque de candidatos diminuísse para somente dois, esse agente mal-intencionado estaria em uma boa posição para semear desinformação: inventar um caso amoroso, forjar evidências de um confronto físico, questionar a etnia ou o local de nascimento de um candidato, alimentar o medo sobre doenças genéticas encobertas e a capacidade de liderança do candidato. Ou fabricar micróbios e vírus nocivos exclusivamente a um candidato.

Foi isso que tornou algumas pesquisas de 2019 da Universidade Duke bastante interessantes. Os cientistas da Duke desenvolveram enxames de robôs programáveis, bactérias especialmente projetadas para explodir e liberar proteínas sob comando. Na verdade, é uma ideia inteligente: essas bactérias são programadas para morrer se deixarem o enxame de robôs. Essa técnica de biologia sintética poderia ser usada como um dispositivo de segurança, de modo a impedir que outros organismos geneticamente modificados escapassem de seus ambientes designados. Em um experimento de prova de conceito, os cientistas da Duke criaram uma cepa não patogênica da *E. coli* a fim de produzir um produto químico que se comportasse como um antídoto para antibióticos. Contanto que a *E. coli* permanecesse no enxame, as cepas estavam seguras, mesmo quando os pesquisadores as encharcavam com antibiótico. Se uma bactéria individual se afastasse demais, perderia sua proteção, morrendo imediatamente. O problema é que alguém poderia criar um enxame microbiano patogênico que explodiria, liberando substâncias químicas nocivas.[29]

Há também a ameaça dos vírus pessoais, desenvolvidos para entregar o código genético a somente uma pessoa. Em maio de 2021, uma pesquisa de referência buscava restaurar a visão de pessoas com uma doença genética rara que provoca cegueira. O estudo demonstrou como o CRISPR pode ser usado para editar o DNA ainda dentro dos corpos dos pacientes. As pessoas com esse tipo de cegueira têm um defeito no gene CEP290 que destrói aos poucos as células da retina sensíveis à luz, até restar pouco tecido saudável. O resultado é a deterioração da visão; por fim, a retina se torna somente uma pequena escotilha para o mundo exterior (imagine a ponta de um lápis). Como as retinas são extremamente delicadas e complexas, os médicos não podem substituí-las via transplante, e a extração de células da retina para manipulação em laboratório é um desafio e tanto. Por isso, os pesquisadores descobriram como criar um vírus benéfico que transportasse novas instruções genéticas com a missão para as células realizarem o CRISPR sozinhas dentro da retina. (Como explicamos, os vírus são somente recipientes para o código biológico, logo podem ser benéficos ou prejudiciais.) Os pesquisadores injetaram bilhões de cópias desse vírus nas retinas de um pequeno grupo de pessoas portadoras desse tipo de cegueira e, até agora, o experimento têm funcionado. O CRISPR havia se comportado como um cirurgião microscópico, editando a mutação CEP290 a fim de produzir uma proteína que pode restaurar as células sensíveis à luz e, futuramente, a visão dos pacientes. É uma pesquisa emocionante e revolucionária. Mas, dada a tendência ao uso dual, é possível que outros vírus sejam desenvolvidos para desencadear o efeito oposto: causar mutações, em vez de restaurá-las.[30]

No capítulo anterior, vimos as células-tronco pluripotentes, células com a capacidade de se autorreplicar e se transformar em qualquer outra célula do corpo humano. Pode-se extrair com facilidade as células pluripotentes de materiais genéticos descartados. Essas células um dia ajudarão as pessoas a se tornarem pais mais facilmente. Mas e se, em um futuro distante, alguém usasse essas células para, digamos, desenvolver uma infecção lenta que atingisse um órgão como o rim? No começo, poderia parecer diabetes, mas depois a infecção não responderia à medicação, a diálise seria seguida por insuficiência renal e, por último, a morte.

Não é difícil imaginar cenários como esse. Um ex-funcionário descontente poderia conseguir o DNA dos membros do conselho de administração de uma empresa para os extorquir. Agentes mal-intencionados podem arranjar e sequenciar o microbioma de um CEO para desenvolver um probiótico especial que provoque desconforto gástrico contínuo, manipulando assim o intestino desse CEO. A Comissão de Valores Mobiliários dos EUA exige que as empresas públicas divulguem quando o CEO de uma empresa de capital aberto contrai uma doença significativa, pois isso pode impactar negativamente os negócios. No entanto, ainda não existem testes ou requisitos de divulgação para biohacks.

E quanto à biovigilância? O governo Trump autorizou um programa — que, felizmente, nunca entrou em vigor — para coletar o DNA, junto com uma série de outros dados biométricos, como varreduras de íris e impressões da palma da mão, de qualquer pessoa que pretenda entrar nos Estados Unidos. Só que o governo começou a coletar amostras de DNA dos detidos na imigração e armazenar esses dados em um banco de dados governamental. No futuro, será que as companhias de plano de saúde passariam a oferecer um desconto em troca da permissão de acesso ao seu DNA? Uma companhia de seguros de vida, um credor hipotecário ou um banco poderia exigir seu DNA como parte do processo de verificação? E se as grandes empresas tecnológicas — Google, Apple, Amazon — mapeassem seus dados genéticos e todos os outros dados que coletam sobre você? Todas essas empresas estão investindo pesado em assistência médica e nas ciências biológicas. Hoje em dia, falamos sobre capitalismo de vigilância, agora imagine se essa vigilância incluísse seu código genético.

No futuro, nossas violações de segurança de dados mais alarmantes podem envolver DNA. Ou seja, na era em que estamos entrando, a biologia pode se tornar um grande problema de segurança da informação.

RISCO 4: AS REGULAMENTAÇÕES ESTÃO BASTANTE DEFASADAS

Em um primeiro momento, o moicano e a franja platinada e espetada de Josiah Zayner, assim como seus piercings proeminentes e a barba por fazer, podem fazê-lo pensar que ele é um baixista de uma banda punk superbarulhenta. Mas ele não é. Zayner é biofísico molecular com doutorado pela Universidade de Chicago, ostenta uma tatuagem que o convida a "Create Something Beautiful" [Criar Algo Bonito] e passou um tempo como pesquisador visitante de biologia sintética na NASA, onde trabalhou em projetos com foco em engenharia bacteriana de degradação e reciclagem de plástico e endurecimento do solo de Marte. Mas ele ficou cada vez mais desiludido com a exploração espacial. Havia tanto a se explorar no corpo humano.

Em 2015, Zayner promoveu uma campanha bem-sucedida de crowdfunding no Indiegogo a fim de vender kits CRISPR faça você mesmo para entusiastas. Em um vídeo explicativo, podia-se ver placas de Petri ao lado de alimentos dentro de sua geladeira, o que, para não dizer coisa pior, é uma violação clara dos protocolos de biossegurança. Ele angariou mais de US$69 mil, sete vezes mais do que seu objetivo inicial. Assim, desistiu de sua bolsa na NASA, pois estava entusiasmado com seus kits e porque, em suas palavras, estava "de saco cheio do sistema" e do ritmo lento dos cientistas que ficavam "sentados com a bunda na cadeira".[31] Usando o Indiegogo como plataforma, ele abriu uma nova empresa, a Open Discovery Institute — ODIN, em homenagem ao deus escandinavo da adivinhação, magia, sabedoria e morte que muda de aparência. Zayner se questionava: por que somente os cientistas da NASA com doutorado podem fazer experimentos? Não deveria ser dado a todos nós a possibilidade — e até incentivos — para fazer experimentos biológicos? Já que a natureza estava democratizada, as ferramentas para acessá-la e manipulá-la também deveriam estar.

O primeiro projeto pós-Indiegogo de Zayner era um kit que possibilitava a qualquer pessoa modificar geneticamente bactérias. Ele lançou um site e começou a vender kits de US$160 para as pessoas produzirem cerveja que brilha no escuro, usando um gene encontrado em águas-vivas. Ao contrário de Yang e Fouchier, Zayner não seguiu nenhum protocolo. Ele não submeteu nenhuma de suas pesquisas a periódicos revisados por pares, nem informou qualquer órgão de regulamentação federal sobre sua metodologia. Ele nem mesmo seguiu as diretrizes estabelecidas pela comunidade DIYbio que, entre outras coisas, determina o uso de refrigeradores dedicados aos biomateriais — mas, sejamos justos, devemos frisar que não há padrões globais laboratoriais para nortear a biossegurança.

O sucesso da campanha crowdfunding de Zayner e sua premissa irresistível — qualquer um pode usar o CRISPR para editar o mundo dos vivos — chamaram a atenção da FDA, que não ficou nada feliz por ele estar ignorando as regras. Segundo a FDA, a fluorescência pode ser classificada como um aditivo de cor; ou seja, era necessário que o kit de cerveja fluorescente de Zayner passasse por um processo rigoroso de aprovação. Mas a regulamentação era dúbia, porque ele não estava vendendo um produto alimentício regulamentado, como a cerveja, e sim um conjunto de instruções genéticas, junto com alguns equipamentos baratos de laboratório que qualquer pessoa poderia vender, pois estava tudo dentro da legalidade. Zayner ignorou a FDA e continuou vendendo seus kits, já que a agência não tinha como revidar.

Nos Estados Unidos, as regulamentações são tão caóticas que normalmente abrangem produtos, não processos. O motivo é simples: o governo não intervém até que haja um problema, para não reprimir a inovação. Ou seja, no início da década de 1970, quando os cientistas descobriram pela primeira vez a técnica de engenharia genética de DNA recombinante, não havia nenhuma restrição que impedisse os pesquisadores de substituir genes entre espécies usando as bactérias *E. coli*. E por mais que os microbiologistas tenham anunciado a descoberta como o marco histórico que foi, o governo não estava interessado nela ou em como ela poderia contribuir para o futuro.

Na década de 1980, as empresas estavam usando DNA recombinante para comercializar micróbios e plantas. Como ainda não existia uma estrutura regulatória em vigor, em 1986, o Escritório de Política Científica e Tecnológica da Casa Branca — que assessora o presidente e ajuda a coordenar esses assuntos entre diferentes agências — foi convocado para criar um plano, mas optou por não trabalhar no cansativo processo de elaboração de novas leis para regulamentar os produtos geneticamente modificados. Em vez disso, readaptaram as leis antigas em um plano chamado Coordinated Framework for the Regulation of Biotechnology [Modelo Coordenado para a Regulamentação da Biotecnologia], ficando a cargo de três agências — Agência Federal de Alimentos e Medicamentos dos Estados Unidos (FDA), a Agência de Proteção Ambiental (EPA) e o Departamento de Agricultura dos EUA (USDA) — supervisionar os avanços biológicos sob o princípio norteador de que a biotecnologia não é nociva, mas alguns produtos podem ser. Mesmo após passar por uma atualização em 1992, o modelo continuava ambíguo. Os papéis e as responsabilidades de cada agência nem sempre ficavam claros, e não havia uma estratégia de longo prazo a fim de preparar essas agências para os avanços da biotecnologia.

Pense no seguinte: o USDA regulamenta as plantas seguindo os termos do Modelo Coordenado. Se alguém criar um micróbio patógeno de plantas, o USDA pode se envolver. Mas se uma ameaça a uma plantação for pouco provável, não há um mecanismo de fiscalização (o que levou ao problema do cogumelo). O principal papel da EPA é proteger a saúde humana e o meio ambiente contra ameaças externas. Essa regulamentação não inclui microrganismos usados para pesquisa acadêmica, mas inclui organismos geneticamente modificados com DNA de pragas de plantas ou que foram criados usando uma praga vegetal como vetor. Isso significa que a agência pode regulamentar um biocombustível, um fertilizante sintético ou um pesticida se for provável que produzam substâncias tóxicas. Se não houver tal risco, a EPA não pode fiscalizar. O papel da FDA é manter seguros nossos alimentos e bebidas, nossos medicamentos, equipamentos médicos e similares, e regulamentar os organismos modificados usados na produção de medicamentos, alimentos, aditivos e suplementos alimentares ou cosméticos. Ou seja, a FDA fiscaliza todos os animais geneticamente modificados para garantir que eles atendam aos padrões de segurança para uso humano.

Mas é difícil fazer cumprir todas essas regulamentações. Nenhum funcionário do USDA fica ao lado dos cientistas para observá-los fazer pesquisa; não há nem sequer inspeções locais ou auditorias de rotina. Pelo contrário, as empresas que seguem o modelo coordenado e que se propõem a comercializar produtos podem escolher se enviam ou não uma análise voluntária para comprovar que seus produtos não causarão a morte de alguém. Como o cogumelo não produzia pesticidas ou substâncias químicas tóxicas, a EPA não tinha competência para analisar o caso. E já que a equipe não havia utilizado micróbios para fornecer o DNA, o USDA não podia intervir nos resultados. Na época, a FDA estava sobrecarregada e sem dinheiro, e mesmo que pudesse intervir, não havia recursos suficientes disponíveis para lidar com um novo cogumelo que provavelmente não fariam mal algum.

A abordagem fragmentada à regulamentação não é exclusividade dos Estados Unidos. A União Europeia, junto com o Reino Unido, China, Singapura e muitas outras nações, abordam a governança da biologia sintética de um modo parecido, recorrendo aos modelos biotecnológicos existente que — convenhamos — não levam em consideração a criação de uma JCVI-syn3.0. As Nações Unidas convocaram uma força-tarefa para analisar as questões de segurança associadas aos organismos modificados, o que resultou em mais um modelo — o Cartagena Protocol on Biosafety to the Convention on Biological Diversity [Protocolo de Cartagena sobre Biossegurança da Convenção sobre Diversidade Biológica]. Segundo esse protocolo, os países poderiam restringir ou proibir qualquer biotecnologia que considerassem potencialmente insegura, mesmo que não houvesse evidências de que a pesquisa representasse risco à biodiversidade ou à segurança. Apesar de a União Europeia e a China terem assinado o protocolo, muitos países, como Estados Unidos, Japão e Rússia, não o assinaram, não existindo nenhum mecanismo claro de cumprimento. O protocolo só concede aos países o direito de barrar as importações de organismos vivos geneticamente modificados. Os países podem escolher não exercer esse direito ou podem solicitar ao país exportador uma avaliação de risco do organismo. Mas essas avaliações não são feitas por uma entidade independente externa, elas são feitas pelo próprio país exportador.

E se descobrirmos que um país está fabricando intencionalmente uma arma? A Biological Weapons Convention [Convenção de Armas Biológicas] é um tratado multilateral de desarmamento que proíbe o desenvolvimento, produção e armazenamento de armas biológicas. Estados Unidos, Rússia, Japão, Reino Unido, China e Europa ratificaram o tratado. Atualmente, a convenção se aplica a qualquer forma de armamento biológico, mas a parte complicada é avaliar os danos. Digamos que alguém edite intencionalmente uma praga agrícola, de modo que ela destrua uma importante safra de exportação. Isso causaria grandes prejuízos econômicos aos agricultores e, possivelmente, ao PIB de uma nação. Mas é possível comparar isso ao gás mostarda? A convenção exige que os países atribuam a responsabilidade de cumprimento das disposições do tratado a somente uma agência. Nos Estados Unidos, essa agência não é um laboratório futurista de pesquisa e desenvolvimento cheio de biólogos. É o FBI. Se o cientista de uma biofundição recebe um pedido suspeito de um cliente, ele deve entrar em contato com o Diretoria de Armas de Destruição em Massa do FBI. Embora a principal missão desse conselho seja obviamente combater as armas de destruição em massa, o FBI não mobiliza recursos substanciais para essa nova área da ciência, assim como muitas agências federais, ficando a cargo dos pesquisadores se policiarem.

A confusão regulatória é o motivo pelo qual Zayner pôde começar sua empresa, pois todas essas agências, modelos, protocolos ou conselhos diretivos não conseguem fazer praticamente nada para impedi-lo de vender os kits CRISPR faça você mesmo. Seu kit de cerveja fluorescente atraiu atenção internacional, e logo ele ficou mais conhecido por seus truques publicitários provocativos do que por seus kits de engenharia genética, o que lhe rendeu manchetes na

Bloomberg e na *Atlantic*. Dentre suas proezas, se destacam: ele fez um transplante fecal — um procedimento arriscado para tratar problemas gastrointestinais graves — em um quarto de hotel usando o cocô de um amigo (depois de convidar um jornalista do site Verge para testemunhar o processo). Depois, Zayner criou uma vacina para a Covid-19 caseira e usou o codinome Projeto McAfee, em homenagem ao antivírus. Ele até tem um curso online chamado "Do-It-Yourself: From Scientific Paper to Covid-19 DNA Vaccine" [Faça Você Mesmo: do Artigo Científico à Vacina de DNA Covid-19] para que seus espectadores acompanhem sua jornada de fazer uma vacina caseira.[32]

Como esperado, a mistura de artista performático e cientista de Zayner lhe rendeu uma boa e justa parcela de críticas, mas em um congresso de biologia sintética em 2017 ele conseguiu ir ainda mais longe. Ele anunciou à multidão que havia criado um coquetel CRISPR que, em suas palavras, "modifica meus genes musculares para me dar músculos maiores!". Em seguida, Zayner enfiou uma seringa no antebraço e disse aos participantes do congresso que, por US$189, eles poderiam comprar seu guia CRISPR Humano Caseiro junto com o kit CRISPR Faça Você Mesmo, contendo o DNA modificado que estimularia o crescimento muscular (na verdade, esse coquetel CRISPR nunca funcionou).[33]

Em nenhuma dessas situações Zayner infringiu a lei, ainda que ele tenha claramente extrapolado os limites éticos. Quando sua vacina contra Covid-19 caseira foi lançada, a FDA estava fechando o cerco contra produtos não comprovados e não testados com o propósito de inocular ou curar pessoas. Mas ele nunca despertou a atenção da FDA. Uma queixa ao Conselho Médico da Califórnia incentivou uma investigação para constatar se Zayner estava exercendo medicina sem licença, porém a investigação não deu em nada. Apesar de o modelo coordenado regulamentar os riscos às plantas, ele não controla as pessoas que querem se colocar em risco. Nos Estados Unidos, a autoexperimentação biológica aparentemente não é ilegal, mesmo quando feita em público. As autoridades alemãs tentaram reprimir a exportação dos kits de engenharia genética faça você mesmo de Zayner, recorrendo a uma lei que proíbe a engenharia genética quando não é feita em laboratórios licenciados. Zayner recebeu uma advertência severa das autoridades, sendo informado de que poderia pagar uma multa de US$55 mil e ser condenado a até três anos de prisão. Mas não era possível extraditá-lo dos Estados Unidos para que respondesse a quaisquer penalidades. Quando escrevíamos este capítulo, ele havia deixado claro no site de sua empresa que ainda enviava produtos à Alemanha, exceto "perecíveis", como bactérias ou plasmídeos. A Alemanha não representa a Europa quando se trata de regulamentação de biohacking. Ou seja, caso more na região de Estrasburgo, na França, você pode facilmente adquirir bactérias lá, cultivar células, atravessar o rio Reno até a Alemanha e ingerir (ou libertar) tudo o que criou, sem entrar em conflito com quaisquer regulamentações locais.[34]

Além da ameaça conhecida das armas biológicas, o cumprimento de qualquer um desses tratados é ineficiente e impreciso. Embora exista um código de ética estabelecido e criado por congressos norte-americanos da comunidade DIYbio, associação científica cidadã, esse código não tem caráter jurídico vinculativo. Por mais que os cientistas esbravejem, isso não deteve Zayner e, sem dúvidas, não deteve He Jiankui. Mais uma razão para que os órgãos de regulamentação aceitem que uma nova era na biologia sintética já está em marcha e que uma nova abordagem à biologia exige uma nova abordagem à regulamentação.

RISCO 5: AS LEIS ATUAIS REPRIMEM A INOVAÇÃO

Em 2011, Jennifer Doudna e Emmanuelle Charpentier publicaram um artigo detalhando como usar o CRISPR para editar DNA. Em 2013, Doudna repetiu a dose, publicando outro artigo demonstrando como utilizar o CRISPR para editar células animais. Só que algumas semanas antes, outro artigo sobre o CRISPR, que se baseava neste segundo artigo de Doudna, foi publicado graças a uma brecha acadêmica que permitia aos solicitantes furar a fila de publicação editorial se eles pagassem taxas adicionais. Por causa dessa brecha, Feng Zhang, pesquisador do Broad Institute (uma colaboração entre o MIT e Harvard) tecnicamente se tornou o primeiro a comprovar, em um periódico revisado por pares, que o CRISPR poderia ser usado para editar células humanas. Até então, a molécula CRISPR mais famosa era a Cas9, e foi então que a batalha por patentes e propriedade intelectual (PI) começou.

A Universidade da Califórnia em Berkeley e a Universidade de Viena, os centros de pesquisa com financiamento público onde Doudna e Charpentier trabalhavam, respectivamente, solicitaram pedidos de patente em 2012 para

CRISPR-Cas9. Mas o Broad Institute, um centro de pesquisa privado, pagou a fim de acelerar sua revisão de patentes para o mesmo trabalho. O Escritório de Patentes e Marcas Registradas dos Estados Unidos ainda não havia implementado um sistema first-to-file (sistema que concede registro de patente àquele que primeiro solicitar) até 16 de março de 2013. Ou seja, por conta da revisão acelerada, a patente foi concedida ao Broad Institute, significando que a empresa Editas Medicine, de Zhang, ganhou licença exclusiva para a patente mais importante: a que norteia todos os futuros usos terapêuticos humanos do CRISPR. A Universidade da Califórnia recorreu.

Amy participou de uma série de reuniões do governo entre 2016 e 2018 sobre política e fiscalização de edição genética. Em 2017, ela foi convidada para uma reunião a portas fechadas coordenada pelo Departamento de Estado e pelas Academias Nacionais de Ciências, Engenharia e Medicina. Na sala, havia uma dúzia de cientistas pesquisadores e autoridades governamentais, e a tarefa do grupo era discutir o futuro da regulamentação, biossegurança e competitividade do CRISPR. Amy se sentou ao lado de Zhang, que ficou calado e reservado o dia todo, e apesar de responder a perguntas sobre ciência, não discutiu o problema das patentes. No final da reunião, Amy havia chegado a uma conclusão preocupante: o governo dos EUA não tinha planos para enfrentar a iminente batalha de propriedade intelectual. No momento em que escrevíamos esta obra, quatro anos após a reunião, o Broad Institute ainda detinha as patentes, ou seja, qualquer pessoa que queira usá-las precisa pagar pelas licenças. Dez empresas foram criadas por causa das patentes CRISPR-Cas9.[35]

A ciência é iterativa, e as descobertas tomam como base as pesquisas anteriores de outras pessoas. Em 2009, bem antes de Doudna, Charpentier e Zhang publicarem seus artigos, um estudante de pós-doutorado da Northwestern University, na Itália, chamado Luciano Marraffini publicou uma pesquisa que mostrava, pela primeira vez, que o CRISPR poderia ser usado na edição de DNA. Já que existe muito dinheiro público envolvido em descobertas como o CRISPR, alguns cientistas acham que nenhuma entidade deveria deter os direitos de propriedade legal e intelectual relacionados a essas descobertas. Isso contribuiria para que as portas da ciência ficassem sempre abertas, possibilitando que outras pessoas fossem além da inovação, sem temerem um processo judicial ou terem que arcar com os altos custos dos royalties.

Nesse ínterim, os investidores, sempre atentos ao cenário judicial, buscam financiar novas biotecnologias que não violem as patentes CRISPR existentes. É aí que as coisas se complicam mais: conforme mais pesquisadores, instituições acadêmicas e startups submetem seus pedidos de patente para variantes sutis de moléculas CRISPR, será mais difícil restringir os principais players que detêm os direitos de propriedade intelectual. O CRISPR-Cas9 inclui diferentes enzimas que podem ser utilizadas para clivar o DNA. Nesse meio-tempo, a Cas9 não é a única molécula que pode ser usada para editar DNA. A Cas12, Cas14, CasX e outras moléculas menos famosas podem fazer a mesma coisa. Como esperado, essas moléculas foram patenteadas por diversas organizações.

As leis de PI criam duas ameaças concretas. A primeira é óbvia: patentear novas descobertas é apostar no futuro. Quando Doudna, Charpentier e Zheng descobriram pela primeira vez o que fazer com o CRISPR-Cas9, não havia nenhum caso de uso para as suas pesquisas, mas era bem provável que haveria algum dia, o que lhes possibilitaria gerar receita futura por meio da comercialização de produtos. No entanto, a segunda ameaça é mais alarmante: quem conseguir as patentes decidirá como será o futuro da pesquisa. Uma pessoa ou instituição poderia disponibilizar moléculas CRISPR-Cas às instituições acadêmicas com pouco ou nenhum custo. Ou poderia se recusar a licenciar a tecnologia. É bem possível que, quando os processos tiverem um desfecho, Doudna e Charpentier — que ganharam o Prêmio Nobel por seu trabalho — sejam proibidas de usar a própria descoberta para desenvolver o campo científico que podem ter criado.

Está se tornando cada vez mais difícil averiguar se uma molécula Cas foi patenteada e quem detém os direitos de propriedade intelectual. Grande parte da pesquisa básica e em estágio inicial é exploratória. Ou seja, os pesquisadores ou empresários precisam pagar caras taxas de licenciamento antes de se envolver em qualquer trabalho substancial — cujos resultados lucrativos não são de forma alguma garantidos. Isso implicaria a dependência de uma terceira entidade, como uma instituição de financiamento público ou verbas governamentais (leia-se: seus impostos), ou um capitalista de risco, que pode pressionar os pesquisadores a desenvolver produtos antes da hora, o que pode resultar em um grande gargalo completamente evitável para a área de pesquisa e desenvolvimento.

É possível também que, em um futuro próximo, somente alguns players importantes detenham a grande maioria das patentes CRISPR. Nos Estados Unidos, na União Europeia e na China, as maiores empresas tecnológicas — Google, Amazon, Apple, Alibaba — estão envolvidas em diversas investigações e ações judiciais antimonopólio. Será que nos próximos dez anos queremos passar novamente por uma crise alimentar global com empresas que detêm o acesso a terapias e a soluções que salvam vidas?

Em abril de 2021, somente nos Estados Unidos, havia mais de 5 mil patentes de uso geral para CRISPR e mais de mil para o CRISPR-Cas9. Havia 31 mil patentes e solicitações de patente de CRISPR no banco de dados da Organização Mundial de Propriedade Intelectual, que agrega as solicitações de PI dos escritórios de patentes nacionais e regionais. Todos os meses centenas de novas patentes CRISPR são registradas. O problema é o seguinte: o CRISPR é com certeza a tecnologia mais famosa dentro da biologia sintética, mas com certeza não é a única. O CRISPR representa somente uma pequena fração da atividade de pesquisa e desenvolvimento dentro do ecossistema mais amplo da biologia sintética.

Os Estados Unidos são uma economia de livre mercado (em grande parte), onde empresas privadas e o governo desempenham papéis, mas quem toma as decisões é o lucro. Nem pesquisadores nem investidores querem reprimir a inovação, mas no caso da propriedade intelectual, é o processo — não o produto final — que pode ser adquirido. Uma vez que o processo é biológico e o produto final é um organismo, genomas novos podem se transformar em novas economias. Já vimos isso antes: em maio de 2021, o governo Biden pediu que a Moderna, a Pfizer e a BioNTech abrissem mão dos direitos de patente de sua tecnologia em prol do fornecimento a curto prazo de vacinas para o resto do mundo. "O governo acredita com veemência no direito à propriedade intelectual, mas visando acabar com essa pandemia, apoia a suspensão desse direito em prol das vacinas Covid-19", dizia o anúncio. "Participaremos ativamente das negociações baseadas nas minutas elaboradas com Organização Mundial do Comércio (OMC), necessárias para que isso aconteça. Essas negociações levarão tempo, dada à natureza consensual da instituição e a complexidade das questões envolvidas."[36]

O grande problema não são as patentes e as leis de propriedade intelectual — são nossas leis que remontam à fundação dos Estados Unidos no final do século XVIII, já que elas não se adaptam às realidades de nossas biotecnologias. Pense em cada gene, em cada sequência, como uma plataforma nova e escalável para a produtividade. No capítulo anterior, explicamos como os pesquisadores de Harvard criaram bactérias para armazenar o excesso de CO_2 e nitrogênio e como essa descoberta pode ser utilizada para fertilizar as plantações de modo seguro e orgânico. Se essa descoberta fosse um sistema mecânico — um dispositivo de metal com painéis solares —, ninguém teria dúvidas sobre quem detêm os direitos de propriedade intelectual. Mas quando o assunto são processos biológicos, as leis de PI são menos claras. Como na era da bioinformação os dados genéticos têm valor próprio, os escritórios de patentes e marcas não estão preparados para os desafios impostos pelos processos e organismos que surgirão na próxima década.

Em termos técnicos, prever os efeitos de longo prazo do CRISPR ou de qualquer biotecnologia está fora do alcance do Escritório de Patentes e Marcas dos EUA e de quase todos os outros escritórios de patentes e marcas do mundo, já que eles não são futuristas, são em sua grande maioria advogados.

RISCO 6: A PRÓXIMA DESIGUALDADE DIGITAL SERÁ GENÉTICA

Nem é preciso dizer que os pais querem o melhor para os filhos. Mas pense até onde alguns estão dispostos a ir para que os filhos estudem nas melhores e mais prestigiadas faculdades. O ex-CEO de uma grande empresa financeira pagou centenas de milhares de dólares em subornos para garantir a admissão dos filhos em faculdades de elite e foi condenado a nove meses de prisão.[37] Um ex-copresidente de um grande escritório de advocacia de Nova York se declarou culpado por pagar US$75 mil para alguém que faria o exame ACT de sua filha e foi condenado a um mês de prisão.[38] São pessoas inteligentíssimas e bem-sucedidas que violaram as regras e enganaram o sistema para fazer o que achavam ser o melhor para os filhos.

Se os pais estão dispostos a pagar grandes somas de dinheiro ou fraudar os exames para que os filhos estudem em faculdades de elite, pense no que eles são capazes de fazer para ajudá-los a evitar doenças crônicas ou baixa inteligência. Eles não interviriam? Se os pais pudessem aumentar as chances de dar à luz um bebê saudável — ou um bebê saudável com probabilidade de alcançar os percentis mais altos de inteligência ou habilidade atlética —, quem entre eles não escolheria as capacidades aprimoradas?

Hoje é possível fazer uma análise completa de todos os óvulos fertilizados pela fertilização in vitro antes de implantá-los. Esse serviço pode custar entre US$6 mil e US$12 mil por rodada e não tem cobertura dos planos de saúde. As empresas privadas elaboram boletins genéticos sobre os embriões congelados, incentivando os pais a escolherem seu embrião favorito. A Genomic Prediction é uma dessas empresas. Ela disponibiliza scores poligênicos, avaliando as milhares de posições do DNA com o intuito de predizer a probabilidade de, digamos, uma futura pessoa ter baixa inteligência ou estar entre os 2% com a menor estatura da população. Usando os perfis genéticos dos quarterbacks da NFL, a empresa determina a proximidade de correspondência desse embrião com esses perfis de habilidades atléticas. A redução da incerteza genética por meio de boletins incentiva as pessoas escolherem a fertilização in vitro, em vez de optarem por uma gravidez natural e espontânea — desde que possam pagar, é claro.

Conforme a biologia sintética amadurece e os custos de fertilização in vitro diminuem, o mercado pressionará as companhias de planos de saúde a pagarem a fertilização in vitro. Afinal, custa mais barato selecionar embriões saudáveis do que pagar a assistência médica durante toda a vida de um indivíduo por causa de uma mutação que poderia ter sido evitada. As pessoas com excelentes planos de saúde ou capazes e dispostas a pagar com o próprio dinheiro, poderiam criar dezenas — e futuramente centenas — de embriões, selecionando aqueles com maior probabilidade de ter a combinação adequada de vantagens genéticas. Ou seja, quando esses bebês nascerem, seus genomas serão sequenciados e parte do sangue do cordão umbilical (fonte abundante de células-tronco) será extraída e armazenada. Ao crescerem, essas crianças terão acesso a essa valiosa reserva genética, que pagará dividendos contínuos na forma de informações de saúde e um suprimento de material genético à sua disposição.

Onde termina o sequenciamento do genoma e o tratamento genético e começa o aprimoramento genético? Atualmente esperamos que, dentro de uma década, o CRISPR e outras ferramentas genéticas sejam melhoradas para controlar vírus, reparar tecidos, combater mutações e prolongar nossa vida útil. O grupo chinês BGI, uma das maiores empresas de sequenciamento do mundo, já alegou que pode aumentar o QI das crianças em até vinte pontos, graças à seleção genética. É a diferença entre uma criança que se esforça para aprender álgebra e uma criança que gabarita em cálculo avançado nos exames de admissão à faculdade. A inteligência é, obviamente, uma característica poligênica. Sabemos muito pouco sobre o funcionamento do cérebro humano e menos ainda sobre como as características biológicas e experiências do mundo real se traduzem em habilidades cognitivas superiores. Na verdade, o BGI Group está fazendo uma aposta calculada: quanto mais pessoas são sequenciadas, mais os dados revelam os padrões entre aqueles com inteligência elevada. Ou seja, é apenas uma questão de identificar marcadores genéticos e selecioná-los antes da implantação — ou até mesmo aprimorar embriões com as características desejadas pelos pais.[39]

Mas nem todo mundo terá acesso a essa tecnologia. As pessoas sem planos de saúde ou aquelas com planos de pouca cobertura, que engravidam em um quarto e não em um laboratório, não terão a opção de escolher seus embriões favoritos ou de aprimorá-los. Estatisticamente, seus filhos serão desfavorecidos comparados às crianças cujos embriões foram selecionados, editados e aprimorados. A desigualdade genética se tornará mais evidente conforme as crianças envelhecem, pois colocará aquelas aprimoradas pela tecnologia em um patamar superior ao de seus colegas de escola "naturalmente" concebidos. Essas crianças "naturais" não terão acesso a uma reserva genética, ou seja, à medida que envelhecem, cada doença nova representará um mistério e um desafio diagnóstico para os médicos. E mesmo que hoje a realidade das pessoas seja justamente essa, estamos em uma era em que o conhecimento genético ainda não é comum.

A reprodução assistida por tecnologia também gerará conflitos entre os países mais ricos e mais pobres do mundo. Para início de conversa, embora isso seja extremante alarmante, vamos adicionar um fator agravante e fundamental à equação: em países mais ricos como Estônia, Suécia, Noruega e Dinamarca, onde a religião institucional desempenha um papel secundário na sociedade, a seleção genética e o sequenciamento no nascimento provavelmente encontrarão menos resistência dos cidadãos. Nesses países, talvez a reprodução assistida por tecnologia seja aceita com mais facilidade. Em países mais pobres, como Malawi, Indonésia e Bangladesh, as pessoas terão que depender do sexo para a procriação. Em países ricos e tecnologicamente avançados, onde a religião desempenha um papel fundamental — como Reino Unido, Estados Unidos, Austrália, Emirados Árabes Unidos, Catar e Arábia Saudita —, os políticos e os cidadãos terão que conciliar a doutrina religiosa com as vantagens da seleção e aprimoramento genéticos. A incapacidade de agir pode prejudicar a mão de obra, o crescimento e a competitividade econômica.

RISCO 7: A BIOLOGIA SINTÉTICA LEVARÁ A NOVOS CONFLITOS GEOPOLÍTICOS

Na última década, a China criou discretamente uma unidade nacional de DNA em escala para coletar, sequenciar e armazenar os dados genéticos de seus cidadãos. Os repositórios de DNA são parte de um pan-óptico mais amplo, auxiliado pelas ambições do Partido Comunista Chinês por inteligência artificial, permitindo que o governo vigie de forma contínua seus eleitores. Em Xinjiang, no noroeste da China, o governo anunciou um programa chamado "Exame para Todos", e quase 36 milhões de pessoas participaram, segundo a agência de notícias oficial da China, Xinhua. Grande parte das primeiras iniciativas de DNA do governo se concentram no povo uigur, cujos dados supostamente estão sendo coletados para ajudar na distinção dos muitos grupos étnicos da China.[40] Em um artigo de 2014, os pesquisadores mencionaram diferentes marcadores genéticos para uigures e indianos que vivem nas regiões do extremo oeste da China, nas fronteiras com o Cazaquistão, Quirguistão, Afeganistão, Paquistão e Índia. Pesquisadores do governo chinês contribuíram com dados de 2.143 uigures para o Allele Frequency Database, uma plataforma de pesquisa online financiada em parte pelo Departamento de Justiça dos EUA até 2018. O banco de dados, conhecido como Alfred, armazena os dados de DNA de mais de 700 populações em todo o mundo. Esse compartilhamento de dados pode infringir as normas científicas dos termos de consentimento, pois não fica claro se os uigures ofereceram voluntariamente amostras de DNA às autoridades chinesas, sendo improvável que todos os envolvidos soubessem que seus DNAs estavam sendo coletados ou entendessem as consequências disso. Os ativistas de direitos humanos alegam que um banco de dados abrangente de DNA pode ser utilizado para perseguir qualquer uigure que resista a participar do programa. As autoridades chinesas alegam que as principais vantagens dos estudos genéticos são o rastreamento de infratores da lei e criminosos. Outro jeito de enxergar as coisas: é uma situação conveniente para se construir um banco de dados genético descomunal.[41]

A China continua coletando dados genéticos mais amplos dos uigures e de outras etnias minoritárias, bem como dos chineses han (que representam 91% da população do país).[42] Em breve, o país terá um conjunto abrangente e poderoso de dados genéticos, superior ao de qualquer outra nação. Estados Unidos, Canadá, União Europeia e Reino Unido estão discutindo a importância da privacidade genética. A China, que coleta enormes quantidades de informações e cujos cidadãos parecem não se incomodar com a vigilância do governo, enfrentará muito menos resistência a estudos e experimentações genéticas. A China decidirá editar ou aprimorar sua população? Grosso modo, já decidiu. Em 1979, o Partido Comunista Chinês instituiu a política de filho único para garantir que o crescimento populacional, na época exponencial, não suplantasse o desenvolvimento econômico. Concebido como medida temporária, evitou cerca de 400 milhões de nascimentos, mas também resultou no infanticídio feminino; na China, há entre 30 milhões e 60 milhões de "meninas desaparecidas".[43] A política terminou oficialmente em 2015, mas foi somente em julho de 2021 que todas as restrições foram suspensas. E por mais que a China possa ter resolvido uma possível crise econômica, provocou também a atual epidemia de solidão. Dezenas de milhões de homens heterossexuais não conseguem se casar. Não há mulheres suficientes.

No futuro, as ferramentas genéticas permitirão que as pessoas selecionem uma infinidade de características além do gênero. É bem provável que isso comece como um programa nacional para rastrear e sequenciar os futuros pais antes de possíveis gestações. (A BGI tem mais sequenciadores do que qualquer outra empresa ou instituição no mundo.[44]) De início, o programa seria projetado para identificar e mitigar problemas genéticos, como a doença arterial coronariana. À medida que a triagem financiada pelo governo ganhasse maior aceitação e oportunidades, partiríamos para engenharia genética? Lembre-se de que a China é um país majoritariamente não religioso; ao contrário de outros lugares, os protestos relacionados às crenças não seriam fator impeditivo ao avanço da reprodução assistida por tecnologia.

Com o tempo, o aprimoramento genético se tornará aceitável. A BGI pode oferecer triagem genética para inteligência e uma série de outras características desejáveis que, aliadas aos tratamentos de fertilização in vitro, contribuiriam para as futuras gerações chinesas serem mais saudáveis e inteligentes do que o resto do mundo; elas poderiam ter maior tolerância, habilidades sensoriais melhores e maior resistência a doenças. Se a China tivesse uma vantagem competitiva e insuperável como essa, e se esse conhecimento viesse a público, será que os Estados Unidos fariam algo para contra-atacar? Considere as possíveis repercussões. As universidades dos Estados Unidos poderiam discriminar estudantes chineses, temendo que superassem seus colegas norte-americanos. Ou, talvez, passassem a recrutá-los por causa de suas capacidades superiores e para se tornarem mais competitivas. As Forças Armadas poderiam avaliar a destreza em campo e determinar que a China obteve capacidades significativas em hackeamento, operações psicológicas e novas pesquisas de armas, e que os Estados Unidos precisavam recuperar seu lugar, e rápido. Ou seja, isso faria com que os soldados norte-americanos escolhessem ou fossem solicitados ou obrigados a participar de programas de aprimoramento genético. O que, sem dúvidas, provocaria grande resistência e agitação social. Assim que confrontadas pelo desconhecido conhecido — pessoas foram aprimoradas geneticamente, mas quem e quando? —, as autoridades governamentais do alto escalão seriam pressionadas e forçadas a tomar decisões difíceis. Ou seja, será que os Estados Unidos tentariam aprimorar geneticamente sua população? O ato supremo de patriotismo seria ter filhos usando a fertilização in vitro e confiar em um boletim genético para selecionar os melhores?

Por outro lado, esse progresso forçaria uma nova corrida armamentista ciberbiológica, que seria diferente da multiplicação observável de armas nucleares: podemos ver países construindo reatores e podemos rastrear matérias-primas sendo transportadas pelo mundo. Se a bioevolução se tornar o novo normal, não temos como saber se os países estão aprimorando genética e intencionalmente suas populações há anos, se tiverem. Os atores não estatais também podem ser uma ameaça futura. E se uma comunidade de pessoas desonestas encontrasse médicos e cientistas — alguém como He Jiankui — dispostos a fazer experimentos em seus embriões? E se esses experimentos fossem realizados em uma cidade oceânica flutuante, fora do território reivindicado por qualquer governo? E se pessoas ultrarricas e megapoderosas, que fariam qualquer coisa para proporcionar um futuro brilhante aos filhos, se tornassem colonos de meio período em Estados-nação insulares e recém-criados, dispostos a burlar as leis, correr grandes riscos e realizar aprimoramentos genéticos?[45]

RISCO 8: SUPERCAMUNDONGOS E HÍBRIDOS DE MACACOS-HUMANOS

Em 2017, pesquisadores japoneses da Universidade de Tóquio injetaram células-tronco pluripotentes induzidas de camundongos no embrião de um rato que havia sido editado para crescer sem pâncreas. Ao mesmo tempo que o rato crescia, um pâncreas feito inteiramente de células de camundongo também crescia. A equipe então transplantou o pâncreas em um camundongo que havia sido editado para ter diabetes. Por incrível que pareça, o rato editado produziu um pâncreas totalmente funcional para o camundongo, que, curado do diabetes, passou a viver uma vida saudável.[46] Em 2021, em um marco histórico biológico ainda mais preocupante, cientistas do Salk Institute for Biological Studies em La Jolla, Califórnia, cultivaram embriões de macacos, injetando neles células-tronco humanas. Autorizou-se que eles crescessem por vinte dias, antes de serem destruídos. Não se tratava de um camundongo ou de um rato. Esse experimento envolveu dois primatas estritamente relacionados.[47]

Existe um termo para essas formas de vida híbridas: quimeras, em homenagem ao monstro cuspidor de fogo da mitologia grega parte leão, parte cabra e parte serpente. Os cientistas que realizam esses estudos esperam que quimeras parcialmente humanas, como as que estão sendo desenvolvidas no Salk Institute, possam ser usadas algum dia para estudar as diversas condições médicas ou para cultivar órgãos necessários ao transplante. Mas, primeiro, as quimeras terão que ser projetadas e construídas geneticamente em um laboratório. A biologia sintética nos leva um passo adiante dessa eventualidade.

É complicado absorvermos a noção de um macaco-humano híbrido. É eticamente complexo. Citando somente um motivo: em determinado momento, as quimeras herdarão as características que se encontram a meio caminho entre os humanos, nos quais a experimentação não é permitida, e entre os animais que, em geral, são criados especificamente para pesquisas. Em um mundo onde vivem quimeras animais-humanos, não temos um sistema para definir o que são características "humanas". Como decidiremos quando um animal se torna *também* humano? E se essas quimeras escaparem? E se reproduzirem-se na natureza? E se usarem a força dos primatas e a inteligência humana contra aqueles que podem mantê-las em um laboratório? E se um superpredador for criado intencionalmente por um agente mal-intencionado — como um cachorro hiperinteligente, agressivo e quatro vezes mais forte?[48]

Por que faríamos quimeras? Pense em como Frederick Banting e Charles Best, que você conheceu no primeiro capítulo, removeram os pâncreas de cães e tentaram tratá-los com insulina sintetizada. Mas agora os animais poderiam ser geneticamente modificados para crescer sem determinados órgãos — como rins — e, em seguida, as células-tronco humanas poderiam ser editadas neles para que produzissem rins humanos. (O que, ironicamente, significa que poderíamos voltar a cultivar animais como substitutos e colher grandes quantidades de órgãos conforme necessário.)

Outra forma importante de se usar as quimeras é para estudar o desenvolvimento biológico. Quimeras humanos-macaco serão desenvolvidas para pesquisar o cérebro, a fim de entender melhor o Parkinson e o Alzheimer. Mas o que aconteceria se algumas quimeras humanas e não humanas desenvolvessem capacidades mentais em algum lugar entre animais comuns e humanos — se, digamos, uma quimera humano-porco desenvolvesse o suficiente para ter um QI de 39, isso poderia qualificá-la como um humano com deficiência mental grave? Não concordaríamos em matar um humano com QI baixo. Eles teriam os mesmos direitos, como qualquer outra pessoa. Uma quimera com algum nível de inteligência humana poderia ser usada para pesquisa ou extração de órgãos? Não temos uma forma de atribuir status moral para as quimeras, nem seus direitos e seus deveres. Inevitavelmente, a pesquisa de quimeras passaria para o aprimoramento da vida e substituiria o trabalho da preservação da vida. Os beija-flores conseguem enxergar cores que os humanos nem imaginam, incluindo variações ultravioletas.[49] Futuros pesquisadores podem adotar o que sabemos sobre o genoma do beija-flor, usar sistemas de IA para identificar construções genéticas e sintetizar genomas de quimera em laboratório. Seria um pequeno ajuste, que poderia ser realizado com precisão e escalabilidade para que os humanos pudessem enxergar como beija-flores. No futuro, outras descobertas sobre quimeras seriam feitas, proporcionando aos humanos capacidades encontradas em outras partes do reino animal, como o sonar de um morcego ou o olfato excepcional do elefante africano.

Humanos com elementos de quimera provavelmente precisariam de reclassificação, e a sociedade também os categorizaria de forma diferente. Nos Estados Unidos, já temos dificuldades com questões de igualdade entre raças, etnias e gênero. As sociedades não estão preparadas para os desafios psicológicos, morais e éticos da pesquisa de quimeras — e os eventuais resultados.

RISCO 9: A DESINFORMAÇÃO DESTRUIRÁ A SOCIEDADE

A ciência é colaborativa, mas vivemos um momento cultural que nos divide profundamente. O nacionalismo está em ascensão. Os Estados Unidos estão enfrentando um acerto de contas da injustiça racial. A Covid-19 levou à desconfiança no governo, na ciência e na mídia. No que diz respeito ao uso dual, hacking de DNA, regulamentações confusas e bioescalonamento, há um risco ainda maior sobre o futuro da biologia sintética: a desinformação.

A magnitude da desinformação — das informações falsas ou deliberadamente imprecisas com o objetivo de enganar as pessoas — se estende muito além de qualquer comunidade ou país. No final de 2020, o Facebook disse que removeu 1,3 bilhão de contas falsas. A empresa removeu mais de cem redes projetadas para espalhar informações falsas entre 2018 e 2021.[50] O Facebook alega ter 35 mil pessoas trabalhando para combater a disseminação de desinformação.[51] Ou seja, tem mais pessoas dedicadas a eliminar a desinformação do que a mão de obra total das empresas Fortune 500 como a Fannie Mae (7.500), Conagra Brands (18 mil) e Land O'Lakes (8 mil) juntas.[52] E o Facebook é apenas *uma* fonte de informação.

Mesmo antes da Covid-19, muitas dessas informações falsas diziam respeito à ciência. Em 2019, uma história viral que circulava online alegou erroneamente que o macarrão instantâneo estava associado ao câncer e ao derrame e, em 26 de maio de 2021, a história ainda estava ativa no Facebook.[53] Naquele mesmo dia, uma pesquisa no Google por "o gengibre é 10 mil vezes mais eficaz para curar o câncer do que quimioterapia" (mais uma vez, completamente falsa) retornou seis páginas de artigos de notícias, sites e postagens de mídia social, alguns dos quais desacreditavam a alegação junto com muitos que a perpetuavam. Não raro, a desinformação é um negócio lucrativo. Ty e Charlene Bollinger criaram uma operação de mídia multicanal para distribuir desinformação sobre câncer, vacinas e Covid-19.[54] Por um tempo, eles venderam pacotes que variavam de US$199 a US$499, que incluíam centenas de horas de vídeos aterrorizantes, junto com folhetos e artigos de notícias, destinados a alimentar o medo e a desconfiança por meio de teorias da conspiração. O casal disse que vendeu dezenas de milhões de dólares em produtos de desinformação.[55]

Atualmente, as campanhas de desinformação estão provocando o colapso de partes da sociedade.

No rastro de uma pandemia mortal, os norte-americanos tinham uma vacina milagrosa, mas quatro em cada dez pessoas se recusaram a tomá-la. Em 14 de dezembro de 2020, a primeira pessoa dos Estados Unidos — uma enfermeira chamada Sandra Lindsay — recebeu uma dose da vacina.[56] No final de maio de 2021, mesmo com vacinas gratuitas, amplamente disponíveis, acessíveis a qualquer pessoa com mais de doze anos, somente um terço dos norte-americanos — aproximadamente 129 milhões de pessoas — havia sido totalmente vacinado.[57] Durante esse mesmo período, de dezembro a maio, mais de 250 mil pessoas morreram de Covid-19.[58] Nossa confiança na medicina e na saúde pública está claramente abalada.

As campanhas de desinformação têm sido igualmente prejudiciais na política. Em 2020, as teorias da conspiração sobre a eleição presidencial dos EUA resultaram em milhares de pessoas invadindo o Capitólio dos EUA em 6 de janeiro de 2021, o primeiro ataque coordenado ao poder legislativo desde a Guerra de 1812. Muitos ficaram feridos e cinco pessoas morreram.[59] A confiança em nosso processo democrático e na transição pacífica de poder entre governos havia desmoronado. A confiança pública no governo está no nível mais baixo de todos os tempos: 75% dos norte-americanos alegam não confiar nas instituições para agir em prol de seus interesses.[60]

A confiança na ciência, nos órgãos de regulamentação e em nossas instituições é fundamental para o pacto social que sustenta a sociedade. O que significa que o maior risco representado pela biologia sintética é também um risco à sociedade e à própria área. A desinformação mina a confiança e leva à confusão sobre vírus, edição de genomas CRISPR e outras biotecnologias, que podem se tornar críticas para nossa sobrevivência a longo prazo. A seguir, compartilharemos uma história que exemplifica esses riscos e a grande promessa, e o perigo derradeiro, de um projeto de edição genética destruído por causa de dados falsificados, dissimulação e desconfiança. É a história do arroz dourado e de por que, sem confiança, o grande futuro da biologia sintética pode nunca ser construído.

| OITO |

A HISTÓRIA DO ARROZ DOURADO

Bem antes de as máquinas de lavar serem onipresentes, segunda-feira era dia de lavar roupa em Nova Orleans. Ou seja, no início de cada semana de trabalho, as mulheres usavam uma manivela e um espremedor, no qual colocavam as roupas e lençóis sujos, puxando-os até limpá-los. Se as camisetas e calças estivessem encardidas, elas eram fervidas em uma panela de água. Era um trabalho árduo e manual que exigia horas. Terminar tudo a tempo para fazer o jantar era uma tarefa quase impossível. Mas o feijão-vermelho, cozido com joelho de porco e pedaços de linguiça picante, podia ficar cozinhando em fogo brando o dia inteiro. Ao misturá-los com arroz, tinha-se uma refeição que, além de saudável e deliciosa, era também nutritiva — os dois amidos combinados formavam uma proteína completa.

Então, segunda-feira, dia de lavar roupa, como era conhecido, significava feijão-vermelho e arroz, e essa refeição tradicional perdurou ao longo dos anos, mesmo depois de pararmos de ferver nossas roupas sujas.

Os moradores ainda comem o saboroso feijão-vermelho com arroz. É possível encontrar o prato na maioria dos bares e restaurantes em Nova Orleans, e o servido no menu do Lil' Dizzy's Café, no coração do bairro histórico de Tremé, está entre os mais emblemáticos. Até o início de 2021, o dono do restaurante era Wayne Baquet Sr., gerente da segunda geração de etnia crioula. Seu pai e sua tia entraram no negócio na década de 1940. No decorrer dos anos, a família tem servido refeições aos músicos famosos que passam pela cidade em turnê, estrelas do futebol e, pelo menos, um presidente, mas o restaurante fica lotado mesmo na hora do almoço. Após fechar por um breve período de tempo devido ao coronavírus, o estabelecimento atualmente está aberto sob direção da terceira geração: Wayne pai vendeu o negócio ao filho, Wayne Jr., e à nora.[1]

Qualquer um pode cozinhar feijão-vermelho e arroz — são apenas dois alimentos básicos em uma panela. Mas para cozinhar feijões-vermelhos e arroz *deliciosos* é necessário usar a Santíssima Trindade (cebola picada, aipo e pimentão) precisamente equilibrada com sálvia, salsa, dentes de alho picados, linguiça defumada Andouille e joelho de porco. Mesmo assim, o que realmente faz o prato não é o feijão. É o arroz.

Nos Estados Unidos, a maior parte do nosso arroz é cultivado no Sul. A Louisiana cultiva 1,3 bilhão de quilos por ano, que representam US$360 milhões. Mais da metade da população mundial depende do arroz como alimento básico diário. No entanto, a variedade mais popular, a branca, não é o grão integral, que contém fibras, minerais, vitaminas e antioxidantes. Ou seja, o arroz, para grande parte do mundo, sacia a fome, mas não é muito nutritivo. Você pode culpar Confúcio, em parte, por nossa aversão ao arroz integral mais saudável. No final da vida, ele decidiu que os grãos integrais eram alimentos para as massas incultas. Segundo ele, quando se trata de arroz "branco nunca é demais"; o que o torna o acompanhamento correto e adequado para os vegetais verde-claros.[2]

O arroz foi domesticado pela primeira vez há quase 10 mil anos, perto do rio Yangtze, na China. Naquela época, era uma boa fonte de ferro, gordura, fibra, potássio, cálcio, vitaminas B e manganês, mineral que não recebe muita atenção, apesar de ajudar na regulação de açúcar no sangue, no funcionamento do sistema nervoso e no desenvolvimento ósseo. Nos milhares de anos seguintes, a diáspora humana se espalhou. À medida que as pessoas migravam para novos territórios, traziam sementes e introduziam modificações genéticas, aproveitando mutações naturais para criar formas e texturas que se desenvolviam melhor em locais e climas diferentes. Quase todas essas modificações iniciais resultaram em um arroz mais leve e mais branco. O arroz pegajoso de grãos curtos e polidos se tornou popular no Japão, enquanto no Paquistão e na Jordânia, o arroz basmati de grãos longos se tornou o preferido.[3]

O arroz de grãos longos servido no Lil' Dizzy 's — e o arroz que você compra no supermercado para cozinhar em casa — é o resultado de milhares de anos de técnicas cuidadosas usadas pelos agricultores. Os marqueteiros inteligentes podem até usar "grãos ancestrais" nas embalagens, mas todos os grãos de hoje foram modificados por meio da reprodução *cisgênica*, na qual genes da mesma espécie ou de uma espécie estritamente relacionada são introduzidos visando melhorar a safra, conferir maior tolerância à seca e ao calor e aumentar o valor nutricional. A reprodução cisgênica usa basicamente novas técnicas para acelerar os processos que poderiam ter sido feitos com métodos convencionais de reprodução. Nos Estados Unidos, grande parte do arroz consumido foi modificado duas vezes: uma vez por meio do cultivo cuidadoso, e outra por meio do enriquecimento com ferro, ácido fólico, niacina, tiamina e outros nutrientes que foram perdidos quando o arroz foi processado para torná-lo branco. Mesmo depois de enriquecido, esse arroz não é uma grande fonte de vitaminas e minerais. Isso não é problema em Nova Orleans, já que a dieta local é repleta de muitos alimentos com nutrientes essenciais, incluindo o feijão-vermelho e a couve-galega servidos no Lil' Dizzy's. Mas isso não acontece em outros lugares.

Sempre que entramos em um restaurante, temos um acordo subentendido com os proprietários, os cozinheiros e a equipe de apoio de que a comida que está sendo servida é fresca, isenta de doenças e preparada com segurança. A confiança é essencial. O que você come é o resultado de inúmeras decisões tomadas na cozinha, na cadeia de suprimentos e nos campos, onde os ingredientes crus, como o arroz, são cultivados. Os moradores e turistas que frequentam o Lil' Dizzy's sabem como o restaurante é renomado e da longa experiência da família Baquet na cozinha. A confiança está estabelecida. Ainda assim, os turistas muitas vezes querem ouvir como o arroz e o feijão são temperados, por via das dúvidas. Eles também querem saber a história do restaurante, e talvez as histórias familiares por trás das receitas. Provavelmente, não perguntam como o arroz é cultivado; após irem embora é improvável que busquem informações sobre os milhares de anos de cultivo cuidadoso que resultaram no arroz de grãos longos perfeitamente cozido em seus pratos. Ou que façam uma pesquisa aprofundada sobre algo que parece ficção, mas que não é: uma jornada de longa data para transformar o arroz simples de todo dia em um super-herói global, um que poderia salvar a vida de milhões de pessoas desnutridas a cada ano.

Caso pesquisassem, saberiam da história angustiante de dois botânicos que criaram uma variedade de arroz para alimentar as pessoas mais pobres do mundo, e de uma campanha global de desinformação concebida para fomentar a desconfiança na ciência e descredibilizar o trabalho dos dois. Aprenderiam que décadas de pesquisa científica revisada por pares, testes meticulosos e cumprimento de protocolos estabelecidos para mitigar os riscos — basicamente fazendo tudo direito — poderiam ser prejudicados pela desinformação. Grandes descobertas científicas devem ser acompanhadas de iniciativas ainda maiores a fim de ganhar a confiança da sociedade. A história que contaremos começa com um estudo de campo, a cerca de 130km a noroeste do Lil' Dizzy's, e acaba com um grupo de ativistas violentos destruindo um arrozal nas Filipinas.

O PROBLEMA DO ARROZ

O arroz é um alimento simples, mas cultivá-lo não é. Amy já morou no Norte do Japão, onde, próximo à sua casa, havia um pequeno arrozal, propriedade e hobby de uma família local. Toda primavera, ela os ajudava a irrigar o arrozal, o que resultava em cerca de quinze centímetros de água parada que cobria o chão. Depois, todos pegavam as bandejas de mudas de arroz e as depositavam, uma a uma, em fileiras organizadas. No verão, durante o período de cultivo, o nível de água tinha que ser mantido —, água em excesso apodrecia o grão, enquanto pouca água ressecava as gramíneas e cascas. No outono, eles drenavam o arrozal e batiam suavemente os grãos, para ajudá-los a secar mais rápido. Era uma área muito pequena para uma colheitadeira, então, no início de outubro, eles faziam o trabalho manualmente, usando uma foice para cortar o arroz. (Era um trabalho extenuante e pesado para Amy, mas para a família não era um grande desafio.) Os maços de arroz ficavam firmemente presos e alinhados no chão e se assemelhavam a vassouras sem cabos. Posteriormente, esses maços seriam pendurados sobre cercas de madeira temporárias, para que a gravidade fizesse seu trabalho: as gotas de água escorriam à medida que os grãos secavam ao sol.

Amy descobriu que cultivar o arroz do jeito tradicional exigia conhecimento, habilidade, sorte e muito trabalho duro. Mesmo nas melhores circunstâncias, a produção não é lá grande coisa: um metro quadrado de terra só acomoda dez pés de arroz, e cada um produz somente de setenta a cem grãos de arroz. A família cujo arrozal Amy ajudou a cuidar era rica, logo, se o verão fosse muito úmido ou muito seco para produzir uma boa safra, isso não significava uma catástrofe: bastava comprar arroz no supermercado. No entanto, milhões de pessoas que cultivam arroz — pequenos agricultores e famílias pobres que cultivam o próprio alimento — não podem fazer isso.

Desde a década de 1960, o ilustre pesquisador e botânico Ingo Potrykus sonhava em resolver dois problemas do arroz: melhorar a nutrição e facilitar o cultivo e a previsibilidade. Como cientista, Potrykus sabia o quanto os nutrientes essenciais eram imprescindíveis para o desenvolvimento na infância. Ele também sabia como era dormir com fome. Ele havia perdido o pai durante a Segunda Guerra Mundial; depois da guerra, Potrykus e a família haviam fugido da Alemanha Oriental, e ele e os irmãos haviam furtado lojas e mendigado nas ruas, tentando arranjar qualquer alimento que conseguissem.[4]

Potrykus poderia criar um arroz que produzisse o dobro ou até o triplo de safras, mas isso não solucionaria o problema nutricional. Ele sabia que o arroz era de fácil acesso em muitas comunidades, porém, mesmo que as pessoas dessas comunidades tivessem comida suficiente, elas estavam gravemente desnutridas. Assim, ele começou a refletir sobre a estrutura da planta e a possibilidade de editar seu código genético. Uma noite, ele adormeceu enquanto pensava em diferentes possibilidades. Potrykus acordou com algumas hipóteses novas: o arroz poderia ser enriquecido com fibra ou potássio? Que tal cruzar genes de espinafre com arroz?

O pesquisador precisava de uma fonte vegetal que, quando associada ao arroz, enriquecesse o grão com nutrientes fundamentais sem alterar seu sabor, textura ou densidade — e, o mais importante, que não exigisse diferentes técnicas de cultivo. Ele recorreu às plantas ricas em carotenoides, que ajudam na absorção da energia luminosa de que precisam para a fotossíntese. As plantas com níveis especialmente altos de carotenoides apresentam os tons vívidos de vermelho, amarelo e laranja. Existem mais de seiscentos tipos conhecidos de carotenoides, porém o mais conhecido é o betacaroteno, abundante em cenouras, abóbora, batata-doce, mangas, toranja, pimentão e tomate. O betacaroteno também age como antioxidante, tem fortes propriedades de combate ao câncer e é metabolizado em vitamina A.

Essa última parte é fundamental. A deficiência de vitamina A aflige milhões de pessoas, causando todos os tipos de danos em seus corpos e saúde. O velho ditado de comer cenouras para melhorar a vista é parcialmente verdadeiro. Apesar de a vitamina A não corrigir a miopia, sua deficiência causará devastadores problemas de visão, neurológicos e imunológicos. Pouca vitamina A faz com que a córnea, que tem a consistência de uma esponja, não consiga secar sozinha. Em nossa córnea, temos camadas de células que estão continuamente drenando fluidos para secá-la, e elas precisam de vitamina A para fazer isso, caso contrário um brilho branco leitoso cobrirá a íris. Sem tratamento, a íris fica opaca — fazendo o olho parecer completamente branco e embaçando a visão. De todas as consequências da deficiência de vitamina A, olhos esbranquiçados e visão turva são provavelmente os principais efeitos.

Por exemplo, se você não ingerir vitamina A suficiente, com o tempo, sua córnea começa a sofrer erosão. Não há suficientes células saudáveis e pré-programadas prontas para combater uma lesão. Sem a córnea protegendo a superfície frontal do olho, os nervos por trás dele são expostos. Mesmo sem, digamos, ter sido atingido por uma bolada no olho, a erosão da córnea se assemelha a ser cutucado continuamente por um espeto quente. Os optometristas descrevem a sensação como "dor que altera a religião", porque, como se diz, ela o fará "orar a qualquer deus para que pare".[5] Se examinarmos os olhos de alguém que sofre de falta de vitamina A a longo prazo, será provável que encontremos sinais irreversíveis de cegueira.

Potrykus sabia que a deficiência generalizada de vitamina A significava que a dor ocular excruciante e, possivelmente, a perda completa de visão eram inevitáveis a centenas de milhões de pessoas. Ele também sabia que pouca vitamina A resultava no comprometimento dos sistemas imunológicos e que, nesses casos, as crianças geralmente sofrem mais. Mesmo a deficiência leve de vitamina A aumenta de forma radical as taxas de mortalidade infantil, porque reduz a resistência a doenças infecciosas, como o sarampo, bem como àquelas que causam diarreia. Em algumas comunidades pobres, a mortalidade infantil resultante de pouca vitamina A pode exceder 50%.

Potrykus considerou as opções. O setor de saúde pública poderia desenvolver um soro concentrado de vitamina A na dosagem certa e que fosse eficaz em longo prazo — o que é potencialmente complicado já que, em doses altas, ela é tóxica — e, depois, convencer bilhões de pessoas ao redor do mundo a tomarem uma injeção. Ou, ainda que fosse um enorme desafio científico, ele poderia reforçar o arroz com betacaroteno.

A espécie de arroz mais consumida é a *Oryza sativa*, com apenas 12 cromossomos e um total de 430 megabases, comprimento de nucleotídeo de 1 milhão de pares-bases. Isso a torna uma excelente candidata ao melhoramento genético vegetal. Sozinha, a *Oryza sativa* não expressa o betacaroteno no amido, parte interior do grão de arroz (conhecido como endosperma) que a maioria das pessoas come. Potrykus começou com a hipótese de que uma nova via de betacaroteno poderia ser projetada na planta.

Ele e uma pequena equipe de colegas começaram a trabalhar na ideia. Potrykus não era o único cientista pensando em betacaroteno e arroz. A Fundação Rockefeller, instituição privada sediada na cidade de Nova York com mais de US$4 bilhões em donativos e cuja principal missão é erradicar a fome global, estava pensando no mesmo problema, e também havia recorrido à ideia do arroz enriquecido com vitamina A. A entidade se tornou um dos primeiros investidores do International Rice Research Institute (IRRI), centro científico sem fins lucrativos sediado nas Filipinas e destinado à pesquisa com arroz. Em 1984, o diretor de segurança alimentar da Fundação Rockefeller, Gary Toenniessen, e alguns de seus colegas responsáveis pelo programa sentiram que tinham tudo o que precisavam para um programa global abrangente, destinado a desenvolver um novo superarroz: expertise interna, uma rede de instituições e parceiros, além dos meios para recrutar cientistas externos. Os cientistas da Rockefeller logo criaram o primeiro mapa de marcadores moleculares de DNA do arroz e, posteriormente, relacionaram o arroz à evolução dos grãos de cereais, como milho, centeio e trigo — descoberta impressionante que questionava as crenças mais arraigadas sobre outras fontes principais de alimentos. Mas enriquecer o arroz o tornaria mais nutritivo? Eis a questão.[6]

Toenniessen decidiu organizar uma reunião com um pesquisador bioquímico da rede, Peter Beyer, especialista em betacaroteno na Universidade de Freiburg, na Alemanha. Embora Toenniessen e Potrykus pensassem ser possível criar uma cepa de arroz nutritiva e fácil de cultivar, eles ainda precisavam de um código genético externo. Pimentões e batatas-doces eram boas fontes de betacaroteno, mas Beyer teorizou que um parente vegetal mais distante seria um candidato melhor. Um que, apesar de bonito, raramente era confundido com comida: o narciso, a conhecida flor amarelo vivo com seis pétalas, que formam uma trombeta amarelo-alaranjada.[7]

Eles sabiam que era uma ideia absurda. A fim de modificar geneticamente a *Oryza sativa*, eles teriam primeiro que identificar quais genes do narciso usar. Em seguida, precisariam isolar os genes e codificá-los em embriões de plantas. Supondo que selecionassem os genes corretos, as plantas embrionárias teoricamente incorporariam esses novos genes em seu DNA à medida que crescessem, produzindo as proteínas desejadas e operando em conjunto com o resto do genoma da planta. Por fim, essas células deveriam amadurecer e produzir sementes que carregassem o código recém-modificado; essas sementes se transformariam em plantas que passariam os novos genes às futuras plantas de arroz, capazes de produzir betacaroteno.

Era somente uma peça do quebra-cabeça. Historicamente, os pesquisadores especializados em melhoramento genético dependem de experimentos de força bruta e paciência. Na década de 1990, os cientistas foram capazes de transferir um único gene para modificar um organismo. Mas o arroz enriquecido com betacaroteno precisava de três genes modificados. Potrykus e sua equipe começaram a testar diferentes métodos para a transformação. No início, eles planejavam introduzir um novo gene de cada vez em plantas de arroz individuais e, em seguida, reproduzi-las da maneira convencional. Ainda que os testes iniciais em algumas plantas parecessem promissores, as repetidas tentativas de reproduzir todas as enzimas necessárias não deram resultado. Então, recorreram a uma abordagem mais agressiva: eles criariam uma bactéria que poderia inserir seu DNA nos embriões do arroz. Esse processo, conhecido como transformação genética via *Agrobacterium*, introduziria todos os genes necessários de uma só vez. O DNA recém-modificado incluiria a enzima fitoeno-sintase e a licopeno beta-ciclase do narciso e a fitoeno dessaturase da bactéria. Quando totalmente maduras, essas plantas de arroz manipuladas produziriam e armazenariam betacaroteno.

Era tão difícil cultivar o arroz dentro da estufa de Potrykus no sopé dos Alpes Suíços quanto em um arrozal japonês. Levaria muitos anos de tentativa e erro antes que Potrykus, Beyer e suas equipes publicassem a pesquisa apresentando a bioengenharia de um arroz enriquecido com uma via biossintética de vitamina A. Mas os trabalhos acadêmicos eram somente o começo. Era necessário estudar e testar esse arroz criado em arrozais ao redor do mundo, e isso demandaria anos a fio de pesquisas insistentes. O objetivo final da equipe não era a comercialização, e sim a doação global de sementes: um projeto humanitário que um dia distribuiria arroz geneticamente modificado de forma gratuita a todos os agricultores e famílias que precisassem. Se tivéssemos novas culturas de arroz modificado e enriquecido geneticamente, nenhuma criança morreria de deficiência de vitamina A.[8]

Na mesma época, a sociedade estava começando a aprender sobre organismos geneticamente modificados. O tomate Flavr Savr inspirou outros pesquisadores a abordar os problemas existentes — manchas em formato de anéis no mamão, maçãs que não se machucavam com facilidade —, e o trabalho deles chamou a atenção de ativistas de todo o mundo. Um grupo em particular, o Greenpeace, teve um papel ativo a fim de desacreditar a ciência por trás das plantas geneticamente modificadas. Os ativistas estavam dispostos a ser presos, se isso contribuísse para a proibição de OGMs — especialmente se isso resultasse em cobertura midiática.

Por ora, Potrykus e Beyer estavam focados nos seus projetos e na perspectiva dos resultados de mudanças mundial, que poderiam acabar com a segurança alimentar de longa data. Eles ficaram imersos no mundo da ciência pura por ainda mais tempo. Mas ao contrário dos Baquets no Lil' Dizzy's, eles não sabiam que ganhar a confiança pública requer uma certa coreografia, e eles não tinham vínculos de longa data que os enraizavam às comunidades que procuravam ajudar ou uma história familiar emocionante para contar. Eles, e aqueles que os apoiaram e financiaram, não previram que milhões de pessoas em breve procurariam as mais diversas razões — qualquer uma, verdadeiras ou totalmente inventadas — para se opor a eles e à ciência por trás da biologia sintética.

OS GIGANTES E A "DOURADA" REPERCUSSÃO NEGATIVA

As notícias sobre o novo arroz despertaram a atenção pública pela primeira vez devido a um artigo publicado na *Science*, em janeiro de 2000, que detalhava os avanços mais recentes de pesquisa da equipe.[9] Naquela época, o debate público sobre OGMs e engenharia genética já estava se intensificando há uma década. Por isso, a revista decidiu enviar o artigo para 1.700 jornalistas em todo o mundo com uma nota editorial especial: "O uso da engenharia genética em vegetais para aliviar a fome em todo mundo, independentemente dos lucros em curto prazo, fará com que essa tecnologia ganhe aceitação política." Era uma iniciativa notável para estar um passo à frente da desinformação e das manchetes maliciosas.

Por um tempo, funcionou: a discussão pública sobre uma área pequena, moderna e heroica da engenharia genética, bem como os impactos dessa tecnologia futurista, caiu bem. A variedade ficou conhecida como arroz dourado, tanto pelo tom cor de manga quanto pelo valor potencial à sociedade humana.

A pesquisa biotecnológica é vital para o progresso humano, mas custa caro. Em geral, quem paga a conta são os investidores externos ou os grandes grupos corporativos, e pode levar décadas até que eles tenham um retorno — se tiverem. As patentes são um meio de conciliar os grandes riscos de pesquisa e desenvolvimento biotecnológico. Como nem todo mundo segue as regras de propriedade intelectual, conforme explicado no capítulo anterior, os desafios jurídicos são comuns. Os tribunais ainda não determinaram o quanto uma sequência genética deve ser modificada para se qualificar como "invenção patenteável" ou o que constitui uma violação de patente quando pesquisadores acadêmicos usam material genômico patenteado.

Em abril de 2000, quando Potrykus e Beyer estavam preparando seu arroz modificado para os primeiros testes de campo, o IRRI solicitou uma pesquisa de patentes. A análise jurídica determinou que, para criar o arroz dourado, foram usados algo em torno de 70 a 105 patentes, licenças e outros contratos jurídicos vinculativos — que não estavam sob o controle de uma entidade, mas, sim, sob o controle de mais de trinta instituições públicas e privadas. Sem contar uma complicação extra: cada país reconhece as patentes de forma diferente, o que levantou a plausível ameaça de anos de penosas batalhas legais, caso o arroz dourado fosse produzido e distribuído. O arroz dourado pode até ter sido um sucesso científico, mas, do ponto de vista da propriedade intelectual, foi um verdadeiro desastre.

Compreensivelmente, a equipe ficou desolada. Quase duas décadas de pesquisa haviam produzido uma biotecnologia viável que nunca poderia sair do laboratório. Por isso, quando alguns representantes farmacêuticos contataram Potrykus e Beyer, eles aceitaram se reunir.

A gigante farmacêutica AstraZeneca detinha algumas das patentes que Potrykus e a equipe usaram para criar o arroz dourado. A AstraZeneca lhes ofereceu um acordo: a empresa resolveria os desafios de PI existentes da equipe, licenciaria as patentes e a tecnologia para eles de forma gratuita e continuaria a financiar o trabalho da equipe. As sementes seriam distribuídas gratuitamente aos agricultores que ganhassem menos de US$10 mil por ano. Mas havia um porém. Uma divisão da AstraZeneca, a Zeneca Agrochemicals, e o segmento de negócio agrícola da gigante farmacêutica Novartis estavam se fundindo para formar a empresa de biotecnologia Syngenta, que em breve se tornaria a maior fornecedora global de sementes e agrotóxicos do mundo, bem como um importante player de pesquisa genômica. Em troca de permitir que a equipe continuasse seu trabalho, a Syngenta teria os direitos de comercialização do arroz dourado e o direito de comercializar as sementes.

Potrykus e Beyer entediam o ponto de vista das empresas. O motivo dos elogios da *Science* à equipe — o desenvolvimento da biotecnologia do arroz sem considerar o lucro de curto prazo — certamente seria posto em dúvida pelo acordo. Com a promessa de alimentar as pessoas desnutridas do mundo, eles haviam recebido US$100 milhões em financiamento público-privado e, agora, estavam levando a pesquisa, a PI e a experiência para uma gigante farmacêutica que, claramente, lucraria à custa dos pobres. No entanto, ambos acharam que deveriam aceitar o acordo da AstraZeneca, pois só assim o projeto seria concluído.

As críticas foram rápidas e severas. A Rural Advancement Foundation International, um grupo de interesse com sede em Winnipeg, Canadá, chamou de "roubo da confiança pública", acrescentando: "Os agricultores asiáticos obtêm arroz geneticamente modificado (não comprovado), e a AstraZeneca fica com a 'parte dourada'."[10]

Aconselhados pela AstraZeneca, Potrykus e Beyer concordaram com uma campanha midiática de coletivas de imprensa e entrevistas aos principais meios de publicação. Em maio, em uma coletiva de imprensa na cidade de Nova York, Beyer se juntou a Robert Woods, então presidente da AstraZeneca, para anunciar que o arroz dourado seria disponibilizado em todo o mundo dentro de três anos. O arroz nem havia sido testado em condições reais e em escala, e os críticos rapidamente destacaram que o arroz não havia sido testado de forma correta, mas Woods minimizou as preocupações. "Se fizermos tudo certo ao verificar a segurança, isso eliminará as questões políticas e emocionais que cercaram a biotecnologia."[11]

Um Golden Rice Humanitarian Board foi criado na tentativa de restaurar a confiança pública. O conselho supervisionaria o desenvolvimento da tecnologia e cuidaria das licenças não comerciais para instituições públicas de pesquisa. Criaria também uma rede de cientistas e organizações de pesquisa para escalonar o cultivo do arroz dourado e adaptá-lo às condições locais de cultivo.

A nova estratégia midiática deu certo. Logo, o arroz dourado estava nos jornais e na boca do povo: na BBC, em um jornal semanal alternativo publicado em Los Angeles, nas páginas do site Live Journal e em outros lugares.[12,13] Em 31 de julho de 2000, a revista *Time* estampava Potrykus na capa, com uma manchete nada discreta em letras garrafais, com uma fonte enorme e ousada: **ESTE ARROZ PODERIA SALVAR 1 MILHÃO DE CRIANÇAS POR ANO.** Dias após a publicação da capa da *Time*, a Monsanto — a gigante norte-americana de agrotóxicos e biotecnologia agrícola — anunciou que também estava desenvolvendo um arroz dourado e que distribuiria licenças gratuitas e outras tecnologias geneticamente modificadas para agricultores em comunidades pobres. Declarou-se também que a Monsanto lançaria a própria sequência genômica em seu novo site: Rice-research.org. "Queremos reduzir o tempo e os gastos que podem estar associados à obtenção das licenças necessárias a fim de disponibilizar o arroz dourado aos agricultores e às pessoas que precisam urgentemente dessa vitamina nos países em desenvolvimento", afirmou o diretor-executivo da Monsanto, Hendrik Vefaillie. Obviamente, a pesquisa estava muito longe de ser concluída, e a aparição repentina da Monsanto não aliviou muito a desconfiança pública.[14]

Qualquer tecnologia nova e revolucionária vem acompanhada de uma tremenda dose de otimismo e medo inoportunos, e isso certamente aconteceu com o arroz dourado. As coberturas iniciais mediáticas insinuavam que o arroz dourado era um produto já concluído — mesmo exigindo testes de laboratórios e ajustes adicionais, sem mencionar as inúmeras estações de cultivo para testá-lo e aperfeiçoá-lo na natureza. Era necessário coletar e analisar quantidades imensas de dados. Ainda que os problemas das patentes fossem solucionados, havia obstáculos enormes, dentre eles, o novo Protocolo de Cartagena sobre Biossegurança da Convenção sobre Diversidade Biológica, descrito no capítulo anterior. O protocolo apenas concedia aos países o direito de proibir as importações de organismos vivos geneticamente modificados — os países podem escolher não exercer esse direito ou podem solicitar ao país exportador uma avaliação de risco do organismo, realizada não por uma entidade independente externa, mas pelo próprio país exportador.

Ninguém sabia ainda como fabricar sementes viáveis de arroz dourado em escala global ou como melhor distribuí-las e rastreá-las. E, não menos importante, havia preferências históricas a serem consideradas: sim, o arroz fortificado seria nutritivo, mas não seria branco. Seria um desafio e tanto educar os agricultores e o público, ganhar a confiança de todo mundo como alimento seguro para consumo, que não teria um sabor diferente do arroz que estavam acostumados a comer a vida toda. Para ser franco, a ciência foi meticulosamente planejada, mas ninguém planejou de fato uma estratégia para introduzi-la na sociedade, de modo a conquistar aceitação e confiança.

As notícias mencionavam pouco ou quase nada desses detalhes, criando uma brecha para organizações ferrenhamente contrárias a toda e qualquer modificação genética. Foi o caso do Greenpeace, por exemplo, que criou uma campanha contra o arroz dourado. Recorrendo a dados estatísticos, a organização contou uma versão da história bem diferente quando se pronunciou contra o arroz dourado. Ao divulgar um comunicado, o Greenpeace alegava que uma criança desnutrida teria que consumir quinze ou mais tigelas de arroz todos os dias para obter vitamina A suficiente, e que um adulto precisaria comer nove *quilos* de arroz diariamente. Não havia nenhuma base factual que comprovasse essas alegações, e o Greenpeace não forneceu nenhuma explicação científica que mostrasse como eles chegaram a esse número. Contudo, a narrativa era mais importante que a ciência. Uma longa explicação acadêmica, com composições químicas e gráficos, não poderia competir com números simples que as pessoas entendiam facilmente. Nove quilos equivalem a nove sacos de farinha padrão ou dezoito caixas grandes de flocos de milho — uma quantidade estupidamente grande de arroz. Infelizmente, o comunicado foi feito para não sair da cabeça das pessoas, e não saiu, semeando rapidamente dúvidas em relação ao projeto.[15]

Se esse arroz modificado continha pouca vitamina A, algumas mentes delirantes começariam a bolar teorias de que ele poderia ser um cavalo de Troia, um maneira de coagir e controlar os pequenos agricultores, que já eram reféns das sementes OGMs e dos pesticidas de preços elevados. O arroz gratuito de hoje seria monetizado para se obter o lucro de amanhã, abrindo novos caminhos para as grandes corporações agrícolas e farmacêuticas — que, mesmo em seus melhores dias, nunca foram as empresas mais populares do índice S&P 500 —, que ganhariam dinheiro à custa dos agricultores pobres e desavisados. O Greenpeace começou a argumentar que a campanha publicitária em torno do arroz dourado era totalmente equivocada. O arroz não havia sido criado para ajudar os pobres, e sim para comercializar sementes geneticamente modificadas e pesticidas necessários ao seu crescimento. A notícia logo se espalhou, seguida pela repercussão negativa, sobretudo em círculos ativistas na Europa e na América do Norte, e até mesmo em pequenas comunidades rurais em todo o Sudeste Asiático, os lugares que mais precisavam do arroz dourado.

As campanhas de desinformação são mais eficientes quando se conectam superficialmente com a verdade e jogam com as preocupações existentes. Sem dúvidas, isso se aplicava à Monsanto, pioneira na engenharia genética de culturas em grande escala, tendo identificado um gene que tornava determinadas culturas imunes ao Roundup, o pesticida da empresa. Se um agricultor plantasse soja, milho e algodão da Monsanto, ele poderia usar esse pesticida com segurança, já que o produto mata as pragas e não causa danos às plantas. É claro que isso prejudicou os pequenos fornecedores de sementes, e, com o tempo, a Monsanto abocanhou uma parcela lucrativa do mercado.

E havia outro problema. A empresa havia começado a vender suas sementes na Europa e no Reino Unido, que estavam passando por uma epidemia de encefalopatia espongiforme bovina (EEB) ou a doença da vaca louca. As vacas adoeciam devido a uma doença neurodegenerativa debilitante que se disseminava facilmente nas fazendas industriais. A princípio, o governo britânico disse às pessoas que a doença altamente infecciosa e perigosa não representava risco para os humanos e que todos poderiam continuar comendo carne infectada. No entanto, centenas de pessoas contraíram a forma humana da doença porque estavam consumindo o tecido nervoso de bovinos infectados. Milhões de pessoas perderam a confiança no governo para regulamentar a agricultura industrial, e os consumidores britânicos começaram a se rebelar contra os OGMs e, em particular, contra a Monsanto, confundindo de forma errônea a EEB com a engenharia genética.[16]

Imagens perturbadoras de vacas tremendo de modo incontrolável, incapazes de carregar o próprio peso e de caminhar mais do que alguns passos enquanto morriam lentamente, já haviam sido exibidas nas TVs em todo o mundo, e agora circulavam vídeos comoventes de pessoas, que antes eram fortes e animadas, mas que, de repente, estavam acamadas e tremendo, com a boca aberta e os olhos vagos. Por décadas, as pessoas estavam consumindo carne sem de fato questionar de onde ela vinha. Agora, pela primeira vez, descobriam que os bezerros eram alimentados com uma mistura de carne e osso bovino. A doença estava se espalhando entre os rebanhos porque, conforme os animais mais velhos eram infectados com EEB, eram abatidos para se transformar no alimento que os mais jovens comeriam.

A encefalopatia espongiforme bovina é causada por proteínas saudáveis chamadas príons que, por motivos completamente desconhecidos, se transformam em proteínas nocivas. Os cientistas acreditam que isso acontece espontaneamente, como tantas outras ocorrências biológicas. Mas, independentemente das causas, o que despertou a atenção pública foram as histórias apavorantes, não a ciência. Agora, os ativistas estavam se perguntando: como um governo, que havia mentido sobre uma doença potencialmente fatal, e corporações, que modificavam de propósito sementes para colher lucros ainda maiores, queriam disponibilizar um tipo de arroz modificado geneticamente às comunidades pobres? Será que a AstraZeneca e a Monsanto estavam realizando experimentos em crianças carentes? E se as proteínas modificadas do arroz dourado sofressem mutações? E se o arroz crescesse de modo incontrolável, destruindo as plantas saudáveis necessárias à sobrevivência das pessoas? Perguntas geram teorias da conspiração. As pessoas falavam sobre futuros OGMs sendo desenvolvidos em laboratórios clandestinos e grupos secretos de cientistas e executivos trabalhando juntos para assumir o controle do fornecimento global de alimentos.

Os ativistas que espalhavam desinformações a respeito do arroz dourado eram pessoas instruídas, letradas e experientes. No entanto, eles ignoraram deliberadamente a ciência e distorceram as evidências para validar suas segundas intenções. Não é nada fácil explicar que pesquisa e desenvolvimento modernos estão relacionados intrínseca e infelizmente a onerosos sistemas internacionais de patentes e marcas registradas. Isso possibilitou que os adversários do arroz dourado vendessem o medo em vez de fatos e levou o público a obter respostas rápidas para perguntas que os cientistas ainda estavam investigando.

O ARROZ DOURADO HOJE

Em 2013, o arroz dourado estava finalmente passando por testes de órgãos públicos em alguns arrozais, supervisionados pelo IRRI e alguns outros parceiros. Em uma manhã ensolarada e úmida de agosto, pesquisadores se reuniram em um local de teste na região de Bicol, nas Filipinas, cerca de 320km a sudeste de Manila, na esperança de ver pequenos grãos de arroz amarelados aninhados entre os topos de gramíneas altas. Após anos de obstáculos jurídicos e regulatórios, e uma batalha violenta contra a repercussão negativa que o Greenpeace havia alegremente provocado, Potrykus e Beyer veriam uma colheita viável de arroz dourado na natureza. Seria o fim de anos defendendo a promessa do arroz dourado — e o início de uma nova era, na qual a bioengenharia poderia ajudar a combater a desnutrição em escala global.

Mas, do outro lado do campo, havia um pequeno grupo de manifestantes, que se identificavam como agricultores locais (na realidade não eram). Eles derrubaram uma cerca de bambu frágil e forçaram a entrada para o arrozal, pisoteando e arrancando as plantas até que tudo fosse destruído. Mais tarde, o departamento de agricultura local relatou que o ataque surpresa foi encenado por um grupo extremista. O grupo se formara por conta de uma teoria da conspiração de que o arroz dourado havia sido criado para facilitar uma aquisição multinacional do mercado de arroz filipino.[17]

George Church posteriormente condenou os eventos do dia, dizendo: "Um milhão de vidas estão em jogo todos os anos devido à deficiência de vitamina A, e o arroz dourado estava basicamente pronto para uso em 2002. A cada ano que atrasamos a colheita, perdemos 1 milhão de vidas. Isso é homicídio em massa."[18]

Mais de cem vencedores do Prêmio Nobel assinaram uma carta exigindo que o Greenpeace acabasse com a oposição aos organismos geneticamente modificados, afirmando: "Insistimos que o Greenpeace e seus apoiadores reexaminem a experiência de agricultores e de consumidores em todo o mundo que cultivam plantações e alimentos melhorados por meio da biotecnologia, reconheçam as descobertas de órgãos científicos e agências de regulamentações competentes e abandonem a campanha contra os 'OGMs' e, em especial, contra o arroz dourado."[19]

No entanto, o arroz dourado ficou no limbo. Somente em dezembro de 2019, o governo filipino emitiu uma licença de biossegurança, permitindo que o IRRI reiniciasse os testes, abrindo assim uma pequena brecha para que o arroz dourado fosse usado como alimentação humana ou animal. Mas, antes de ser disponibilizado ao público, é necessária a aprovação para produção comercial. Aprovações regulatórias ainda estão pendentes na Nova Zelândia, no Canadá e nos Estados Unidos. Nos lugares onde o arroz é mais necessário, as coisas andam em ritmo lento.

Se não tivermos cautela, um dia, o fiasco do arroz dourado pode parecer uma rixa entre burocratas. Agora, pense por um momento em tudo que leu sobre o futuro da biologia sintética. Usaremos a IVG para criar esperma e óvulos a partir de quaisquer células adultas em laboratórios, e a inteligência artificial ajudará a selecionar o melhor embrião possível para implantação — que será gerado provavelmente em um útero artificial alojado em um centro médico, e não em uma pessoa. Os pesquisadores desextinguirão os mamutes-lanosos, ao combinar seus genomas com os genomas do elefante asiático, e experimentos semelhantes trarão à vida outras espécies. Cultivaremos bifes grossos e suculentos usando uma pasta de células-tronco, cultivadas dentro de um biorreator — e poderemos cruzar esse tecido com outra planta ou animal visando melhorar o sabor e a textura. Há uma oportunidade extraordinária para melhorar a evolução e a vida como a conhecemos, mas sem investir pesado em educação e trabalhar arduamente para coibir a disseminação da desinformação, talvez as pesquisas e os cientistas nunca conquistem a confiança pública.

POR QUE CONFIAMOS NOS CIENTISTAS, MAS NÃO NA CIÊNCIA

Em 2020, a Pew Research fez uma série de perguntas aos membros da American Association for the Advancement of Science (AAAS) e a uma ampla faixa do público. As perguntas eram sobre valores e confiança e variavam: se as pessoas acreditavam nas vacinas infantis ou não; como se sentiam em relação à biotecnologia; quais eram suas opiniões sobre a pesquisa animal e sobre a Estação Espacial Internacional (ISS). O público entrevistado e os cientistas concordaram em muitos tópicos, inclusive sobre a ISS: 68% dos cientistas e 64% do público achavam que o investimento em uma estação espacial era valioso. No entanto, quando se perguntou sobre os alimentos geneticamente modificados, as discordâncias foram alarmantes: 88% dos cientistas acreditavam que os alimentos modificados geneticamente eram seguros para cultivo e consumo, mas somente 37% do público entrevistado tinha a mesma opinião.[20]

Esse mesmo estudo perguntou aos entrevistados quais profissões eles consideravam mais confiáveis nos Estados Unidos. Os cientistas ficaram em segundo lugar (os militares foram os primeiros). Líderes religiosos, professores do jardim de infância e muitos outros ficaram mais abaixo no ranking.[21]

Por que confiamos nos cientistas, mas não na ciência?

Um dos motivos é que estamos biologicamente preparados para não mudar de ideia quando nossas crenças mais estimadas são questionadas. Ao ouvirmos novas informações, passamos a processá-las com base no que já pensamos. Reconciliar novas informações com o que alguém já acredita exige bem menos capacidade intelectual do que adotar uma crença totalmente nova, e, o mais importante, as pessoas não querem sentir a vergonha e o constrangimento de admitir que estavam erradas. Nesses casos, as pessoas instintivamente usam o raciocínio lógico e o pensamento crítico para elaborar contra-argumentos irrefutáveis. Estudos demonstram que quanto mais instruída a pessoa é, mais ela se convence de que as evidências contrárias às suas crenças estão erradas. Ou seja, caso comece a ler este capítulo e tenha uma opinião profundamente arraigada sobre alimentos geneticamente modificados — ou caso já conheça um lado da história do arroz dourado —, você terá que abrir a mente quando for pensar sobre a promessa da biologia sintética e sobre o que será exposto na Parte Três, pois exploraremos cenários futuros que abrangem os próximos cinquenta anos de evolução em todo o planeta.

A maioria das pessoas se sente reconfortada ao obter respostas, pois odiamos a ambiguidade. Emocionalmente, somos viciados na certeza, por isso nos convencemos de que existe uma explicação para tudo. Mesmo que compreensível, esse pensamento turva nosso discernimento. A partir do momento em que somos confrontados com a profunda incerteza sobre consequências de assuntos complexos, como organismos vivos geneticamente modificados, sentimentos de apreensão e dúvida podem tomar as rédeas da narrativa, fazendo com que essas possíveis consequências pareçam mais distópicas do que de fato são. Isso ocorre mesmo quando as consequências existentes — aqui, o sofrimento ou a morte de milhões de pessoas a cada ano devido a uma doença que pode ser evitada com facilidade — parecem ainda mais distópicas.

Em uma versão alternativa da história, o arroz dourado poderia ter um desfecho diferente. Os detentores de patentes poderiam ter concordado em licenciar seu uso em prol de iniciativas humanitárias globais, cobrando taxas muito baixas ou de graça. Talvez houvesse uma campanha para fomentar a bioalfabetização em geral, facilitando o entendimento das pesquisas que, por sua vez, poderiam ser disponibilizadas em muitos formatos e idiomas diferentes. Parte dessa iniciativa de bioalfabetização poderia incluir anúncios midiáticos de serviços públicos, recorrendo a figuras simpáticas e confiáveis — Michael Jordan, Oprah Winfrey, Tom Hanks — para enaltecer as qualidades do arroz dourado. Talvez essas celebridades posassem para fotos segurando uma pequena tigela de arroz, com uma colher na mão, prontas para uma refeição saudável. O sistema Pantone de cores poderia eleger o “dourado” do arroz a cor do ano. Poderia ter havido um episódio de *Friends*, “Ross Comendo Arroz Dourado”, em que a turma tenta e falha diversas vezes ao preparar o jantar.

Hoje, o arroz dourado pode ser um alimento tão comum que ninguém pensaria que era especial ou inusitado — exceto aquelas crianças e suas famílias, que se recordam de como a geração anterior sofria de deficiências nutricionais.

PARTE TRÊS | Futuros

| NOVE |

EXPLORANDO O NOVO PLAUSÍVEL

À medida que as ferramentas biotecnológicas se tornam mais acessíveis e os usos da biologia sintética se infiltram em todos os nossos principais campos de atuação, a vida e o ritmo da evolução mudarão. Problemas sociais, econômicos e de segurança inimagináveis virão à tona, assim como soluções antes impossíveis para combater a fome, as doenças e as mudanças climáticas. Um número incognoscível de variáveis está em jogo: pesquisadores trabalhando de modo individual em laboratórios na China, nos Estados Unidos, na França, na Alemanha, em Israel, nos Emirados Árabes Unidos e no Japão; investidores de risco e outros investidores analisando as startups e determinando quais apoiar; empresas especializadas em diversas aplicações — como a Ginkgo Bioworks, que cria organismos personalizados — abrindo capital ou prestes a abrir capital; órgãos de regulamentação repensando suas estruturas; dentre outros fatores. Não há, obviamente, nenhuma maneira de calcular a probabilidade estatística do próximo grande avanço, embora uma das divisões de IA do Google, a DeepMind, esteja trabalhando arduamente para melhorar seus algoritmos de enovelamento de proteína, e muitas empresas estão desenvolvendo uma vacina única contra a gripe que pode possibilitar a imunidade vitalícia.

Como a biologia sintética ainda está no estágio daquela primeira ligação telefônica feita por Alexander Graham no Chickering Hall, alguns podem argumentar que não adianta planejar o futuro. Seria necessário revisar toda e qualquer estratégia e, além do mais, há questões mais imediatas com as quais se preocupar, incluindo ciberataques ou desemprego. Mas é exatamente por haver tanta incerteza, e porque decisões difíceis de reverter estão sendo tomadas todos os dias, que devemos questionar nossas crenças mais estimadas. Se incentivarmos perguntas "E se?" hoje, podemos evitar as perguntas "E agora?" no futuro. E essas perguntas abrangem um amplo leque de preocupações:

- E se os cientistas que trabalham nas áreas de pesquisa não conseguirem desenvolver as estruturas necessárias para conquistar e manter a confiança pública?
- E se o futuro da vida estiver concentrado nas mãos de um pequeno grupo de tomadores de decisão? Algumas pessoas, devido aos seus conjuntos de habilidades e conhecimentos, terão um maior grau de controle sobre a evolução da vida em nosso planeta — e, possivelmente, sobre a evolução de nossa espécie em outras partes de nosso sistema solar — do que outras. Quem tem permissão para reescrever a vida?
- E se a edição genômica intencional mudar nossa postura em relação às famílias e à criação dos filhos?
- E se, no futuro, algumas pessoas "forem donas" dos dados genéticos de outras? Muitos países, inclusive os Estados Unidos, têm histórias apavorantes, em que pessoas escravizadas foram legalmente designadas como propriedade. Você, ou sua empresa, poderia ser dono de pessoas no futuro, ao deter os direitos sobre seu código genético?
- E se seu corpo for hackeável? E se um agente mal-intencionado criar um probiótico ou um vírus projetado para causar sofrimento gastrointestinal debilitante? E se um registro de DNA vender seus dados a terceiros, sem seu consentimento expresso? O que constitui a privacidade genética? Você tem o direito de manter seus dados genéticos privados e protegidos contra terceiros?

- E se decidirmos que se deve permitir alguns aprimoramentos em nossa biologia básica? Quem deve decidir quais aprimoramentos são permitidos? E se ao fazer isso acabarmos com novas quimeras humanos-animais, como pessoas que têm dedos longos e fortes iguais aos macacos do gênero *Macaca*?
- E se pessoas abastadas pagarem para melhorar seus bebês, e a maioria das pessoas não conseguir arcar com o procedimento? Como essa falta de acesso poderia segmentar ainda mais as sociedades no futuro? A sociedade discriminaria as pessoas não editadas?
- E se a política e a desinformação impedirem o progresso na agricultura? Como lidaremos com o fornecimento limitado de alimentos seguido pela nossa emergência climática global?
- E se os países tomarem decisões sobre a concepção da vida que, embora não entrem em conflito com os tratados de armas estabelecidos, não servem aos interesses públicos em longo prazo?
- E se a China dominar a inteligência artificial e a biologia sintética e criar padrões globais que norteiam essas tecnologias no futuro? Será que os Estados Unidos ficarão de fora das tecnologias-chave e atrás de seu principal competidor geopolítico?

Quando se trata de um momento crítico, a maioria dos governos não tem um plano que coordene metas de financiamento de pesquisa e desenvolvimento em longo prazo para a ciência e tecnologia emergentes, incluindo a biologia sintética, assim como as tecnologias adjacentes que a auxiliam, a inteligência artificial, a automação doméstica, a coleta de dados biométricos e afins. Os pesquisadores estão regularmente descobrindo coisas novas e desenvolvendo novas aplicações, ampliando a lacuna entre a tecnologia e a nossa capacidade de exercer quaisquer diretrizes consideráveis e controle sobre ela. As agências governamentais ignoraram boa parte dessa realidade, e os modelos regulatórios desatualizados criaram confusão. Nos Estados Unidos, as diretrizes científicas e tecnológicas estão entrelaçadas com a política, ou seja, à medida que novos governos assumem o Salão Oval e membros do Congresso vêm e vão, há pouca oportunidade de desenvolver e defender pontos de vista consistentes, quem dirá normas e padrões. O fracasso na elaboração de estratégias para a ciência e tecnologia emergentes resultará em consequências insustentáveis, colocando nossos sistemas jurídicos e governamentais contra o setor privado. Esperar até que a biologia sintética se popularize entre o público geral praticamente assegura que os Estados Unidos e outras nações desenvolvidas fiquem atrás da China, onde a biologia sintética já é foco central dos interesses estratégicos nacionais.

Os sistemas regulatórios e governamentais dos EUA incentivam o imediatismo. No entanto, os perigos do imediatismo também ficaram mais do que evidentes durante a pandemia da Covid-19 em todo o mundo, pois os governos hesitaram quando poderiam ter tomado medidas enérgicas. Em vez de impor medidas de segurança, eles se preocuparam com a reeleição e se curvaram à opinião pública. O presidente do Brasil, Jair Bolsonaro, negacionista fervoroso do vírus desde o começo, rejeitou as políticas públicas de saúde já estabelecidas no país, deixando a nação sem resposta coordenada para que enfrentasse onda após onda de infecções cruéis. Até maio de 2021, quase 500 mil pessoas haviam morrido no Brasil.[1] O primeiro-ministro da Índia, Narendra Modi, de início se recusou a tomar medidas contra a Covid-19 e, em seguida, fechou abruptamente o país, o que causou enorme instabilidade econômica em uma parcela gigantesca da força laboral.[2] Então, após alguns meses, em outro anúncio esquisito e espontâneo, ele declarou o fim da pandemia. A Índia, segundo Modi: "Salvou a humanidade de um grande desastre."[3] Retomaram-se os jogos de críquete, permitiram-se os desfiles e as cerimônias religiosas com lotação máxima e incentivaram-se os comícios políticos do partido nacionalista hindu de Modi. As vacinas não estavam disponíveis, e, ao contrário de outros países, a Índia não havia bloqueado as fronteiras. Não havia estoque nacional de respiradores que pudesse ser distribuído no caso de uma nova onda de casos. Em pouco tempo, as pessoas começaram a ficar doentes. Não havia plano nem orientação de saúde pública, e a desinformação se espalhou rapidamente no WhatsApp e em outras plataformas de mídia social. As promessas de curas falsas, histórias falaciosas sobre os efeitos colaterais da vacina e, obviamente, afirmações falsas e racistas de que os muçulmanos estavam por trás da disseminação do vírus provocaram a catástrofe tardia da Covid-19 na Índia, onde centenas de milhares de pessoas morreram em questão de semanas.[4]

Mas também presenciamos os danos funestos causados pelo imediatismo no setor privado, seja economizando na segurança, fabricando de modo intencional produtos que causam vício ou problemas, ou priorizando os lucros em detrimento do que é melhor para a sociedade.

Todos essas coisas são razões mais do que o suficiente para enfrentarmos os "E se?". Fazer isso não significa pôr fim à pesquisa em biologia sintética nem compromete a inovação — pelo contrário. Se nos envolvermos agora em conversas racionais sobre os próximos impactos da biologia sintética, estaremos em melhor posição para garantir que seus maiores valores em potencial — social e financeiro — possam ser alcançados. Um jeito de fazer isso é criar e pensar em cenários que vislumbrem possíveis decisões, ações e consequências. Os cenários descrevem como o mundo pode se desenrolar, dado o que sabemos ser verdade hoje. Se começarmos com um conjunto de perguntas "E se?", tomando como base a evidência das tendências atuais na ciência, junto com um conjunto de novas hipóteses sobre a sociedade, podemos chegar a possíveis respostas. Digamos que, por exemplo, começamos com uma pergunta "E se?" sobre pesquisa embrionária, cujo contexto seja um conjunto de hipóteses sobre a opinião pública, economia e afins:

- E se os cientistas (1) criarem embriões sintéticos de camundongo com células pluripotentes; e (2) concentrarem a pesquisa em como usar a gametogênese in vitro a fim de realizar a engenharia reversa de qualquer tecido ou célula, de modo que se tornem células-tronco pluripotentes induzidas?
- Em caso afirmativo, presumimos que (1) a demanda do mercado por assistência reprodutiva continua crescendo, sobretudo à medida que as pessoas esperam mais para começar as famílias; (2) a aceitação do CRISPR para editar embriões e a maior acessibilidade à fertilização in vitro cresce; (3) a disparidade de riqueza aumenta; (4) as condições desafiadoras do mercado de trabalho para os millennials e a geração Z persistem; e (5) as empresas tecnológicas continuam a empurrar os consumidores para rastreadores de saúde quantificados.

Nessas condições, como será o futuro nos próximos dez a cinquenta anos?

Os cenários são uma ferramenta estratégica eficaz usada pelos executivos e suas equipes para enfrentar incertezas profundas. São oportunidades de ensaiar o futuro. Conselhos de administração e equipes de gestão executiva utilizam cenários para descobrir onde devem agir, onde e como podem vencer e a fim de entender as hipóteses que devem ser verdadeiras para que suas estratégias atuais sejam bem-sucedidas. Os estrategistas militares também usam cenários para analisar as prováveis consequências de diferentes ações e estratégias. As equipes de design usam cenários a fim de prever novos produtos, casos de uso e experiências.

No entanto, qualquer pessoa pode utilizar cenários para explorar consequências futuras. Todos nós tomamos decisões com base em nossos construtos pessoais, e nossos modelos mentais podem ser perigosos: interpretamos seletivamente evidências, misturamos dados com suposições duvidosas e enxergamos sinais que validam nossos vieses existentes. Os cenários nos convidam a desmantelar esses construtos à medida que consideramos mundividências alternativas. Elas também desvendam algo inestimável: a capacidade de (re)perceber a realidade. Pode ser difícil adotar a incerteza com curiosidade, em vez de discernimento, ainda mais quando as perguntas "E se?" que devem ser feitas batem de frente com suas inclinações políticas, religiosas ou filosóficas. Mas o ato de "(re)percepção" o desperta para a possibilidade de um futuro que difere de suas expectativas atuais. Isso o ajuda a compreender que você não consegue saber todas as coisas em todos os momentos, e é necessário ter curiosidade, em vez de achar que está sempre certo, sobre o que percebe no presente.

Nos ensinamentos budistas, a parábola do elefante explica a importância da (re)percepção. Talvez você já tenha ouvido a história, mas é um lembrete útil de como a (re)percepção é importante: um grupo de cegos encontrou um objeto. No entanto, por mais que tentassem entender o que estava em seu caminho, ninguém conseguia identificá-lo. Um homem, que estava ao lado do elefante, pensou que poderia ser uma parede. Outro homem, que só sentiu a presa, pensou que deveria ser uma lança pendurada. Um dos cegos saltou para trás, pensando ter encontrado uma serpente. Os homens discutiram sem parar e, com o tempo, cada um ficou mais e mais enraizado na própria percepção limitada da realidade, até que não havia mais nenhuma possibilidade de ajudá-los a entender que a presa, a perna e o tronco estavam todos conectados a um enorme elefante.

A biologia sintética exige nossa (re)percepção. O que se segue nos próximos capítulos é uma série de breves cenários que descrevem como a biologia sintética pode mudar diferentes aspectos de nossas vidas durante os próximos cinquenta anos. Consideramos dados e evidências da ampla rede de valor da biologia sintética — sistema de organizações em que o valor é gerado por todos os participantes —, bem como de pesquisas acadêmicas e decisões de investimento tomadas em diferentes setores de mercado. Consideramos a evolução da distribuição da riqueza e do mercado de trabalho, a mudança de atitudes em relação à privacidade e fatores socioeconômicos como acesso à proteção social infantil, educação, assistência médica, boa nutrição e moradia. Analisamos a política na China, na União Europeia e nos Estados Unidos — os players dominantes no atual ecossistema de biologia sintética. No entanto, incluímos também novas parcerias para iniciativas espaciais, como a terraformação de Marte. A biologia sintética se vincula a áreas adjacentes tecnológicas, incluindo inteligência artificial, telecomunicações, blockchain, eletrônica de consumo, mídia social, robótica e vigilância algorítmica, que estão desempenhando papéis cada vez mais fundamentais na bioeconomia.

Esses cenários devem deixá-lo com mais perguntas do que respostas. Nossa intenção é estimular debates e discussões sobre como a biologia sintética pode criar um futuro melhor para todos nós. Sem esse diálogo, a biologia sintética evoluirá sem compreensão pública, criando uma perigosa discrepância de percepção. Algumas pessoas discutem incessantemente se um tronco é uma serpente ou se uma presa é uma lança. Mas aqueles que entendem o que está diante deles tomarão as decisões que impactam a humanidade.

| D E Z |

Cenário Um

CRIANDO SEUS FILHOS COM A WELLSPRING

Bem-vindo à Wellspring. Nossos especialistas em fertilidade, reconhecidos mundialmente, e nossas tecnologias de ponta para reprodução assistida estão prontos para ajudá-lo a criar uma vida. A Wellspring já fez mais de 3 milhões de procedimentos e nossas taxas de sucesso estão entre as mais altas do país. A cada dez segundos, um bebê Wellspring nasce.

> *"Os arquitetos genéticos da Wellspring se preocupam muito com seus pacientes. Eles não nos sobrecarregaram com escolhas. Estamos confiantes nos aprimoramentos que selecionamos e seremos eternamente gratos à Wellspring por nos ajudar a começar nossa família."*
>
> — Sawyer e Kai M..

O QUE ESPERAR

Cada genitor é acompanhado por uma equipe pessoal da Wellspring que o auxiliará ao longo da jornada reprodutiva. A equipe inclui um arquiteto genético, um assistente de fertilidade digital, um especialista em criptografia genética, assistente do receptor, um técnico e um concierge Wellspring. Para aqueles que desejem aprimoramentos, armazenamento a frio para seus embriões ou incubação artificial, a equipe estendida Wellspring incluirá especialistas adicionais.

Uma vez que os embriões tenham sido criados, o técnico realizará triagens pré-implantação a fim de garantir que suas especificações tenham sido atendidas.[1] No entanto, às vezes ocorrem mudanças. Durante a triagem, identificaremos defeitos de um único gene, anormalidades monogênicas e rearranjos estruturais, eliminando esses embriões como candidatos. O assistente de fertilidade digital e o concierge Wellspring comunicarão os resultados a fim de analisar os fatores de risco para seus candidatos a embriões mais fortes. Você selecionará um (recomendado) ou dois (se tiver compatibilidade com gêmeos) embriões para implantação em um receptor à sua escolha: você, seu(ua) parceiro(a), uma barriga de aluguel ou um útero artificial alojado em nossa instalação de incubação de alta segurança. Se necessário ou desejado, os embriões restantes serão criptografados, congelados e armazenados para uso em procedimentos futuros.

PERGUNTAS FREQUENTES

À medida que inicia a jornada para se tornar um pai ou uma mãe, sem dúvida você terá muitas perguntas sobre quais traços e características selecionar durante o processo de reprogramação genética. Veja a seguir as respostas às perguntas mais frequentes de nossos clientes.

O PROCEDIMENTO PARA RECUPERAR MINHAS CÉLULAS DA PELE É DOLOROSO?

Na pior das hipóteses, a maioria dos pacientes sente uma leve sensação de queimação. Após esterilizar uma pequena área de pele no antebraço, um técnico injetará uma leve anestesia local. Assim que surtir efeito, o técnico removerá suavemente um pouco de pele com um bisturi de precisão. Em geral, pontos não são necessários, e o local normalmente cicatriza dentro de uma semana, sem deixar qualquer cicatriz.

HÁ UM LIMITE PARA QUANTOS EMBRIÕES POSSO ENCOMENDAR?

Apesar de nossos sistemas de inteligência artificial executarem milhões de simulações a fim de gerar os melhores construtos genéticos possíveis para atender às suas especificações, limitamos o número de candidatos a embriões a seis. Seu pequeno, mas poderoso, grupo de embriões apresentará variações das características selecionadas. Em nossos anos de experiência de pesquisa, descobrimos que quanto mais opções os pais recebem, menos satisfeitos ficam com os resultados. Durante a fase de arquitetura genética, muitas escolhas podem ser confusas e até traumáticas. Esse fenômeno é chamado de "tirania da escolha". Tenha certeza de que nossos algoritmos proprietários selecionarão os atributos desejados em combinações otimizadas para suas circunstâncias únicas.

QUAIS TRAÇOS POSSO SELECIONAR?

Durante a fase de arquitetura genética, o assistente de fertilidade digital vai conhecê-lo — ou a você e a seu(s) parceiro(s), individualmente. O assistente digital realizará entrevistas para conhecer suas mundividências, experiências e expectativas. Você também passará por uma série de testes genéticos a fim de identificar traços hereditários e predisposições. Assim que esse processo for concluído, desenvolveremos uma lista personalizada de traços, e você será convidado a escolher entre essas possibilidades, que incluirão gênero, atributos físicos, dimensões cognitivas e outras características.[2]

POSSO SELECIONAR ENTRE TODOS OS TRAÇOS POSSÍVEIS, EM VEZ DO GRUPO QUE ME FOI ATRIBUÍDO?

Infelizmente não. Há duas razões pelas quais limitamos a seleção de traços. Primeiro, seu filho carregará seu DNA, combinado com algumas de suas predisposições genéticas.[3] Segundo, determinados traços genéticos não podem ser combinados. Por exemplo, o tamanho do pé é proporcional à altura; se você selecionar uma altura entre 1,80m e 1,90m, um tamanho entre 42 e 46 otimizará a marcha, o equilíbrio e a postura do seu filho. Uma criança alta com pés pequenos enfrentaria desafios significativos de mobilidade. Da mesma forma, se você selecionar traços cognitivos, como habilidade analítica superior e uma forte capacidade de memorizar informações, seu filho não pode ter intuição superior e a capacidade de pensar abstratamente. Na Wellspring, nos esforçamos para harmonizar e equilibrar cada vida que criamos.

POSSO APRIMORAR MEUS EMBRIÕES DE BASE?

Determinados aprimoramentos são oferecidos aos pais que atendem às qualificações financeiras. Neste momento, a Wellspring tem o prazer de oferecer aprimoramentos aprovados para memória, índice de massa corporal, densidade óssea, capacidade pulmonar, cavidade faríngea estendida [para melhorar a ressonância vocal], leves membranas entre os dedos [para melhorar o desempenho em esportes aquáticos] e hiperosmia projetada [um senso aguçado de olfato ultra-aprimorado].

EXISTE ASSISTÊNCIA FINANCEIRA DISPONÍVEL PARA AJUDAR A COMPENSAR OS CUSTOS DOS APRIMORAMENTOS?

Os pacientes que têm cobertura do programa nacional de saúde são elegíveis para até três ciclos de IVG e até uma nova criação de vida. A tecnologia assistida de nível internacional da Wellspring será usada para criar uma vida dentro das normas genéticas padrão, conforme determinado por suas triagens ou por seu[s] parceiro[s]. Por exemplo, se sua norma cognitiva estiver dentro de 90 a 110 pontos do quociente de inteligência, seus embriões corresponderão à sua faixa de pontuação. Os aprimoramentos que não são cobertos pelo programa nacional de saúde devem ser pagos pelos genitores. Infelizmente, não oferecemos assistência financeira para compensar os custos dos aprimoramentos.

OS VETERANOS MILITARES SÃO AUTOMATICAMENTE ELEGÍVEIS PARA APRIMORAMENTOS?

Segundo o esquema de cinco anos do atual governo nacional, todos os veteranos militares são elegíveis para aprimoramentos sem custo adicional. Veteranos interessados em aprimoramentos devem primeiro se inscrever no programa Mil-Gen. Será atribuído aos participantes do programa Mil-Gen um assistente adicional da Wellspring que monitorará a arquitetura genética e o processo de triagem e selecionará aprimoramentos exclusivos do Mil-Gen para cada nova vida. As vidas criadas pelo programa Mil-Gen serão monitoradas até que as crianças completem dezoito anos, momento em que servirão os quatro anos necessários nas Forças Armadas. Após o serviço militar, elas podem escolher uma carreira militar ou transferência para um posto pertinente no governo. E lembre-se de que as vidas criadas no programa Mil-Gen têm garantia de emprego vitalício e todos os benefícios.

COMO POSSO PARTICIPAR DOS PROGRAMAS BETA PRIVADOS DE APRIMORAMENTO DA WELLSPRING?

A Wellspring está comprometida com a excelência. Examinamos continuamente nossos próprios protocolos e metodologias para superar os padrões exigentes estabelecidos pelo governo nacional. Como inovadores em tecnologia reprodutiva assistida, os cientistas da Wellspring estão sempre trabalhando duro no desenvolvimento de novas características e atualizações. Nossos participantes do programa beta de aprimoramento se reúnem com uma equipe especializada que determinará, caso a caso, se essas novas características e aprimoramentos se harmonizarão com a arquitetura genética desejada dos embriões concluídos. Os programas beta de aprimoramento são oportunidades privadas de participação entre indivíduos e gerentes de programa. Não há cobrança para os genitores aceitos no programa beta, no entanto o programa beta de aprimoramento não deve ser visto como uma solução alternativa aos genitores que não são elegíveis para aprimoramentos-padrão. ***Observação:*** os pacientes do Mil-Gen são automaticamente inseridos em programas beta de aprimoramento exclusivos do Mil-Gen e esses casos não exigem inscrição.

QUAIS PROGRAMAS BETA DE APRIMORAMENTO ESTÃO DISPONÍVEIS DURANTE MEU CICLO IVG?

É sempre melhor verificar com seu arquiteto genético quais programas beta de aprimoramento são compatíveis com seu construto genético base. Nossos programas atuais incluem:

- **Aprimoramento respiratório:** cada pulmão é composto de lobos menores, sendo três do lado direito (superior, médio, inferior) e dois do lado esquerdo (superior e inferior). Fissuras separam os lobos uns dos outros, com tubos brônquicos se estendendo por toda parte. Neste programa de aprimoramento, incluímos um lobo adicional em cada lado, bem como tubos brônquicos mais largos, e aumentamos a capacidade do coração. Para o[s] pai[s] atlético[s], há grande probabilidade de que esse aprimoramento resulte em melhor função cardiorrespiratória.

- **Visão noturna melhorada:** olhos normais são capazes de enxergar com pouca luz [como ao luar ou à luz de velas]. No entanto, podemos reprogramar os neurônios direcionais da retina para enviar informações adicionais ao cérebro. Isso resultará na percepção extra em ambientes de pouca luz, como salas escuras e armários. Em áreas onde há pouca luz natural, como uma floresta ou estrada rural à noite, as retinas aprimoradas possibilitarão que aqueles com o aprimoramento de retina enxerguem os detalhes com mais clareza. ***Observação importante:*** este aprimoramento beta é incompatível com as seleções de cores de íris azul, lavanda, turquesa, verde, pêssego e rosa, pois as instruções genéticas que produzem pigmentos marrons adicionais estão incluídas para proteger a retina contra a exposição à luz.
- **Pele mais espessa:** o *Homo neanderthalensis* — os neandertais — produziam mais queratina [uma proteína fibrosa] do que *o Homo sapiens*. Comparados a nós, eles tinham pele, cabelo e unhas mais resistentes, que eram mais adaptados a climas mais frios. Neste programa-piloto, introduzimos determinados genes neandertais para gerar o aumento da produção de queratina. Sendo principalmente um aprimoramento estético, resultará em pele mais lisa, mais preenchida e menos rugas ao longo do tempo, bem como cabelos geralmente mais grossos e unhas mais fortes e longas [se desejado].[4]

E SE EU NÃO CONSEGUIR ENCONTRAR UM RECEPTOR PARA O[S] MEU[S] EMBRIÃO[ÕES]?

A instalação de incubação criptografada de alta segurança da Wellspring viabiliza uma alternativa segura à gravidez *in vivo*. Seu compartimento de útero artificial é personalizado para o seu perfil genético e é monitorado continuamente por dois assistentes digitais e um especialista em incubação Wellspring. Ao acessar seu dashboard privado, você pode gerar um número ilimitado de ecografias e ultrassons a qualquer momento. Oferecemos uma variedade de sons — incluindo sua[s] voz[es]; ruído branco, rosa, azul ou marrom; e música — para tocar em períodos ideais do crescimento desenvolvimental. No dia do nascimento, você e até três membros da família entram na Sala de Abertura para testemunhar a abertura de seu compartimento e a remoção do bebê por uma equipe de especialistas em nascimento automatizado. O concierge Wellspring o ajudará com todas as suas necessidades como novo genitor, à medida que você faz a transição da nova vida para sua casa.[5, 6, 7]

| ONZE |

Cenário Dois

O QUE ACONTECE QUANDO ANULAMOS O ENVELHECIMENTO

À medida que a geração Z começou a se tornar avós no final da década de 2050, eles redefiniram os estereótipos dos idosos. A pele de suas mãos era lisa e carnuda, seus cabelos ainda eram grossos e eles eram atipicamente ágeis para a idade. No âmbito molecular, os sinais típicos associados ao envelhecimento — instabilidade genética, dano mitocondrial, degradação tecidual, inflamação e desgaste nas membranas celulares — estavam visivelmente ausentes. Todas as pequenas mutações e deficiências metabólicas que afetaram todas as gerações anteriores não lhes causavam mais problemas. Os zoomers estavam ficando mais velhos, mas não estavam *envelhecendo*.

Para tal condição universal, o *porquê* por trás de como os corpos humanos envelhecem despertou relativamente pouca atenção dos cientistas. Os fundamentos do que constituía o envelhecimento eram simples e de conhecimento geral: as células humanas não podiam continuar se dividindo para sempre. Sem divisão celular, não havia crescimento, reparo ou reprodução. Mais cedo ou mais tarde, as células se tornaram senescentes, comportando-se como zumbis: elas ainda estavam vivas, mas não funcionavam adequadamente. Nem morriam em tempo hábil para serem eliminadas do corpo ou recicladas. As células senescentes eram tóxicas para os tecidos e órgãos, secretando moléculas mórbidas e nocivas.

Além do mais, os cientistas só podiam sugerir teorias sobre o processo de envelhecimento. Alguns acreditavam que estava relacionado aos níveis de inflamação e à eventual incapacidade do corpo de ativar as células-tronco responsáveis pelo reparo e pela renovação celular. Outros acreditavam que o envelhecimento era mais bem compreendido como uma falha dos sistemas: que nossos sistemas endócrino, respiratório e microbioma se degradavam em velocidades diferentes, provocando um desequilíbrio, até que as engrenagens do corpo não conseguissem mais funcionar de modo apropriado. Outros ainda acreditavam que se tratava simplesmente de genética evolutiva: nossos genomas tinham sido moldados por seleção natural, que promovia a puberdade e a reprodução precoces e, depois de gerarmos descendentes, não havia razão biológica para continuar.

Mesmo assim, conforme entendimento de alguns cientistas há décadas, determinados organismos provaram que o processo de envelhecimento não era totalmente inevitável. Restringir de forma severa a ingestão calórica de camundongos e outras espécies fazia com que esses animais vivessem mais. As pesquisas relacionadas à parabiose, em que a corrente sanguínea de um camundongo mais velho é conectada a um mais jovem, demonstraram que a regeneração celular e tecidual no camundongo mais velho poderia ser estimulada com sucesso.[1] Um experimento bastante interessante envolveu a engenharia genética de camundongos, de modo que qualquer célula individual efetivamente cometesse suicídio em vez de entrar em um estado zumbi de senescência. Os resultados foram incríveis. Aos 22 meses, idade limite de um camundongo normal, os animais ainda pareciam e se comportavam como um jovem saudável. Outros ajustes na programação genética deles prolongariam a vida útil em até 42%.

Contudo, traduzir esses resultados promissores aos humanos foi difícil. Camundongos são fisiologicamente bem diferentes de nós. Dietas com restrição calórica — febre na década de 2020 — tiveram alguns impactos na desaceleração do envelhecimento, mas também deixavam as pessoas fracas e cansadas, e mesmo aqueles obcecados pela longevidade achavam difícil manter as rotinas de jejum. Outro tratamento moderno oferecido pelas startups de bem-estar envolvia a transfusão de sangue e plasma de pessoas de vinte e poucos anos em idosos. Mas as transfusões eram caras e havia o risco de contrair doenças transmitidas pelo sangue. Seja como for, todas essas empresas logo faliram, já que as pessoas endinheiradas não ficavam tão entusiasmadas de pagar pelo privilégio de serem sujeitos em experimentos médicos arriscados.

A controvérsia parecia não ter fim, mesmo depois que pesquisadores na China (no Instituto de Zoologia da Academia Chinesa de Ciências e seu Instituto de Genômica de Beijing, junto com a Universidade de Beijing) concluíram um estudo de longevidade de diversos anos com 100 mil sujeitos idosos humanos. Quando esse estudo, o mais ambicioso até a data, foi finalmente publicado em 2027, os resultados pareciam gerar poucas provas concretas.[2,3]

Ou assim se acreditava. Alguns cientistas aproveitaram algumas descobertas bastante preliminares sobre células senescentes que estavam escondidas no relatório e derem continuidade à pesquisa. Eles começaram a investigar maneiras de direcionar e desativar seletivamente essas células por meio de medicamentos biológicos de moléculas pequenas e terapias gênicas de vírus e nanopartículas. Em 2035, eles disponibilizaram no mercado uma nova classe de terapêutica chamada senolíticos, conhecidos por promover uma expectativa de vida mais saudável e mais longa.[4] Visando comprovar essas alegações para aprovação da FDA, eles realizaram testes prolongados de "reversão" com esses medicamentos, não raro em combinação com terapias celulares, primeiro em camundongos mais velhos e, depois, em cães mais velhos e, por último, em pessoas. Com o desaparecimento das células antigas e com técnicas para estimular o crescimento de células novas, a restauração dos biomarcadores dos sujeitos de teste para níveis somente verificados em pessoas mais jovens emocionou os cientistas. No entanto, a evidência mais convincente e que deixou o público em geral entusiasmado foi esta: as pessoas que fizeram o tratamento pareciam e se sentiam muito mais jovens.[5,6]

Um estudo importante se concentrou nas células dos joelhos que secretam colágeno para formar o menisco, um tecido mole que absorve o impacto durante as atividades diárias. Com o passar dos anos, as células dos adultos deixam de produzir quantidades suficientes de colágeno, o menisco se deteriora e os ossos da articulação do joelho passam a sofrem mais impacto. À medida que esses ossos roçam uns contra os outros, a articulação se deteriora, se torna frágil e esmaga os nervos. Sem cirurgia corretiva, as pessoas cujos meniscos haviam se desgastado podem achar os movimentos mais simples — como se levantar de uma cadeira, atravessar uma sala — excruciantes. Nos ensaios de reversão, uma injeção estimulou as células a começar a secretar colágeno novamente, rejuvenescendo assim as articulações desgastadas do joelho. Em poucos dias, aqueles que fizeram o tratamento começaram a correr, dançar e jogar tênis e basquete de novo.

A perda auditiva, ocorrida naturalmente com a idade, também respondeu bem às terapias de reversão. Uma vida inteira ouvindo barulhos altos, associada ao envelhecimento celular e à perda dos delicados pelos do ouvido interno, resulta inevitavelmente em perda auditiva gradual. A perda auditiva tem consequências graves: pode resultar em problemas de equilíbrio, quedas e até mesmo em deterioração cognitiva. Mesmo os melhores aparelhos auditivos, que usavam inteligência artificial para manipular de forma automática o formato das ondas sonoras, exigiam o uso de um dispositivo no ouvido. Como todo hardware, os aparelhos auditivos tinham limitações: eles exigiam manutenção, baterias e atualizações, sendo perdidos com facilidade. No entanto, uma injeção de reversão conseguiu restaurar a audição a níveis quase originais em apenas algumas semanas, tornando instantaneamente os velhos dispositivos de audição obsoletos.

Os maiores players da indústria de cosméticos logo se deram conta das novas tecnologias antienvelhecimento. Eles estavam há muito tempo procurando versões novas e aprimoradas de Botox e Jeuveau, neurotoxinas muito utilizadas para relaxar as rugas. Todos começaram a apoiar o desenvolvimento de formulações tópicas de CRISPR: os cremes CRISPR, como eram normalmente conhecidos, ativavam as células sob a pele a fim de restaurar a elasticidade e reduzir as rugas. A princípio, eles haviam sido desenvolvidos para tratar o papilomavírus humano, infecção sexualmente transmissível mais comum. O sucesso desses primeiros cremes CRISPR, que foram aplicados diretamente no colo do útero, levou os pesquisadores a investigar outros casos de uso. Foram os cientistas chineses que logo descobriram que um gel CRISPR de uso tópico poderia desativar genes específicos sem causar efeitos colaterais nocivos. Não demorou para que cremes CRISPR estivessem disponíveis a fim de relaxar as linhas de expressão, restaurar o crescimento do cabelo (ou desativá-lo), mudar a cor do cabelo e da pele e ajustar os microbiomas da pele para curar a acne. Esses tratamentos mais recentes não exigiam anestesias, agulhas e médicos, podendo ser aplicados com precisão para restaurar a pele ao estado natural jovem, em vez de apenas congelar uma linha de expressão no lugar.

Mas se tratava apenas de correções cosméticas. A indústria queria mesmo era tratamentos sistêmicos para a saúde e vida prolongada, um mercado que acreditava valer trilhões. De modo discreto, foi criada e colocada em ação uma estratégia de longo prazo para fazer isso acontecer.

Tudo começou com os cães, considerados pelos pesquisadores candidatos ideais de longa data para testes de longevidade. As habilidades cognitivas dos cães diminuíam como as dos humanos, e o comportamento e a capacidade atléticas desses animais eram mais fáceis de testar no contexto dos ambientes humanos. Na década de 2040, gigantes da indústria de cosméticos, como a L'Oreal Estee Lauder, gastaram bilhões realizando pesquisas de longevidade em labradores geneticamente modificados e pastores-alemães. Nos bastidores, essas empresas também financiavam discretamente grandes filmes, livros e ensaios de opinião que promoviam as maravilhas da longevidade humana.[7]

Deu tudo certo. Mas enquanto o CRISPR se revelou um tratamento eficaz para uma série de enfermidades relacionadas ao envelhecimento, os pesquisadores continuaram procurando uma solução para o corpo como um todo. No laboratório, houve a diminuição de uma molécula chamada *nicotinamida adenina dinucleotídeo*, ou NAD+, em camundongos à medida que envelheciam. Constatou-se que as moléculas de NAD+ eram catalisadores para as *sirtuínas*, conjunto de sete genes responsáveis pelo reparo do DNA. O aumento dos níveis de NAD+ em 60% para auxiliar a energia celular e o metabolismo convencia as células a mudar as engrenagens para o modo de reparo, o que retardava o aparecimento de enfermidades relacionadas ao envelhecimento. Havia também outra abordagem: em geral, as células expulsam naturalmente as proteínas prejudiciais, reciclam seu material genético e extraem a energia de que necessitam para sobreviver em um processo chamado autofagia. Em condições adequadas, a autofagia também pode ser desencadeada para induzir a morte celular programada. Os pesquisadores descobriram que conseguiriam direcionar e interromper a autofagia conforme necessário para impedir o envelhecimento das células. Com o tempo, os tratamentos de NAD+ e autofagia, aplicados em dosagens limitadas, possibilitaram que os millennials vivessem muito mais tempo sem comprometer a imunidade do corpo ou causar efeitos negativos posteriores.[8]

Em 2045, os millennials e a geração X estavam consumindo US$150 bilhões em produtos regenerativos e tratamentos a cada ano. A maioria desses tratamentos era caríssima, mesmo aqueles vendidos a preço de custo, a fim de coletar dados ou estabelecer novas marcas. Mas até o final da década, os millennials e a geração X — ou, pelo menos, os mais ricos e com o estilo de vida saudável — pareciam estar na casa dos vinte anos, e os testes mostravam que seus corpos estavam livres de células senescentes. Isso aconteceu graças aos novos coquetéis de medicamentos no mercado, que, por meio dos estudos com cães, revelaram ser bastante eficazes para interromper o processo de envelhecimento, ao mesmo tempo que aumentavam as expectativas de vida em quase 60%. Ainda mais impressionantes eram as terapias baseadas em genes, criadas nos estudos de camundongos de décadas antes. A expectativa de vida dos cães que foram tratados com essas terapias dobrou.[9,10]

O que poucos esperavam eram as consequências sociais de uma vida ultralonga. Os programas sociais criados para ajudar os norte-americanos financeiramente carentes e aposentados estavam entrando em colapso. Durante a pandemia de Covid-19 do início da década de 2020, ficou evidente que esses programas eram vulneráveis a crises de saúde. Nos anos seguintes à pandemia, o Congresso norte-americano não conseguiu modernizar os programas destinados a aliviar as consequências do desemprego, da perda de renda ou da perda de plano de saúde. O Supplemental Nutritional Assistance Program, ou SNAP (antes chamado de Food Stamps), o Supplemental Security Income e os programas de seguro-desemprego colapsaram em 2025, quando a economia pós-Covid-19 não conseguiu se recuperar. Alguns estados e cidades dos Estados Unidos criaram programas locais que ajudaram, mas a falta de financiamento superou a dimensão da necessidade. O fluxo de caixa da previdência social, negativo por anos, havia sido financiado por um imposto sobre a folha de pagamento. Mas a crise da Covid-19 sinalizou o início de mudanças significativas em como e onde as pessoas trabalhavam. As fontes de renda do programa, que haviam sido depositadas em um fundo fiduciário, começaram a secar, e o fundo, cheio de dinheiro durante a era Clinton da década de 1990, já estava esgotado no final da década de 2020. Além disso, as dezenas de empresas do índice S&P 500 — incluindo General Electric, IBM e General Motors — agora tinham passivos previdenciários próximos a US$2 trilhões.[11] Antes uma vantagem de emprego de longo prazo para aqueles que trabalhavam no Serviço Postal dos Estados Unidos, por exemplo, ou em grandes corporações como a Coca-Cola, a previdência muitas vezes teve que ser descartada. Não havia pessoas novas o suficiente pagando os planos, que eram cada vez mais caros de administrar.[12,13,14]

E para piorar ainda mais a situação, as inovações na automação remodelaram setores inteiros da economia. De início, os economistas do trabalho pensaram que a classe operária seria a primeira a perder o emprego, por causa da implementação generalizada de veículos autônomos, robôs de armazém e robôs de serviço projetados para executar tarefas básicas e repetitivas. Mas eles estavam errados, pelo menos, em parte. Eles e pessoas como eles — trabalhadores administrativos bem pagos nas áreas de direito, seguro e contabilidade — também viram seus empregos serem tomados pela automação.

Quanto àqueles que ainda tinham empregos, muitos agora esperavam continuar trabalhando até os 90 anos, até mesmo além. Trabalhadores sindicalizados cujos contratos não estipulavam uma idade de aposentadoria obrigatória estendiam seu tempo de serviço o máximo possível. Em meados do século, isso fez com que a competitividade por empregos e progressão de carreira fosse implacável.

Dada toda essa disrupção, junto com a normalização de empregos em home office malremunerados e trabalhos temporários, a geração Z começou a perder as principais conquistas econômicas. Essas pessoas estavam desempregadas ou subempregadas, não conseguiam pagar viagens ou comprar grandes coisas, como casas e carros. As taxas de graduação universitária de seus filhos, geração beta, caíram de forma drástica. Os zoomers achavam isso incompreensível, dado que a geração deles havia sido obcecada com educação de elite e diplomas caros. No entanto, o pior — e o que de fato os irritava — era que toda a sua educação e esforço pouco importavam. Os tratamentos de longevidade e o estado dos mercados de trabalho frustravam quaisquer tentativas de progredir em suas carreiras — ou mesmo de encontrar um ponto de partida decente, a partir do qual pudessem começar uma.

Graças às terapias regenerativas e de rejuvenescimento, as pessoas mais velhas que trabalham como professores, na manutenção ou construção de serviços públicos e em muitos papéis governamentais expulsavam os novos trabalhadores dos empregos. Havia problemas ainda maiores entre os grupos de executivos. Os CEOs de empresas privadas se recusavam a se aposentar. Seus colegas em empresas de capital aberto também permaneciam em suas posições, enchendo os conselhos administrativos com amigos que nunca se incomodavam em perguntar quando se aposentariam. Os chefes de empresas familiares descartavam planos de sucessão, já que a idade era considerada uma patologia tratável. As promessas de aumentar a igualdade de gênero e a diversidade entre as primeiras posições das empresas norte-americanas não deram em nada. A velha guarda se recusava a abrir espaço para sucessores mais jovens, de sessenta e poucos anos, e dependia cada vez mais de sistemas baseados em IA para preencher funções operacionais.

As tensões entre a vida mais longa e a oportunidade econômica não se limitavam aos Estados Unidos. O Japão, que já tinha a maior expectativa de vida média do mundo, era agora o lar dos chamados *nijikai-jin*, tradução aproximada de "pessoas pós-festa". Os *nijikai-jin* são pessoas que vivem duas vidas plenas: depois de passarem, saudáveis, dos 70 anos, elas planejam viver e trabalhar por mais 70.[15] Embora a política econômica tenha incentivado a inovação em robótica, decorrente de uma política expressa para criar um ecossistema capaz de fornecer cuidados automatizados de assistência médica e de idosos, não havia espaço para as mulheres na força de trabalho. Robôs eram "contratados" para trabalhar em escolas, hospitais e templos budistas, e as mulheres deveriam ficar em casa para cozinhar refeições, gerenciar a limpeza e criar filhos. A resistência à mudança fez com que as mulheres tivessem que escolher entre a independência de carreira, casamento e a maternidade. A população do Japão, que girava em torno de 125 milhões nos primeiros 25 anos do século, cairia, segundo as previsões, para menos de 100 milhões. Atualmente, existem 130 milhões de japoneses, mas 86% deles têm mais de 40 anos. Poucas crianças estão nascendo. Na região norte de Tohoku, escolas vazias assombram a paisagem.

Em 2065, a hostilidade entre quase centenários e "jovens" na casa dos 50 a 80 anos estava crescendo, resultando em protestos generalizados e agitação civil. Os "ainda jovens" organizavam ajuda a fim de paralisar as redes e realizavam protestos virtuais, impedindo os centenários de trabalhar. Nenhum setor passava incólume. Anthony Rizzo, jogador de beisebol que já foi amado por ajudar os Chicago Cubs a conquistar o título da World Series, era agora muito insultado por não parar de jogar e se aposentar.[16] Os fãs se arrependiam daquele dia já considerado emocionante: o dia em que Rizzo e seus ex-colegas da World Series Kris Bryant, Javier Báez, Kyle Schwarber, Jake Arrieta e David Ross compraram os Cubs e voltaram a jogar. As universidades se arrependiam amargamente da tradição de estabilidade dos professores. Cento e poucos professores não só se recusavam a atualizar seus programas, como também se recusavam a se aposentar. Velhos âncoras de notícias e críticos culturais não abandonavam os holofotes; os mesmos velhos cantores e atores não deixavam a televisão nem o teatro. Até os cientistas se recusavam a se aposentar para que os mais jovens com novas ideias pudessem assumir seus laboratórios. Dezenas de jovens talentosos nunca tiveram a oportunidade de aprimorar seu ofício ou progredir nas profissões escolhidas.

Nos Estados Unidos, houve solicitações para promulgar uma nova idade de aposentadoria obrigatória de 75 anos. Mas isso contrariava a Lei de Discriminação Etária no Emprego que o Congresso aprovara em 1986 e que havia tornado ilegal a aposentadoria obrigatória. Mas essa nova idade de aposentadoria obrigatória se aplicava ao governo federal e ao próprio Congresso, e havia pouca vontade para fazer tais mudanças, sobretudo quando os fundos previdenciários do Congresso estavam esgotados. O republicano Ted Cruz, aos 95 anos, mais esbelto e saudável do que nunca, estava agora entrando em seu 52º ano no cargo, ainda atormentando os liberais como senador mais velho do Texas. E ele ainda tinha transmissão na Fox Neural News Network (FNNN). Ou, pelo menos, tinha quando o canal não recorria a um senador ainda mais velho, Rand Paul, em seus programas. Os telespectadores da Fox adoravam ver outros centenários em seus programas favoritos.[17]

Um caso de discriminação reversa levantado por trabalhadores federais alegava que a juventude agora era um fator nas decisões de contratação e classificação de cargos. A ação judicial argumentava que os trabalhadores mais jovens, na casa dos 50 e no início dos 60 anos, não estavam sendo informados de oportunidades de promoção e da elegibilidade a salários mais altos. Esses empregos eram dados a pessoas na faixa dos 70 e 80 anos, que tinham profundo conhecimento institucional e cujas conexões pessoais os tornavam os candidatos preferidos.

Um juiz da vara distrital federal decidiu que os trabalhadores tinham direito à proteção contra discriminação com base na idade, mas um tribunal de apelação revogou essa decisão. Agora, a Suprema Corte dos EUA estava se preparando para ouvir argumentos que determinariam se a idade pode ser um fator na contratação. Infelizmente, os peritos duvidam que juízes como o juiz-chefe John Roberts, que acabou de fazer 111 anos, e a juíza Elena Kagan, com 105 anos, simpatizem com os reclamantes. É claro, os próprios peritos estão no final da faixa dos 80 anos ou mais, então eles também devem ter seus preconceitos.

| DOZE |

Cenário Três

GUIA "ONDE COMER" 2037, DE AKIRA GOLD

Quais são as tendências culinárias e gastronômicas mais recentes na maior cidade da Terra? Abundância de deliciosos, maravilhosos — e, ouso dizer, até mesmo inventivos — novos pratos que proporcionam conforto e sustento. Seu desconfiado correspondente culinário passou seis meses experimentando versões arrojadas de pratos tradicionais, e o experimento culinário ocasional deu terrivelmente errado.[1]

No East Side, que há muito tempo tem sido celeiro para a culinária vietnamita, um grupo de chefs pretensiosos está cozinhando refeições de fosfato funcional. A sopa aromática de macarrão com caldo de carne é feita com o novo fosfato funcional, infundido com diindolilmetano sintético (dizem que desintoxica e elimina o excesso de estrogênio), carotenoides turbinados (que otimizam a saúde e a imunidade dos olhos) e açafrão editado com curcumina extra (reduz a inflamação e melhora o foco e a memória). Caso esteja morrendo de vontade de comer um *mapo tofu*, prato típico da província de Sichuan — uma mistura viciante cheia de pimenta, tradicionalmente feita com tofu e carne moída —, o distrito de Lake Shore tem um novo biorreator e uma fonte de fornecimento de células-tronco bovinas usadas para cultivar carne. O aroma forte e intenso, que lembra carne de caça, junto com a camada sedosa de gordura, resulta em um prato que derrete na boca, mesmo com pouco tempo de cozimento, capaz de provocar arrepios. Como de costume, existem muitos novos locais ao longo da costa que oferecem vistas espetaculares da New Coast e que farão você se sentir melhor por estar degustando uma parcela considerável de seu salário.

Para aqueles que preferem experiências gastronômicas personalizadas fora dos restaurantes tradicionais, as cozinhas fantasmas espalhadas pelo vale aumentaram sua equipe robótica, e o recente influxo de fazendas verticais e engenheiros culinários resultou em opções satisfatórias de alimentos frescos cultivados em terraformação.[2] Não sinto falta dos restaurantes lotados do passado, quando as mesas eram tão espremidas que você poderia sem querer jogar um crouton no prato da mesa ao lado. Nem sinto saudades das praças de alimentação turbulentas, onde a música alta e as lanchonetes eram tão barulhentas que até mesmo uma pessoa editada teria dificuldades para tolerar o som. Saber que posso reservar espaço em qualquer lugar, onde uma equipe de cozinha fantasma pode montar uma mesa e cadeiras e escolher com antecedência o quanto quero conversar com o serviço automatizado é uma dádiva.

Durante o inverno, proporcionei aos meus amigos infinitas rodadas gastronômicas de sushi local de uma cozinha fantasma em Bayview. Reservei um dos espaços ao ar livre da cozinha fantasma, um belo local, debaixo da sombra de um salgueiro que nos protegia do sol.[3] Nosso bot de serviço deslizou até a mesa, serviu gentilmente *nigiri* recém-cultivado, disposto em pratos de bambu, e sussurrou com delicadeza, "*Dōzo meshiagatte kudasai*" em japonês, antes de se afastar. Pedimos *toro* [barriga de atum-rabilho gordo] com marmoreio adicional e chegou exatamente como esperado. Organizei um jantar com duas dúzias de amigos dentro do espaço da AMC Entertainment — você se lembra de como as pessoas se reuniam pessoalmente para assistir a filmes de duas horas? Ainda é desconcertante para mim — e montei um menu de degustação de verão personalizado de uma cozinha fantasma escandinava. Com lindas rosas digitais, tulipas e verduras, alinhadas às extensas mesas, e coberturas arbóreas de realidade mista, feitas de cordões de luz de fada digitais e eucalipto, desfrutamos de pães de centeio crocantes, arenque funcional em conserva e endro doce de uma fazenda subterrânea local. Para o deleite dos meus convidados, eu tinha encomendado com antecedência *pressgurka* [pepinos em conserva], personalizado para satisfazer o perfil genético gastronômico de cada pessoa.[4]

De acordo com a minha tradição de criar um guia anual, tenho compilado com diligência uma lista dos melhores biorreatores, meus novos restaurantes favoritos, os ambientes ideais para mesas fantasmas e os melhores lugares para tomar um drinque. Sem dúvida, talvez você discorde de minhas melhores escolhas, mas saiba que são apenas as humildes opiniões de um *bon vivant* que come bem e que não se incomoda quando as tradições — e as antigas armadilhas da vida na cidade — são quebradas.

OS MELHORES NOVOS BIORREATORES

Sabemos que a agricultura celular está em alta. Só que agora os bioengenheiros se tornaram bastante criativos. Eles finalmente perceberam que o processo de crescimento das células é semelhante, não importa quais tipos de células estão sendo colocados nos biorreatores. Então, por que insistir nas carnes convencionais? Os biorreatores mais incríveis são de células de cultivo das mais exóticas criaturas, incluindo zebras, elefantes, tigres, beija-flores, morcegos e serpentes. O biorreator do West Side, Floria, atualmente armazena e cultiva células de milhares de organismos diferentes. O La Petite Saveur é especializado em cultura celular em pequena escala. Se sua família preferir bistecas de porco com sabor mais ousado, é possível intensificar o aroma e o sabor. No entanto, os meus favoritos vêm dos gênios dos Laboratórios Resurrection.[5,6,7]

1. ***Melhor Seleção: Floria.*** Quando os fundadores do Floria inicializaram seu biorreator pela primeira vez, eles cultivaram um lote decente de frango moído. Mas a equipe sempre teve a intenção de se aventurar em alimentos exóticos. Após passar diversos anos construindo uma enorme biblioteca de células, o Floria abriu as portas no início deste ano com uma seleção internacional de proteínas cultivadas. Os fãs inveterados de Borrego — cordeiro assado, embebido em café mexicano, cerveja Negra Modelo e especiarias — apreciarão sua textura macia e suculenta. Se você nunca experimentou civetas, porcos-espinhos

ou morcegos, que provei no FLAB, o primeiro biorreator com estrela Michelin da França, opte por começar pela carne de morcego em cubos, que o Floria também serve grelhada no local.[8]

2. ***Melhores Carnes de Culturas em Pequena Escala: La Petite Saveur.*** Boa opção para famílias com pessoas exigentes para comer. As carnes cultivadas podem ter gosto e textura bem suaves. Meus filhos — como os seus, suspeito — exigem refeições exclusivamente veganas o tempo todo. Os vegetais são editados para um sabor e cor excepcionais, então entendo que eles não queiram saber dos nuggets de frango que você e eu vivíamos comendo quando crianças. O La Petite Saveur prepara pedidos personalizados de carnes tradicionais — carne bovina, suína, de frango e de cordeiro — segundo as especificações exatas da sua família. Caso não queira cozinhar em casa, um outro sistema de operação, La Petite Assiette, preparará as carnes com sua admirável seleção de molhos artesanais e combinações de especiarias.[9,10,11]
3. ***As Melhores Carnes Pré-históricas: Laboratórios Resurrection.*** Lembro-me da primeira vez que mordi um bife de mamute-lanoso. A carne era picante e mineral, como o bisão, mas apresentava sabor intenso e ligeiramente mais doce. Era também um pouco gelatinosa, pois a carne de mamute havia sido amaciada para que sua textura mais borrachuda e dura ficasse mais palatável. (Não ficou, mas pontos por tentarem.) A refeição foi cortesia de uma festa omnívora de que participei com alguns amigos abastados em Sun Valley, que contrataram biólogos sintéticos para cultivar genomas de animais extintos. Quando os Laboratórios Resurrection abriram no Arts District, fiquei receoso. Os primeiros bifes de mamute que encomendei foram fracassos épicos — o primeiro cheirava a urinol e o segundo era muito difícil de mastigar. Dei-lhes alguns meses para trabalhar nas peculiaridades do biorreator, durante o qual eles sabiamente substituíram o biochef, que claramente estava mais interessado em ciência do que em suculência. Agora, a Resurrection está cultivando um pequeno e refinado cardápio de espécies extintas, incluindo o ibex dos Pirineus, pombo-passageiro, dodô — e, fico feliz em informar, seu extraordinário e apetitoso mamute-lanoso.[12]

TENDÊNCIAS DAS QUAIS ESTAMOS CANSADOS

1. ***Bots de Serviço Confusos.*** Em alguns dias, sinto falta de uma equipe humana. Sim, os humanos costumavam ser muito tagarelas, esquecidos ou bem lentos. Mas, pelo menos, conseguiam demonstrar um pouco de empatia pelos clientes mais carentes. Os bots de serviço, adquiridos a preços módicos, confundem nossas panturrilhas com pernas de mesa, calculam mal a distância entre seus braços robóticos e nossas mesas, além de, muitas vezes, não terem ideia do que estamos dizendo. Há duas semanas, um bot no processo de entrega de um prato quente e fumegante de chutney verde, vindaloo de frango cremoso e pão naan aerado, estendeu o braço em nossa direção e tentou servir nossa comida de uns bons quinze centímetros acima da nossa mesa. Minha companhia apertou o botão de parada de emergência na hora certa.[13,14]
2. ***Rótulos de IA Transparentes.*** Linhas e linhas de código não significam necessariamente um delicioso *amuse bouche*. Não precisamos saber a história do seu algoritmo ou quem criou seu banco de dados interno. Dados são deprimentes, então siga as regulamentações governamentais, mantenha seus rótulos disponíveis para aqueles que têm a coragem de lê-los e confie que os clientes estão à vontade com quaisquer sistemas de IA e sequenciadores usados para projetar, plantar e cultivar geneticamente os ingredientes.[15]
3. ***Pré-menus com Interface Gráfica.*** Só porque você tem acesso às nossas taxas metabólicas diárias, nossas preferências de alimentos e bebidas e nosso histórico de atividades não significa que não escolhemos as nossas refeições. Pelo amor dos deuses da culinária, nos deixe escolher o que queremos comer! Proporcione aos clientes a cortesia de escolher entre uma grande variedade de pratos, em vez de inferir a partir de nossos marcadores de bioma e pontuações metabólicas!

Podemos até fazer jejuns e entrar em cetose, queimando os níveis ideais de energia, mas não viemos ao restaurante para isso.

4. ***Coquetéis Hipsters.*** Por que, caros leitores, estamos celebrando os piores excessos da cultura de bares dos anos 1990? Os cosmopolitans moleculares não deviam estar no repertório de um barman. E ainda assim — eca — eles são onipresentes. Só porque você está usando a sequência genética da *Microcitrus australasica* (a variedade outrora ultrarrara de limão caviar, para os que não conhecem), isso não faz com que esse velho e batido coquetel com suco de cranberry docíssimo seja tolerável.[16]
5. ***Microdosagem de Cogumelos.*** Eu amo nossos honrados cogumelos psicodélicos. Quem não gosta de como eles liberam nossa criatividade e imaginação? Mas ninguém precisa de psicodélicos em todos os cardápios da cidade, mesmo porque a maioria de nós já tomou microdoses de cogumelos de manhã.

MEUS CENÁRIOS FAVORITOS PARA MESAS FANTASMAS

Uma novidade bem-vinda às dezenas de cozinhas fantasmas da nossa cidade: mesas fantasmas. Quem poderia imaginar que o sucesso inicial do Airbnb algum dia levaria ao compartilhamento de imóveis? Atualmente, há 1.260 espaços disponíveis em nossa cidade para aluguel por hora, todos acessíveis para bots de entrega. Reserve seu lugar, que o restaurante agora vai até você. Nem todos os locais são agradáveis ou mesmo seguros. A Geok Ghost Kitchen, fornecedora de refeições californianas com carne fresca e comida de rua cambojana, tinha uma mesa em sua "bela varanda com vista para o horizonte". Reservei três horas e pensei em pedir nossa refeição assim que chegássemos, mas o espaço estava uma bagunça generalizada. Um dos meus colegas pisou no que pensávamos ser um chão estável. Mas o pé dele atravessou o chão, espalhando estilhados e fragmentos de madeiras para todo lado. Em outra noite, alugamos uma mesa dentro de um novo estúdio que projeta arte de realidade mista em paredes vazias. Como era primavera no Japão, escolhemos uma instalação digital com tema de flor de cerejeira para acompanhar nossa refeição. Você vai querer explorar as mesas fantasmas, pois as novas descobertas valem a pena.

DECK NA COBERTURA DO HOTEL ARTEP

Olhando a cidade do alto, no 87º andar, está a coleção de mesas fantasmas do Artep. As vistas panorâmicas do horizonte são esplêndidas — você verá a Old Coast e a New Coast —, e o painel virtual e invisível significa que você desfrutará do conforto silencioso, sem o ruído de carros ou o terror momentâneo de ser assolado por rajadas de vento. Faça reservas com semanas de antecedência e planeje uma segunda parada para a sobremesa: o Artep só permite períodos de duas horas.

FLOREST GLEN

A exuberante vegetação da Forest Glen parece se sobrepor de forma estranha à nossa cidade barulhenta, brilhante e agitada. A tecnologia originalmente usada para um respeitável projeto de captura de carbono de primeira geração não pôde ser atualizada. Bom para nós, pois agora temos um parque privado esplêndido para aproveitar. Você pode alugar mesas por horas e pedir serviço de inúmeras cozinhas fantasmas nas proximidades. Dado o tema natural, recomendamos o menu vegano do Mozaic.

O PORÃO DA BELLA

Esta inusitada e antiga loja de quadrinhos agora é um local animado para uma refeição fácil e casual com os amigos. No auge da loucura dos filmes da Marvel, quando parecia que um novo filme do Pantera Negra estava estreando todos os verões e personagens secundários ganhavam versões próprias, o Porão da Bella era o lugar para encontrar action figures, memorabilias e, claro, histórias em quadrinhos. Grande parte da decoração original ainda está intacta: o escudo do Capitão América está dependurado no teto, um enorme mural de Morfeu do *Sandman* cobre a parede, e brinquedos variados são espremidos em todos os cantos disponíveis. Caso não tenha ido ainda — não se preocupe, não darei spoilers —, não peça sua refeição com antecedência ou perderá uma boa oportunidade de conhecer Jarvis.[17]

OS MELHORES DRINQUES

Como você sabe, desde o Dia Zero, quando nossas torneiras começaram a secar, os sistemas de dessalinização nos fornecem todas as nossas bebidas. Embora os sistemas de osmose reversa sejam largamente utilizados em toda a cidade, alguns dos melhores bares estão começando a usar processadores à base de algas halofíticas, empregando organismos a fim de remover sais da água salobra e do CO2 — e os resíduos são posteriormente desidratados e transformados em alimentos para os animais. Com todas as novas moléculas disponíveis, os mixologistas estão servindo cervejas que combatem a depressão, elixires que aumentam a libido e alguns dos uísques moleculares mais suaves que você já bebeu. Eu e meus colegas normalmente começamos nossa noite com um elixir enzimático que evita ressaca, feito no Zingoff's na Nona Avenida, que omite magicamente o terrível gosto residual metálico comum nas marcas do mercado de massa.[18,19,20]

DRINQUES DURANTE O TRABALHO

Escondido em um espaço subterrâneo do McHarron Hotel, em Station East, há um refúgio aconchegante que só abre durante o horário comercial. (A saideira é às 18h.) O divertido menu de coquetéis, da garçonete Emma Harper, inclui sua assinatura "5-Minute Break", um uísque molecular caseiro misturado com licor de gengibre, gelo triturado de águas residuais recicladas e uma lasca de laranja desidratada. Nosso favorito é o WFHFW (Working From Home From Work) — bebida preferida de Harper para aqueles dias estressantes de reuniões intermináveis. Ela mistura rum escuro editado a partir de cana-de-açúcar sintética com licor à base de café cubano molecular, uma pitada de xarope simples e dois dedos de licor de chocolate sintetizado. Você ouvirá um zumbido rápido — e ficará desperto assim que voltar ao seu escritório virtual.

SPRITZ AND FITZ NORTH

A equipe por trás do amado boteco perto da orla Spritz and Fitz abriu uma segunda unidade mais adiante na avenida. Mas não pense que um bairro melhor e mais pitoresco faz dessa nova unidade um lugar luxuoso em excesso. Você encontrará as mesmas paredes engorduradas, os mesmos micróbios feitos sob medida e a mesma seleção de mais de duzentas nanocervejas. Como esperado, um holograma de Fitz Larson, pai das cepas de levedura originais, paira orgulhosamente sobre o boteco.

CHÂTEAU GACT

Desde que Elijah Codding abriu o Château Gact em 2028, os moradores locais lotam a degustação semanal de vinhos microbianos personalizados. Seus extensos vinhedos subterrâneos são editados com o código genético das uvas pretas Tempranillo e Sangiovese e produzem dois vinhos notáveis. O Reserva Especial é um tinto sintético de cultura de pequena escala, com corpo médio — refrescante, mas não muito suave — perfeito para uma refeição ao meio-dia. Esbanje-se com o vinho Domaine de la Ásvestos, apimentado e cítrico, que Codding criou usando moléculas personalizadas a fim de sintetizar o solo vulcânico de Santorini para sua variedade Assyrtiko. Pode me servir outra taça, por favor![21,22,23]

|TREZE|

Cenário Quatro

O SUBSOLO

Os agricultores em Mymensingh, distrito ao norte de Bangladesh, cultivavam plantações sazonais, incluindo mostarda, juta e arroz, há gerações. Mas em 2030, quando o nível do mar subiu e inundações sem precedentes destruíram acres de terra, o governo fez um acordo com a China. Como parte da Iniciativa Cinturão e Rota da China, o enorme projeto de infraestrutura do Partido Comunista Chinês lançado uma década antes, o Partido se ofereceu para ajudar Bangladesh a enfrentar essa catástrofe climática. O plano era redirecionar a água para criar ilhas artificiais na Baía de Bengala e construir barreiras ultramodernas para manter a água do mar fora. O acordo também prometia variedades artificiais de arroz resistente à água salgada, que — graças ao domínio tecnológico de edição genética na China — produziria culturas viáveis e arroz apto para consumo humano.[1]

No entanto, as variedades de arroz nunca se concretizaram e, em 2035, ficou evidente que algumas barreiras marítimas não protegeriam o país contra as extremas oscilações sazonais recentes, conforme os níveis de água dos mares subiam e as monções aumentavam. Bangladesh havia perdido 18% de seu território devido ao aumento do nível do mar, forçando 15 milhões de pessoas que viviam em regiões costeiras baixas a se mudarem. À medida que as inundações se agravavam, os sistemas de esgoto falhavam e as instalações de água potável eram contaminadas. As pessoas perderam suas casas e seus meios de subsistência. Os arrozais tradicionais, inundados com água do mar, não conseguiam sobreviver. Os agricultores, que por gerações cultivaram amplos campos de trigo, milho e batata e eram habilidosos em evitar as inundações sazonais, tentavam se mudar para o interior e mais ao norte possível. Mas, devido a competitividades crescente por empregos e moradia, as pessoas tinham poucas opções, e muitas delas pararam de lidar com o cultivo. Algumas tentavam cruzar as fronteiras para Mianmar e Índia, reivindicando o status de refugiado climático, porém, como nesses países havia milhões de refugiados que lutavam para sobreviver, nenhum deles permitia a entrada de mais pessoas.[2]

À medida que os eventos climáticos extremos se intensificavam — incluindo temperaturas diurnas que chegavam a 63°C na Arábia Saudita, mais de 30° C na Sibéria —, a produção agrícola em dezenas de países colapsou. A seca, seguida de inundações repentinas e deslizamentos de terra, impossibilitou o cultivo de trigo no Afeganistão. No Sudão do Sul, onde amendoim, gergelim, cana-de-açúcar e painço eram cultivados com facilidade, as temperaturas diurnas ultrapassavam frequentemente os 49°C. Grandes nuvens de poeira se estendiam por todo o país até a Etiópia e o Quênia. Na Libéria, as fazendas de borracha comercial, que já foram consideradas algumas das maiores instalações de produção de borracha natural do mundo, não atendiam mais à capacidade de exportação.[3, 4]

Nesse ínterim, a principal região produtora de alimentos dos Estados Unidos, localizada nas Grandes Planícies, onde a maioria dos grãos e do milho havia sido cultivada durante anos, migrou para o norte. Por um tempo, o melhor local para cultivar grãos de cereais eram as regiões superiores dos Grandes Lagos: a região Norte dos estados de Minnesota, Wisconsin, Michigan e Nova York, que usavam solo editado a fim de acomodar essas novas culturas. Contudo, à medida que as temperaturas globais continuavam a subir, a região não apenas ficava mais quente; ficava mais instável do ponto de vista atmosférico, o que resultava em tornados de fogo (redemoinhos de fogo causados por incêndios florestais e tornados) e derechos (tempestades de vento em linha reta que provocam ventos de furacão e chuvas torrenciais).[5]

Em novembro de 2036, a Conferência das Nações Unidas sobre Mudanças Climáticas divulgou um estudo científico desconcertante: com quase 9 bilhões de pessoas, a humanidade estava ficando sem espaço para crescer. Permitir que a expansão urbana continuasse ameaçaria a produção de alimentos e provocaria o colapso dos ecossistemas já sobrecarregados. Agora havia somente duas opções para a expansão humana contínua: começar a construir no subterrâneo da Terra ou deixar o planeta.[6]

Por décadas, Elon Musk, CEO da Tesla e da SpaceX, insistiu que a melhor chance da humanidade de sobreviver em longo prazo era se tornar futuramente uma espécie multiplanetária. Ele falava sobre o acúmulo de altos níveis de carbono na atmosfera da Terra, secas extremas e a perda de biodiversidade como precursores de uma catástrofe iminente. Musk começou a desenvolver um programa chamado Starship em 2016, que se destinava a transportar carga e, posteriormente, cem passageiros entre a Terra, a Lua e Marte. Em 2021, a NASA contratou a SpaceX com o intuito de desenvolver um veículo Starship modificado para seu programa Artemis. Musk focou a construção da infraestrutura central que futuramente seria necessária para sustentar a vida, na Terra, na Lua, em Marte ou mesmo além. Mas ele percebeu que não poderia construir um ambiente de vida fora do planeta sozinho. Sempre um showman e com uma fortuna pessoal se aproximando de US$1 trilhão, Musk anunciou uma competição audaciosa chamada Colony Prize. Ele daria US$1 bilhão a qualquer equipe que conseguisse construir e operar uma colônia subterrânea e hermética de cem pessoas por dois anos. Em outras palavras, a simulação derradeira de Marte.[7, 8, 9]

Musk sabia que para os humanos prosperarem fora do planeta, os sistemas regenerativos precisariam ser desenvolvidos em uma escala nunca antes experimentada.[10] A Estação Espacial Internacional já abrigou treze astronautas a bordo, mas normalmente apenas seis ou sete viviam na ISS ao mesmo tempo. Os colonos também precisariam lidar com longos períodos de confinamento. Uma típica missão ISS durava apenas cerca de seis meses.[11] O astronauta da NASA Scott Kelly passou quase um ano no espaço.

O cosmonauta Valeri Polyakov manteve o recorde de uma única missão, passando impressionantes 437 dias na estação Mir, na década de 1990.[12] Um exemplo melhor para entender uma sociedade confinada de cem pessoas era um submarino — no entanto, mesmo com um submarino, a missão que passou mais tempo submersa e sem suporte terminou em 111 dias.[13] Ganhar o Colony Prize exigiria o confinamento de mais de 700 dias.

As regras da competição eram propositalmente simples. Os participantes deveriam equipar e construir módulos herméticos em um ambiente de vida fechado. Esses módulos, que começariam como espaços vazios, modulares e autônomos, que caberiam no compartimento de carga de um foguete, poderiam ser montados como alojamentos, laboratórios de ciência, fazendas, escolas, sistemas de tratamento de água, instalações industriais e qualquer coisa considerada necessária para sustentar uma comunidade. Incentivou-se que as colônias tivessem unidades que possibilitassem shows, esportes e outras formas de recreação.[14] Uma vez montadas e carregadas com provisões, as portas seriam lacradas e o relógio da missão iniciado. O objetivo não era reinventar a cúpula geodésica de Buckminster Fuller, e sim inventar redes completamente novas de estruturas modulares — usando algo semelhante ao Sistema Skyway de Minneapolis, o maior sistema contíguo de estruturas fechadas e pontes do mundo —, que, um dia, poderiam se tornar uma cidade. Com o tempo, o plano replicaria alguns aspectos da vida, antes de o clima extremo se tornar nosso novo normal.

Além dos planos e simulações de reconfiguração de módulos, os participantes foram orientados a apresentar uma lista de potenciais habitantes da colônia, justificativa para a escolha e um plano detalhado para garantir a qualidade de vida. Havia uma ressalva importante: a colônia não poderia ser construída apenas com um monte de coisas para pessoas na casa dos 20 anos que, nos dias tranquilos e prósperos dos anos 2000, poderiam ter frequentado o Coachella. Cada colônia tinha que retratar todo o espectro da sociedade: uma mistura de famílias, casais sem filhos e pessoas solteiras. O prêmio tinha como objetivo, em parte, testar a expansão da população em um sistema confinado. Ou seja, era necessário construir instalações para lidar com gravidezes, partos e cuidados infantis, bem como para cuidar de diversos problemas de saúde e das inúmeras etapas da vida.[15]

Não havia exigências ou cotas para garantir a diversidade de pensamento, ideologia, gênero, etnia, nacionalidade ou cultura. Não havia também disposições para impedir que determinadas pessoas fossem excluídas de uma colônia. Se um grupo conseguisse provar em simulação que seu plano poderia sustentar a vida por dois anos e explicar como os habitantes trabalhariam, frequentariam a escola, receberiam atendimento médico, cultivariam recursos e manteriam o equilíbrio dentro da colônia, eles seriam elegíveis para avançar. As equipes selecionadas teriam onze anos para construir, aprimorar e viver dentro de suas estruturas. No caso de uma falha do sistema ou necessidade de fazer grandes alterações em uma estrutura, qualquer colônia era autorizada a reiniciar o relógio e recomeçar, desde que tivesse tempo remanescente suficiente para concluir o experimento dentro do limite de onze anos.[16] Não havia limite para quantas colônias poderiam ganhar o prêmio de US$1 bilhão, caso fossem bem-sucedidas.

As colônias receberiam o apoio das diversas empresas de Musk — SpaceX, Tesla, The Boring Company (sua empresa de infraestrutura subterrânea e de túneis), Chia (a plataforma de transações inteligentes e blockchain com eficiência energética), NovoFarm (empresa de agricultura de precisão interna), Neuralink (a empresa implantável de interface cérebro-máquina) e Programmable Matter (fabricante de materiais que podem mudar de forma para responder ao ambiente ou à entrada do usuário).[*, 17, 18, 19] Os estudos de viabilidade e infraestruturas pioneiras foram concluídos, sendo a localização um aspecto vital: era necessário construir as futuras colônias de Marte no subsolo. Marte não tem um campo magnético e os níveis de radiação na superfície são perigosamente altos. A superfície é fria. Construir no subsolo forneceria proteção contra radiação e isolamento térmico.[20, 21, 22]

Os túneis seriam feitos pela The Boring Company. Suas máquinas automatizadas Prufrock V poderiam "se comportar como um boto no mar", ou seja, poderiam ser lançadas da superfície, cavar um túnel subterrâneo a uma velocidade quase 1,6km por dia e, em seguida, subir à superfície após a conclusão. A Tesla produziu cilindros de aço inoxidável que se encaixam perfeitamente nesses túneis. Eles eram como contêineres, exceto que tinham a

---

* **Estamos levantando a hipótese de que Elon Musk no futuro pode ser dono ou criar essas empresas.**

forma de latas de chips Pringles e tinham sistemas de acionamento elétrico, de modo a se moverem devagar e sozinhos. O interior dos módulos poderia ser personalizado a fim de acomodar praticamente qualquer coisa, como alojamentos privados, fazendas hidropônicas ou instalações cirúrgicas. Eles poderiam funcionar de forma independente por um curto período, mas normalmente estariam conectados para formar sistemas mais complexos, em cadeia, tal qual um trem do metrô. A Tesla também construiu sistemas solares e a bateria, ao passo que a SpaceX lidava com transporte e comunicações por meio dos satélites Starlink. As companhias tinham instalado sistemas na Lua devido ao contrato com a NASA. As colônias teriam eletricidade e banda larga em abundância.

As equipes do Colony Prize tinham autorização para usar essa pesquisa a fim de auxiliar seus projetos. Planos, modelos e especificações digitais estavam disponíveis online, e módulos vazios podiam ser adquiridos na Tesla por US$250 mil cada. O grande desafio para as equipes seria reunir, popular e operar sistemas completos.

Musk deixou claro, em suas instruções para aqueles que competiam pelo Colony Prize, que a ambição seria recompensada:

> *O objetivo é criar lugares habitáveis não apenas para morar, mas viver bem. Construa a colônia onde você e sua família possam prosperar, com o tipo certo de pessoas, e pense como ela pode continuar a crescer para se tornar totalmente autossustentável.*

Era obrigatório que os colonos financiassem seus planos, inclusive o pagamento dos salários daqueles que desenvolvem a colônia e dos próprios colonos. O prêmio de US$1 bilhão para colônias bem-sucedidas seria usado para ressarcir investidores, pagar bônus e, possivelmente, financiar uma expansão maior. Musk acreditava que esse modelo incentivaria e promoveria a cooperação entre diversas colônias, criando a força motriz para a inovação e acelerando uma economia espacial, além de fornecer experiência real sobre governança e operações.

A magnitude do prêmio — junto com o clima na superfície, que se tornou extremamente desagradável — angariou um enorme investimento global em P&D de sistema de vida confinado. O único exemplo aproximado era a

Biosphere 2, em Oracle, Arizona, cuja construção foi concluída em 1991.[23] Concebida originalmente para demonstrar a viabilidade de sistemas ecológicos fechados, a Biosphere 2 foi, em última análise, assolada por problemas. Pouca comida, pouca circulação de oxigênio e uma luta de poder pela gestão e administração do projeto condenaram o experimento. Desde então, ninguém tentou integrar o gigantesco progresso ocorrido na agricultura vertical, fabricação, sistemas de sensores e biotecnologia a outro sistema fechado.

Ainda que houvesse milhares de inscrições, somente 180 propostas foram aprovadas nas rodadas iniciais de seleção. As propostas vinham da América do Norte, Europa Ocidental, Coreia do Norte, China e Índia, no que ficou conhecido como unidades formadoras de colônias ou UFCs. Para começar, as UFCs tinham que elaborar planos e modelos minuciosos para regeneração de água, biofundições, assistência médica, geração de oxigênio e captura de carbono. Isso demandava criatividade e ampla modelagem assistida por computador. No final das contas, 72 UFCs montaram equipes qualificadas e garantiram terras para suas operações de colônia e superfície. Todas essas equipes haviam assegurado financiamento suficiente — desde subsídios do governo, investimentos de empresas privadas até quantias oferecidas por doadores endinheirados — para começar a construir.

A Tesla começou a enviar milhares de módulos e sistemas de energia às colônias em locais variados, como Bloomington, Indiana e Humboldt, Iowa; Dalmeny, Saskatchewan e Edmonton, Alberta (Canadá); Hwaseong (Coreia do Norte); Beizhen e Dadongzhen (China); Harda (Índia); Rumuruti (Quênia); e Knutsho (Noruega). Junto com os parceiros, as equipes começaram a personalizar os módulos e a uni-los para formar o que, a distância, poderia ser confundido com gaiolas de hamster de alta tecnologia, colocando-os na superfície primeiro e testando-os exaustivamente a fim de prepará-los para o subsolo.

Mesmo que as regras não limitassem o número de prêmios, havia metas rigorosas de desempenho. E para cumprir essas metas, as colônias tiveram que projetar micróbios, incluindo bactérias, que viabilizavam a autofertilização de culturas. Eram necessárias fazendas indoor sustentáveis com ambientes climatizados, sistemas de IA baseados em nuvem, sensores agrícolas e robótica colaborativa para comprovar e manter níveis seguros de nutrição, dióxido de carbono, oxigênio e hidratação. As equipes também tiveram que projetar, construir, testar e implementar vacinas e terapias faça você mesmo, a fim de lidar com qualquer novo patógeno que pudesse surgir no ambiente fechado. Produtos auxiliares destinados ao uso diário — como embalagens inteligentes, feitas de polímeros que se autodestruíam com eficácia ou "se descompactavam" quando expostas à luz, a calor ou a ácido — eram necessários para satisfazer os critérios rigorosos de gerenciamento de resíduos.

No início, as equipes se esforçavam para atingir suas metas. Criar um módulo sustentável para uma família sobreviver por alguns anos não era tarefa fácil. Dimensioná-lo para uma comunidade inteira, tendo alguma aparência de vida normal no subsolo, era um empreendimento mais complicado. As equipes da Colônia rapidamente perceberam que a melhor estratégia era a cooperação, já que não havia limite para o número de vencedores. Assim que começaram a compartilhar o que aprenderam, a engenharia dos principais sistemas de colônias evoluiu de forma vertiginosa. Não demorou muito para as equipes chegarem às disposições que as simulações de computador haviam previsto e que suportariam 100 pessoas, depois 150, depois quase 200. Todos perceberam que itens sobressalentes eram importantes. As coisas fatalmente dão errado, como falhas de equipamentos. E, às vezes, dão certo. Esperava-se que as populações das colônias crescessem durante o experimento da missão.

Em janeiro de 2043, apenas seis anos após o experimento, a primeira colônia, Endeavor Sub Terra, anunciou que estava pronta para selar as portas e iniciar a contagem regressiva da missão. A comunidade Endeavor Sub Terra (ESTers, como eles se tornaram conhecidos) estava localizada a leste do campus da Universidade Estadual do Arizona, além da Comunidade Maricopa First Nations (ironicamente, a Biosphere 2 também estava perto do campus do Arizona), financiada em parte pela universidade e pelo governo do estado, que forneceram terras e generosos incentivos fiscais. Os ESTers foram cuidadosamente selecionados entre a grande comunidade formada para construir a colônia do Arizona. Tinha muitas famílias com filhos, embora houvesse jovens casais e pessoas com diversas outras configurações de relacionamento. Todos já viviam e trabalhavam nos módulos há algum tempo. E, para eles, dar início ao projeto significava apenas não sair por mais de 730 dias.

Seus módulos foram movidos para o subsolo; o túnel estava selado e cheio de gases que combinavam com a composição atmosférica marciana.

Os sistemas de energia e comunicação simularam os quilowatts esperados e também os atrasos de transmissão, que variaram de 3 minutos a 22 minutos, dependendo das posições relativas dos planetas.

Os ESTers foram os primeiros colonos a se isolar da superfície, mas, por causa das informações detalhadas e do compartilhamento de infraestrutura, a maioria das demais colônias estava logo atrás. Na primavera de 2044, todas as 72 equipes de colonos haviam se mudado para o subsolo.

As UFCs desenvolveram e usaram diferentes sistemas econômicos e de governança. Alguns pagavam colonos como funcionários em tempo integral, que recebiam salários pelo período que passavam trabalhando pelo prêmio e morando na comunidade. Como a Estação Espacial Internacional, não havia nada para comprar ou vender. Os salários ganhos eram depositados nas contas bancárias dos colonos para uso quando retornassem à superfície. Outras colônias desenvolveram modelos de renda básica universal (RBU), em que todos os habitantes recebiam um conjunto de créditos para começar na forma de tokens digitais comunitários. Aos poucos, os membros da comunidade usavam esses tokens como moeda para pagar por bens e serviços enquanto viviam na colônia.[24]

Havia críticos. Algumas pessoas se referiam às colônias como "fazendas de formigas", "gaiolas de hamster" e "prisões voluntárias". Mas os colonos ignoravam. Eles acreditavam que seus módulos e túneis eram ótimos lugares para viver, trabalhar e criar uma família. O ambiente era livre de patógenos. No subsolo, os eventos climáticos extremos nem eram percebidos. Os túneis provaram ser seguros durante os tornados de fogo que devastavam grandes faixas da América do Norte e da Europa Ocidental no verão de 2044.

As colônias se destacaram em bioengenharia. Os módulos de ciências biológicas eram equipados com os melhores biofabs, incluindo sequenciadores e sintetizadores. Os responsáveis pelo desenvolvimento de organismos necessários para fazendas verticais e sistemas de reciclagem inventaram novas abordagens, que se adaptaram e evoluíram seus ecossistemas naturais locais com o passar do tempo. Eles também arquitetaram sistemas especiais de vigilância para detectar quaisquer contaminações ou mutações.

As colônias no subsolo forneciam refúgio contra tempestades perigosas na superfície, mas o experimento não mudou a natureza humana básica.

Antes de selar as portas, foram coletados dados psicográficos de todos os membros da comunidade a fim de garantir que pudessem tolerar viver em um recinto com somente 99 pessoas, só que ninguém predisse com acurácia a composição ideal da comunidade. Candidatos neurodiversos eram permitidos, embora pessoas com transtorno do pânico ou transtorno de deficit de atenção/hiperatividade [TDAH] ou que eram propensas à depressão fossem altamente desencorajadas. Aqueles que tinham problemas de controle da raiva ou que apresentavam sinais de transtorno de personalidade narcisista eram normalmente excluídos. Mesmo assim, alguns líderes comunitários burlavam as regras ou as infringiam deliberadamente. Os doadores ricos esperavam acesso e privilégios em troca de seu investimento, o que muitas vezes significava furar a fila em relação a candidatos mais qualificados ou adequados. Alguns doadores até compraram uma temporada na colônia para os filhos, esperando que, com isso, entrassem em universidades de prestígio. Outros pensavam que seriam férias excelentes ou uma forma de potencializar o tráfego em seus canais de mídia virtual, insistindo em fazer uma lista de pessoas.

Houve fracassos também. Em algumas colônias, a politicagem traiçoeira, as disputas internas e os escândalos atormentavam os habitantes no minuto em que as portas se fechavam. No Visionary Valley, por exemplo, os financiadores estavam determinados a gerenciar a comunidade como se fosse um negócio. Em dois meses, a colônia entrou em colapso. Os financiadores insistiram que apenas eles deveriam saber os códigos de bloqueio para os principais recursos, como lojas de alimentos e água. Eles também construíram um sistema de vigilância em toda a colônia usando sua própria autenticação biométrica. Os colonos não haviam sido informados com antecedência e se deram conta de que, uma vez no subsolo, um sistema hierárquico igual ao da superfície, que retratava o desequilíbrio de poder e riqueza, estava em vigor. Os colonos tentaram um golpe, mas na realidade eles estavam vivendo em um pan-óptico, e não havia como assumirem o controle. Indignados e enfurecidos, eles romperam o lacre da colônia de Visionary Valley e juraram nunca mais voltar.

Em todas as comunidades, alguns colonos lutavam contra o isolamento social, a mudança abrupta de estilo de vida e a movimentação restrita. Diversas pessoas sentiram uma sensação de desconforto persistente, resultando na dificuldade de concentração e sono. Para outros, depressão e ansiedade ficaram mais acentuadas. Esses colonos ficavam assustados com facilidade e desenvolviam paranoia. Alguns tiveram explosões violentas ou se separaram de familiares e amigos. Os colonos deram a essa condição um nome — síndrome traumática abaixo da superfície, ou STAS —, e não havia um modo fácil de tratá-la.

As colônias mais bem-sucedidas foram aquelas que reconheceram as necessidades fisiológicas e de segurança básicas da humanidade. As pessoas queriam sentir um senso de propósito e pertencimento, e havia muito trabalho para fazer dentro de cada comunidade. Alguns programas da renda básica foram bem-sucedidos, porém a maioria dos sistemas de token digital não era perfeita. Os colonos gastavam rapidamente as reservas iniciais, e não havia banco para lhes emprestar créditos adicionais. Eles tinham que pedir emprestado aos vizinhos, o que causava atrito, como sempre. Em uma colônia, um aumento repentino na demanda por morangos levou à inflação, fazendo com que os preços de todos os produtos aumentassem temporariamente.

Estruturas de poder tradicionais raramente funcionam; algumas pessoas sempre desejarão liderar, e outras nunca. Muitas colônias criaram um sistema social-democrata modificado de governo favorecendo o consenso. Os administradores das colônias alternavam entre cargos, o que nem sempre era perfeito, mas incentivava os administradores a não deixar uma bagunça para seus sucessores. Diversas colônias deixaram os sistemas de IA administrarem tudo.

A Endeavor Sub Terra, a primeira a descer ao subsolo, também foi a primeira a ganhar o prêmio de US$1 bilhão no início de 2045. Musk e o Colony Prize acabariam premiando 55 das 72 equipes. Ele considerava que era o melhor retorno sobre o investimento já feito. A humanidade construiu a base técnica e social para se tornar uma espécie multiplanetária e espacial, que poderia crescer indefinidamente quando tivesse acesso à energia e a matérias-primas. Além de produzir superavit de liquidez de alimentos, água e outras necessidades, a economia de muitas colônias atingia velocidade de escape: a pesquisa, os sistemas e os produtos que criaram estavam ganhando dinheiro a rodo na superfície. Se quisessem, poderiam reinvestir e continuar crescendo. Por isso, muitos ESTers decidiram permanecer no subsolo mesmo depois que a missão terminou.

Eles desenvolveram uma câmara de vácuo e um sistema de descontaminação que possibilitava aos colonos voltar à superfície de vez em quando para visitar velhos amigos ou desfrutar de um dos poucos dias com condições meteorológicas boas. Concordaram em usar ou ingerir sensores, realizar testes exaustivos em toda a colônia e quarentenas para garantir que ninguém trouxesse um vírus ou outro patógeno de volta às áreas comuns do recinto. Compraram as próprias máquinas de tunelamento e módulos adicionais para acomodar outras 2 mil pessoas — e já tinham um terceiro plano de crescimento em andamento para milhões de colonos, com novos bairros subterrâneos, geradores geotérmicos, biorreatores enormes e até mesmo um oceano subterrâneo. Talvez não fosse a intenção, mas o Colony Prize de Musk semeou o maior investimento em comunidades sustentáveis que a humanidade já tinha visto.

Em todo o mundo, os ecossistemas superficiais estavam se recuperando, conforme as fazendas e cidades em dificuldades eram abandonadas e trocadas pelo subsolo. Edifícios, estradas e casas foram deixados para se degradar naturalmente, desgastados pela luz solar, água e vegetação. A natureza e os sistemas naturais estavam se recuperando mais rápido do que qualquer um previu, exigindo que uma nova geração de naturalistas e ecologistas estudasse as novas mudanças radicais do ecossistema na Terra. Pela primeira vez em mais de um século, os níveis de CO_2 na atmosfera começaram a cair.

Os ESTers podiam enxergar um futuro de vida flexível: uma maneira de as pessoas viverem bem na nave espacial Terra ou, se desejado, fora do planeta. Um módulo pessoal poderia ser enviado para Marte e conectado a uma colônia.

Às vezes, os ESTers visitavam a superfície à noite. Deitados no chão e sem qualquer poluição luminosa, eles ficavam maravilhados com a abóbada de estrelas no céu. As estrelas pareciam sussurrar enquanto brilhavam: *Venham, humanos, explorem!*

Marte e outros planetas estavam esperando.

|QUATORZE|

Cenário Cinco

MEMORANDO

FBI

Agência Local de São Francisco

11 DE OUTUBRO DE 2026

MEMORANDO PARA: Diretor do FBI

ASSUNTO: Assistência Emergencial Solicitada para Combater o Novo Ciberataque Biológico

Em 9 de outubro de 2026, às 17h23, nossa agência local de São Francisco respondeu a uma grave ocorrência de acidente no campus 23xGenomics. Quando os agentes do FBI chegaram, todos os oito funcionários do laboratório estavam inconscientes, expeliam sangue pelos olhos, narizes, ouvidos e bocas. A segurança privada contratada pela 23xGenomics relatou um acidente químico; no entanto, os agentes de campo do FBI não notaram qualquer substância química presente. Os agentes coletaram amostras para investigação e isolaram o laboratório.

Em 10 de outubro, a agência local de São Francisco recebeu uma chamada anônima alertando os agentes para uma postagem do Dark Chaos Syndicate em um fórum do 4chan, alegando ser responsável pela ocorrência. O Dark Chaos Syndicate, já conhecido pelo FBI, é um coletivo descentralizado, militante e anti-OGM com membros em diversos países, incluindo o Reino Unido, Rússia, Alemanha, Suécia, Brasil, França, Índia, Islândia e Estados Unidos. Os membros do sindicato disseminam teorias de conspiração usando aplicativos de bate-papo de comunicação criptografados de ponta a ponta, como Telegram e Signal, que continuam a ser difíceis de monitorar.

Descobrimos mensagens de um fórum em www.gag.org no qual os membros discutiram inúmeras teorias de conspiração relacionadas à engenharia genética. Os membros do sindicato acreditam que a CIA desenvolveu a vacina contra a Covid-19 durante o auge do movimento Black Lives Matter para tornar as pessoas mais submissas e que o Walmart, a CVS e a Johnson & Johnson são braços secretos do governo que trabalhavam juntos para coagir os norte-americanos a tomar a vacina. Os membros do sindicato pensam que a vacina entra no núcleo de uma célula e altera o DNA permanentemente de maneira que torna os seres humanos mais complacentes. Se as pessoas não são biologicamente capazes de ficar com raiva, as discussões do sindicato afirmam, elas pararão de protestar e obedecerão às forças de segurança pública.

Os agentes descobriram conversas incitando ações contra empresas de genética que remontam a junho de 2021.

Neste momento, acreditamos que a ocorrência no laboratório da 23xGenomics não foi um acidente, e sim um ciberataque biológico adversário híbrido e direcionado, envolvendo os computadores do laboratório, uma empresa de sintetização genômica na China e uma cadeia de suprimentos do setor privado. Este parece ser um novo tipo de ataque, que combina o ciber-hackeamento tradicional e a engenharia genética em uma nova e letal forma de bioterrorismo.

Tomando como base as postagens do Dark Chaos Syndicate, um ciberataque em todo o país a outras instalações comprometidas poderia estar em andamento, o que ocasionaria falhas sequenciais de diversas formas de infraestrutura crítica e sustentável.

ANTECEDENTES

A empresa 23xGenomics de pesquisa biotecnologia agroquímica e agrícola tem como foco a edição de genes e tecnologias aplicadas. Os bioengenheiros do laboratório estavam trabalhando em um projeto para desenvolver cepas sintéticas de baunilha. Aparentemente, o Dark Chaos Syndicate não está muito preocupado com a baunilha ou com a baunilha geneticamente modificada. Nem a 23xGenomics estava fazendo pesquisas genéticas inovadoras. Acreditamos que 23xGenomics foi o alvo porque estava descumprindo protocolos e adquirindo material genético da China, que é mais barato e produzido mais rápido do que é possível nos Estados Unidos, e isso a tornou alvo de hackers.

A infraestrutura física e digital que a 23xGenomics usou para auxiliar seu trabalho de biologia sintética — dados, DNA e outros materiais genéticos, equipamentos de laboratório, redes de comunicações, cadeias de suprimentos e pessoal — foi comprometida, resultando em um ataque de malware sem precedentes.

DETALHES DO ATAQUE

A 23xGenomics planejou desenvolver uma cepa sintética de baunilha que poderia ser criada em um laboratório usando poucos recursos. Os pesquisadores estavam desenvolvendo experimentos para testar a robustez da baunilha em diferentes condições. Um desconhecido vetor de ataque anterior dentro da 23xGenomics possibilitou que o Dark Chaos entrasse em um sistema operacional comercial com a finalidade de monitorar, realizar a exfiltração de dados e plantar malware. Esta é a nossa avaliação atual do ataque:

1. Um bioengenheiro que trabalha na 23xGenomics fez o download de um plug-in de navegador comprometido, desenvolvido para automatizar a SBOL (Synthetic Biology Open Language), a fim de enviar dados para repositórios online. Esse plug-in não foi bloqueado pelo departamento de TI da 23xGenomics e facilitou um ataque man-in-the-middle.

2. O bioengenheiro e sua equipe projetaram um experimento usando o software de sequenciamento de dados da empresa. As simulações usuais foram executadas para detectar anomalias e validar a sequência.

3. Desse modo, o bioengenheiro encomendou DNA sintético da Livivo, fornecedor chinês de todos os materiais genéticos da 23xGenomics, painéis de enriquecimento e kits. A Livivo foi escolhida por seu baixo custo e por trabalhar mais rápido do que as empresas norte-americanas, que, ao contrário da Livivo, seguem todos os protocolos de triagem do International Gene Synthesis Consortium. A 23xGenomics explorou uma isenção do Departamento de Saúde e Serviços Humanos dos EUA para sequências específicas preocupantes, o que lhes permitiu driblar certos protocolos de triagem.

4. Entre a 23xGenomics e a Livivo, o malware foi usado para confundir a sequência genética. O malware substituiu a sequência de DNA pelo código biológico malicioso de tal forma

que o software de triagem não conseguiu detectar que a sequência havia sido alterada.

5. A Livivo produziu o pedido de DNA sintético e o enviou de volta para a 23xGenomics. O bioengenheiro e sua equipe sequenciaram o DNA usando o sistema de computador comprometido no laboratório 23xGenomics.

6. Quando a equipe de bioengenharia continuou seu experimento, o DNA malicioso foi utilizado, combinando-o com outro material. Em vez de realizar um experimento de rotina, a equipe inconscientemente criou e libertou um patógeno letal.

7. Diversas vulnerabilidades na cadeia de fornecimento de DNA, incluindo software, triagem de biossegurança e protocolos de ponta a ponta, foram responsáveis por esse ciberataque biológico.

POSSÍVEL EPIDEMIA MORTAL

O laboratório 23xGenomics recebeu seu pedido da Livivo em 5 de outubro e, segundo os registros do laboratório, ele foi usado na manhã de 6 de outubro, dando ao patógeno um período de incubação de 72 horas. Nos três dias após a exposição, os oito funcionários do laboratório entraram em contato com cerca de 120 pessoas. Dependendo da transmissibilidade do patógeno, uma catástrofe exponencial pode estar se desenrolando neste exato momento.

A agência local de São Francisco tem estado em contato com o Departamento de Saúde Pública de São Francisco e os Centros de Controle e Prevenção de Doenças (CDC), que atualmente estão investigando o patógeno a fim de identificar sua sequência genética e o que, exatamente, é. Um relatório de autópsia demonstrou que as artérias, veias e capilares de uma vítima estavam vazando sangue e plasma. O patologista forense que entrevistamos descreveu "órgãos completamente liquefeitos" e "células que parecem ter explodido espontaneamente".

AÇÕES SOLICITADAS

Protocolos para biocontenção devem ser promulgados pelas autoridades federais, estaduais e locais imediatamente. As medidas devem incluir:

- Todos os laboratórios que receberam DNA ou outras amostras genéticas nos últimos cinco dias devem ser lacrados e fechados. Eles podem estar contaminados e ser perigosos.
- Todos os outros laboratórios de pesquisa, empresas comerciais e agências governamentais envolvidas em qualquer aspecto da biologia sintética devem desligar e desconectar imediatamente todos os computadores, sequenciadores, montadores e quaisquer outros equipamentos.
- Os agentes de segurança da informação e os gerentes de TI devem identificar e remover todos os plug-ins, softwares e contas controlados por atores maliciosos e identificar mecanismos de persistência via acesso remoto.
- As viagens devem ser totalmente restritas ou interrompidas. A Califórnia não tem medidas padronizadas de rastreamento de contato vigente. Não há como saber quantas pessoas já podem ter viajado para fora da cidade, para diferentes destinos em todo o estado ou para outros estados ou países.
- Ordens de isolamento social devem entrar em vigor, pelo menos em São Francisco e possivelmente também em outros lugares. Os protocolos de emergência são necessários para o cumprimento das ordens de isolamento.

SOLICITAÇÃO ASSISTENCIAL

Os agentes locais de São Francisco contataram diversas agências para orientação. Estas foram as respostas que recebemos:

- CONSELHO DE SEGURANÇA NACIONAL: o Conselho afirmou que poderia começar a analisar o ciber-hackeamento, mas que era necessário a ajuda do CDC, do Departamento de Saúde e do National Institutes of Health (NIH), nos encaminhando para o Programa BioWatch do Departamento de Segurança Interna dos EUA.

- DEPARTAMENTO DE SEGURANÇA INTERNA PROGRAMA BIO-WATCH: informou-nos que o Programa BioWatch fornece apenas avaliação de risco para ataques biológicos tradicionais por meio de seu Escritório de Combate a Armas de Destruição em Massa e que não tem autoridade neste assunto. Encaminhou-nos para a Diretoria de C&T do Departamento de Segurança Interna.
- DIRETORIA DE CIÊNCIA E TECNOLOGIA (C&T) DO DEPARTAMENTO DE SEGURANÇA INTERNA: informou-nos que se concentra em medidas defensivas químicas e biológicas baseadas em risco. Não tem autoridade em cibersegurança. Encaminhou-nos à Agência de Cibersegurança e Infraestrutura dos Estados Unidos (CISA).
- AGÊNCIA DE CIBERSEGURANÇA E INFRAESTRUTURA: disse que poderia mobilizar apoio para investigar o ataque de malware, mas que não tinha experiência específica em código genético. Aguardamos atualização.
- CENTROS DE CONTROLE E PREVENÇÃO DE DOENÇAS: entramos em contato com o CDC para alertá-los sobre a possibilidade de um novo vírus ou outro patógeno estar se disseminando atualmente. O CDC está coordenando uma investigação sobre o que é esse patógeno, mas nos informou que não lida diretamente com cibersegurança. Como acreditamos que outros laboratórios podem estar comprometidos, o CDC recomendou que contatássemos a Agência de Segurança Nacional ou o Departamento de Defesa.
- AGÊNCIA DE SEGURANÇA NACIONAL: informou-nos para revisar o "Memorando do Conselho de Segurança Nacional, Seção 5" e nos encaminhou de volta ao CDC.
- DEPARTAMENTO DE DEFESA: entramos em contato com o Gabinete Executivo do Programa Conjunto de Defesa Química, Biológica, Radiológica e Nuclear (GEPC-DQBRN), que faz parte do

Programa de Defesa Química e Biológica do Departamento de Defesa, gerenciando investimentos em equipamentos de defesa química, biológica, radiológica e nuclear e medidas defensivas médicas. O GEPC-DQBRN protege a Força Conjunta (Exército, Marinha, Força Aérea, Fuzileiros Navais, Guarda Costeira e Socorristas) contra armas de destruição em massa. Fomos informados de que o GEPC-DQBRN não interviria a menos que bens militares ou propriedade do governo fossem atacados. Como o laboratório era propriedade privada, o GEPC-DQBRN não se envolveria. O Departamento de Defesa recomendou que falássemos com o Departamento de Energia.

- DEPARTAMENTO DE ENERGIA: fomos informados de que as atribuições do Programa de Ciência Genômica do referido Departamento engloba a pesquisa e o (re)desenvolvimento de biocombustíveis, porém, a menos que o ataque comprometesse o estoque nuclear dos EUA, eles não poderiam ajudar.
- AGÊNCIA FEDERAL DE GESTÃO DE EMERGÊNCIAS: finalmente, contatamos a agência, sobretudo para alertá-la sobre um possível ataque mortal que poderia levar à morte de incontáveis norte-americanos. Foi-nos garantido de que havia um Modelo Nacional de Resposta em vigor. Se outros laboratórios fossem comprometidos, fomos informados de que o modelo cobre falhas sequenciais e resultantes de desastres naturais e outras emergências. Quando perguntamos especificamente sobre protocolos referentes a um ciberataque biológico complexo, nos encaminharam para o FBI. Nós os lembramos de que somos o FBI.

Ao que tudo indica, não há uma divisão ou agência coordenada de ciberbiologia com jurisdição sobre cibersegurança e biossegurança. Não conseguimos encontrar nenhuma agência com protocolos ou planos para lidar com um ataque sofisticado que começa como código de computador malicioso e resulta em código genético projetado para se comportar como uma arma biológica. Parece que estamos nos estágios iniciais de um ataque massivo de bioterrorismo em solo norte-americano e não temos um ponto central de contato, nem protocolos estabelecidos, tampouco estratégias para conter essa ameaça iminente.

Solicito orientações.[1]

PARTE QUATRO

O Caminho a Seguir

| QUINZE |

UM NOVO COMEÇO

Se você dirigir rumo ao sul da agência local do FBI em São Francisco e pegar a Route I em direção à cidade de Half Moon Bay, terá uma vista de redemoinhos azuis-safira deslumbrantes e rochas escarpadas que se projetam do mar. Ali, a costa do Pacífico é ladeada por dunas de areia grossa, gramíneas altas e florestas antigas de sequoias, ciprestes e pinheiros. Perto de Monterey, a estrada se bifurca, serpenteando por flores-do-campo amarelas e laranjas e, finalmente, chegando ao Asilomar Conference Center, um refúgio aninhado abaixo das copas das árvores, construído com a intenção de integrar o ambiente natural com o ambiente projetado pelo homem.

Perto do final do século XIX, as mulheres começavam a ingressar no mercado de trabalho e a aceitar empregos de baixa remuneração em fábricas e escritórios. Naquela época, três feministas encabeçavam a filial de São Francisco da Young Women's Christian Association (YWCA): Ellen Browning Scripps (editora), Mary Sroufe Merrill (ativista, filantropa e escritora) e Phoebe Apperson Hearst (sufragista e filantropa proeminente e mãe do magnata da imprensa William Randolph Hearst). Elas escolheram o mesmo trecho da orla para um reduto YWCA, mas tinham ambições maiores. Como eram ricas, quando chegou a hora de construir, elas poderiam ter contratado qualquer um dos melhores arquitetos homens da época, mas, em vez disso, contrataram uma engenheira e arquiteta pouco conhecida chamada Julia Morgan para projetar um pequeno campus. Helen Salisbury, uma estudante de Stanford, ganhou o concurso para nomear o centro, um nome híbrido de duas palavras espanholas: *asilo*, que significa retiro ou refúgio, e *mar*. Em 1913, quando o Asilomar realizou sua primeira conferência de liderança feminina, era mais do que um "refúgio à beira-mar" e um simples reduto da YWCA. O Asilomar era uma promessa. Um lugar onde as mulheres aprenderiam umas com as outras e se relacionariam com outras pensadoras progressistas que, com o tempo, incluiria um grupo seleto de homens. Aquelas que se reuniam no Asilomar procuravam desnudar a sociedade norte-americana até seus elementos mais básicos e, em seguida, reconstruí-la do zero para ser inclusiva, igualitária e preparada para um futuro melhor.[1] Scripps, Merrill e Hearst acreditavam que todos tinham o dever sagrado de questionar os poderosos sistemas que norteavam suas vidas, mesmo quando isso suscitava uma grande margem de incerteza. Elas entendiam que, à medida que as pessoas progredissem na ciência e na tecnologia, a vida precisaria ser (re)imaginada, constantemente.

Em 1973, não muito longe de Asilomar, pesquisas que logo se tornariam importantes estavam sendo realizadas. Cientistas da Universidade da Califórnia em São Francisco e da Universidade Stanford estavam fazendo experimentos com enzimas de restrição para reduzir as extensas cadeias de nucleotídeos em pequenos pedaços de letras genéticas e, em seguida, inseri-los em outras células. Esperava-se criar um processo para trocar DNA entre diferentes espécies. A tecnologia resultante, chamada DNA recombinante, ou rDNA, teve consequências profundas. Se os cientistas conseguissem trocar o DNA de bactérias, quais organismos seriam os próximos? Uma preocupação: em teoria, micróbios que provocam câncer em camundongos poderiam ser transferidos para, digamos, cavalos. Mas e se os vírus dos cavalos contaminassem os humanos? Isso levantava uma nova possibilidade aterradora: os pesquisadores poderiam, de forma intencional ou não, criar doenças sobre as quais pouco se sabia e para as quais não havia proteção ou cura. (Lembre-se de que, nessa época, não havia máquina de sequenciamento genético, e decifrar o código de um novo patógeno era um processo demorado e trabalhoso.) Não havia também como predizer o comportamento desses organismos editados na natureza ou sua evolução. Mas uma coisa era certa. Os humanos se tornaram deuses. Eles não haviam apenas (re)imaginado a vida, eles haviam a recriado e a transformado.

Um dos pesquisadores envolvidos nessa descoberta, o bioquímico de Stanford Paul Berg, enviou uma carta de advertência à revista *Scientist* logo após ter sintetizado pela primeira vez uma molécula de rDNA em 1972. "Atualmente, diversos grupos de cientistas estão planejando usar essa tecnologia para criar o DNA recombinante a partir de uma gama de outras fontes virais, animais e bacterianas. Embora seja bem provável que esses experimentos facilitem a resolução de importantes problemas biológicos teóricos e práticos, eles também resultariam na criação de tipos de elementos de DNA infecciosos cujas propriedades biológicas não podem ser completamente preditas com antecedência."[2] Berg estava se reunindo com outros cientistas proeminentes, incluindo os biólogos Maxine Singer, David Baltimore, Norton Zinder e James Watson. Watson era então o diretor do Cold Spring Harbor Laboratory, um dos principais centros de pesquisa biológica do mundo. Os cientistas estavam preocupados com os possíveis riscos das moléculas de rDNA, pois sabiam que elas poderiam resultar em vírus autorreplicantes, bactérias perigosas ou até mesmo armas biológicas que poderiam ter efeitos catastróficos. No entanto, eles também reconheciam o potencial do rDNA. Caso as pesquisas continuassem, e os cientistas aprendessem a utilizar a tecnologia de forma segura, teríamos imensos poderes para melhorar e prolongar a vida: produzir insulina sintética, criar antibióticos e desenvolver novas terapias que ainda não haviam sido imaginadas. Berg e seus colegas pediram a interrupção de novas experiências até que houvesse um conjunto de princípios norteadores sobre o uso da pesquisa de edição gênica.[3]

Isso levantava duas perguntas importantes. Quais deveriam ser esses princípios? E quem os determinaria? Havia questões geopolíticas a considerar. As tropas norte-americanas haviam acabado de se retirar do Vietnã, e a União Soviética estava preparando o terreno para estabelecer regimes comunistas no Sudeste Asiático, na América Latina e no Afeganistão.[4, 5] Os Estados Unidos e a China ainda não haviam estabelecido relações diplomáticas.[6] Se o grupo tivesse apenas cientistas norte-americanos, era provável que os outros países ignorassem ou rejeitassem os princípios resultantes. Havia questões morais, éticas e religiosas. Na Inglaterra, médicos estavam testando um procedimento novo que criaria um embrião em um "tubo de ensaio".[7] Isso irritou os teólogos, bastante despreparados para abordar as profundas questões morais levantadas pelas pesquisas.[8] Um conjunto de princípios reforçaria ainda mais as antigas crenças religiosas sobre como a vida foi criada — sobretudo para aqueles que defendiam que manipular ou destruir material genético era implicitamente um pecado —, o que atrapalharia as pesquisas em vez de ajudar. Se um grupo tivesse apenas cientistas, mais tarde, esses princípios poderiam ser alvo de questionamentos dos políticos, que alegariam, com razão, que quaisquer leis, inclusive aquelas relacionadas à vida, deveriam ser estabelecidas por autoridades governamentais, não por cientistas.

Berg e seus colegas sabiam que um amplo conjunto de partes interessadas teria que chegar a um consenso sobre os princípios, de modo a mitigar os riscos inerentes a esse tipo de pesquisa. Em 24 de fevereiro de 1975, eles decidiram organizar uma conferência que se concentraria em duas questões básicas:

1. Como conciliar a proteção da liberdade das pesquisas científicas com a proteção do bem comum?
2. Como as decisões sobre as pesquisas científicas e seus usos tecnológicos na sociedade devem ser tomadas, principalmente em condições de incerteza?[9]

Eles elaboraram uma lista internacional com biólogos moleculares, jornalistas, médicos, advogados e outros profissionais de elite e os convidaram para ir a Asilomar — lugar de (re)imaginações profundas — a fim de pavimentar um caminho a seguir para as formas de vidas geneticamente modificadas.[10]

Ao subirem ao palco de Asilomar para a sessão de abertura, Berg e Baltimore sabiam que nem todos ali estavam familiarizados com o conceito de rDNA. Então, eles começaram explicando a tecnologia de modo claro, sem exageros ou sensacionalismo sobre suas consequências. Mas também deixaram bem clara a importância do evento. O grupo de pessoas, vindas dos Estados Unidos, da União Soviética, da Alemanha Ocidental, do Canadá, do Japão, da Inglaterra, de Israel, da Suíça e de outros lugares, já estava sendo considerado a versão biotecnológica da Convenção Constitucional dos Estados Unidos.[11] Desse modo, Baltimore encerrou a sessão com uma observação fatídica: se esse grupo de pessoas não conseguisse chegar a um consenso sobre o uso do rDNA, ninguém mais conseguiria.

Os organizadores também tinham outras intenções. O rDNA e outras biotecnologias emergentes acabariam chamando a atenção dos legisladores que, assim como o público em geral, teriam dificuldades em compreendê-las. A desinformação se espalhava depressa entre aqueles que não entendiam o assunto. E os organizadores sabiam que a ciência precisava ser autogerida, mas, para que isso acontecesse, cientistas e pesquisadores precisavam ganhar a confiança pública e lidar com as preocupações de segurança dos legisladores. Se o grupo do Asilomar, composto de pessoas de vários campos diferentes de atuação e escolhidas a dedo, conseguisse discutir abertamente suas crenças e chegar a um consenso, os cientistas demonstrariam a habilidade de equilibrar o interesse científico com a moderação voluntária.

Por isso, mais de uma dúzia de jornalistas — do *New York Times*, do *Wall Street Journal*, da Canadian Broadcasting Corporation, do *Frankfurter Allgemeine* e até da *Rolling Stone* — também foram convidados.[12] Esperava-se que os jornalistas relatassem não apenas todas as discussões, como também o resultado final da conferência. Ou seja, quaisquer rixas, insultos e conversas desagradáveis entre os cientistas seriam publicados e lidos pelos políticos e pelo público. Os cientistas, que normalmente trabalhavam sozinhos em laboratórios, publicavam pesquisas acadêmicas difíceis de ler e, em geral, evitavam os holofotes, estavam preocupados que um debate público resultasse em novas críticas à biotecnologia. Mas Berg e seus colegas previram um desfecho diferente. Se o público entendesse melhor o conceito de rDNA e soubesse que os cientistas estavam trabalhando arduamente para evitar os piores cenários, as pessoas passariam a confiar nos cientistas e na ciência.

Os organizadores tinham razão. Os participantes chegaram a um consenso, concordando com um conjunto de restrições e protocolos de segurança a serem implementados antes da retomada da pesquisa de rDNA. As diretrizes oficiais foram divulgadas pouco tempo depois. A *Rolling Stone* publicou um extenso relato em primeira pessoa da conferência de Asilomar. O músico Stevie Wonder e o geneticista James Watson foram destaque na mesma edição. Uma ilustração psicodélica da década de 1970 de Wonder estampava a capa: formas abstratas coloridas refletiam de seus óculos de sol, e ele usava fones de ouvido, um casaco marrom felpudo, contas e um boné volumoso e multicolorido. Na matéria, havia uma foto em preto e branco de um Watson esquisito, vestindo um suéter amarrotado durante uma pausa para o café, ouvindo outro participante (que estava vestindo um suéter menos amarrotado).[13] Mais do que isso, nos últimos quarenta anos, a tecnologia de rDNA levou a um enorme progresso científico, sem consequências negativas para a saúde pública e, o mais impressionante, sem epidemias de desinformação até recentemente. Ao provarem que conseguiam analisar os riscos, chegar a um consenso e autogerir seus trabalhos, os cientistas conquistaram a confiança do público. Uma nova era para ciência, transparência e políticas públicas começou em Asilomar.

Por causa das experiências de He Jianku com o CRISPR, das desinformações sobre as vacinas de mRNA e da possibilidade de criar quimeras humanas-animais, há atualmente pedidos para que um novo grupo de partes interessadas se reúna em Asilomar a fim de discutir os riscos e as vantagens inerentes à biologia sintética.[14] Só que o mundo de hoje é um lugar bem diferente do que era em 1975. Há tantas biotecnologias que nos permitem alterar significativamente a vida e os avanços em IA, infraestrutura de rede de computadores e tecnologias wireless 5G e 6G nos possibilitam a criação de tipos de P&D. Todas essas tecnologias estão prestes a impulsionar a inovação e um fluxo constante de novos produtos comerciais. Seria um erro organizar uma conferência dedicada às consequências do CRISPR sem também discutir os riscos e as vantagens das redes neurais profundas da IA. Seria um grande desafio tentar chegar a um consenso sobre a matriz de tecnologias que integram a biologia sintética. Além do mais, na situação em que estamos, o cenário das patentes é caótico, e disputas judiciais ainda estão sendo travadas nos tribunais. Alguns cientistas que seriam convidados para ajudar no consenso sobre o futuro da biologia sintética estão atualmente processando uns aos outros.

Embora a tecnologia tenha evoluído, o mesmo aconteceu com as ambições globais — e complicações — dos países que lideram seu desenvolvimento. A Rússia não é mais uma parceira em biotecnologia. A China priorizou a biologia sintética em sua busca pela hegemonia global científica e tecnológica. O governo dos Estados Unidos não conseguiu manter um posicionamento sólido sobre políticas científicas e tecnológicas, pois governos vivem entrando e saindo da Casa Branca. E no momento há mais investidores financiando as pesquisas. As ciências biológicas são um dos maiores e mais atraentes setores para os investidores de risco, fundos de hedge e private equity. Qualquer conferência Asilomar atual precisaria incluir chefes de empresas de investimento cujo sucesso depende da rápida disponibilização de produtos comerciais no mercado e que provavelmente terão preconceito contra a modelagem de risco em longo prazo. Na época em que ocorreu a conferência Asilomar de 1975, os redatores de discurso do presidente Richard Nixon estavam começando a utilizar o termo "mídia" de forma depreciativa para semear desconfiança no jornalismo.[15] Hoje, o nível de confiança na mídia nunca esteve tão baixo. As mídias sociais usam atenção como moeda e influência, recompensando os usuários que postam conteúdos imorais e sensacionalistas.[16] Se uma nova conferência Asilomar ocorresse hoje, e os jornalistas relatassem os acontecimentos, com que rapidez as conversas momentâneas seriam tiradas do contexto? Os organizadores teriam que considerar que quaisquer histórias dos acontecimentos, independentemente da fidelidade relatada, seriam distorcidas em inverdades online.

Nesse ínterim, à medida que escrevíamos este capítulo, três eventos que moldam o futuro da humanidade aconteciam: os legisladores da Califórnia propuseram uma nova lei, exigindo que as empresas de DNA por correspondência realizem exames de biossegurança; a Ginkgo Bioworks abriu o capital com valor estimado em US$15 bilhões; e os antivacinas acabaram de invadir os campi universitários, protestando contra as novas políticas que exigem que os alunos tomem vacina contra a Covid-19, antes de retornarem às aulas, no outono de 2021.[17, 18] Por mais que a área de biologia sintética esteja evoluindo rápido, as bases que a sustentam — estruturas legais, a bioeconomia e a confiança pública — são precárias.

Na falta de uma nova conferência Asilomar, alguns legisladores querem planos detalhados que definam o futuro da biologia sintética. Na maioria das vezes, esses planos econômicos retratam o desenvolvimento, as conquistas e os resultados mensuráveis ao longo de um cronograma linear. Mas a ciência não é linear, sobretudo quando se lida com tecnologias emergentes. Inovações levam a avanços, porém, quase sempre, os experimentos não são bem-sucedidos. Via de regra, as descobertas só ocorrem depois de muitas voltas e reviravoltas, becos sem saídas e impasses.

Há uma maneira de colocar a biologia sintética em um rumo positivo para o futuro, que se deve muito às questões básicas que Berg e seus colegas levantaram e ao exemplo dado por Scripps, Merrill e Hearst. Não conseguimos saber como exatamente o futuro da biologia sintética se desenrolará, mas podemos recorrer à incerteza e aprender com ela se perguntarmos "Como devemos...", "E se...", "Será que podemos...", que terminem com "em prol do interesse público". No entanto, para fazer isso, é necessário se imaginar em um futuro que contradiz o que você acredita hoje. E isso será desagradável. Exigirá coragem. Ampliar seus horizontes para tomar decisões embasadas sobre o futuro e, em seguida, dar os primeiros passos nessa direção, independentemente de onde as perguntas o levem, é uma atitude drástica.

Para que a biologia sintética alcance o potencial máximo, minimizando riscos perigosos, precisamos nos imaginar em um futuro desconhecido, em que nossas abordagens regulatórias, acordos geopolíticos e estratégias de investimento sejam diferentes do que são hoje. Nesse futuro, a confiança será resultado de inclusão, comunicação e responsabilidade. O conhecimento e a compreensão científica serão democratizados, a religião coexistirá com a ciência e a política abrirá caminho para a inovação. (Sim, sabemos que parece um plano impossível e fantasioso para reformular a sociedade.) Este livro é a nossa versão Asilomar. Convidamos um grupo global de partes interessadas — você e todos os leitores — para aprender sobre as tecnologias de biologia sintética e os eventos que antecederam este momento. Você conheceu pesquisadores, ficou sabendo sobre suas rixas e suas perspectivas. Apresentamos alguns dos investidores e empresas que fazem parte da bioeconomia. Desafiamos suas ideias à medida que lia cada capítulo. Contestamos suas opiniões sobre como a pesquisa científica deve ser conduzida e como devemos tomar decisões sobre as futuras aplicações das tecnologias de biologia sintética.

Como conciliar a proteção da liberdade das pesquisas científicas com a proteção do bem comum? Como as decisões sobre as pesquisas científicas e seus usos tecnológicos na sociedade devem ser tomadas, principalmente em condições de incerteza. A seguir, fizemos nossas recomendações para cooperação global, regulamentação, negócios e para a comunidade de biologia sintética. São pontos de partida e oportunidades de continuar fazendo perguntas, recorrer à incerteza e chegar a um consenso.

ENCONTRANDO INTERESSES COMUNS

Sempre que uma tecnologia exponencial é apresentada, inicia-se uma corrida, sobretudo se o seu desenvolvimento vem acompanhado de consequências econômicas e de segurança nacional significativas. Isso aconteceu com a exploração espacial (os Estados Unidos e a União Soviética disputando a hegemonia), com a inteligência artificial (desta vez, os Estados Unidos e a China competindo), e agora está acontecendo com a biologia sintética. O vencedor colhe bons frutos: poder de direcionar o investimento de capital, atrair os melhores talentos acadêmicos, estabelecer o ritmo da inovação e até mesmo os padrões globais.

No Capítulo 3, apresentamos uma breve história da IA, conceitualizada já na década de 1820 e cujo nome foi criado em 1956. A primeira onda de tecnologias IA ocorreu entre 1960 e 1980, o que possibilitou a formação de um novo ecossistema de negócios, atraiu talentos e investimentos e estabeleceu grande parte da infraestrutura invisível que atualmente alimenta a vida cotidiana — os freios ABS do seu carro, os sistemas de detecção de fraude que monitoram seus cartões de crédito e assim por diante. No entanto, a IA está agora seguindo rumos diferentes de desenvolvimento, com propósitos claramente distintos. Os Estados Unidos não elaboraram nenhuma estratégia ou política integrada sobre IA, nenhum plano para nortear seus objetivos ou crescimento. Isso fez com que as empresas do setor privado, não raro, priorizassem os acionistas acima do bem comum e tomassem todas as decisões. Em termos práticos, isso resultou no sacrifício da privacidade do consumidor e na venda de dados a terceiros inescrupulosos. Resultou também em produtos e serviços cruciais, como Facebook e YouTube, que estão repletos de viés algorítmico.

As empresas de grande porte sempre fizeram lobby para influenciar a política e a regulamentação. Mas os gigantes tecnológicos acumularam poder e riqueza inimagináveis e, ao fazer isso, tomaram decisões fundamentais com impactos diplomáticos e geopolíticos significativos. Alguns deles criam os próprios departamentos de política externa corporativa. O presidente da Microsoft, Brad Smith, se reúne frequentemente com chefes de Estado e ministros das Relações Exteriores a fim de discutir ciberameaças emergentes e explorar problemas, como acabar com a exclusão digital nas economias em desenvolvimento. Em 2017, ele realizou uma Digital Geneva Convention [Convenção Digital de Genebra], um tratado internacional para proteger os cidadãos contra ciberataques de Estado-nação.[19] O Grupo de Diplomacia Digital da Microsoft trabalha ativamente em uma abordagem de foco tecnológico para a política externa, e dezenas de especialistas políticos ajudam a elaborar acordos internacionais de cibersegurança e a moldar as regulamentações locais, entre outras atividades. Esse grupo até se reúne a portas fechadas com diplomatas para discutir sobre os direitos humanos.[20]

A empresa entende que a política externa corporativa é um bom negócio — gera confiança e auxilia no planejamento de longo prazo. O Facebook, a Apple, o Google e a Amazon empregam estratégias semelhantes. Agora, pense nas consequências em longo prazo de empresas tecnológicas influenciando a geoeconomia. E se uma empresa como o Facebook tivesse prioridades que diferissem das prioridades de seu governo? E se, durante essas reuniões diplomáticas, ela promovesse políticas que os legisladores governamentais não tivessem abordado, ou pior, que fossem contrárias as políticas dos Estados Unidos? Esses cenários, que parecem cada vez mais possíveis, representam desafios crescentes para os legisladores estaduais e federais e investigações por parte das agências de regulamentação. Eles atraíram a fúria das administrações presidenciais norte-americanas. Agora, essas empresas — os players mais formidáveis de IA dos Estados Unidos — estão sendo atacadas por acumular muito poder e riqueza. E a indústria tecnológica, os investidores e o governo passarão a próxima década discutindo a respeito.

Nesse ínterim, na China, o desenvolvimento da IA é encabeçado pelas três principais empresas chinesas tecnológicas — Baidu, Alibaba e Tencent, conhecidas coletivamente como BAT — e suas variadas instituições acadêmicas. Apesar de serem empresas de capital aberto, elas seguem as diretrizes do Partido Comunista Chinês, cujas opiniões sobre privacidade, vigilância e direitos humanos são radicalmente diferentes das dos Estados Unidos e de seus aliados. Beijing está colocando a IA em posição de fortalecer seu regime autoritário, tanto internamente quanto por meio de políticas como a Iniciativa do Cinturão e Rota, que comercializa o desenvolvimento de infraestrutura em mercados emergentes a título de dívida. As superpotências da IA, China e Estados Unidos, enxergam a IA como elemento decisivo para segurança nacional, crescimento econômico e domínio militar. No entanto, os riscos inerentes de uma competição desenfreada da IA são óbvios, razão pela qual os Estados Unidos e a China devem ser incentivados a estabelecer uma relação em que ambos possam ter sucesso.

O percurso de desenvolvimento da biologia sintética se assemelha ao que vimos com a IA. Na verdade, alguns dos mesmos atores que construíram nossa economia moderna baseada na IA atualmente estão muito engajados em construir nossa bioeconomia. A Microsoft está fazendo pesquisas sobre armazenamento de DNA e desenvolvendo tecnologias automatizadas para auxiliar fundições de biotecnologia. Nos últimos anos, Bill Gates defendeu o investimento em biologia sintética para combater a fome global e as mudanças climáticas.[21] Jeff Bezos está investindo em diversas empresas de biologia sintética, e sua empresa espacial, Blue Origin, se beneficiaria dessas ferramentas e tecnologias, pois elas podem ajudar os seres humanos a sobreviver fora do planeta.[22] O ex-CEO do Google, Eric Schmidt, investiu US$150 milhões no Broad Institute para acelerar a convergência de IA e biologia.[23] Os pesquisadores podem até fazer as pesquisas, mas quem fornece os recursos financeiros que acelerarão nossas inovações é o segmento comercial. Claro que os recursos financeiros se traduzem em influência, principalmente quando se trata do rumo das pesquisas.

A China deixou mais do que evidente que planeja alcançar a supremacia internacional em biologia sintética e inteligência artificial. Suas políticas estatais exigem que o país seja a "potência mundial da inovação científica e tecnológica" até 2050.[24] Na última década, o Partido Comunista Chinês tem trabalhado incansavelmente para minar a vantagem tecnológica de longa data dos Estados Unidos.[25] O governo chinês lançou seu National GeneBank, que visa se tornar o maior repositório de dados genéticos do mundo, em 2016.[26] O Partido vislumbra um valor estratégico no DNA — para a descoberta de medicamentos e para avançar no setor agrícola e manter a ordem social —, e suas iniciativas são auxiliadas pelo BGI, o fabricante de sequenciamento genético barato que mencionamos em outras partes deste livro.

Aparentemente, há conexões entre a pesquisa do BGI e os militares da China — o Exército Popular de Libertação da China (EPLC), que têm supercomputadores para processar informações genéticas. Está mais do que comprovado que o EPLC patrocina pesquisas sobre edição de genes e aprimoramento de desempenho, entre outras capacidades ofensivas. Os líderes do EPLC falam especificamente da biologia sintética como domínio futuro para a guerra. Alguns falam publicamente sobre o desenvolvimento de armas de controle cerebral. Há um número enorme e impressionante de experimentos CRISPR sendo realizados em instituições médicas filiadas ao EPLC.[27]

Queremos ser claros: muitos cientistas que trabalham na China não compartilham das ambições do Partido Comunista Chinês e do EPLC. Em termos globais, a comunidade de biologia sintética é aberta e colaborativa, e isso inclui a generosidade de muitos cientistas chineses que citaremos aqui. Yuan Longping, um cientista agrícola, desenvolveu variedades de arroz híbrido na década de 1970 que ajudaram a aliviar a fome em partes da Ásia e África.[28] Em vez de se limitar a um laboratório, ou ingressar no Partido e assumir uma boa posição no governo, ele dedicou a vida à erradicação da fome, passando um tempo nos campos conversando com os agricultores. Ele orientou a próxima geração de cientistas em todo o mundo.[29] Talvez você se recorde do Dr. Li Wenliang, um oftalmologista que trabalha em Wuhan, que tentou avisar seus colegas sobre o SARS-CoV-2 logo no início, usando o Weibo, plataforma de mídia social cuidadosamente monitorada da China.[30] Como suas postagens viralizaram, ele reconheceu que enfrentaria punições severas por parte do governo, mas continuou a postar — de sua cama de hospital — até a morte. Zhang Yongzhen e sua equipe sequenciaram o genoma do SARS-CoV-2, empenhando-se bastante para garantir que toda a comunidade científica se mantivesse informada — pedindo até mesmo a um colega australiano que postasse em um fórum público.

A comunidade científica pode estar aberta e conectada globalmente, mas o Partido Comunista Chinês quer repatriar o talento chinês. Até o momento, mais de 250 mil profissionais de ciências biológicas atenderam a esse chamado.[31] A China atualmente está entre os líderes mundiais em patentes e publicações acadêmicas. O país deu também um passo gigantesco na manufatura de alta tecnologia, graças a uma estratégia industrial "Made in China" que depende em parte dos avanços da biotecnologia.[32] O governo está construindo ativamente empresas com capacidade biológica, instituições de ensino e parques biológicos em todo o país, mesmo que as leis de propriedade intelectual e o cenário regulatório ainda não estejam em conformidade com os padrões internacionais. Embora o mundo tenha ficado estarrecido ao saber que os embriões editados por He Jiankui via CRISPR resultaram em nascidos vivos, é provável que o Partido Comunista Chinês soubesse da pesquisa. Ele não trabalhava exatamente em segredo, já que a China tem os sistemas de vigilância mais sofisticados do mundo. O cenário na China permitiu, e possivelmente até incentivou, o tipo de experimentos de engenharia genética que seriam impensáveis em qualquer outro lugar.

Fica muito claro que a China não está interessada em se tornar a fábrica de biotecnologia do mundo. Pelo contrário, o país pretende ser a superpotência global dominante em biologia sintética e IA. Em 2030, espera-se que a China seja a maior economia do mundo em termos de PIB. Em 2050, o país pode ser um dos maiores detentores de patentes e propriedade intelectual e também o primeiro onde todos os recém-nascidos são sequenciados no nascimento. O país conta com incentivos substanciais para garantir que a bioeconomia seja construída em seus próprios termos. A população chinesa é gigantesca, e o mundo enfrenta desafios relacionados à migração climática e à produção de alimentos. Se a China for bem-sucedida, se tornará o maior exportador mundial de sequenciadores, produtos farmacêuticos, produtos agrícolas básicos e soluções para mitigar a poluição e eventos climáticos extremos.[33]

Outros avanços importantes estão sendo realizados em países onde as leis que regem a engenharia genética, biotecnologia e dados pessoais variam muito das normas internacionais. A Índia será o país mais populoso do mundo até 2050 e pode estar entre as maiores economias do mundo. Será também um grande produtor de alimentos. O tamanho, a escala e a importância do mercado indiano como produtor global de alimentos significam que sua influência no desenvolvimento do percurso da biologia sintética é inevitável. O governo indiano criou um Departamento de Biotecnologia na década de 1980, a fim de desenvolver estratégias para o futuro da modificação genética e outras tecnologias.[34] Mas a famigerada burocracia do país dificultou as iniciativas do departamento para desenvolver e aplicar modelos regulatórios. Ao mesmo tempo, as fábricas farmacêuticas foram pegas cortando custos de produção e falsificando dados para cumprir as metas de lucro.[35] Atualmente, a Índia é o lar de muitos cientistas, tecnólogos e empreendedores talentosos, porém carece de uma estratégia nacional e de confiança global na capacidade de desenvolver e fabricar biotecnologia de alta qualidade. Essa negligência pode ameaçar a todos. O país poderia ter incentivos para promulgar uma ampla gama de regulamentações a fim de atrair investimentos e encontrar mercados para seus produtos — e, em seguida, devido à sua história, fracassar em aplicá-los.

Israel e Singapura estão desenvolvendo capacidade biotecnológica, colaborando com outros países e buscando investimento estrangeiro. Ambos adotaram abordagens políticas para estimular a inovação. Israel lançou um programa "Innovation Box", que busca persuadir as corporações multinacionais a transferir (ou pelo menos alocar) suas operações de P&D no país, graças a incentivos fiscais corporativos e outros incentivos financeiros.[36] O programa Tzatam fornece equipamentos e outros auxílios necessários para o trabalho de P&D em biologia sintética.[37] A edição de genes da linhagem germinativa em humanos é proibida, mas há incentivo à pesquisa em plantas e animais e processos rigorosos de avaliação de risco regulam quais produtos podem ser vendidos comercialmente. Singapura criou políticas modernas para impulsionar a inovação em biotecnologia, e essas políticas estão integradas aos setores educacional, econômico, médico e agrícola. Não é de se admirar que as primeiras carnes cultivadas em biofundição do mundo estejam no mercado em Singapura.[38]

E a União Europeia? Por mais que tenha adotado normas rigorosas para os alimentos geneticamente modificados em 1977, a confiança pública nas tecnologias de biologia sintética entre os europeus é baixa. Um estudo do Eurobarômetro de 2020 concluiu que dois terços dos europeus não compram frutas geneticamente modificadas, mesmo que tenham um sabor melhor ou tenham sido cultivadas de forma mais sustentável do que os alimentos não OGMs. Em 2018, a França reforçou as regulamentações para a tecnologia CRISPR, tornando-a sujeita aos mesmos regulamentos que os OGMs.[39] No entanto, técnicas mais antigas, como expor plantas à radiação para desencadear mutações aleatórias, não são abordadas. Isso impactou de forma negativa a comunidade de investigação científica na Europa e no Reino Unido.

Projetos de pesquisa transfronteiriços que usavam o CRISPR para editar plantas foram imediatamente interrompidos. Um cientista, que utilizou CRISPR para editar sementes oleaginosas de camelina a fim de produzir óleos ômega-3 mais saudáveis, foi informado de que o status regulatório de seu teste de campo havia mudado — enquanto as plantas ainda estavam no solo.

Fica óbvio que ciência e políticas científicas não estão em sincronia. Os desafios planetários de larga escala que a biologia sintética pode ajudar a resolver — nossa emergência climática, queda da biodiversidade, escassez de alimentos e o surgimento de novos patógenos — exigem colaboração global. No entanto, os países são incentivados a competir por participação de mercado e, possivelmente, até mesmo a desenvolver os tipos de armas biológicas que ainda não são regulados por tratados internacionais. Não há como impedir o que a natureza fará sozinha. Não há também nenhuma forma de predizer todas as maneiras pelas quais os seres humanos desenvolverão usos duais para a tecnologia. Mas podemos sugerir três recomendações globais para mitigar os riscos associados à biologia sintética.

RECOMENDAÇÃO #1: PROIBIR A PESQUISA DE GANHO DE FUNÇÃO

Quando uma tecnologia é inventada, as pessoas criam usos off-label para ela. Devemos supor que o mesmo vale para a biologia sintética. Por isso, a pesquisa de ganho de função precisa ser proibida. Lembre-se de que a pesquisa de ganho de função torna os vírus mais perigosos (Capítulo 7). Vamos apenas chamá-la pelo seu verdadeiro nome: desenvolvimento de armas biológicas.

Mesmo que cada país, laboratório e biólogo faça você mesmo do planeta concordasse em parar de usar tecnologias de biologia sintética, a natureza ainda inventaria seus próprios problemas de uso dual. Pense na bactéria *Yersinia pestis*, que começou a atacar o exército de um rei mongol, Jani Begue, na década de 1340. Os soldados de Jani Begue poderiam estar vencendo guerras contra seus inimigos ocidentais, mas estavam perdendo uma batalha imunológica interna contra esse patógeno mortal. Os surtos se propagaram entre as tropas em Constantinopla, depois na Sicília e, mais tarde, em Marselha. Quando chegou ao Império Persa, a *Y. pestis* era conhecida simplesmente como a Peste Negra.

A bactéria evoluiu ao longo de centenas de anos, contaminou pulgas, o solo, mamíferos e, posteriormente, a população da Europa. Isso fez com que um terço das pessoas na Europa morressem de forma horrível.[40] No entanto, há muitos outros exemplos: a malária, a raiva, a tuberculose, o Ebola e até a Covid-19 — caso acredite que ela surgiu naturalmente. Não há nenhuma razão para darmos uma mãozinha à natureza.

Dada a tecnologia de modelagem e o sequenciamento prontamente disponível hoje, não existe muita necessidade de fazer pesquisas de ganho de função visando se preparar contra surtos virais. Em 2012, o intuito de Ron Fouchier ao "fazer uma mutação infernal" do micróbio da gripe aviária H5N1 era criar modelos de vírus para pesquisa. Na época, alguns cientistas temiam que, se um novo patógeno fosse descoberto, levaria muito tempo para sequenciar o genoma. Na comunidade científica, algumas pessoas acreditavam que, se tivessem genomas para versões hipertransmissíveis e letais de um vírus antes de um surto, estariam em melhores condições de desenvolver rapidamente vacinas e tratamentos médicos. Mas, ao saberem do trabalho de Fouchier, boa parte dos cientistas e das pessoas que trabalham na comunidade de biologia sintética ficou assustada. Já que as ferramentas de biologia sintética estão em aperfeiçoamento constante, esse tipo de pesquisa se torna ainda mais perigosa — e acreditamos ser desnecessária.

Após uma década do experimento de Fouchier, nossos sistemas computacionais são exponencialmente mais poderosos, e nossos bancos genéticos de dados são enormes. Em questão de horas, sequenciadores conseguem decodificar um código genético. Com simulação computacional, podemos realizar análises e modelos de prováveis mutações. Além disso, até os biolabs mais seguros, nos Estados Unidos e em outros lugares, enfrentaram problemas de segurança, desde a má gestão de estoque até a descontaminação insuficiente de águas residuais. O fato de ainda não podermos descartar a Covid-19 como produto da pesquisa de ganho de função em Wuhan (quando escrevíamos este capítulo, em meados de 2021) sinaliza que os riscos ultrapassam e muito o valor que esse tipo de pesquisa agrega à segurança pública. Sem contar que a Covid-19 revelou nosso brutal despreparo para lidar com um vírus moderadamente infeccioso e mortal. Pense no que poderia ter acontecido se o vírus fosse um pouco mais infeccioso e mortal.

Em dezembro de 2017, o governo Trump divulgou novas diretrizes que abrem caminho para projetos de ganho de função financiados pelo governo e destinados não só a monitorar novos patógenos potenciais como também a incentivar o estudo de mutações intencionais de ganho de função. Isso passa uma mensagem clara às outras nações: os Estados Unidos estão trabalhando em armas biológicas virais. A última coisa que precisamos agora é de uma corrida armamentista biológica. Vale ressaltar que as empresas que produzem vacinas não apelaram publicamente a pesquisas de ganho de função ou indicaram que a pesquisa as ajudaria a incrementar as cadeias de suprimentos para futuras vacinas.[41]

Proibir a pesquisa de ganho de função não é o mesmo que parar o trabalho em vírus sintéticos, vacinas, antivirais ou testes de vírus. Estamos cercados por vírus. Eles são importantes e essenciais aos nossos ecossistemas. Os vírus podem ser aproveitados para funções benéficas, incluindo antibióticos de precisão para micróbios difíceis de exterminar, tratamentos de câncer ou vetores de entrega para terapias genéticas. Mas devemos acompanhar esse tipo de trabalho como controlamos o desenvolvimento das tecnologias nucleares.

RECOMENDAÇÃO #2: CRIAR UM ACORDO BIOTECNOLÓGICO NOS TERMOS DE BRETTON WOODS

Os países costumam se reunir durante uma crise, não antes de uma. É fácil chegar a um acordo quando todos estão em perigo. O mais difícil é chegar a um acordo sobre uma visão compartilhada e uma grande transformação. No entanto, os países poderiam ser incentivados a colaborar em prol do bem comum, já que eles têm interesse enorme em, digamos, desenvolver suas bioeconomias, em vez de desperdiçar recursos a fim de criar ferramentas para uma guerra biológica.

Um modelo é o Acordo de Bretton Woods, um pacto de 1944 entre as nações aliadas da Segunda Guerra Mundial que estabeleceu as bases para um novo sistema monetário global. Entre as disposições do acordo estavam planos para criar duas organizações encarregadas de monitorar o novo sistema e promover o crescimento econômico: o Banco Mundial e o Fundo Monetário Internacional (FMI). As nações de Bretton Woods concordaram em colaborar:

se a moeda de um país enfraquecesse muito, os outros países interviriam para ajudar; se fosse desvalorizada além de certo ponto, o FMI socorreria esse país. Todos também concordaram em evitar guerras comerciais. Mas o FMI não funcionaria como um banco central global. Ao contrário, funcionaria como uma espécie de biblioteca gratuita, cujos membros poderiam pedir empréstimos quando necessário, ao mesmo tempo em que precisariam contribuir com uma reserva de ouro e dinheiro a fim de manter o sistema funcionando. Mais tarde, o sistema Bretton Woods incluiu 44 países, que chegaram a um consenso sobre a regulamentação e promoção do comércio internacional. A abordagem colaborativa funcionou bem, pois todos os membros podiam ganhar ou perder se violassem o pacto. O sistema Bretton Woods foi extinto na década de 1970, mas o FMI e o Banco Mundial ainda fornecem uma base sólida para o câmbio internacional de moeda.[42, 43]

Em vez de monitorar e regulamentar uma reserva de dinheiro, o sistema que propomos controlaria o pool global de dados genéticos. As nações membros concordariam em usar um sistema de registro e rastreamento imutável, baseado em blockchain, para registrar sequências genéticas, trechos, pedidos e produtos padronizados. Mesmo que os cientistas estivessem desextinguindo o tigre da Tasmânia, usando o CRISPR para intensificar a produção de colágeno em adultos ou descobrindo um novo patógeno, as informações genéticas usadas ou criadas seriam inseridas nesse sistema global compartilhado. As inspeções de instalações e de produtos seguiriam os padrões rigorosos exigidos e também seriam inseridas no sistema, criando assim uma cadeia de prestação de contas. Por exemplo, empresas conceituadas adotam precauções rigorosas de biossegurança. Todos os meses, a Twist Biosciences examina milhares de pedidos de sequências genéticas de laboratórios acadêmicos, empresas farmacêuticas e fabricantes de produtos químicos buscando anomalias. Vez ou outra, a empresa descobre um pedido perigoso (que, aparentemente, decorre de erro involuntário do cliente). Escrevemos nosso cenário do FBI, pois nem sempre isso acontece em todas as empresas como a Twist. Um sistema global como esse exigiria que as empresas rastreassem pedidos de genes sintéticos em diversos bancos de dados de DNA que armazenam sequências de patógenos regulamentados e toxinas conhecidas, além de autenticar compradores e registrar as transações em um banco de dados público.

O pool global de dados genéticos inclui o DNA, que pode revelar nossos segredos mais sigilosos e pessoais. As companhias de seguros, a polícia e os adversários estariam mais do que interessados nessa informação. Atualmente, pelo menos setenta países armazenam registros nacionais de DNA, alguns dos quais incluem dados coletados sem consentimento. A abordagem existente aos registros nacionais coloca o DNA como ferramenta de vigilância, perdendo a oportunidade de reunir dados genéticos para projetos de pesquisa de escala global que poderiam beneficiar a todos nós.[44]

Um país pequeno com somente 1,3 milhão de pessoas adotou um caminho melhor a se seguir.[45, 46] Acomodado em uma localidade vulnerável, ao norte da Europa, desconfortavelmente próximo da hostil Rússia, a Estônia construiu o que há muito tempo é considerado um dos ecossistemas digitais mais sofisticados do mundo. A identidade digital dos moradores possibilita que eles realizem com segurança transações online com órgãos governamentais, escritórios fiscais e de registro e utilizem muitos outros serviços públicos e privados. Desde 2005, eles usam o voto eletrônico, autenticado com a identidade digital. Essa identidade digital também serve como estrutura do sistema de saúde da Estônia, pois conecta os cidadãos aos seus registros de saúde armazenados, permitindo o acesso de médicos e de profissionais de saúde. O ecossistema digital estoniano também facilita a pesquisa genética com uso intensivo de dados. O BioBank do país armazena informações genéticas e de saúde de 20% dos adultos, que concordaram em participar de programas de pesquisa genética. O sistema lhes oferece genotipagem gratuita e aulas de educação relacionadas, que — bendito seja o ethos estoniano — as pessoas realmente frequentam. Esse sistema de identidade digital também garante segurança e anonimato aos participantes.[47]

Com um sistema biotecnológico Bretton Woods, os países-membros poderiam criar uma identidade digital semelhante, baseado no sistema blockchain, de modo a ter um livro-razão imutável de dados genéticos pessoais para programas de pesquisa. O modelo de consentimento estoniano é um bom modelo para as nações membros do sistema proposto. Os países-membros contribuiriam com um percentual de dados genéticos de sua população para o pool global. Um sistema desses incentivaria o uso e o desenvolvimento responsáveis de dados genéticos, bem como a prestação de contas. Um sistema-padrão para armazenamento e recuperação de sequências genéticas facilitaria e escalaria as auditorias.

RECOMENDAÇÃO #3: EXIGIR HABILITAÇÃO

O carro moderno é uma tecnologia poderosa. Todos os países exigem de motoristas e fabricantes de automóveis treinamento, carteiras de habilitação (CNH), medidas de segurança aprovadas, registros, monitoramento e cumprimento das normas regulatórias. É necessário um registro nacional de motoristas com carteira de habilitação, que é atualizado com frequência. Autorizações e habilitações mais específicas são necessárias para motocicletas, caminhões grandes e veículos de entrega, e esperamos que os veículos autônomos também tenham habilitações especiais em um futuro próximo. Espera-se que os motoristas sejam aprovados em exames escritos e de condução a fim de provar que conhecem as regras de trânsito. Atualmente, 150 países exigem que os estrangeiros que queiram dirigir um veículo durante a sua estadia primeiro obtenham uma Permissão Internacional para Dirigir, que exige um formulário de solicitação e uma CNH válida de seu país de origem.[48] Enquanto isso, os fabricantes devem passar por dezenas de inspeções diferentes para vender seus veículos: os airbags devem ser acionados corretamente, os freios não podem travar, os cintos de segurança não podem falhar. Os veículos passam por testes de simulações computacionais, por simulações em ambientes fechados com manequins para testes de colisões e, depois, são testados e dirigidos ao ar livre por humanos. Os próprios veículos são obrigados a exibir placas e certificados de inspeção ambiental. Quando os carros estão na estrada, radares monitoram a velocidade, câmeras de sinal vermelho se certificam de que os motoristas parem quando e onde deveriam e policiais locais fazem patrulhas, buscando motoristas imprudentes, bêbados ou apenas barbeiros demais. Se você tentar vender um carro usado para alguém, a papelada e a cadeia de dados de inspeções, licenciamento e registro começam tudo de novo.

Não poderíamos criar um sistema desses para a biologia sintética, que englobasse todos, de biohackers faça você mesmo a pesquisadores profissionais, e que regulasse produtos e processos, exigisse testes rigorosos e garantisse que as negociações e o comércio fossem cuidadosamente monitorados? É uma abordagem razoável. E a ideia não é nossa — é de George Church. Em seu livro *Regenesis* ["Recriação", em tradução livre], Church recomenda um "conjunto de medidas de segurança comparáveis às que temos hoje para carros".[49]

Daremos alguns passos adiante. Um sistema de habilitação internacional concederia uma certificação, logo atrairia mais pessoas para o campo, que hoje concorre em certo nível com a IA. Já que a biologia não é um campo inerte, a certificação precisaria ser mantida por meio de educação continuada, garantindo assim que os amadores tivessem que comprovar o conhecimento das informações mais recentes. Os países poderiam subsidiar os custos de habilitação ou até criar políticas em seus programas educacionais a fim de atrair mais jovens para a bioeconomia. Essas habilitações seriam reconhecidas internacionalmente pelos países-membros, o que facilitaria a colaboração entre pesquisadores. Um sistema de habilitação internacional também abrangeria normas de segurança para fabricantes de equipamentos de biologia sintética, biofundações e empresas comerciais que trabalham em todas as áreas da disciplina. Um futuro sequenciador poderia ter sistemas de rastreio desenvolvidos diretamente no hardware, o que, em teoria, poderia dificultar a edição intencional ou acidental de um organismo destrutivo. E medidas futuras de segurança poderiam ter um freio de emergência: um recurso de autodestruição codificado nas células, caso elas migrassem para fora do ambiente do laboratório. Um sistema de habilitação também promoveria sistemas padronizados e interoperabilidade, o que ajudaria a bioeconomia a prosperar em todos os países.

Uma coisa é certa: o caminho atual que estamos seguindo promove tensões geopolíticas, competição desenfreada e regulamentações conflitantes. Isso levará a conflitos globais. Nossa versão da alternativa de Church promete segurança e vantagens econômicas por meio da cooperação.

OS ESTADOS UNIDOS PRECISAM DE MELHORES POLÍTICAS CIENTÍFICAS E TECNOLÓGICAS

Por mais que os Estados Unidos sejam o líder global e atual em biologia sintética, criamos tensões entre pesquisadores, investidores e órgãos locais de regulamentação. Para início de conversa, nossos modelos de regulamentação conseguem atrasar a inovação, ao mesmo tempo que não protegem os cidadãos contra danos futuros. O Modelo Coordenado para a Regulamentação da Biotecnologia estipula que três agências — Agência Federal de Alimentos e Medicamentos, a Agência de Proteção Ambiental e o Departamento de Agricultura — desempenhem um papel na regulação da biotecnologia nos Estados Unidos, mas o sistema não é atualizado com frequência. Nosso descuido gera vulnerabilidades evidentes. Elaboramos nosso cenário da agência local do FBI após pesquisarmos qual agência governamental estava encarregada de monitorar os produtos de biologia sintética e possíveis hackeamentos em dados genéticos.[50] Estávamos curiosos já que, em novembro de 2020, pesquisadores da Universidade Ben-Gurion do Negev, em Israel, criaram um ciberataque semelhante que poderia ter induzido um cientista a criar inadvertidamente uma sequência genética perigosa e produtora de toxinas.[51,52] Como esperado, ficamos assustados, então passamos três dias inteiros lendo políticas no Departamento de Segurança Interna dos EUA e analisando os documentos do Conselho de Segurança Nacional a fim de identificar quem teria jurisdição sobre um malware biológico. Entrevistamos fontes importantes no Departamento de Defesa, no Departamento de Estado, no Gabinete Legislativo de Responsabilidade Governamental e no CDC, bem como analistas de segurança nacional e funcionários do Congresso. Fomos encaminhados para pessoas diferentes e para diversas agências, até que um funcionário de alto escalão finalmente nos respondeu: os Estados Unidos estão completamente despreparados para um ciberataque biológico.

Em 2019, o governo Trump amenizou o Modelo Coordenado. Agora é permitida a experimentação não comercial sem muita fiscalização, em vez de oferecer orientação específica para a evolução da matriz de tecnologias de biologia sintética. Sem intervenção, é provável que nos limitemos a apresentar mais alterações e cláusulas adicionais ao Modelo Coordenado, o que só gerará mais confusão e batalhas judiciais no futuro. Essa situação nos lembra de como os alicerces da internet foram agrupados ao longo do tempo, resultando nos sistemas que temos hoje. O Protocolo Internet é essencial, tão fundamental quanto o DNA. Mas a falta de planejamento e coordenação centralizados resultou em sistemas com vulnerabilidades, monopólios que controlam os recursos de alavancagem e modelos de negócios que incentivam o lucro em detrimento das pessoas. A biologia sintética não deveria passar por essa curva de aprendizagem orgânica.

As condições que levaram ao problema dos cogumelos descrito no Capítulo 7 não devem existir no futuro e, ainda assim, há pouco empenho para assegurar que isso não aconteça. Precisamos criar um sistema que promova o desenvolvimento responsável das tecnologias de biologia sintética e de bioeconomia. Um plano bipartidário para estabelecer um departamento dedicado à ciberbiossegurança e à criação de uma política regulatória moderna seria um começo. Um plano como esse poderia garantir a segurança do ecossistema de biotecnologia e a viabilidade de nossas metas de financiamento de P&D em longo prazo; estruturar a visão dos EUA sobre como as tecnologias de biologia sintética pode estimular o desenvolvimento econômico, preparar a futura força de trabalho, aumentar a segurança nacional e promover o bem-estar da sociedade. A parte determinante é *em longo prazo*. Qualquer plano deve ser capaz de resistir às mudanças cíclicas partidárias que controlam o Congresso (possivelmente a cada dois anos) e a presidência (possivelmente a cada quatro ou oito anos).

Quando surgem questões sociais complicadas, o governo federal costuma deixar os estados fazerem o que quiserem. É uma forma de preservar nossa estrutura de governo democrático e prevenir a hegemonia ideológica. É também uma forma conveniente de delegar a responsabilidade de um problema que ninguém quer lidar. No início da Covid-19, o governo federal não comprou e não distribuiu os escassos suprimentos EPIs (equipamentos de proteção individual) e ventiladores, o que resultou em uma guerra de lances inútil e amarga entre os estados. Durante a pandemia, as máscaras logo se tornaram posicionamentos políticos, com divisões acentuadas que resultaram em protestos generalizados. Ambos os governos Trump e Biden se recusaram a decretar o uso obrigatório de máscaras, deixando essa tarefa a cargo dos governadores estaduais. Alguns governadores, temendo a reação dos eleitores, deixaram a decisão a cargo dos prefeitos e das câmaras municipais. As máscaras se tornaram politizadas, porém a ciência é muito simples: o vírus se espalha por meio de gotículas respiratórias quando as pessoas espirram, falam, tossem e respiram. Ao cobrir a fonte das gotículas, fica mais difícil disseminar e inalar o vírus.

O que acontece quando a ciência é mais complicada? A cidade de Key West enfrenta um grande problema com mosquitos, que está causando a propagação do vírus Zika. Mosquitos com genes editados são uma possível solução. Um grupo de pesquisadores propôs a edição de mosquitos machos na linhagem germinativa, o que impediria que a prole feminina (a que pica) sobrevivesse. A edição de mosquitos na linhagem germinativa exige que a Agência de Proteção Ambiental emita uma autorização, o que de fato aconteceu. Mas a gestão comunitária ficou a cargo do Conselho Administrativo de Islamorada, que na época era composto de cinco pessoas: um fotógrafo, um advogado imobiliário aposentado e pescador comercial, um empresário local, outro empresário local e um piloto aposentado da FedEx.[53] Esses caras não eram cientistas. No entanto, era esperado que eles realizassem audiências e tomassem decisões sobre questões complexas de edição de genes. Os riscos eram altíssimos. A pequena comunidade poderia se revoltar contra eles. O programa-piloto podia dar terrivelmente errado. Poderia haver consequências indesejadas para o ambiente de Key West. Isso acabou colocando os membros do conselho em uma situação péssima. A liderança e uma visão nacional consistente em longo prazo para o futuro da biologia sintética atenuariam a confusão nas comunidades, permitiriam que as autoridades locais tomassem decisões sólidas e criariam mais oportunidades para o crescimento responsável da bioeconomia.

NEGÓCIOS: PREPARE-SE PARA A DISRUPÇÃO

A biologia sintética acabará se interligando com todos os setores industriais e, consequentemente, com todos os tipos de negócios. Suas inovações mudarão materiais industrializados, revestimentos, reciclagem, embalagens, alimentos, bebidas, produtos de beleza e farmacêuticos, assistência médica, o setor energético e de transporte e a cadeia de suprimentos. A biologia sintética também mudará o design (o que e como criamos), a jornada de trabalho (menor números de dias de dispensa por doença para os funcionários), a lei (o que e quem protegemos), notícias e entretenimento (os tipos de histórias que contamos), educação (o que ensinamos) e religião (em que acreditamos). No futuro, cadeias de valor inteiras serão transformadas. Pense na cadeia de valor atual para a carne, que é extensa e custosa. Temos os animais destinados à reprodução que precisam de alimentos e abrigo, temos o abate, o processamento das carcaças em diferentes produtos e seu preparo para distribuição. Em um futuro próximo, a carne cultivada reduzirá de forma radical essa cadeia em apenas alguns elos: amostragem e armazenamento de tecidos, cultivo de células, cultivo e texturização da carne, depois o preparo para distribuição. Em breve, tudo isso será feito em apenas uma instalação. Esse progresso impactará amplamente as empresas de transporte refrigerado e os armazéns frigoríficos, as empresas de manufatura que produzem os materiais usados para embalar as carnes e as dezenas de milhares de pessoas que trabalham nos abatedouros. Já estamos vislumbrando uma versão desse cenário na agricultura vertical: empresas como a Bowery Farming, a Plenty e a Aerofarms estão levando suas fazendas de cultivo indoor para os centros urbanos.

Mas, em nossa experiência, poucas empresas estão dispostas a aperfeiçoar sua visão e estratégia em prol de tecnologias cuja adoção generalizada pode demorar de cinco a dez anos. Quanto mais tempo as empresas esperam para elaborar cenários de possíveis trajetórias, mais riscos são criados e mais vulneráveis elas se tornam aos disruptores. A biologia sintética, como todas as outras tecnologias transformadoras, passará por variadas ondas de inovação, fracasso e sucesso. As empresas ainda devem desenvolver capacidade para avaliar as habilidades de infraestrutura, processos e mão de obra. Elas terão que avaliar seus modelos de negócios a fim de determinar como precisam evoluir. Os executivos costumar fazer a seguinte pergunta: "Quando, exatamente, a biologia sintética fará a disrupção de nossos negócios e de nosso setor?" Nossa resposta: "quando" é irrelevante. As empresas precisam identificar as inflexões antes de acontecerem e devem se posicionar adequadamente.

As empresas que operam dentro da bioeconomia também devem se lembrar de que a principal parte interessada da biologia sintética é nosso ecossistema planetário e todos os organismos vivos dentro dele. Os acadêmicos têm uma tradição de revisão por pares, as empresas não. Repetindo o conhecido ditado corporativo, inove rápido, quebre regras e peça desculpas depois. Não raro, as pesquisas são incompatíveis com as expectativas dos investidores. Conselhos de administração, investidores e profissionais de marketing devem dar aos pesquisadores espaço e tempo para realizar pesquisas, estudos e ensaios de campo sem fazer declarações ousadas e prematuras sobre os resultados potenciais e sem ficar apressando a disponibilização dos produtos no mercado. O sucesso (ou fracasso) de um negócio dentro do ecossistema de biologia sintética impacta todas as empresas. Conversamos com John Cumbers, fundador da SynBioBeta, sobre a abertura de capital da Ginkgo Bioworks somente alguns dias após o anúncio do acordo. Ele parecia animado e também apreensivo. "É uma grande vitória, sem dúvidas", disse. "Todos nós temos essa visão de uma nova plataforma que pode revolucionar as indústrias de manufatura, mas o valor da avaliação me pegou desprevenido. É uma grande aposta no futuro — uma grande aposta em geral — que impacta todos os setores."[54]

As empresas de biotecnologia também precisam criar políticas de governanças de dados que os cidadãos comuns consigam entender com clareza. Em 2018, a 23andMe anunciou uma parceria com a GlaxoSmithKline (GSK) que estava há muito tempo em andamento. A GSK comprou uma participação de US$300 milhões da 23andMe, possibilitando que a gigante farmacêutica usasse o conjunto de dados genéticos da startup para desenvolver novos medicamentos. As empresas chamaram isso de "colaboração", mas esse acordo não previa um modo fácil para que os milhões de usuários da 23andMe optassem por não participar do processo de descoberta de medicamentos de uma gigante farmacêutica.[55] Obviamente, os consumidores ficaram irritados: eles não concordavam em se voluntariar para pesquisas médicas que poderiam gerar lucros descomunais para uma empresa farmacêutica. Apesar da considerável indignação pública, a maioria das empresas de análise genética direta ao consumidor hoje vende os dados dos consumidores a terceiros. Esse tipo de visão está incorporada aos seus modelos de negócios, porém as empresas ocultam esse detalhe fundamental em letras minúsculas e confusas. Alguns destinatários dos dados são grandes varejistas, que agora usam dados de DNA para gerar leads de vendas para compras de supermercado online.[56, 57]

E se uma empresa que coleta e armazena amostras genéticas de consumidores for vendida? (Isso já aconteceu com empresas que oferecem serviços de identificação de ancestralidade, armazenamento do sangue do cordão umbilical e fertilidade.) As vendas de empresas privadas não são incomuns, e em outros setores as compras podem incluir uma coleção de consumidores ricos, participações privadas e fundos, bem como outras empresas. O que deve acontecer com os dados do consumidor em caso de aquisições? O que acontece quando esses dados são comprados e vendidos e, posteriormente, vendidos a um governo estrangeiro? As políticas de governança de dados devem ser claras e compreensíveis. É necessário empreender todos os esforços para conquistar e manter a confiança dos consumidores.

COMUNICANDO A CIÊNCIA DE FORMA MAIS CLARA

A confiança do público se baseia na comunicação clara. Em 2007, pesquisadores da Carnegie Mellon, da Universidade Stanford e do MIT realizaram um estudo conjunto para descobrir quais partes do cérebro são ativadas quando as pessoas vão às compras. Os pesquisadores deram aos adultos US$20 para gastar em uma loja online, especialmente projetada para o estudo, ao mesmo tempo em que ficavam conectados a um scanner de ressonância magnética funcional (fMRI). No final do projeto, o sistema conseguiu identificar quais partes do cérebro ficavam ativas à medida que as pessoas pensavam se comprariam ou não um produto; era possível até predizer se elas escolheriam algo para comprar. Os pesquisadores publicaram um artigo sério no periódico *Neuron* para discutir suas descobertas. Não era o tipo de coisa que você leria antes de dormir, a menos que quisesse pegar no sono rápido. Eles começaram descrevendo a teoria da microeconomia (que "sustenta que as compras são impulsionadas por uma combinação de preferência do consumidor e preço"). Apesar de sutil e complicado, o artigo representava uma conquista expressiva.[58] As universidades por trás da pesquisa queriam chamar a atenção para o seu trabalho, e a assessoria de imprensa da Carnegie Mellon divulgou um anúncio que assumia uma abordagem claramente diferente. O título dizia: "Pesquisadores Usam Imagens Cerebrais para Predizer Quando as Pessoas Comprarão Produtos."[59] Mais tarde, o estudo chegou à MTV, que proclamou "O que É Melhor, Sexo ou Compras?". A MTV passou então a explicar que o cérebro acha que fazer compras é tão irresistível quanto uma noite selvagem de sexo.[60] Mais um exemplo de como as pessoas que fazem ciência e as que a divulgam dificilmente estão em sintonia.

Os cientistas devem partir do princípio de que os estudos e artigos estão sendo lidos por pessoas que não têm o conhecimento necessário para entender os detalhes e o contexto de seu trabalho. Hoje em dia, os estudos científicos são repassados de servidores acadêmicos preprint (repositórios online de artigos que ainda não foram revisados por pares de periódicos acadêmicos tradicionais) para periódicos revisados por pares, depois para assessorias de imprensa, jornalistas, órgãos de regulamentação, opositores (cientistas e empresas concorrentes, países e indivíduos mal-intencionados), ativistas, investidores e, é claro, pessoas que leem manchetes nas mídias sociais. À medida que o campo da biologia sintética evolui, é necessário que os cientistas consigam comunicar seu trabalho de forma clara. Isso significa não ignorar a assessoria de imprensa quando são contatados para esclarecimentos e significa insistir que as correções sejam feitas quando as alegações sobre sua pesquisa são exageradas, pouco claras ou simplesmente erradas. Uma solução é encontrar um modo de prever possíveis interpretações errôneas. Pouco antes de uma equipe de pesquisadores publicar um estudo que relacionava a genética ao sucesso educacional em biorxiv.org, servidor de preprint para biologia, ela postou uma enorme FAQ online em linguagem simples e clara. A FAQ respondia a praticamente qualquer pergunta que você pudesse imaginar; na verdade, é significativamente maior do que o próprio artigo.[61] E acima de tudo, é muito mais fácil de ler. Isso poderia se tornar uma prática-padrão para pesquisadores, servidores de preprint e periódicos revisados por pares: todo artigo poderia incluir um resumo de um parágrafo escrito para não pesquisadores quando publicado online (além do resumo-padrão elaborado para pesquisadores da área). Acrescentar isso a uma FAQ poderia contribuir, e muito, para evitar interpretações erradas.

A CIÊNCIA TEM UM PROBLEMA DE RACISMO

E se você concordasse em participar de um estudo científico no qual doaria parte do seu sangue para ajudar a identificar uma relação genética com uma doença que estivesse prejudicando as pessoas em sua comunidade? Espera-se que suas amostras genéticas sejam mantidas em sigilo. Agora imagine que você descobriu, anos depois, que não somente foi enganado, como outros pesquisadores estavam explorando seu DNA de formas nunca antes divulgadas. O povo havasupai, que vive há séculos na região onde hoje é o estado do Arizona, vivenciou esse cenário repugnante.[62] No final do século XX, os havasupai estavam enfrentando o aumento da diabetes. Eles permitiram que pesquisadores da Universidade Estadual do Arizona realizassem um estudo em 1990, esperando que isso os ajudasse a erradicar a doença de seu povo.

Os pesquisadores coletaram amostras de sangue. Só que então, sem o conhecimento dos havasupai, eles mudaram o escopo do projeto, incluindo marcadores genéticos para o alcoolismo e diversos transtornos mentais. Os pesquisadores passaram a publicar muitos artigos em revistas acadêmicas salientando suas conclusões, e esses artigos resultaram em notícias sobre endogamia e esquizofrenia entre os havasupai. Os membros deste povo ficaram, compreensivelmente, aterrorizados e humilhados, e entraram com sua primeira ação judicial contra a universidade em 2004. A universidade contratou uma investigação privada e acabou fazendo um acordo em 2010, devolvendo as amostras de sangue aos havasupai e prometendo-lhes não publicar mais pesquisas.[63] Mas a experiência enfureceu profundamente os havasupai e outros povos indígenas. A nação navajo, o segundo maior grupo de povos indígenas nos Estados Unidos, proibiu qualquer sequenciamento genético, análise e pesquisas relacionadas em seus membros. Suas objeções foram completamente justificadas. Só que agora há um problema diferente: o conjunto de dados genéticos nos Estados Unidos não inclui os povos indígenas.[64]

Nossos repositórios de dados genéticos também estão desprovidos de DNA de pessoas negras. Isso é um tanto surpreendente, visto que a primeira linhagem celular humana usada em pesquisa foi de uma mulher negra. Em 1951, cientistas recuperaram células cancerosas de uma paciente chamada Henrietta Lacks enquanto ela estava sendo tratada no Hospital Johns Hopkins, em Baltimore. Ela tinha um tumor grande e maligno no colo do útero, que na época era tratado com radioterapia. A maioria dos pacientes submetidos a esse tratamento via suas células morrerem, porém as células de Lacks viveram, dobrando a cada 20 a 24 horas. Os pesquisadores do Hopkins decidiram continuar usando suas células — que ficaram conhecidas como linhagem celular HeLa — para desenvolver diversos tratamentos de câncer. No entanto, nunca informaram a Lacks ou a sua família sobre essa decisão. Nem indenizaram a família pela enorme contribuição para o desenvolvimento de terapias contra o câncer. (Por fim, no final de 2020, a família recebeu um grande presente de uma organização de pesquisa médica sem fins lucrativos.)[65]

A história de Lacks não é a única em que pessoas negras foram usadas em pesquisas médicas sem o seu conhecimento. Em 1932, o Serviço de Saúde Pública dos EUA inaugurou um estudo sobre sífilis no Instituto Tuskegee, universidade historicamente negra no Alabama, que de início envolveu seiscentos homens negros. No estudo, 399 dos homens participantes tinham sífilis e 201 não.[66] Os pesquisadores disseram a todos que eles estavam sendo tratados por terem "sangue ruim", termo local usado para descrever várias enfermidades, incluindo sífilis, anemia e fadiga. Em troca de participar do estudo, os homens fizeram exames médicos gratuitos, recebiam refeições gratuitas e, um gesto bastante sinistro, assistência funerária. Naquela época, a penicilina era usada no tratamento da sífilis e estava amplamente disponível. Os participantes não receberam nenhuma dose. Pelo menos 28 dos homens que participaram do estudo morreram. Centenas de outros sofreram desnecessariamente de feridas e erupções cutâneas dolorosas, perda de peso, fadiga e lesões nos órgãos. Em conjunto, a saga Henrietta Lacks e o estudo da sífilis de Tuskegee, somados a muitos outros casos menos conhecidos, facilitam a compreensão do porquê de algumas pessoas negras hesitarem em visitar médicos ou participar de pesquisas médicas.

Como resultado, o conjunto de dados genéticos nos Estados Unidos consiste principalmente de pessoas com ancestralidade europeia. Existe um problema semelhante no Reino Unido. Um estudo de 2019 realizado pelo Broad Institute, pela Universidade Harvard e Massachusetts General Hospital do MIT analisou os dados genéticos do BioBank do Reino Unido para criar pontuações de previsão de altura, índice de massa corporal, diabetes tipo 2 e outras características e doenças. Essas pontuações tinham como objetivo criar bases de referência para os médicos usarem no tratamento de pacientes e a ajudar as empresas farmacêuticas a desenvolver novos medicamentos. Mas logo surgiu um padrão perigoso: as pontuações para os povos de ascendência europeia eram 4,5 vezes mais precisas do que as dos povos de ascendência africana. Nos dois maiores países de língua inglesa do mundo, temos uma falta aterradora de compreensão da saúde e das enfermidades em pessoas negras.[67]

Os dados genéticos estão cada vez mais sendo utilizados para pesquisas médicas. Sem igualdade em nossos bancos de dados genéticos, perpetuaremos as grandes desigualdades no conhecimento e na assistência médica. Para sermos justos, algumas medidas estão sendo tomadas para melhorar a diversidade na pesquisa. Uma iniciativa da era Obama chamada All of Us Research Program começou com um cadastro nacional em 2018, visando coletar amostras de um milhão (ou mais) de norte-americanos. Em dezembro de 2020, 270 mil pessoas contribuíram com bioamostras e mais de 80% delas vieram de comunidades historicamente com pouca representatividade na pesquisa biomédica.[68] Mas ainda há muito trabalho a ser feito.

A comunidade científica mais ampla, que inclui universidades, editores e legisladores, também tem problemas de diversidade, igualdade e inclusão. As organizações que ajudam as biociências, incluindo a American Association for the Advancement of Science (AAAS), a Royal Society do Reino Unido e a editora sem fins lucrativos de acesso aberto PLOS, são extremamente homogêneas. Quase 80% da liderança da AAAS é branca; 90% dos membros dos conselhos editoriais da Royal Society são brancos; e 74% dos editores empregados pela PLOS são brancos.[69] Nos conselhos editoriais mais prestigiados de periódicos de biociência revisado por pares falta diversidade: pessoas de ascendência do Oriente Médio ou Norte da África e latinos têm pouquíssima representatividade. O corpo editorial do periódico revisado por pares *Cell*, destino para artigos acadêmicos em biologia sintética, inclui 15 editores, 7 membros da equipe e 119 membros do conselho consultivo. Só um deles é negro.[70] Conseguir com que suas pesquisas sejam publicadas nos principais periódicos é moeda acadêmica, e esse processo normalmente exige conexões pessoais entre pesquisadores e editores de periódicos que revisam manuscritos. Se vamos criar um futuro de biologia sintética que represente todos nós, precisamos diversificar o ecossistema.

SUA VIDA (RE)IMAGINADA

A máquina da criação está ativa e funcionando. E está nos levando diretamente para uma grande transformação de nossas sociedades e de nossa espécie. Nos próximos anos, novas tecnologias genéticas questionarão suas principais crenças. Você terá que fazer escolhas sobre sequenciar seu DNA e se deve vacinar seu filho usando o RNA mensageiro. Você ouvirá bastante sobre se a seleção genética — e o aprimoramento — deve ser permitida e quem deve ter acesso às tecnologias que prometem melhorar a vida. Você também terá que decidir o que pensa sobre essas questões e, quando chegar a hora, se deseja se aprimorar. Mudanças climáticas impactarão sua qualidade de vida de maneiras que podem mudar seu trabalho, suas condições de vida e sua comunidade. Quando chegar a hora, você mudará e começará a consumir carnes cultivadas? Você confia em culturas geneticamente modificadas — e, se não, o que seria necessário para você mudar de ideia?

Mais uma vez, junto com o resto da sociedade, você se encontrará pensando em uma das questões mais difíceis e atemporais da humanidade: o que é a vida? Ao procurar respostas, você terá que considerar muitas descobertas em biologia sintética: insulina sintética, o genoma minimamente viável de Venter, mamutes-lanosos, um aglomerado de células pancreáticas humanas crescendo em um macaco e, possivelmente, uma de suas próprias células da pele, esperando para ser transformada em um embrião.

Uma conversa global já está acontecendo, uma que moldará a trajetória da biologia sintética em todas as comunidades. Você agora faz parte desse diálogo. Você é parte da máquina da criação e da grande (re)imaginação da humanidade.

EPÍLOGO

A biotecnologia nos deu nossas famílias.

Usamos nossa experiência significativa pesquisando e trabalhando no campo da biologia sintética para solucionar nossos problemas de fertilidade. Consultamos nossos colegas e especialistas e suas conexões, e empregamos as tecnologias mais avançadas disponíveis. Andrew e a esposa tiveram dois bebês saudáveis — uma menina, Rosalind, e um menino, Darwin — usando fertilização in vitro e, com Darwin, testes genéticos pré-implantação. Amy e o marido tiveram sua filha usando uma combinação de testes genéticos, agentes de indução de ovulação e acupuntura.

Entendemos como somos afortunados. Esperamos que nossa geração seja a última a enfrentar essas dificuldades e que, no futuro, a gravidez assistida por tecnologia — triagem genética, sequenciamento, seleção de embriões, as muitas opções de gestação disponíveis para cada pessoa — seja socialmente aceitável e amplamente disponível, em vez de última opção desesperada para pessoas com recursos que não conseguem ter filhos.

Uma grande transformação de vida está em andamento. Em breve, a máquina da criação determinará como concebemos, como definimos família, como tratamos doenças, onde e como fazemos nossas casas e como nos alimentamos. Isso nos ajudará a combater nossa emergência climática e possibilitará que a biodiversidade prospere. Isso pode criar um mundo melhor para nossos filhos. Por causa deles, continuamos esperançosos de que a biologia sintética alcançará os melhores futuros possíveis.

EPÍLOGO

NOTAS

Introdução: A Vida Deveria Ser Fruto do Acaso?

1. Amy Webb, "All the Pregnancies I Couldn't Talk About", publicado pela primeira vez em *The Atlantic*, 21 de outubro de 2019.
2. Heidi Ledford, "Five Big Mysteries about CRISPR's Origins", *Nature News* 541, n.º 7637 (19 de janeiro de 2017): 280, https://doi.org/10.1038/541280a.
3. "Daily Updates of Totals by Week and State", Centers for Disease Control and Prevention, www.cdc.gov/nchs/nvss/vsrr/covid19/index.htm.
4. Julius Fredens, Kaihang Wang, Daniel de la Torre, Louise F. H. Funke, Wesley E. Robertson, Yonka Christova, Tiongsun Chia, *et al.*, "Total Synthesis of *Escherichia coli* with a Recoded Genome", *Nature* 569, n.º 7757 (1º de maio de 2019): 514–18, https://doi.org/10.1038/s41586-019-1192-5.
5. Embriette Hyde, "Why China Is Primed to Be the Ultimate SynBio Market", SynBioBeta, 12 de fevereiro de 2019, https://synbiobeta.com/why-china-is-primed-to-be-the-ultimate-synbio-market.
6. Thomas Hout e Pankaj Ghemawat, "China vs the World: Whose Technology Is It?", *Harvard Business Review*, 1º de dezembro de 2010, https://hbr.org/2010/12/china-vs-the-world-whose-technology-is-it.

1 Recusando os Genes Ruins: O Nascimento da Máquina da Criação

1. Entrevista em vídeo conduzida por Amy Webb com Bill McBail em 9 de outubro de 2020.
2. Awad M. Ahmed, "History of Diabetes Mellitus", *Saudi Medical Journal* 23, n.º 4 (abril de 2002): 373–78.

3. Jacob Roberts, "Sickening Sweet", Science History Institute, 8 de dezembro de 2015, www.sciencehistory.org/distillations/sickening-sweet.
4. L. J. Dominguez e G. Licata. "[The discovery of insulin: what really happened 80 years ago]", *Annali Italiani di Medicina Interna* 16, n.º 3 (setembro de 2001): 155–62.
5. Robert D. Simoni, Robert L. Hill e Martha Vaughan, "The Discovery of Insulin: The Work of Frederick Banting and Charles Best", *Journal of Biological Chemistry* 277, n.º 26 (28 de junho de 2002): e1–2, https://doi.org/10.1016/S0021-9258(19)66673-1.
6. Simoni *et al.*, "Discovery of Insulin".
7. "The Nobel Prize in Physiology or Medicine 1923", Nobel Prize, www.nobelprize.org/prizes/medicine/1923/summary.
8. "100 Years of Insulin", Eli Lilly e Company, www.lilly.com/discovery/100-years-of-insulin.
9. "Two Tons of Pig Parts: Making Insulin in the 1920s", National Museum of American History, 1º de novembro de 2013, https://americanhistory.si.edu/blog/2013/11/two-tons-of-pig-parts-making-insulin-in-the-1920s.html.
10. "Statistics About Diabetes", American Diabetes Association, www.diabetes.org/resources/statistics/statistics-about-diabetes.
11. "Eli Lilly Dies at 91", *New York Times*, 25 de janeiro de 1977, www.nytimes.com/1977/01/25/archives/eli-lilly-dies-at-91-philanthropist-and-exhead-of-drug-company.html.
12. "Cloning Insulin", Genentech, 7 de abril de 2016, www.gene.com/stories/cloning-insulin.
13. "Our Founders", Genentech, www.gene.com/about-us/leadership/our-founders.
14. Victor K. McElheny, "Technology: Making Human Hormones with Bacteria", *New York Times*, 7 de dezembro de 1977, http://timesmachine.nytimes.com/timesmachine/1977/12/07/96407192.html.
15. Victor K. McElheny, "Coast Concern Plans Bacteria Use for Brain Hormone and Insulin", *New York Times*, 2 de dezembro de 1977, www.nytimes.com/1977/12/02/archives/coast-concern-plans-bacteria-use-for-brain-hormone-and-insulin.html.
16. "Kleiner-Perkins and Genentech: When Venture Capital Met Science 813102". https://store.hbr.org/product/kleiner-perkins-and-genentech-when-venture-capital-met-science/813102.
17. "Value of 1976 US Dollars Today—Inflation Calculator". https://www.inflationtool.com/us-dollar/1976-to-present-value?amount=1000000.
18. K. Itakura, T. Hirose, R. Crea, A. D. Riggs, H. L. Heyneker, F. Bolivar e H. W. Boyer, "Expression in *Escherichia coli* of a Chemically Synthesized Gene for the Hormone Somatostatin", *Science* 198, n.º 4321 (9 de dezembro de 1977): 1056–63, https://doi.org/10.1126/science.412251.
19. "Genentech", Kleiner Perkins, www.kleinerperkins.com/case-study/genentech.
20. "Cloning Insulin".
21. "Cloning Insulin".

22. Suzanne White Junod. "Celebrating a Milestone: FDA's Approval of First Genetically-Engineered Product", https://www.fda.gov/media/110447/download#:~:text=FDA's%20approval%20letter%20went%20out,Sol%20Sobel%20signed%20the%20letter.
23. "An Estimation of the Number of Cells in the Human Body". *Annals of Human Biology*. https://informahealthcare.com/doi/abs/10.3109/03014460.2013.807878.
24. Christopher T. Walsh, Robert V. O'Brien e Chaitan Khosla, "Nonproteinogenic Amino Acid Building Blocks for Nonribosomal Peptide and Hybrid Polyketide Scaffolds", *Angewandte Chemie* 52, n.º 28 (8 de julho de 2013): 7098–124, https://doi.org/10.1002/anie.201208344.
25. Kavya Balaraman, "Fish Turn on Genes to Adapt to Climate Change", *Scientific American*, 27 de outubro de 2016, www.scientificamerican.com/article/fish-turn-on-genes-to-adapt-to-climate-change.
26. Ewen Callaway, "DeepMind's AI Predicts Structures for a Vast Trove of Proteins", Nature News, 22 de julho de 2021, www.nature.com/articles/d41586-021-02025-4.
27. Equipe AlphaFold, "A Solution to a 50-Year-Old Grand Challenge in Biology", DeepMind, 30 de novembro de 2020, https://deepmind.com/blog/article/alphafold-a-solution-to-a-50-year-old-grand-challenge-in-biology.
28. "Why Diabetes Patients Are Getting Insulin from Facebook", Science Friday, 13 de dezembro de 2019, www.sciencefriday.com/segments/diabetes-insulin-facebook.
29. "Diabetic Buy Sell Trade Community", Facebook, www.facebook.com/groups/483202212435921.
30. Michael Fralick e Aaron S. Kesselheim, "The U.S. Insulin Crisis—Rationing a Lifesaving Medication Discovered in the 1920s", *New England Journal of Medicine* 381, n.º 19 (7 de novembro de 2019): 1793–95, https://doi.org/10.1056/NEJMp1909402.
31. "'The Absurdly High Cost of Insulin'—as High as $350 a Bottle, Often 2 Bottles per Month Needed by Diabetics", National AIDS Treatment Advocacy Project, www.natap.org/2019/HIV/052819_02.htm.
32. "Insulin Access and Affordability Working Group: Conclusions and Recommendations | Diabetes Care". Acesso em 31 de maio de 2021. https://care.diabetesjournals.org/content/41/6/1299.
33. William T. Cefalu, Daniel E. Dawes, Gina Gavlak, Dana Goldman, William H. Herman, Karen Van Nuys, Alvin C. Powers, Simeon I. Taylor e Alan L. Yatvin, em nome do Insulin Access and Affordability Working Group, "Insulin Access and Affordability Working Group: Conclusions and Recommendations", *Diabetes Care* 41, n.º 6 (2018): 1299–1311, https://care.diabetesjournals.org/content/41/6/1299.
34. Briana Bierschbach, "What You Need to Know about the Insulin Debate at the Capitol", MPR News, 16 de agosto de 2019, www.mprnews.org/story/2019/08/16/what-you-need-to-know-about-the-insulin-debate-at-the-capitol.
35. Fralick e Kesselheim, "The U.S. Insulin Crisis".
36. Daniel G. Gibson, John I. Glass, Carole Lartigue, Vladimir N. Noskov, Ray-Yuan Chuang, Mikkel A. Algire, Gwynedd A. Benders, *et al.*, "Creation of a Bacterial

Cell Controlled by a Chemically Synthesized Genome", *Science* 329, n.º 5987 (2 de julho de 2010): 52–56, https://doi.org/10.1126/science.1190719.

37. "No More Needles! Using Microbiome and Synthetic Biology Advances to Better Treat Type 1 Diabetes", J. Craig Venter Institute, 25 de março de 2019, www.jcvi.org/blog/no-more-needles-using-microbiome-and-synthetic-biology-advances-better-treat-type-1-diabetes.
38. Carl Zimmer, "Copyright Law Meets Synthetic Life Meets James Joyce", *National Geographic*, 15 de março de 2011, www.nationalgeographic.com/science/article/copyright-law-meets-synthetic-life-meets-james-joyce.

2 Corrida para a Linha de Largada

1. "A Brief History of the Department of Energy", US Department of Energy, www.energy.gov/lm/doe-history/brief-history-department-energy.
2. Robert Cook-Deegan, "The Alta Summit, December 1984", *Genomics* 5 (outubro de 1989): 661–63, arquivado em Human Genome Project Information Archive, 1990–2003, https://web.ornl.gov/sci/techresources/Human_Genome/project/alta.shtml.
3. Deegan, "The Alta Summit".
4. "Oral History Collection", National Human Genome Research Institute, www.genome.gov/leadership-initiatives/History-of-Genomics-Program/oral-history-collection.
5. "About the Human Genome Project", Human Genome Project Information Archive, 1990–2003, https://web.ornl.gov/sci/techresources/Human_Genome/project/index.shtml.
6. Institute of Medicine, Committee to Study Decision, Division of Health and Sciences Policy, *Biomedical Politics*, ed. Kathi Hanna (Washington, D.C.: National Academies Press, 1991).
7. "Human Genome Project Timeline of Events", National Human Genome Research Institute, www.genome.gov/human-genome-project/Timeline-of-Events.
8. "Human Genome Project Timeline of Events".
9. "Mills HS Presents Craig Venter, Ph.D.", Millbrae Community Television, 2017, https://mctv.tv/events/mills-hs-presents-craig-venter-ph-d.
10. Stephen Armstrong, "How Superstar Geneticist Craig Venter Stays Ahead in Science", *Wired UK*, 9 de junho de 2017, www.wired.co.uk/article/craig-venter-synthetic-biology-success-tips.
11. Jason Schmidt, "The Genome Warrior", *New Yorker*, 4 de junho de 2000, www.newyorker.com/magazine/2000/06/12/the-genome-warrior-2.
12. "Genetics and Genomics Timeline: 1991", Genome News Network, www.genomenewsnetwork.org/resources/timeline/1991_Venter.php.
13. Schmidt, "Genome Warrior".

14. Na época, não havia consenso sobre quantos genes haviam no genoma humano. Mesmo em 2000, os cientistas apostavam no número, com a estimativa média de cerca de 62.500.
15. Douglas Birch, "Race for the Genome", *The Baltimore Sun*, 18 de maio de 1999.
16. John Crace, "Double Helix Trouble", *The Guardian*, 16 de outubro de 2007, www.theguardian.com/education/2007/oct/16/highereducation.research.
17. "Human Genome Project Budget", Human Genome Project Information Archive, 1990–2003, https://web.ornl.gov/sci/techresources/Human_Genome/project/budget.shtml.
18. "CPI Calculator by Country", Inflation Tool, www.inflationtool.com.
19. "Rosalind Franklin: A Crucial Contribution", reimpresso por Ilona Miko e Lorrie LeJeune, eds., *Essentials of Genetics* (Cambridge, MA: NPG Education, 2009), Unit 1.3, *Nature Education*, www.nature.com/scitable/topicpage/rosalind-franklin-a-crucial-contribution-6538012.
20. James D. Watson, *The Double Helix: A Personal Account of the Discovery of the Structure of DNA* (Londres: Weidenfeld and Nicolson, 1981).
21. Julia Belluz, "DNA Scientist James Watson Has a Remarkably Long History of Sexist, Racist Public Comments", Vox, 15 de janeiro de 2019, www.vox.com/2019/1/15/18182530/james-watson-racist.
22. Tom Abate, "Nobel Winner's Theories Raise Uproar in Berkeley: Geneticist's Views Strike Many as Racist, Sexist", SF Gate, 13 de novembro de 2000, www.sfgate.com/science/article/Nobel-Winner-s-Theories-Raise-Uproar-in-Berkeley-3236584.php.
23. Brandon Keim, "James Watson Suspended from Lab, But Not for Being a Sexist Hater of Fat People", *Wired*, outubro de 2007, www.wired.com/2007/10/james-watson-su.
24. "James Watson: Scientist Loses Titles after Claims over Race", BBC News, 13 de janeiro de 2019, www.bbc.com/news/world-us-canada-46856779.
25. John H. Richardson, "James Watson: What I've Learned", *Esquire*, 19 de outubro de 2007, www.esquire.com/features/what-ive-learned/ESQ0107jameswatson.
26. Belluz, "James Watson Has a Remarkably Long History".
27. Clive Cookson. "Gene Genies", *Financial Times*, 19 de outubro de 2007, www.ft.com/content/3cd61dbc-7b7d-11dc-8c53-0000779fd2ac.
28. J. Craig Venter, *A Life Decoded: My Genome, My Life* (Nova York: Viking, 2007).
29. L. Roberts, "Why Watson Quit as Project Head", *Science* 256, n.º 5055 (17 de abril de 1992): 301–2, https://doi.org/10.1126/science.256.5055.301.
30. "Norman Schwarzkopf, U.S. Commander in Gulf War, Dies at 78", Reuters, 28 de dezembro de 2012, www.reuters.com/news/picture/norman-schwarzkopf-us-commander-in-gulf-idUSBRE8BR01920121228.
31. Anjuli Sastry e Karen Grigsby Bates, "When LA Erupted in Anger: A Look Back at the Rodney King Riots", National Public Radio, 26 de abril de 2017, www.npr.org/2017/04/26/524744989/when-la-erupted-in-anger-a-look-back-at-the-rodney-king-riots.

32. Schmidt, "Genome Warrior".
33. Leslie Roberts, "Scientists Voice Their Opposition", *Science* 256, n.º 5061 (29 de maio de 1992): 1273ff, https://link.gale.com/apps/doc/A12358701/HRCA?sid=googleScholar&xid=72ac1090.
34. Jason Schmidt, "The Genome Warrior". *The New Yorker*. https://www.newyorker.com/magazine/2000/06/12/the-genome-warrior-2.
35. Robert Sanders, "Decoding the Lowly Fruit Fly", *Berkeleyan*, 3 de fevereiro de 1999, www.berkeley.edu/news/berkeleyan/1999/0203/fly.html.
36. Nicholas J. Loman e Mark J. Pallen, "Twenty Years of Bacterial Genome Sequencing", *Nature Reviews Microbiology* 13, n.º 12 (dezembro de 2015): 787–94, https://doi.org/10.1038/nrmicro3565.
37. "Genetics and Genomics Timeline: 1995", Genome News Network, www.genomenewsnetwork.org/resources/timeline/1995_Haemophilus.php.
38. Kate Reddington, Stefan Schwenk, Nina Tuite, Gareth Platt, Danesh Davar, Helena Coughlan, Yoann Personne, *et al.*, "Comparison of Established Diagnostic Methodologies and a Novel Bacterial SmpB Real-Time PCR Assay for Specific Detection of *Haemophilus influenzae* Isolates Associated with Respiratory Tract Infections", *Journal of Clinical Microbiology* 53, n.º 9 (setembro de 2015): 2854–60, https://doi.org/10.1128/JCM.00777-15.
39. "Two Bacterial Genomes Sequenced", *Human Genome News* 7, n.º 1 (maio/junho de 1995), Human Genome Project Information Archive, 1990–2003, https://web.ornl.gov/sci/techresources/Human_Genome/publicat/hgn/v7n1/05microb.shtml.
40. H. O. Smith, J. F. Tomb, B. A. Dougherty, R. D. Fleischmann e J. C. Venter, "Frequency and Distribution of DNA Uptake Signal Sequences in the Haemophilus Influenzae Rd Genome", *Science* 269, n.º 5223 (28 de julho de 1995): 538–40, https://doi.org/10.1126/science.7542802.
41. Claire M. Fraser, Jeannine D. Gocayne, Owen White, Mark D. Adams, Rebecca A. Clayton, Robert D. Fleischmann, Carol J. Bult, *et al.*, "The Minimal Gene Complement of Mycoplasma Genitalium", *Science* 270, n.º 5235 (20 de outubro de 1995): 397–404, https://doi.org/10.1126/science.270.5235.397.
42. "3700 DNA Analyzer", National Museum of American History, https://americanhistory.si.edu/collections/search/object/nmah_1297334.
43. Desconhecido para Dovichi, Hideki Kambara da Hitachi Corporation desenvolveu tecnologia semelhante ao mesmo tempo. A Applied Biosystems acabou licenciando ambas as tecnologias e trabalhou com a Hitachi para criar o dispositivo. Em 2001, a *Science* chamaria os dois pesquisadores de "heróis desconhecidos" do projeto genoma.
44. Jim Kling, "Where the Future Went", *EMBO Reports* 6, n.º 11 (novembro de 2005): 1012–14, https://doi.org/10.1038/sj.embor.7400553.
45. Douglas Birch, "Race for the Genome", *The Baltimore Sun*, 18 de maio de 1999.
46. Nicholas Wade, "In Genome Race, Government Vows to Move Up Finish", *New York Times*, 15 de setembro de 1998, www.nytimes.com/1998/09/15/science/in-genome-race-government-vows-to-move-up-finish.html.

47. Lisa Belkin, “Splice Einstein and Sammy Glick. Add a Little Magellan”, *New York Times*, 23 de agosto de 1998, www.nytimes.com/1998/08/23/magazine/splice-einstein-and-sammy-glick-add-a-little-magellan.html.
48. Schmidt, “Genome Warrior”.
49. Douglas Birch, “Daring Sprint to the Summit. The Quest: A Determined Hamilton Smith Attempts to Scale a Scientific Pinnacle—and Reconcile with Family”, *The Baltimore Sun*, 13 de abril de 1999, www.baltimoresun.com/news/bs-xpm-1999-04-13-9904130335-story.html.
50. “Gene Firm Labelled a ‘Con Job’”, BBC News, 6 de março de 2000, http://news.bbc.co.uk/2/hi/science/nature/667606.stm.
51. Mark D. Adams, Susan E. Celniker, Robert A. Holt, Cheryl A. Evans, Jeannine D. Gocayne, Peter G. Amanatides, Steven E. Scherer, *et al.*, “The Genome Sequence of *Drosophila melanogaster*”, *Science* 287, n.º 5461 (24 de março de 2000): 2185–95, https://doi.org/10.1126/science.287.5461.2185.
52. Nicholas Wade, “Rivals on Offensive as They Near Wire in Genome Race”, *New York Times*, 7 de maio de 2000, www.nytimes.com/2000/05/07/us/rivals-on-offensive-as-they-near-wire-in-genome-race.html.
53. Nicholas Wade, “Analysis of Human Genome Is Said to Be Completed”, *New York Times*, 7 de abril de 2000, https://archive.nytimes.com/www.nytimes.com/library/national/science/040700sci-human-genome.html.
54. Wade, “Analysis of Human Genome”.
55. “Press Briefing by Dr. Neal Lane, Assistant to the President for Science and Technology; Dr. Frances Collins, Director of the National Human Genome Research Institute; Dr. Craig Venter, President and Chief Scientific Officer, Celera Genomics Corporation; and Dr. Ari Patrinos, Associate Director for Biological and Environmental Research, Department of Energy, on the Completion of the First Survey of the Entire Human Genome”, White House Press Release, 26 de junho de 2000, Human Genome Project Information Archive, 1990–2003, https://web.ornl.gov/sci/techresources/Human_Genome/project/clinton3.shtml.
56. “June 2000 White House Event”, White House Press Release, 26 de junho de 2000, National Human Genome Research Institute, www.genome.gov/10001356/june-2000-white-house-event.
57. “June 2000 White House Event”.
58. “June 2000 White House Event”.
59. Andrew Brown, “Has Venter Made Us Gods?”, *The Guardian*, 20 de maio de 2010, www.theguardian.com/commentisfree/andrewbrown/2010/may/20/craig-venter-life-god.

3 Tijolos da Vida

1. “Marvin Minsky, Ph.D”, Academy of Achievement, https://achievement.org/achiever/marvin-minsky-ph-d.

2. Martin Campbell-Kelly, "Marvin Minsky Obituary", *The Guardian*, 3 de fevereiro de 2016, www.theguardian.com/technology/2016/feb/03/marvin-minsky-obituary.
3. Jeremy Bernstein, "Marvin Minsky's Vision of the Future", *New Yorker*, 6 de dezembro de 1981, www.newyorker.com/magazine/1981/12/14/a-i.
4. Amy Webb, *Os Nove Titãs da IA: Como as Gigantes da Tecnologia e Suas Máquinas Pensantes Podem Subverter a Humanidade* (Rio de Janeiro, 2002: Alta Books).
5. "HMS Beagle: Darwin's Trip Around the World", National Geographic Re-source Library, s.d., www.nationalgeographic.org/maps/hms-beagle-darwins-trip-around-world.
6. Webb, *Os Noves Titãs da IA*.
7. "Tom Knight", Internet Archive Wayback Machine, http://web.archive.org/web/20040202103232/http://www.ai.mit.edu/people/tk/tk.html.
8. "Synthetic Biology, IGEM and Ginkgo Bioworks: Tom Knight's Journey", iGem Digest, 2018, https://blog.igem.org/blog/2018/12/4/tom-knight.
9. Sam Roberts, "Harold Morowitz, 88, Biophysicist, Dies; Tackled Enigmas Big and Small", *New York Times*, 1º de abril de 2016, www.nytimes.com/2016/04/02/science/harold-morowitz-biophysicist-who-tackled-enigmas-big-and-small-dies-at-88.html.
10. Adam Bluestein, "Tom Knight, Godfather of Synthetic Biology, on How to Learn Something New", Fast Company, 28 de agosto de 2012, www.fastcompany.com/3000760/tom-knight-godfather-synthetic-biology-how-learn-something-new.
11. Bluestein, "Tom Knight, Godfather".
12. "Synthetic Biology, IGEM and Ginkgo Bioworks".
13. Roger Collis, "The Growing Threat of Malaria", *New York Times*, 10 de dezembro de 1993, www.nytimes.com/1993/12/10/style/IHT-the-growing-threat-of-malaria.html.
14. Institute of Medicine, Committee on the Economics of Antimalarial Drugs, *Saving Lives, Buying Time: Economics of Malaria Drugs in an Age of Resistance*, eds. Kenneth J. Arrow, Claire Panosian e Hellen Gelband (Washington, D.C.: National Academies Press, 2004).
15. Nicholas J. White, Tran T. Hien e François H. Nosten, "A Brief History of Qinghaosu", *Trends in Parasitology* 31, n.º 12 (dezembro de 2015): 607–10, https://doi.org/10.1016/j.pt.2015.10.010.
16. Eran Pichersky e Robert A. Raguso, "Why Do Plants Produce So Many Terpenoid Compounds?", *New Phytologist* 220, n.º 3 (2018): 692–702, https://doi.org/10.1111/nph.14178.
17. Michael Specter, "A Life of Its Own", *New Yorker*, 21 de setembro de 2009, www.newyorker.com/magazine/2009/09/28/a-life-of-its-own.
18. Institute of Medicine, *Saving Lives, Buying Time*.
19. Ben Hammersley, "At Home with the DNA Hackers", *Wired UK*, 8 de outubro de 2009, www.wired.co.uk/article/at-home-with-the-dna-hackers.

20. Lynn Conway, “The M.I.T. 1978 MIT VLSI System Design Course”, University of Michigan, acesso em 31 de maio de 2021, https://ai.eecs.umich.edu/people/conway/VLSI/MIT78/MIT78.html.
21. Oliver Morton, “Life, Reinvented”, *Wired*, 1º de janeiro de 2005, www.wired.com/2005/01/mit-3.
22. Se seus filhos que assistem a *Phineas & Ferb*, um “repressilador” é exatamente o tipo de máquina fantástica que o Dr. Doofenshmirtz teria inventado.
23. Drew Endy, Tom Knight, Gerald Sussman e Randy Rettberg, “IAP 2003 Activity”, IAP site hospedado pelo MIT, última atualização em 5 de dezembro de 2002, http://web.mit.edu/iap/www/iap03/searchiap/iap-4968.html.
24. “Synthetic Biology 1.0 SB 1.0”, notas colaborativas em www.coursehero.com/file/78510074/Sb10doc.
25. Vincent J J Martin *et al.*, “Engineering a Mevalonate Pathway in Escherichia coli for Production of Terpenoids”, *Nature Biotechnology,* vol. 21, (2003): 796–802, doi:10.1038/nbt833.
26. Specter, “A Life of Its Own”.
27. Ron Weiss, Joseph Jacobson, Paul Modrich, Jim Collins, George Church, Christina Smolke, Drew Endy, David Baker e Jay Keasling, “Engineering Life: Building a FAB for Biology”, *Scientific American*, junho de 2006, www.scientificamerican.com/article/engineering-life-building.
28. Richard Van Noorden, “Demand for Malaria Drug Soars”, *Nature* 466, n.º 7307 (agosto de 2010): 672–73, https://doi.org/10.1038/466672a.
29. Daniel Grushkin, “The Rise and Fall of the Company That Was Going to Have Us All Using Biofuels”, Fast Company, 8 de agosto de 2012, www.fastcompany.com/3000040/rise-and-fall-company-was-going-have-us-all-using-biofuels.
30. Grushkin, “The Rise and Fall of the Company”.
31. Kevin Bullis, “Amyris Gives Up Making Biofuels: Update”, *MIT Technology Review*, 10 de fevereiro de 2012, www.technologyreview.com/2012/02/10/20483/amyris-gives-up-making-biofuels-update.
32. “Not Quite the Next Big Thing”, Prism, fevereiro de 2018, www.asee-prism.org/not-quite-the-next-big-thing.
33. James Hendler, “Avoiding Another AI Winter”, *IEEE Intelligent Systems* 23, n.º 2 (1º de março de 2008): 2–4, https://doi.org/10.1109/MIS.2008.20.

4 Deus, Church e (Principalmente) um Mamute-lanoso

1. Jill Lepore, “The Strange and Twisted Life of ‘Frankenstein’”, *New Yorker*, 5 de fevereiro de 2018, www.newyorker.com/magazine/2018/02/12/the-strange-and-twisted-life-of-frankenstein.
2. Paul Russell e Anders Kraal, “Hume on Religion”, em *The Stanford Encyclopedia of Philosophy*, ed. Edward N. Zalta, Stanford University, primavera de 2020, https://plato.stanford.edu/archives/spr2020/entries/hume-religion.

3. "George Church", *Colbert Report*, temporada 9, episódio 4, 4 de outubro de 2012 (vídeo), Comedy Central, www.cc.com/video-clips/fkt99i/the-colbert-report-george-church.
4. "George Church", Oral History Collection, National Human Genome Research Institute, www.genome.gov/player/h5f7sh3K7Lo/PL1ay9ko4A8sko09O-YhseFHzbU2I2HQQp.
5. "George Church", Oral History Collection.
6. Sharon Begley, "A Feature, Not a Bug: George Church Ascribes His Visionary Ideas to Narcolepsy", Stat News, 8 de junho de 2017, www.statnews.com/2017/06/08/george-church-narcolepsy.
7. Begley, "A Feature, Not a Bug".
8. Patricia Thomas, "DNA as Data", *Harvard Magazine*, 1º de janeiro de 2004, www.harvardmagazine.com/2004/01/dna-as-data.html.
9. J. Tian, H. Gong, N. Sheng, X. Zhou, E. Gulari, X. Gao, G. Church, "Accurate Multiplex Gene Synthesis from Programmable DNA Microchips", *Nature*, 23 de dezembro de 2004, 432 (7020): 1050–54, doi: 10.1038/nature03151, PMID: 15616567.
10. Jin Billy Li, Yuan Gao, John Aach, Kun Zhang, Gregory V. Kryukov, Bin Xie, Annika Ahlford, *et al.*, "Multiplex Padlock Targeted Sequencing Reveals Human Hypermutable CpG Variations", *Genome Research* 19, n.º 9 (1º de setembro de 2009): 1606–15, doi.org/10.1101/gr.092213.109.
11. Jon Cohen, "How the Battle Lines over CRISPR Were Drawn", *Science*, 15 de fevereiro de 2017, www.sciencemag.org/news/2017/02/how-battle-lines-over-crispr-were-drawn.
12. "The Nobel Prize in Chemistry 2020", Nobel Prize, www.nobelprize.org/prizes/chemistry/2020/summary.
13. Elizabeth Cooney, "George Church Salutes Fellow CRISPR Pioneers' Historic Nobel Win", Stat News, 7 de outubro de 2020, www.statnews.com/2020/10/07/a-terrific-choice-george-church-salutes-fellow-crispr-pioneers-historic-nobel-win.
14. "George M. Church, Ph.D., Co-Founder and Advisor", eGenesis, www.egenesisbio.com/portfolio-item/george-m-church.
15. Peter Miller, "George Church: The Future Without Limit", *National Geographic*, 1º de junho de 2014, www.nationalgeographic.com/science/article/140602-george-church-innovation-biology-science-genetics-de-extinction.
16. Site do Personal Genome Project: https://www.personalgenomes.org/.
17. The Genetic Genealogist. "Esther Dyson and the 'First 10'", 27 de julho de 2007. https://thegeneticgenealogist.com/2007/07/27/esther-dyson-and-the-first-10/.
18. Amy Harmon, "6 Billion Bits of Data About Me, Me, Me!", *New York Times*, 3 de junho de 2007, seção Week em Review. https://www.nytimes.com/2007/06/03/weekinreview/03harm.html.
19. Blaine Bettinger, "Esther Dyson and the 'First 10'", The Genetic Genealogist, 27 de julho de 2007, https://thegeneticgenealogist.com/2007/07/27/esther-dyson-and-the-first-10; Amy Harmon, "6 Billion Bits of Data About Me, Me, Me!", *New York Times*, 3 de junho de 2007, www.nytimes.com/2007/06/03/weekinreview/03harm.

html; Stephen Pinker, "My Genome, My Self", *New York Times*, 7 de janeiro de 2009, www.nytimes.com/2009/01/11/magazine/11Genome-t.html.

20. "The Life of Dolly", University of Edinburgh, https://dolly.roslin.ed.ac.uk/facts/the-life-of-dolly/index.html.
21. Charles Q. Choi, "First Extinct-Animal Clone Created", *National Geographic*, 10 de fevereiro de 2009, www.nationalgeographic.com/science/article/news-bucardo-pyrenean-ibex-deextinction-cloning.
22. Nicholas Wade, "The Woolly Mammoth's Last Stand", *New York Times*, 2 de março de 2017, www.nytimes.com/2017/03/02/science/woolly-mammoth-extinct-genetics.html.
23. David Biello, "3 Billion to Zero: What Happened to the Passenger Pigeon?", *Scientific American*, 27 de junho de 2014, www.scientificamerican.com/article/3-billion-to-zero-what-happened-to-the-passenger-pigeon.
24. TEDxDeExtinction, https://reviverestore.org/events/tedxdeextinction.
25. "Hybridizing with Extinct Species: George Church at TEDxDeExtinction", www.youtube.com/watch?v=oTH_fmQo3Ok.
26. Christina Agapakis, "Alpha Males and Adventurous Human Females: Gender and Synthetic Genomics", *Scientific American*, 22 de janeiro de 2013, https://blogs.scientificamerican.com/oscillator/alpha-males-and-adventurous-human-females-gender-and-synthetic-genomics.
27. George Church e o coautor Ed Regis descreveram esse cenário na introdução do livro *Regenesis: How Synthetic Biology Will Reinvent Nature and Ourselves* (Nova York: Basic Books, 2014).
28. Gina Kolata, "Scientist Reports First Cloning Ever of Adult Mammal", *New York Times*, 23 de fevereiro de 1997, https://archive.nytimes.com/www.nytimes.com/books/97/12/28/home/022397clone-sci.html.
29. "Experts Detail Obstacles to Human Cloning", MIT News, 14 de maio de 1997, https://news.mit.edu/1997/cloning-0514.
30. "Human Cloning: Ethical Issues", Igreja da Escócia, Conselho da Igreja e Sociedade, panfleto, s.d., www.churchofscotland.org.uk/data/assets/pdf_file/0006/3795/Human_Cloning_Ethical_Issues_leaflet.pdf.
31. "President Bill Clinton, March 4, 1997", transcrito em CNN, www.cnn.com/ALLPOLITICS/1997/03/04/clinton.money/transcript.html.
32. "Poll: Most Americans Say Cloning Is Wrong", CNN.com, 1º de março de 1997. www.cnn.com/TECH/9703/01/clone.poll.
33. Editores, "Why Efforts to Bring Extinct Species Back from the Dead Miss the Point", *Scientific American*, 1º de junho de 2013, www.scientificamerican.com/article/why-efforts-bring-extinct-species-back-from-dead-miss-point, https://doi.org/10.1038/scientificamerican0613-12.
34. George Church, "George Church: De-Extinction Is a Good Idea", *Scientific American*, 1º de setembro de 2013, www.scientificamerican.com/article/george-church-de-extinction-is-a-good-idea, https://doi.org/10.1038/scientificamerican0913-12.

35. TEDxDeExtinction, https://reviverestore.org/projects/woolly-mammoth/
36. Ross Andersen, "Welcome to Pleistocene Park", *The Atlantic*, abril de 2017, www.theatlantic.com/magazine/archive/2017/04/pleistocene-park/517779.
37. Nathan Nunn e Nancy Qian, "The Columbian Exchange: A History of Disease, Food, and Ideas", *Journal of Economic Perspectives* 24, n.º 2 (1º de maio de 2010): 163–88, https://doi.org/10.1257/jep.24.2.163.
38. Nathan Nunn e Nancy Qian, "The Columbian Exchange: A History of Disease, Food, and Ideas", *The Journal of Economic Perspectives* 24, n.º 2 (2010): 163–88, acesso em 23 de julho de 2021, www.jstor.org/stable/25703506.
39. "The Human Cost of Disasters", UNDRR, 12 de outubro de 2020, https://reliefweb.int/report/world/human-cost-disasters-overview-last-20-years2000-2019.
40. "The Human Cost of Disasters—An Overview of the Last 20 Years, 2000–2019", Relief Web, 12 de outubro de 2020, https://reliefweb.int/report/world/human-cost-disasters-overview-last-20-years-2000-2019.
41. Camilo Mora, Chelsie W. W. Counsell, Coral R. Bielecki e Leo V Louis, "Twenty-Seven Ways a Heat Wave Can Kill You in the Era of Climate Change", *Circulation: Cardiovascular Quality and Outcomes* 10, n.º 11 (1º de novembro de 2017): e004233, https://doi.org/10.1161/CIRCOUTCOMES.117.004233.
42. "UN Report: Nature's Dangerous Decline 'Unprecedented'; Species Extinction Rates 'Accelerating'", Nações Unidas, Objetivos de Desenvolvimento Sustentável, 6 de maio de 2019, www.un.org/sustainabledevelopment/blog/2019/05/nature-decline-unprecedented-report.
43. Sinéad M. Crotty, Collin Ortals, Thomas M. Pettengill, Luming Shi, Maitane Olabarrieta, Matthew A. Joyce e Andrew H. Altieri, "Sea-Level Rise and the Emergence of a Keystone Grazer Alter the Geomorphic Evolution and Ecology of Southeast US Salt Marshes", *Anais da National Academy of Sciences* 117, n.º 30 (28 de julho de 2020): 17891–902, www.pnas.org/content/117/30/17891.
44. "The Almond and Peach Trees Genomes Shed Light on the Differences Between These Close Species: Transposons Could Lie at the Origin of the Differences Between the Fruit of Both Species or the Flavor of the Almond", Science Daily, 25 de setembro de 2019, www.sciencedaily.com/releases/2019/09/190925123420.htm.
45. "President Obama Announces Intent to Nominate Francis Collins as NIH Director", White House Press Release, 8 de julho de 2009, https://obamawhitehouse.archives.gov/the-press-office/president-obama-announces-intent-nominate-francis-collins-nih-director.

5 A Bioeconomia

1. Zhuang Pinghui, "Chinese Laboratory That First Shared Coronavirus Genome with World Ordered to Close for 'Rectification,' Hindering Its Covid-19 Research", *South China Morning Post*, 28 de fevereiro de 2020, www.scmp.com/news/china/society/article/3052966/chinese-laboratory-first-shared-coronavirus-genome-world-ordered.
2. Grady McGregor, "How an Overlooked Scientific Feat Led to the Rapid Development of COVID-19 Vaccines", *Fortune*, 23 de dezembro de 2020,

https://fortune.com/2020/12/23/how-an-overlooked-scientific-feat-led-to-the-rapid-development-of-covid-19-vaccines.

3. Yong-Zhen Zhang e Edward C. Holmes, "A Genomic Perspective on the Origin and Emergence of SARS-CoV-2", *Cell* 181, n.º 2 (16 de abril de 2020): 223–27, https://doi.org/10.1016/j.cell.2020.03.035.
4. "Novel 2019 Coronavirus Genome", Virological, 11 de janeiro de 2020, https://virological.org/t/novel-2019-coronavirus-genome/319.
5. "GenBank Overview", National Center for Biotechnology Information, www.ncbi.nlm.nih.gov/genbank.
6. "Novel 2019 Coronavirus Genome".
7. Walter Isaacson, "How MRNA Technology Could Upend the Drug Industry", *Time*, 11 de janeiro de 2021, https://time.com/5927342/mrna-covid-vaccine.
8. Susie Neilson, Andrew Dunn e Aria Bendix, "Moderna Groundbreaking Coronavirus Vaccine Was Designed in Just 2 Days", *Business Insider*, 19 de dezembro de 2020, www.businessinsider.com/moderna-designed-coronavirus-vaccine-in-2-days-2020-11.
9. "The Speaking Telephone: Prof. Bell's Second Lecture Sending Multiple Dispatches in Different Directions over the Same Instrument at the Same Time Doing Away with Transmitters and Batteries a Substitute for a Musical Ear Autographs and Pictures By Telegraph", *New York Times*, 19 de maio de 1877, www.nytimes.com/1877/05/19/archives/the-speaking-telephone-prof-bells-second-lecture-sending-multiple.html.
10. "The Speaking Telephone".
11. "AT&T's History of Invention and Breakups", *New York Times*, 13 de fevereiro de 2016, www.nytimes.com/interactive/2016/02/12/technology/att-history.html.
12. Arthur C. Clarke, "Extra-Terrestrial Relays: Can Rocket Stations Give World-Wide Radio Coverage?", em *Progress in Astronautics and Rocketry*, ed. Richard B. Marsten, 19:3–6, Communication Satellite Systems Technology (Amsterdam: Elsevier, 1966), https://doi.org/10.1016/B978-1-4832-2716-0.50006-2.
13. Donald Martin, Paul Anderson e Lucy Bartamian, "The History of Satellites", *Sat Magazine*, reimpresso por *Communication Satellites*, 5ª ed. (Reston, VA: American Institute of Aeronautics and Astronautics, 2007), www.satmagazine.com/story.php?number=768488682.
14. Mark Erickson, *Into the Unknown Together: The DOD, NASA, and Early Spaceflight* (Maxwell Air Force Base, AL: Air University Press, 2005).
15. A partir da escrita deste livro em 2021.
16. J. C. R. Licklider, "Memorandum for Members and Affiliates of the Intergalactic Computer Network", 23 de abril de 1963, Advanced Research Projects Agency, arquivado em Metro Olografix, www.olografix.org/gubi/estate/libri/wizards/memo.html.
17. Leonard Kleinrock, "The First Message Transmission", Internet Corporation for Assigned Names and Numbers (ICANN), 29 de outubro de 2019, www.icann.org/en/blogs/details/the-first-message-transmission-29-10-2019-en.

18. Ryan Singel, "Vint Cerf: We Knew What We Were Unleashing on the World", *Wired*, 23 de abril de 2012, www.wired.com/2012/04/epicenter-isoc-famers-qa-cerf.
19. "History of the Web", World Wide Web Foundation, https://webfoundation.org/about/vision/history-of-the-web.
20. Sharita Forrest, "NCSA Web Browser 'Mosaic' Was Catalyst for Internet Growth", Illinois News Bureau, 17 de abril de 2003, https://news.illinois.edu/view/6367/212344.
21. "Net Benefits", *The Economist*, 9 de março de 2013, www.economist.com/finance-and-economics/2013/03/09/net-benefits.
22. "U.S. Bioeconomy Is Strong, But Faces Challenges—Expanded Efforts in Coordination, Talent, Security, and Fundamental Research Are Needed", NationalAcademies of Sciences, Engineering, and Medicine, press release, 14 de janeiro de 2020, www.nationalacademies.org/news/2020/01/us-bioeconomy-is-strong-but-faces-challenges-expanded-efforts-in-coordination-talent-security-and-fundamental-research-are-needed.
23. Michael Chui, Matthias Evers, James Manyika, Alice Zheng e Travers Nisbet, "The Bio Revolution: Innovations Transforming Economies, Societies, and Our Lives", McKinsey and Company, 13 de maio de 2020, www.mckinsey.com/industries/pharmaceuticals-and-medical-products/our-insights/the-bio-revolution-innovations-transforming-economies-societies-and-our-lives.
24. Stephanie Wisner, "Synthetic Biology Investment Reached a New Record of Nearly $8 Billion in 2020—What Does This Mean for 2021?", SynBioBeta, 28 de janeiro de 2021, https://synbiobeta.com/synthetic-biology-investment-set-a-nearly-8-billion-record-in-2020-what-does-this-mean-for-2021.
25. Zhou Xin e Coco Feng, "ByteDance Value Approaches US$400 Billion as It Explores Douyin IPO", *South China Morning Post*, 1º de abril de 2021, www.scmp.com/tech/big-tech/article/3128002/value-tiktok-maker-bytedance-approaches-us400-billion-new-investors.
26. Wisner, "Synthetic Biology Investment Reached a New Record".
27. "DNA Sequencing in Microgravity on the International Space Station (ISS) Using the MinION", Nanopore, 29 de agosto de 2016, https://nanoporetech.com/resource-centre/dna-sequencing-microgravity-international-space-station-iss-using-minion.
28. "Polynucleotide Synthesizer Model 280, Solid Phase Microprocessor Controller Model 100B", National Museum of American History, https://american history.si.edu/collections/search/object/nmah_1451158.
29. Formulário da US Security and Exchange Commission S-1/A preenchido pela Twist Bioscience em 17 de outubro de 2018, SEC Archives, www.sec.gov/Archives/edgar/data/1581280/000119312518300580/d460243ds1a.htm.
30. "Building a Platform for Programming Technology", Microsoft Station B, https://www.microsoft.com/en-us/research/project/stationb.
31. Microsoft DNA Storage. https://www.microsoft.com/en-us/research/project/dna-storage.

32. "With a 'Hello,' Microsoft and UW Demonstrate First Fully Automated DNA Data Storage", Microsoft Innovation Stories, 21 de março de 2019, https://news.microsoft.com/innovation-stories/hello-data-dna-storage.
33. Robert F. Service, "DNA Could Store All of the World's Data in One Room", *Science*, 2 de março de 2017, www.sciencemag.org/news/2017/03/dna-could-store-all-worlds-data-one-room.
34. Nathan Hillson, Mark Caddick, Yizhi Cai, Jose A. Carrasco, Matthew Wook Chang, Natalie C. Curach, David J. Bell, *et al.*, "Building a Global Alliance of Biofoundries", *Nature Communications* 10, n.º 1 (9 de maio de 2019): 2040, https://doi.org/10.1038/s41467-019-10079-2.
35. "Moderna's Work on Our COVID-19 Vaccine", Moderna, www.modernatx.com/modernas-work-potential-vaccine-against-covid-19.
36. "Moderna's Work on Our COVID-19 Vaccine".
37. "'The Never Again Plan': Moderna CEO Stéphane Bancel Wants to Stop the Next Covid-19—Before It Happens", Advisory Board Company, 22 de dezembro de 2020, www.advisory.com/Blog/2020/12/moderna-ceo-covid-vaccine-bancel.
38. Jacob Knutson, "Baltimore Plant Ruins 15 Million Johnson & Johnson Coronavirus Vaccines", Axios, 31 de março de 2021, www.axios.com/emergent-biosolutions-johnson-and-johnson-vaccine-dfd781a8-d007-4354-910a-e30d5007839b.html
39. Jinshan Hong, Chloe Lo e Michelle Fay Cortez, "Hong Kong Suspends BioNTech Shot over Loose Vial Caps, Stains", Bloomberg, 24 de março de 2021, www.bloomberg.com/news/articles/2021-03-24/macau-halts-biontech-shots-on-vials-hong-kong-rollout-disrupted.
40. Beatriz Horta, "Yale Lab Develops Revolutionary RNA Vaccine for Malaria", *Yale Daily News*, 12 de março de 2021, https://yaledailynews.com/blog/2021/03/12/yale-lab-develops-revolutionary-rna-vaccine-for-malaria.
41. Gordon E. Moore, "Cramming More Components onto Integrated Circuits, Reprinted from Electronics", *IEEE Solid-State Circuits Society Newsletter* 11, n.º 3 (setembro de 2006): 33–35, https://doi.org/10.1109/N-SSC.2006.4785860.
42. "The Cost of Sequencing a Human Genome", National Human Genome Research Institute, www.genome.gov/about-genomics/fact-sheets/Sequencing-Human-Genome-cost.
43. Antonio Regalado, "China's BGI Says It Can Sequence a Genome for Just $100", *MIT Technology Review*, 26 de fevereiro de 2020, www.technologyreview.com/2020/02/26/905658/china-bgi-100-dollar-genome.
44. Brian Alexander, "Biological Teleporter Could Seed Life Through Galaxy", *MIT Technology Review*, 2 de agosto de 2017, www.technologyreview.com/2017/08/02/150190/biological-teleporter-could-seed-life-through-galaxy.

6 A Era Biológica

1. Conforme dito a Amy Webb em uma entrevista em vídeo em 24 de setembro de 2020.

2. Philippa Roxby, "Malaria Vaccine Hailed as Potential Breakthrough", BBC News, 23 de abril de 2021, www.bbc.com/news/health-56858158.
3. Hayley Dunning, "Malaria Mosquitoes Eliminated in Lab by Creating All-Male Populations", Imperial College London, News, 11 de maio de 2020, www.imperial.ac.uk/news/197394/malaria-mosquitoes-eliminated-creating-all-male-populations.
4. "Scientists Release Controversial Genetically Modified Mosquitoes in High-Security Lab", National Public Radio, www.npr.org/sections/goatsandsoda/2019/02/20/693735499/scientists-release-controversial-genetically-modified-mosquitoes-in-high-securit.
5. Landmark Project to Control Disease Carrying Mosquitoes Kicks Off in the Florida Keys", Cision, 29 de abril de 2021, www.prnewswire.com/news-releases/landmark-project-to-control-disease-carrying-mosquitoes-kicks-off-in-the-florida-keys-301280593.html.
6. Lindsay Brownell, "Human Organ Chips Enable Rapid Drug Repurposing for COVID-19", Wyss Institute, 3 de maio de 2021, https://wyss.harvard.edu/news/human-organ-chips-enable-rapid-drug-repurposing-for-covid-19.
7. "Body on a Chip", Wake Forest School of Medicine", https://school.wakehealth.edu/Research/Institutes-and-Centers/Wake-Forest-Institute-for-Regenerative-Medicine/Research/Military-Applications/Body-on-A-Chip.
8. Cleber A. Trujillo e Alysson R. Muotri, "Brain Organoids and the Study of Neurodevelopment", *Trends in Molecular Medicine* 24, n.º 12 (dezembro de 2018): 982–90, https://doi.org/10.1016/j.molmed.2018.09.005.
9. "Stanford Scientists Assemble Human Nerve Circuit Driving Voluntary Movement", Stanford Medicine News Center, 16 de dezembro de 2020, http://med.stanford.edu/news/all-news/2020/12/scientists-assemble-human-nerve-circuit-driving-muscle-movement.html.
10. "DeCODE Launches DeCODEmeTM", DeCODE Genetics, www.decode.com/decode-launches-decodeme.
11. Thomas Goetz, "23AndMe Will Decode Your DNA for $1,000. Welcome to the Age of Genomics", *Wired*, 17 de novembro de 2007, www.wired.com/2007/11/ff-genomics.
12. "23andMe Genetic Service Now Fully Accessible to Customers in New York and Maryland", 23andMe, 4 de dezembro de 2015, https://mediacenter.23andme.com/press-releases/23andme-genetic-service-now-fully-accessible-to-customers-in-new-york-and-maryland.
13. "'Smart Toilet' Monitors for Signs of Disease", Stanford Medicine News Center", 6 de abril de 2020, http://med.stanford.edu/news/all-news/2020/04/smart-toilet-monitors-for-signs-of-disease.html.
14. Mark Mimee, Phillip Nadeau, Alison Hayward, Sean Carim, Sarah Flanagan, Logan Jerger, Joy Collins, *et al.*, "An Ingestible Bacterial-Electronic System to Monitor Gastrointestinal Health", *Science* 360, n.º 6391 (25 de maio de 2018): 915–18, https://doi.org/10.1126/science.aas9315.

15. Tori Marsh, "Live Updates: January 2021 Drug Price Hikes", GoodRx, 19 de janeiro de 2021, www.goodrx.com/blog/january-drug-price-hikes-2021.

16. "2019 Employer Health Benefits Survey. Section 1: Cost of Health Insurance", Kaiser Family Foundation, 25 de setembro de 2019, www.kff.org/report-section/ehbs-2019-section-1-cost-of-health-insurance.

17. Bruce Budowle e Angela van Daal, "Forensically Relevant SNP Classes", *BioTechniques* 44, n.º 5 (1º de abril de 2008): 603–10, https://doi.org/10.2144/000112806.

18. Leslie A. Pray, "Embryo Screening and the Ethics of Human Genetic Engineering", *Nature Education* 1, n.º 1 (2008): 207, www.nature.com/scitable/topicpage/embryo-screening-and-the-ethics-of-human-60561.

19. Antonio Regalado, "Engineering the Perfect Baby", *MIT Technology Review*, 5 de março de 2015, www.technologyreview.com/2015/03/05/249167/engineering-the-perfect-baby.

20. Rachel Lehmann-Haupt,"GetReadyforSame-SexReproduction", NEO.LIFE, 28 de fevereiro de 2018, https://neo.life/2018/02/get-ready-for-same-sex-reproduction.

21. Daisy A. Robinton e George Q Daley. "The Promise of Induced Pluripotent Stem Cells in Research and Therapy", *Nature* vol. 481,7381 295-305. 18 de janeiro de 2012, doi:10.1038/nature10761.

22. "'Artificial Womb' Invented at the Children's Hospital of Philadelphia", WHYY PBS, 25 de abril de 2017, https://whyy.org/articles/artificial-womb-invented-at-the-childrens-hospital-of-philadelphia.

23. Antonio Regalado, "A Mouse Embryo Has Been Grown in an Artificial Womb—Humans Could Be Next", *MIT Technology Review*, 17 de março de 2021, www.technologyreview.com/2021/03/17/1020969/mouse-embryo-grown-in-a-jar-humans-next.

24. "Our Current Water Supply", Southern Nevada Water Authority, https://www.snwa.com/water-resources/current-water-supply/index.html.

25. "Food Loss and Waste Database", Nações Unidas, Organização das Nações Unidas para Agricultura e Alimentação, www.fao.org/food-loss-and-food-waste/flw-data.

26. "Sustainable Management of Food Basics", US Environmental Protection Agency, 11 de agosto de 2015, www.epa.gov/sustainable-management-food/sustainable-management-food-basics.

27. "Worldwide Food Waste", Think Eat Save, United Nations Environment Programme, www.unep.org/thinkeatsave/get-informed/worldwide-food-waste.

28. Kenneth A. Barton, Andrew N. Binns, Antonius J.M. Matzke e MaryDell Chilton, "Regeneration of Intact Tobacco Plants Containing Full Length Copies of Genetically Engineered T-DNA, and Transmission of T-DNA to R1 Progeny", *Cell* 32, n.º 4 (1º de abril de 1983): 1033–43, https://doi.org/10.1016/0092-8674(83)90288-X.

29. "Tremors in the Hothouse", *New Yorker*, 19 de julho de 1993, www.newyorker.com/magazine/1993/07/19/tremors-in-the-hothouse.

30. "ISAAA Brief 55-2019: Executive Summary: Biotech Crops Drive Socio-Economic Development and Sustainable Environment in the New Frontier", International Service for the Acquisition of Agri-biotech Applications, 2019, www.isaaa.org/resources/publications/briefs/55/executivesummary/default.asp.
31. "Recent Trends in GE Adoption", US Department of Agriculture Economic Research Service, www.ers.usda.gov/data-products/adoption-of-genetically-engineered-crops-in-the-us/recent-trends-in-ge-adoption.aspx.
32. Javier Garcia Martinez, "Artificial Leaf Turns Carbon Dioxide into Liquid Fuel", *Scientific American*, 26 de junho de 2017, www.scientificamerican.com/article/liquid-fuels-from-sunshine.
33. Max Roser e Hannah Ritchie, "Hunger and Undernourishment", Our World in Data, 8 de outubro de 2019, https://ourworldindata.org/hunger-and-undernourishment.
34. "Growing at a Slower Pace, World Population Is Expected to Reach 9.7 Billion in 2050 and Could Peak at Nearly 11 Billion Around 2100", Nações Unidas, Departamento de Assuntos Econômicos e Sociais, 17 de junho de 2019, www.un.org/development/desa/en/news/population/world-population-prospects-2019.html.
35. Julia Moskin, Brad Plumer, Rebecca Lieberman, Eden Weingart e Nadja Popovich, "Your Questions About Food and Climate Change, Answered", *New York Times*, 30 de abril de 2019, www.nytimes.com/interactive/2019/04/30/dining/climate-change-food-eating-habits.html.
36. "China's Breeding Giant Pigs That Are as Heavy as Polar Bears", Bloomberg, 6 de outubro de 2019, www.bloomberg.com/news/articles/2019-10-06/china-is-breeding-giant-pigs-the-size-of-polar-bears.
37. Kristine Servando, "China's Mutant Pigs Could Help Save Nation from Pork Apocalypse", Bloomberg, 3 de dezembro de 2019, www.bloomberg.com/news/features/2019-12-03/china-and-the-u-s-are-racing-to-create-a-super-pig.
38. "Belgian Blue", The Cattle Site, www.thecattlesite.com/breeds/beef/8/belgian-blue.
39. Antonio Regalado, "First Gene-Edited Dogs Reported in China", *MIT Technology Review*, 19 de outubro de 2015, www.technologyreview.com/2015/10/19/165740/first-gene-edited-dogs-reported-in-china.
40. Robin Harding, "Vertical Farming Finally Grows Up in Japan", *Financial Times*, 22 de janeiro de 2020, www.ft.com/content/f80ea9d0-21a8-11ea-b8a1-584213ee7b2b.
41. Winston Churchill, "Fifty Years Hence", *Maclean's*, 15 de novembro de 1931, https://archive.macleans.ca/article/1931/11/15/fifty-years-hence.
42. Alok Jha, "World's First Synthetic Hamburger Gets Full Marks for 'Mouth Feel'", *The Guardian*, 6 de agosto de 2013, www.theguardian.com/science/2013/aug/05/world-first-synthetic-hamburger-mouth-feel.
43. Bec Crew, "Cost of Lab-Grown Burger Patty Drops from $325,000 to $11.36", Science Alert, 2 de abril de 2015, www.sciencealert.com/lab-grown-burger-patty-cost-drops-from-325-000-to-12.

44. Karen Gilchrist, "This Multibillion-Dollar Company Is Selling Lab-Grown Chicken in a World-First", CNBC, 1º de março de 2021, www.cnbc.com/2021/03/01/eat-just-good-meat-sells-lab-grown-cultured-chicken-in-world-first.html.
45. Kai Kupferschmidt, "Here It Comes... The $375,000 Lab-Grown Beef Burger", *Science*, 2 de agosto de 2013, www.sciencemag.org/news/2013/08/here-it-comes-375000-lab-grown-beef-burger.
46. "WHO's First Ever Global Estimates of Foodborne Diseases Find Children Under 5 Account for Almost One Third of Deaths", Organização Mundial da Saúde, 3 de dezembro de 2015, www.who.int/news/item/03-12-2015-who-s-first-ever-global-estimates-of-foodborne-diseases-find-children-under-5-account-for-almost-one-third-of-deaths.
47. "Outbreak of *E. coli* Infections Linked to Romaine Lettuce", Centers for Disease Control and Prevention, 15 de janeiro de 2020, www.cdc.gov/ecoli/2019/o157h7-11-19/index.html.
48. Kevin Jiang, "Synthetic Microbial System Developed to Find Objects' Origin", *Harvard Gazette*, 4 de junho de 2020, https://news.harvard.edu/gazette/story/2020/06/synthetic-microbial-system-developed-to-find-objects-origin.
49. Jen Alic, "Is the Future of Biofuels in Algae? Exxon Mobil Says It's Possible", *Christian Science Monitor*, 13 de março de 2013, www.csmonitor.com/Environment/Energy-Voices/2013/0313/Is-the-future-of-biofuels-in-algae-Exxon-Mobil-says-it-s-possible.
50. "J. Craig Venter Institute–Led Team Awarded 5-Year, $10.7 M Grant from US Department of Energy to Optimize Metabolic Networks in Diatoms, EnablingNext-GenerationBiofuelsandBioproducts", J. Craig Venter Institute, 3 de outubro de 2017, www.jcvi.org/media-center/j-craig-venter-institute-led-team-awarded-5-year-107-m-grant-us-department-energy
51. "Advanced Algal Systems", US Department of Energy, www.energy.gov/eere/bioenergy/advanced-algal-systems.
52. Morgan McFall-Johnsen, "These Facts Show How Unsustainable the Fashion Industry Is", Fórum Econômico Mundial, 31 de janeiro de 2020, www.weforum.org/agenda/2020/01/fashion-industry-carbon-unsustainable-environment-pollution.
53. Rachel Cormack, "Why Hermès, Famed for Its Leather, Is Rolling Out a Travel Bag Made from Mushrooms", *Robb Report*, 15 de março de 2021, https://robbreport.com/style/accessories/hermes-vegan-mushroom-leather-1234601607.
54. "Genomatica to Scale Bio-Nylon 50-Fold with Aquafil", Genomatica, press release, 19 de novembro de 2020, www.genomatica.com/bio-nylon-scaling-50x-to-support-global-brands.
55. L. Lebreton, B. Slat, F. Ferrari, B. Sainte-Rose, J. Aitken, R. Marthouse, S. Hajbane, *et al.*, "Evidence That the Great Pacific Garbage Patch Is Rapidly Accumulating Plastic", *Scientific Reports* 8, n.º 1 (22 de março de 2018): 4666, https://doi.org/10.1038/s41598-018-22939-w.
56. "Ocean Trash: 5.25 Trillion Pieces and Counting, but Big Questions Remain", National Geographic Resource Library, s.d., www.nationalgeographic.org/article/ocean-trash-525-trillion-pieces-and-counting-big-questions-remain/6th-grade.

7 Nove Riscos

1. Emily Waltz, “Gene-Edited CRISPR Mushroom Escapes U.S. Regulation: Nature News and Comment”, *Nature* 532, n.º 293 (2016), www.nature.com/news/gene-edited-crispr-mushroom-escapes-us-regulation-1.19754.
2. Waltz, “Gene-Edited CRISPR Mushroom”.
3. Antonio Regalado, “Here Come the Unregulated GMOs”, *MIT Technology Review*, 15 de abril de 2016, www.technologyreview.com/2016/04/15/8583/here-come-the-unregulated-gmos.
4. Waltz, “Gene-Edited CRISPR Mushroom”.
5. Fonte *The Independent*.
6. “如果你不能接受转基因, 基因编辑食品你敢吃吗? |转基因|基因编辑|食物_新浪科技_新浪网”, Sina Technology, 30 de junho de 2016, http://tech.sina.com.cn/d/i/2016-06-30/doc-ifxtsatn7803705.shtml.
7. Andrew MacFarlane, “Genetically Modified Mushrooms May Lead the Charge to Ending World Hunger”, Weather Channel, 20 de abril de 2016, https://weather.com/science/news/genetically-modified-mushrooms-usda.
8. “Secretary Perdue Issues USDA Statement on Plant Breeding Innovation”, US Department of Agriculture, Animal and Plant Health Inspection Service, 28 de março de 2018, https://content.govdelivery.com/accounts/USDAAPHIS/bulletins/1e599ff.
9. Pam Belluck, “Chinese Scientist Who Says He Edited Babies’ Genes DefendsHis Work”, *New York Times*, 28 de novembro de 2018, www.nytimes.com/2018/11/28/world/asia/gene-editing-babies-he-jiankui.html.
10. Belluck, “Chinese Scientist”.
11. “He Jiankui’s Gene Editing Experiment Ignored Other HIV Strains”, Stat News, 15 de abril de 2019, www.statnews.com/2019/04/15/jiankui-embryo-editing-ccr5.
12. Antonio Regalado, “China’s CRISPR Twins Might Have Had Their Brains Inadvertently Enhanced”, *MIT Technology Review*, 21 de fevereiro de 2019, www.technologyreview.com/2019/02/21/137309/the-crispr-twins-had-their-brains-altered.
13. Confira a agenda original “Second International Summit on Human Gene Editing”, National Academies of Sciences, Engineering, and Medicine, 27 de novembro de 2018, www.nationalacademies.org/event/11-27-2018/second-international-summit-on-human-gene-editing.
14. David Cyranoski, “What CRISPR-Baby Prison Sentences Mean for Research”, *Nature* 577, n.º 7789 (3 de janeiro de 2020): 154–55, https://doi.org/10.1038/d41586-020-00001-y.
15. Anders Lundgren, “Carl Wilhelm Scheele: Swedish Chemist”, Encyclopedia Britannica, www.britannica.com/biography/Carl-Wilhelm-Scheele.
16. Gilbert King, “Fritz Haber’s Experiments in Life and Death”, *Smithsonian Magazine*, 6 de junho de 2012, www.smithsonianmag.com/history/fritz-habers-experiments-in-life-and-death-114161301.

17. Jennifer Couzin-Frankel, "Poliovirus Baked from Scratch", *Science*, 11 de julho de 2002, www.sciencemag.org/news/2002/07/poliovirus-baked-scratch.
18. "Traces of Terror. The Science: Scientists Create a Live Polio Virus", *New York Times*, 12 de julho de 2002, www.nytimes.com/2002/07/12/us/traces-of-terror-the-science-scientists-create-a-live-polio-virus.html.
19. Kai Kupferschmidt, "How Canadian Researchers Reconstituted an Extinct Poxvirus for $100,000 Using Mail-Order DNA", *Science*, 6 de julho de 2017, www.sciencemag.org/news/2017/07/how-canadian-researchers-reconstituted-extinct-poxvirus-100000-using-mail-order-dna.
20. Denise Grady e Donald G. McNeil Jr., "Debate Persists on Deadly Flu Made Airborne", *New York Times*, 27 de dezembro de 2011, www.nytimes.com/2011/12/27/science/debate-persists-on-deadly-flu-made-airborne.html.
21. Monica Rimmer, "How Smallpox Claimed Its Final Victim", BBC News, 10 de agosto de 2018, www.bbc.com/news/uk-england-birmingham-45101091.
22. J. Kenneth Wickiser, Kevin J. O'Donovan, Michael Washington, Stephen Hummel e F. John Burpo, "Engineered Pathogens and Unnatural Biological Weapons: The Future Threat of Synthetic Biology", CTC Sentinel 13, n.º 8 (31 de agosto de 2020): 1–7, https://ctc.usma.edu/engineered-pathogens-and-unnatural-biological-weapons-the-future-threat-of-synthetic-biology.
23. Ian Sample, "Craig Venter Creates Synthetic Life Form", *The Guardian*, 20 de maio de 2010, www.theguardian.com/science/2010/may/20/craig-venter-synthetic-life-form.
24. Margaret Munro, "Life, From Four Chemicals", *Ottawa Citizen*, 21 de maio de 2010, www.pressreader.com/canada/ottawa-citizen/20100521/285121404908322.
25. Sample, "Craig Venter Creates Synthetic Life Form".
26. Ian Sample, "Synthetic Life Breakthrough Could Be Worth over a Trillion Dollars", *The Guardian*, 20 de maio de 2010, www.theguardian.com/science/2010/may/20/craig-venter-synthetic-life-genome.
27. Clyde A. Hutchison, Ray-Yuan Chuang, Vladimir N. Noskov, Nacyra Assad-Garcia, Thomas J. Deerinck, Mark H. Ellisman, John Gill, *et al.*, "Design and Synthesis of a Minimal Bacterial Genome", *Science* 351, n.º 6280 (25 de março de 2016), https://doi.org/10.1126/science.aad6253.
28. "Scientists Create Simple Synthetic Cell That Grows and Divides Normally", National Institute of Standards and Technology, 29 de março de 2021, www.nist.gov/news-events/news/2021/03/scientists-create-simple-synthetic-cell-grows-and-divides-normally.
29. Ken Kingery, "Engineered Swarmbots Rely on Peers for Survival", Duke Pratt School of Engineering, 29 de fevereiro de 2016, https://pratt.duke.edu/about/news/engineered-swarmbots-rely-peers-survival.
30. Rob Stein, "Blind Patients Hope Landmark Gene-Editing Experiment Will Restore Their Vision", National Public Radio, 10 de maio de 2021, www.npr.org/sections/health-shots/2021/05/10/993656603/blind-patients-hope-landmark-gene-editing-experiment-will-restore-their-vision.

31. Sigal Samuel, “A Celebrity Biohacker Who Sells DIY Gene-Editing Kits Is Under Investigation”, Vox, 19 de maio de 2019, www.vox.com/future-perfect/2019/5/19/18629771/biohacking-josiah-zayner-genetic-engineering-crispr.
32. Arielle Duhaime-Ross, “In Search of a Healthy Gut, One Man Turned to an Extreme DIY Fecal Transplant”, The Verge, 4 de maio de 2016, www.theverge.com/2016/5/4/11581994/fmt-fecal-matter-transplant-josiah-zayner-microbiome-ibs-c-diff.
33. Stephanie M. Lee, “This Biohacker Is Trying to Edit His Own DNA and Wants You to Join Him”, BuzzFeed, 14 de outubro de 2017, www.buzzfeednews.com/article/stephaniemlee/this-biohacker-wants-to-edit-his-own-dna.
34. Molly Olmstead, “The Fuzzy Regulations Surrounding DIY Synthetic Biology”, Slate, 4 de maio de 2017, https://slate.com/technology/2017/05/the-fuzzy-regulations-surrounding-diy-synthetic-biology.html.
35. Doudna e Zheng fundaram quatro, incluindo a Scribe Therapeutics, a Intellia Therapeutics, a Mammoth Biosciences e a Caribou Biosciences (Doudna) e Sherlock Biosciences, Arbor Biotechnologies, Beam Therapeutics e Editas Medicine (Zheng). Charpentier fundou duas: a CRISPR Therapeutics e a ERS Genomics. Doudna foi uma cofundadora original da Editas, mas rompeu os laços com Zheng por causa da disputa de patentes.
36. “Statement from Ambassador Katherine Tai on the Covid-19 Trips Waiver”, Office of the United States Trade Representative, 5 de maio de 2021, https://ustr.gov/about-us/policy-offices/press-office/press-releases/2021/may/statement-ambassador-katherine-tai-covid-19-trips-waiver.
37. Kate Taylor, “More Parents Plead Guilty in College Admissions Scandal”, *New York Times*, 21 de outubro de 2019, www.nytimes.com/2019/10/21/us/college-admissions-scandal.html.
38. Andrew Martinez, “Lawyer Who Paid $75G to Fix Daughter’s Test Answers Gets One-Month Prison Term”, *Boston Herald*, 3 de outubro de 2019, www.boston herald.com/2019/10/03/lawyer-who-paid-75g-to-fix-daughters-test-answers-gets-one-month-prison-term.
39. Matthew Campbell e Doug Lyu, “China’s Genetics Giant Wants to Tailor Medicine to Your DNA”, Bloomberg, 13 de novembro de 2019, www.bloomberg.com/news/features/2019-11-13/chinese-genetics-giant-bgi-wants-to-tailor-medicine-to-your-dna.
40. “China: Minority Region Collects DNA from Millions”, Human Rights Watch, 13 de dezembro de 2017, www.hrw.org/news/2017/12/13/china-minority-region-collects-dna-millions.
41. Sui-Lee Wee, “China Uses DNA to Track Its People, with the Help of American Expertise”, *New York Times*, 21 de fevereiro de 2019, www.nytimes.com/2019/02/21/business/china-xinjiang-uighur-dna-thermo-fisher.html.
42. “China’s Ethnic Tinderbox”, BBC, 9 de julho de 2009, http://news.bbc.co.uk/2/hi/asia-pacific/8141867.stm.

43. Simon Denyer, "Researchers May Have 'Found' Many of China's 30 Million Missing Girls", *Washington Post*, 30 de novembro de 2016, www.washingtonpost.com/news/worldviews/wp/2016/11/30/researchers-may-have-found-many-of-chinas-30-million-missing-girls.

44. Kirsty Needham, "Special Report: COVID Opens New Doors for China's Gene Giant", Reuters, 5 de agosto de 2020, www.reuters.com/article/us-health-coronavirus-bgi-specialreport-idUSKCN2511CE.

45. https://www.seasteading.org/

46. "Todai-Led Team Creates Mouse Pancreas in Rat in Treatment Breakthrough", *Japan Times*, 26 de janeiro de 2017, www.japantimes.co.jp/news/2017/01/26/national/science-health/treatment-breakthrough-todai-led-team-creates-mouse-pancreas-rat-transplants-diabetic-mouse.

47. Nidhi Subbaraman, "First Monkey–Human Embryos Reignite Debate over Hybrid Animals", *Nature* 592, n.º 7855 (15 de abril de 2021): 497, https://doi.org/10.1038/d41586-021-01001-2.

48. Julian Savulescu e César Palacios-González, "First Human-Monkey Embryos Created—A Small Step Towards a Huge Ethical Problem", The Conversation, 22 de abril de 2021, https://theconversation.com/first-human-monkey-embryos-created-a-small-step-towards-a-huge-ethical-problem-159355.

49. Alex Fox, "Compared with Hummingbirds, People Are Rather Colorblind", *Smithsonian Magazine*, 18 de junho de 2020, www.smithsonianmag.com/smart-news/compared-hummingbirds-were-all-colorblind-180975111.

50. Guy Rosen, "How We're Tackling Misinformation Across Our Apps", Facebook, 22 de março de 2021, https://about.fb.com/news/2021/03/how-were-tackling-misinformation-across-our-apps.

51. Rosen, "How We're Tackling Misinformation".

52. Fortune 500, https://fortune.com/fortune500.

53. Página do Facebook da Healthy and Natural World, "Scientists Warn People to Stop Eating Instant Noodles Due to Cancer and Stroke Risks", Facebook.com, 20 de março de 2019, www.facebook.com/HealthyAndNaturalWorld/posts/scientists-warn-people-to-stop-eating-instant-noodles-due-to-cancer-and-stroke-r/2262994090426410.

54. Michelle R. Smith e Johnathan Reiss, "Inside One Network Cashing In on Vaccine Disinformation", Associated Press, 13 de maio de 2021, https://apnews.com/article/anti-vaccine-bollinger-coronavirus-disinformation-a7b8e1f339906 70563b4c469b462c9bf.

55. Michelle R. Smith e Johnathan Reiss, "Inside One Network Cashing in on Vaccine Disinformation", Associated Press, 13 de maio de 2021, https://apnews.com/article/anti-vaccine-bollinger-coronavirus-disinformation-a7b8e1f339906 70563b4c469b462c9bf.

56. Ben Guarino, Ariana Eunjung Cha, Josh Wood e Griff Witte, "'The Weapon That Will End the War': First Coronavirus Vaccine Shots Given Outside Trials in U.S.", 14 de dezembro de 2020. www.washingtonpost.com/nation/2020/12/14/first-covid-vaccines-new-york.

57. "Coronavirus (COVID-19) Vaccinations", Our World In Data, https://ourworldindata.org/covid-vaccinations?country=USA.
58. "Provisional COVID-19 Death Counts by Week Ending Date and State", Centers for Disease Control and Prevention, https://data.cdc.gov/NCHS/Provisional-COVID-19-Death-Counts-by-Week-Ending-D/r8kw-7aab.
59. Jack Healy, "These Are the 5 People Who Died in the Capitol Riot", *New York Times*, 11 de janeiro de 2021, https://www.nytimes.com/2021/01/11/us/who-died-in-capitol-building-attack.html.
60. "Public Trust in Government: 1958–2021", Pew Research Center, https://www.pewresearch.org/politics/2021/05/17/public-trust-in-government-1958-2021.

8 A História do Arroz Dourado

1. Ian McNulty, "Next Generation to Reopen Li'l Dizzy's, Reviving New Orleans Restaurant Legacy", 2 de janeiro de 2021, NOLA.com, www.nola.com/entertainment_life/eat-drink/article_a346001a-4d49-11eb-b927-a73cacd63596.html.
2. Confúcio, *The Analects of Confucius*, transcrição de Arthur Waley (Nova York: Random House, 1989), Livro 10.
3. Sarah Zhang, "Archaeologists Find Evidence of the First Rice Ever Grown", *The Atlantic*, 29 de maio de 2017, www.theatlantic.com/science/archive/2017/05/rice-domestication/528288.
4. John Christensen, "Scientist at Work. Ingo Potrykus: Golden Rice in a Grenade-Proof Greenhouse", *New York Times*, 21 de novembro de 2000, www.nytimes.com/2000/11/21/science/scientist-at-work-ingo-potrykus-golden-rice-in-a-grenade-proof-greenhouse.html.
5. Entrevista com o Dr. Brian Woolf por Amy Webb, 15 de agosto de 2020.
6. J. Madeleine Nash, "This Rice Could Save a Million Kids a Year", *Time*, 31 de julho de 2000, http://content.time.com/time/magazine/article/0,9171,997586,00.html.
7. "The Rockefeller Foundation: A Long-Term Bet on Scientific Breakthrough", Rockefeller Foundation, https://engage.rockefellerfoundation.org/story-sketch/rice-biotechnology-research-network.
8. Christensen, "Scientist at Work".
9. Mary Lou Guerinot, "The Green Revolution Strikes Gold", *Science* 287, n.º 5451 (14 de janeiro de 2000): 241–43, https://doi.org/10.1126/science.287.5451.241.
10. Nash, "This Rice Could Save a Million Kids".
11. David Barboza, "AstraZeneca to Sell a Genetically Engineered Strain of Rice", *New York Times*, 16 de maio de 2000, www.nytimes.com/2000/05/16/business/astrazeneca-to-sell-a-genetically-engineered-strain-of-rice.html.
12. "GM Rice Patents Given Away", BBC News, 4 de agosto de 2000, http://news.bbc.co.uk/2/hi/science/nature/865946.stm.
13. Margaret Wertheim, "Frankenfoods", *LA Weekly*, 5 de julho de 2000, www.laweekly.com/frankenfoods.

14. "Monsanto Pushes 'Golden Rice'", CBS News, 4 de agosto de 2000, www.cbsnews.com/news/monsanto-pushes-golden-rice.
15. Ed Regis, "The True Story of the Genetically Modified Superfood That Almost Saved Millions", *Foreign Policy*, 17 de outubro de 2019, https://foreignpolicy.com/2019/10/17/golden-rice-genetically-modified-superfood-almost-saved-millions.
16. Robert Paarlberg, "A Dubious Success: The NGO Campaign Against GMOs", *GM Crops and Food* 5, n.º 3 (6 de novembro de 2014): 223–28, https://doi.org/10.4161/21645698.2014.952204.
17. Mark Lynas, "Anti-GMO Activists Lie About Attack on Rice Crop (and About So Many Other Things)", Slate, 26 de agosto de 2013, https://slate.com/technology/2013/08/golden-rice-attack-in-philippines-anti-gmo-activists-lie-about-protest-and-safety.html.
18. Regis, "The True Story of the Genetically Modified Superfood".
19. Joel Achenbach, "107 Nobel Laureates Sign Letter Blasting Greenpeace over GMOs", *Washington Post*, 30 de junho 2016, www.washingtonpost.com/news/speaking-of-science/wp/2016/06/29/more-than-100-nobel-laureates-take-on-greenpeace-over-gmo-stance.
20. Jessica Scarfuto, "Do You Trust Science? These Five Factors Play a Big Role", *Science*, 16 de fevereiro de 2020, www.sciencemag.org/news/2020/02/do-you-trust-science-these-five-factors-play-big-role.
21. Cary Funk, Alex Tyson, Brian Kennedy e Courtney Johnson, "Scientists Are Among the Most Trusted Groups Internationally, Though Many Value Practical Experience over Expertise", Pew Research Center, 29 de setembro de 2020, www.pewresearch.org/science/2020/09/29/scientists-are-among-the-most-truste-groups-in-society-though-many-value-practical-experience-over-expertise.

9 Explorando o Novo Plausível

1. Sam Meredith, "Brazil Braces for Renewed Covid Surge as Bolsonaro Faces Parliamentary Inquiry over Pandemic Response", CNBC, 14 de maio de 2021, www.cnbc.com/2021/05/14/brazil-fears-third-covid-wave-as-bolsonaro-faces-parliamentary-inquiry.html.
2. Sanjeev Miglani e Devjyot Ghoshal, "PM Modi's Rating Falls to New Low as India Reels from COVID-19", Reuters, 18 de maio de 2021, www.reuters.com/world/india/pm-modis-rating-falls-india-reels-covid-19-second-wave-2021-05-18.
3. "English Rendering of PM's Address at the World Economic Forum's Davos Dialogue", Press Information Bureau, Governo da Índia, 28 de janeiro de 2021, https://pib.gov.in/PressReleseDetail.aspx?PRID=1693019.
4. David Klepper e Neha Mehrotra, "Misinformation Surges amid India's COVID-19 Calamity", *Seattle Times*, 13 de maio de 2021, www.seattletimes.com/business/misinformation-surges-amid-indias-covid-19-calamity.

10 Cenário Um: Criando Seus Filhos com a Wellspring

1. Katsuhiko Hayashi, Orie Hikabe, Yayoi Obata e Yuji Hirao, "Reconstitution of Mouse Oogenesis in a Dish from Pluripotent Stem Cells", *Nature Protocols* 12, n.º 9 (setembro de 2017): 1733–44, https://doi.org/10.1038/nprot.2017.070.
2. Tess Johnson, "Human Genetic Enhancement Might Soon Be Possible—but Where Do We Draw the Line?", The Conversation, 3 de dezembro de 2019, http://theconversation.com/human-genetic-enhancement-might-soon-be -possible-but-where-do-we-draw-the-line-127406.
3. David Cyranoski, "The CRISPR-Baby Scandal: What's Next for Human Gene-Editing", *Nature* 566, n.º 7745 (26 de fevereiro de 2019): 440–42, https://doi.org/10.1038/d41586-019-00673-1.
4. Nathaniel Scharping, "How Are Neanderthals Different from Homo Sapiens?", *Discover*, 5 de maio de 2020, www.discovermagazine.com/planet-earth/how-are-neanderthals-different-from-homo-sapiens.
5. Rachel Becker, "An Artificial Womb Successfully Grew Baby Sheep—and Humans Could Be Next", The Verge, 25 de abril de 2017, www.theverge.com/2017/4/25/15421734/artificial-womb-fetus-biobag-uterus-lamb-sheep-birth-premie-preterm-infant.
6. Emily A. Partridge, Marcus G. Davey, Matthew A. Hornick, Patrick E. McGovern, Ali Y. Mejaddam, Jesse D. Vrecenak, Carmen Mesas-Burgos, *et al.*, "An Extra-Uterine System to Physiologically Support the Extreme Premature Lamb", *Nature Communications* 8, n.º 1 (25 de abril de 2017): 15112, https://doi.org/10.1038/ncomms15112.
7. Neera Bhatia e Evie Kendal, "We May One Day Grow Babies Outside the Womb, but There Are Many Things to Consider First", The Conversation, 10 de novembro de 2019, http://theconversation.com/we-may-one-day-grow-babies-outside-the-womb-but-there-are-many-things-to-consider-first-125709.

11 Cenário Dois: O que Acontece Quando Anulamos o Envelhecimento

1. "CRISPR/Cas9 Therapy Can Suppress Aging, Enhance Health and Extend Life Span in Mice", Science Daily, 19 de fevereiro de 2019, www.sciencedaily.com/releases/2019/02/190219111747.htm.
2. Chinese Academy of Sciences, "Scientists Develop New Gene Therapy Strategy to Delay Aging and Extend Lifespan", SciTechDaily, 9 de janeiro de 2021, https://scitechdaily.com/scientists-develop-new-gene-therapy-strategy -to-delay-aging-and-extend-lifespan.
3. Adolfo Arranz, "Betting Big on Biotech", *South China Morning Post*, 9 de outubro de 2018, https://multimedia.scmp.com/news/china/article/2167415/china -2025-biotech/index.html.
4. Georgina M. Ellison-Hughes, "First Evidence That Senolytics Are Effective at Decreasing Senescent Cells in Humans", EBioMedicine, 23 de maio de 2020, www.thelancet.com/journals/ebiom/article/PIIS2352-3964(19)30641-3/fulltext.

5. "CRISPR/Cas9 Therapy Can Suppress Aging".

6. Hughes, "First Evidence".

7. Amber Dance, "Science and Culture: The Art of Designing Life", *Anais da National Academy of Sciences* 112, n.º 49 (8 de dezembro de 2015): 14999–15001, https://doi.org/10.1073/pnas.1519838112.

8. Ning Zhang e Anthony A. Sauve, "Nicotinamide Adenine Dinucleotide", Science Direct, s.d., www.sciencedirect.com/topics/neuroscience/nicotinamide-adenine-dinucleotide.

9. Jared Friedman, "How Biotech Startup Funding Will Change in the Next 10 Years", YC Startup Library, s.d., www.ycombinator.com/library/4L-how-biotech-startup-funding-will-change-in-the-next-10-years.

10. Emily Mullin, "Five Ways to Get CRISPR into the Body", *MIT Technology Review*, 22 de setembro de 2017, www.technologyreview.com/2017/09/22/149011/five-ways-to-get-crispr-into-the-body.

11. Usamos dados históricos do S&P e registros financeiros da empresa de 2015 a 2020.

12. "Population Distribution by Age", Kaiser Family Foundation, 2019, www.kff.org/other/state-indicator/distribution-by-age/?currentTimeframe=0&sortModel=%7B%22colId%22:%22Location%22,%22sort%22:%22asc%22%7D.

13. "Policy Basics: The Supplemental Nutrition Assistance Program (SNAP)", Center on Budget and Policy Priorities, www.cbpp.org/research/food-assistance/the-supplemental-nutrition-assistance-program-snap.

14. "Trust Fund Data", Social Security, www.ssa.gov/oact/STATS/table4a3.html.

15. *Nijikai-jin* é uma palavra que Amy inventou.

16. Com desculpas a Anthony Rizzo, que é sem dúvida o melhor jogador de primeira base do Chicago Cubs de todos os tempos. Dados do MLB.com.

17. "The Age Discrimination in Employment Act of 1967", US Equal Employment Opportunity Commission, www.eeoc.gov/statutes/age-discrimination-employment-act-1967.

12 Cenário Três: Guia "Onde Comer" 2037, de Akira Gold

1. Adam Platt, crítico sênior de restaurantes da *New York Magazine*, inspirou esse cenário. Nós o imaginamos no ano de 2037, criando seu guia anual de "Onde Comer".

2. Niina Heikkinen, "U.S. Bread Basket Shifts Thanks to Climate Change", *Scientific American*, 23 de dezembro de 2015, www.scientificamerican.com/article/u-s-bread-basket-shifts-thanks-to-climate-change.

3. Dados do Euromonitor, julho de 2020, www.euromonitor.com/usa.

4. "The Future of Agriculture: The Convergence of Tech and Bio Bringing Better Food to Market", SynBioBeta, 9 de fevereiro de 2020, https://synbiobeta.com/the-future-of-agriculture-the-convergence-of-tech-and-bio-bringing-better-food-to-market.

5. "Fermentation & Bioreactors", Sartorius, www.sartorius.com/en/products/fermentation-bioreactors.
6. Dados de valor de mercado do biorreator, Statista, fevereiro de 2020, www.statista.com.
7. Gareth John Macdonald, "Bioreactor Design Adapts to Biopharma's Changing Needs", Genetic Engineering and Biotechnology News (GEN), 1º de julho de 2019, www.genengnews.com/insights/bioreactor-design-adapts-to-biopharmas-changing-needs.
8. Senthold Asseng, Jose R. Guarin, Mahadev Raman, Oscar Monje, Gregory Kiss, Dickson D. Despommier, Forrest M. Meggers e Paul P. G. Gauthier, "Wheat Yield Potential in Controlled-Environment Vertical Farms", *Anais da National Academy of Sciences*, 23 de julho de 2020, https://doi.org/10.1073/pnas.2002655117.
9. Karen Gilchrist, "This Multibillion-Dollar Company Is Selling Lab-Grown Chicken in a World-First", CNBC, 1º de março de 2021, www.cnbc.com/2021/03/01/eat-just-good-meat-sells-lab-grown-cultured-chicken-in-world-first.html.
10. Emily Waltz, "Club-Goers Take First Bites of Lab-Made Chicken" *Nature Biotechnology* 39, n.º 3 (1º de março de 2021): 257–58, https://doi.org/10.1038/s41587-021-00855-1.
11. Previsão para carne cultivada até 2026. Fonte: BIS Research, abril de 2021.
12. Zoë Corbyn, "Out of the Lab and into Your Frying Pan: The Advance of Cultured Meat", *The Guardian*, 19 de janeiro de 2020, www.theguardian.com/food/2020/jan/19/cultured-meat-on-its-way-to-a-table-near-you-cultivated-cells-farming-society-ethics.
13. Raito Ono, "Robotel: Japan Hotel Staffed by Robot Dinosaurs", Phys.org, 31 de agosto de 2018, https://phys.org/news/2018-08-robotel-japan-hotel-staffed-robot.html.
14. Vendas globais de bots de serviço para uso profissional entre 2018–2020. Fonte: IFR, setembro de 2020.
15. James Borrell, "All Our Food Is 'Genetically Modified' in Some Way—Where Do You Draw the Line?", The Conversation, 4 de abril de 2016, http://theconversation.com/all-our-food-is-genetically-modified-in-some-way-where-do-you-draw-the-line-56256.
16. Billy Lyons, "Is Molecular Whiskey the Futuristic Booze We've Been Waiting For?", *Fortune*, 25 de maio de 2019, https://fortune.com/2019/05/25/endless-west-glyph-engineered-whiskey.
17. "Morpheus", DC Comics, 29 de fevereiro de 2012, www.dccomics.com/characters/morpheus.
18. Alice Liang, "World's First Molecular Whiskey Expands Its Portfolio", Drinks Business, 5 de novembro de 2020, www.thedrinksbusiness.com/2020/11/worlds-first-molecular-whiskey-expands-its-portfolio.
19. Nicole Trian, "Australia Prepares for 'Day Zero'—the Day the Water Runs Out", France 24, 19 de setembro de 2019, www.france24.com/en/20190919-australia-day-zero-drought-water-climate-change-greta-thunberg-paris-accord-extinction-rebe.

20. Kevin Winter, "Day Zero Is Meant to Cut Cape Town's Water Use: What Is It, and Is It Working?", The Conversation, 20 de fevereiro de 2018, http:// theconversation.com/day-zero-is-meant-to-cut-cape-towns-water-use-what-is-it-and-is-it-working-92055.
21. Dave McIntyre, "It Was Only a Matter of Time. Lab-Created 'Molecular' Wine Is Here", *Washington Post*, 6 de março de 2020, www.washingtonpost.com/lifestyle/food/it-was-only-a-matter-of-time-lab-created-molecular-wine-is-here/2020/03/06/2f354ce8-5ef3-11ea-b014-4fafa866bb81_story.html.
22. Esther Mobley, "SF Startup Is Making Synthetic Wine in a Lab. Here's How It Tastes", *San Francisco Chronicle*, 20 de fevereiro de 2020, www.sfchronicle.com/wine/article/San-Francisco-startup-unveils-synthetic-wine-and-15068890.php.
23. Collin Dreizen, "Test-Tube Tasting? Bev Tech Company Unveils GrapeLess 'Molecular Wine'" *Wine Spectator*, 26 de fevereiro de 2020, www.winespectator.com/articles/test-tube-tasting-bev-tech-company-unveils-grape-less-molecular-wine-unfiltered.

13 Cenário Quatro: O Subsolo

1. O Subsolo foi inspirado em Coober Pedy, uma cidade mineira australiana onde muitas pessoas vivem em uma comunidade subterrânea porque os verões agora atingem a temperatura de 48°C. Atlas Obscura oferece uma visão detalhada da cidade de Coober Pedy em www.atlasobscura.com/places/coober-pedy. Esse cenário também foi abordado pela série The Expanse de James S. A. Corey e pelo desejo implacável de Elon Musk de colonizar Marte, sobre o qual se escreveu exaustivamente.
2. "Climate Action Note—Data You Need to Know", Programa das Nações Unidas para o Meio Ambiente, 19 de abril de 2021, www.unep.org/explore-topics/climate-change/what-we-do/climate-action-note.
3. "The Paris Agreement", Convenção das Nações Unidas sobre Mudanças Climáticas, https://unfccc.int/process-and-meetings/the-paris-agreement/the-paris-agreement.
4. "Transforming Food Systems", Programa das Nações Unidas para o Meio Ambiente, 20 de abril de 2021, www.unep.org/resources/factsheet/transforming-food-systems.
5. "Facts About the Climate Emergency", Programa das Nações Unidas para o Meio Ambiente, 25 de janeiro de 2021, www.unep.org/explore-topics/climate-change/facts-about-climate-emergency.
6. Mark Fischetti, "We Are Living in a Climate Emergency, and We're Going to Say So", *Scientific American*, 12 de abril de 2021, www.scientificamerican.com/article/we-are-living-in-a-climate-emergency-and-were-going-to-say-so.
7. Mike Wall, "Elon Musk, X Prize Launch $100 Million Carbon-Removal Competition", Space.com, 23 de abril de 2021, www.space.com/elon-musk-carbon-removal-x-prize.
8. Eric Berger, "Inside Elon Musk's Plan to Build One Starship a Week—and Settle Mars", Ars Technica, 5 de março de 2020, https://arstechnica.com/

science/2020/03/inside-elon-musks-plan-to-build-one-starship-a-week-and-settle-mars.

9. Morgan McFall-Johnsen e Dave Mosher, "Elon Musk Says He Plans to Send 1 Million People to Mars by 2050 by Launching 3 Starship Rockets Every Day and Creating 'a Lot of Jobs' on the Red Planet", *Business Insider*, 17 de janeiro de 2020, www.businessinsider.com/elon-musk-plans-1-million-people-to-mars-by-2050-2020-1.
10. Mike Wall, "Elon Musk, X Prize Launch $100 Million Carbon-Removal Competition", Space.com, 23 de abril de 2021, www.space.com/elon-musk-carbon-removal-x-prize. Eric Berger, "Inside Elon Musk's Plan to Build One Starship a Week—and Settle Mars", Ars Technica, 5 de março de 2020, https://arstechnica.com/science/2020/03/inside-elon-musks-plan-to-build-one-starship-a-week-and-settle-mars; Morgan McFall-Johnsen e Dave Mosher, "Elon Musk Says He Plans to Send 1 Million People to Mars by 2050 by Launching 3 Starship Rockets Every Day and Creating 'a Lot of Jobs' on the Red Planet", *Business Insider*, 17 de janeiro de 2020, www.businessinsider.com/elon-musk-plans-1-million-people-to-mar-by-2050-2020-1.
11. "Astronauts Answer Student Questions", NASA, www.nasa.gov/centers/johnson/pdf/569954main_astronaut%20_FAQ.pdf.
12. Eric Berger, "Meet the Real Ironman of Spaceflight: Valery Polyakov", Ars Technica, 7 de março de 2016, Valeri Polyakov detinha o recorde de uma única missão, passando impressionantes 437 dias na estação Mir, na década de 1990.
13. "Longest Submarine Patrol", *Guinness Book of World Records*, www.guinnessworldrecords.com/world-records/submarine-patrol-longest.
14. Jackie Wattles, "Colonizing Mars Could Be Dangerous and Ridiculously Expensive. Elon Musk Wants to Do It Anyway", CNN, 8 de setembro de 2020, www.cnn.com/2020/09/08/tech/spacex-mars-profit-scn/index.html; Gael Fashingbauer Cooper, "Elon Musk's First Name Shows Up in 1953 Book About Colonizing Mars", CNET, 7 de maio de 2021, www.cnet.com/news/elon-musks-first-name-shows-up-in-1953-book-about-colonizing-mars.
15. Ali Bekhtaoui, "Egos Clash in Bezos and Musk Space Race", Phys.org, 2 de maio de 2021, https://phys.org/news/2021-05-egos-clash-bezos-musk-space.html.
16. Sean O'Kane, "The Boring Company Tests Its 'Teslas in Tunnels' System in Las Vegas", The Verge, 16 de maio de 2021, www.theverge.com/2021/5/26/22455365/elon-musk-boring-company-las-vegas-test-lvcc-loop-teslas; Kathryn Hardison, "What Will Become of All This?", American City Business Journals, 28 de maio de 2021, www.bizjournals.com/houston/news/2021/05/28/tesla-2500-acres-travis-county-plans.html; Philip Ball, "Make Your Own World with Programmable Matter", IEEE Spectrum, 27 de maio de 2014, https://spectrum.ieee.org/robotics/robotics-hardware/make-your-own-world-with-programmable-matter.
17. Site da Neuralink: https://neuralink.com.
18. Site da Chia: https://www.chia.net.
19. Site da NOVOFARM: https://www.f6s.com/novofarm.

20. Sean O'Kane, "The Boring Company Tests Its 'Teslas in Tunnels' System in Las Vegas", The Verge, 26 de maio de 2021, www.theverge.com/2021/5/26/22455365/elon-musk-boring-company-las-vegas-test-lvcc-loop-teslas.
21. Kathryn Hardison, "What Will Become of All This?", American City Business Journals, 28 de maio de 2021, www.bizjournals.com/houston/news/2021/05/28/tesla-2500-acres-travis-county-plans.html.
22. Philip Ball, "Make Your Own World with Programmable Matter", IEEE Spectrum, 27 de maio de 2014, https://spectrum.ieee.org/robotics/robotics-hardware/make-your-own-world-with-programmable-matter.
23. "What Is Biosphere 2", Biosphere 2, University of Arizona, https://biosphere2.org/visit/what-is-biosphere-2.
24. Nossas considerações sobre a economia do EST e a estrutura de governo foram vagamente informadas pela Noruega e pela Suécia. Entrevista com o Dr. Christian Guilette, Faculdade Escandinava da Universidade da Califórnia, Berkeley, 23 de abril de 2021.

14 Cenário Cinco: Memorando

1. Após ler alguns artigos, ficamos curiosos sobre qual parte do governo dos EUA responderia no caso de um ciberataque. (Os artigos incluíam Dor Farbiash e Rami Puzis, "Cyberbiosecurity: DNA Injection Attack in Synthetic Biology", ArXiv:2011.14224 [cs.CR], 28 de novembro de 2020, http://arxiv.org/abs/2011.14224, e Antonio Regalado, "Scientists Hack a Computer Using DNA", *MIT Technology Review*, 10 de agosto de 2017, www.technologyreview.com/2017/08/10/150013/scientists-hack-a-computer-using-dna.) Começamos pedindo contatos no Departamento de Segurança Interna dos EUA e na Agência de Cibersegurança e Infraestrutura, descobrindo que nenhuma das organizações havia elaborado nenhum protocolo para tal situação. Prosseguimos, falando com contatos da Força Aérea dos EUA, Marinha dos EUA, Departamento de Defesa dos EUA, Departamento de Estado dos EUA, Agência Legislativa dos EUA e Centros de Controle e Prevenção de Doenças, bem como analistas de segurança nacional e funcionários do Congresso. Alguns contatos nos guiaram pelo processo passo a passo no caso de um ciberataque biológico. Vejamos uma resposta representativa, e vale notar que não houve a mesma resposta de mais de uma pessoa: "É uma boa pergunta. Suspeito que isso seja bastante semelhante à resposta da Covid-19, pois uma força-tarefa interagências seria criada no Conselho de Segurança Nacional. Seus principais oficiais provavelmente seriam o general de 4 estrelas que serve como comandante do Comando Cibernético dos EUA e administra a Agência de Segurança Nacional. Isso vale para o elemento cibernético. O CDC, o Departamento de Saúde e o National Institutes of Health seriam acionados, o Departamento de Estado para ver o que sabíamos sobre o laboratório chinês que fez o [trabalho] e, finalmente, o FBI para conduzir quaisquer investigações domésticas necessárias (desde que esse grupo de esquerda esteja baseado nos Estados Unidos). O conselheiro de Segurança Nacional dos EUA, ou mais provavelmente o conselheiro adjunto. Se fosse grave o suficiente, o vice-presidente dos EUA assumiria a liderança da força-tarefa."

15 Um Novo Começo

1. "Park History", Asilomar Conference Grounds, www.visitasilomar.com/discover/park-history.
2. Paul Berg, David Baltimore, Herbert W. Boyer, Stanley N. Cohen, Ronald W. Davis, David S. Hogness, Daniel Nathans, *et al.*, "Potential Biohazards of Recombinant DNA Molecules", *Science* 185, n.º 4148 (26 de julho de 1974): 303, https://doi.org/10.1126/science.185.4148.303.
3. Nicolas Rasmussen, "DNA Technology: 'Moratorium' on Use and Asilomar Conference", Wiley Online Library, 27 de janeiro de 2015, https://onlinelibrary.wiley.com/doi/abs/10.1002/9780470015902.a0005613.pub2.
4. "Transcript of Nixon's Address on Troop Withdrawals and Situation in Vietnam", *New York Times*, 27 de abril de 1972, www.nytimes.com/1972/04/27/archives/transcript-of-nixons-address-on-troop-withdrawals-and-situation-in.html.
5. Douglas MacEachin, "Predicting the Soviet Invasion of Afghanistan: The Intelligence Community's Record", Center for the Study of Intelligence Monograph, março de 2003, em Federation of American Scientists, Intelligence Resource Program, https://fas.org/irp/cia/product/afghanistan/index.html.
6. "A Guide to the United States' History of Recognition, Diplomatic, and Consular Relations, by Country, Since 1775: China", US Department of State, Office of the Historian, https://history.state.gov/countries/china/china-us-relations.
7. Ashley M. Eskew e Emily S. Jungheim, "A History of Developments to Improve in Vitro Fertilization", *Missouri Medicine* 114, n.º 3 (2017): 156–59, texto na íntegra em National Center for Biotechnology Information, www.ncbi.nlm.nih.gov/pmc/articles/PMC6140213.
8. Ariana Eunjung Cha, "40 Years After 1st 'Test Tube' Baby, Science Has Produced 7 Million Babies—and Raised Moral Questions", *Chicago Tribune*, 27 de abril de 2018, www.chicagotribune.com/lifestyles/parenting/ct-test-tube-babies-moral-questions-20180427-story.html.
9. Institute of Medicine (US) Committee to Study Decision Making; editora Hanna KE. "Asilomar and Recombinant DNA: The End of the Beginning", Biomedical Politics, Washington (D.C.): National Academies Press (US), 1991, www.ncbi.nlm.nih.gov/books/NBK234217.
10. Institute of Medicine, Committee to Study Decision Making, Division of Health Sciences Policy, *Biomedical Politics*, ed. Kathi E. Hanna (Washington, D.C.: National Academies Press, 1991).
11. Institute of Medicine, *Biomedical Politics*.
12. Institute of Medicine, *Biomedical Politics*.
13. Michael Rogers, "The Pandora's Box Congress", *Rolling Stone*, 19 de junho de 1975, 37–42, 74–82.
14. Dan Ferber, "Time for a Synthetic Biology Asilomar?", *Science* 303, n.º 5655 (9 de janeiro de 2004): 159, https://doi.org/10.1126/science.303.5655.159.

15. Richard Harris, "The Presidency and the Press", *New Yorker*, 24 de setembro de 1973, www.newyorker.com/magazine/1973/10/01/the-presidency-and-the-press.
16. "Edelman Trust Barometer 2021", Edelman, www.edelman.com/trust/2021-trust-barometer.
17. Tomi Kilgore, "Ginkgo Bioworks to Be Taken Public by SPAC Soaring Eagle at a Valuation of $15 Billion", MarketWatch, 11 de maio de 2021, www.marketwatch com/story/ginkgo-bioworks-to-be-taken-public-by-spac-soaring-eagle -at-a-valuation-of-15-billion-2021-05-11.
18. "New Jersey Coronavirus Update: Rutgers Students Protest COVID-19 Vaccine Requirement", ABC7 New York, 21 de maio de 2021, https://abc7ny.com/health/rutgers-students-protest-covid-19-vaccine-requirement-/10672983.
19. Brad Smith, "The Need for a Digital Geneva Convention", Microsoft, 14 de fevereiro de 2017, https://blogs.microsoft.com/on-the-issues/2017/02/14/need-digital-geneva-convention.
20. Romesh Ratnesar, "How Microsoft's Brad Smith is Trying to Restore Your Trust in Big Tech", Time.com, 9 de setembro de 2019, https://time.com/5669537/brad-smith-microsoft-big-tech.
21. Bill Gates, "Here's My Plan to Improve Our World—and How You Can Help", *Wired*, 12 de novembro de 2013, www.wired.com/2013/11/bill-gates-wired-essay.
22. "News, Trends, and Stories from the Synthetic Biology Industry", Synbiobeta Digest, agosto de 2019, https://synbiobeta.com/wp-content/uploads/2019/08/Digest-288.html.
23. "Broad Institute Launches the Eric and Wendy Schmidt Center to Connect Biology, Machine Learning for Understanding Programs of Life", Broad Institute, 25 de março de 2021, www.broadinstitute.org/news/broad-institute -launches-eric-and-wendy-schmidt-center-connect-biology-machine-learning.
24. "China Focus: China Stepping Closer to 'Innovative Nation'", Xinhua, 5 de maio de 2017, www.xinhuanet.com/english/2017-05/05/c_136260598.htm.
25. Simon Johnson, "China, the Innovation Dragon", Peterson Institute for International Economics, 3 de janeiro de 2018, www.piie.com/blogs/china-economic-watch/china-innovation-dragon.
26. Ayala Ochert, "National Gene Bank Opens in China", BioNews, 26 de setembro de 2016, www.bionews.org.uk/page_95701.
27. Veja, por exemplo, uma amostra de resultados de pesquisa em ClinicalTrials.gov, US National Library of Medicine, https://clinicaltrials.gov/ct2/results?cond=cancer+&term=crispr&cntry=CN&state=&city=&dist=; Elsa B. Kania e Wilson Vorndick, "Weaponizing Biotech: How China's Military Is Preparing for a 'New Domain of Warfare'", Defense One, 14 de agosto de 2019, www.defenseone.com/ideas/2019/08/chinas-military-pursuing-biotech/159167.
28. "Yuan Longping Died on May 22nd", *The Economist*, 29 de maio de 2021, www.economist.com/obituary/2021/05/29/yuan-longping-died-on-may-22nd.
29. Keith Bradsher e Chris Buckley, "Yuan Longping, Plant Scientist Who Helped Curb Famine, Dies at 90", *New York Times*, 23 de maio de 2021, www.nytimes.com/2021/05/23/world/asia/yuan-longping-dead.html.

30. Li Yuan e Rumsey Taylor, “How Thousands in China Gently Mourn a Coronavirus Whistle-Blower”, *New York Times*, 13 de abril de 2020, www.nytimes.com/interactive/2020/04/13/technology/coronavirus-doctor-whistleblower-weibo.html.
31. Shannon Ellis, “Biotech Booms in China”, *Nature* 553, n.º 7688 (17 de janeiro de 2018): S19–22, https://doi.org/10.1038/d41586-018-00542-3.
32. James McBride e Andrew Chatzky, “Is ‘Made in China 2025’ a Threat to Global Trade?”, Council on Foreign Relations, atualizado em 13 de maio de 2019, www.cfr.org/backgrounder/made-china-2025-threat-global-trade.
33. “The World in 2050”, PricewaterhouseCoopers, www.pwc.com/gx/en/research-insights/economy/the-world-in-2050.html.
34. Renu Swarup, “Biotech Nation: Support for Innovators Heralds a New India”, *Nature India*, 30 de abril de 2018, www.natureasia.com/en/nindia/article/10.1038/nindia.2018.55.
35. Meredith Wadman, “Falsified Data Gets India’s Largest Generic Drug-Maker into Trouble”, *Nature*, 2 de março de 2009, https://doi.org/10.1038/news.2009.130.
36. “New Israeli Innovation Box Regime: An Update and Review of Key Features”, Ernst and Young, Tax News Update, 31 de maio de 2019, https://taxnews.ey.com/news/2019-1022-new-israeli-innovation-box-regime-an-update-and-review-of-key-features.
37. Endless Possibilities to Promote Innovation brochure, disponível em PDF em https://innovationisrael.org.il.
38. Aradhana Aravindan e John Geddie, “Singapore Approves Sale of LabGrown Meat in World First”, Reuters, 2 de dezembro de 2020, www.reuters.com/article/us-eat-just-singapore-idUKKBN28C06Z.
39. Patrice Laget e Mark Cantley, “European Responses to Biotechnology: Research, Regulation, and Dialogue”, *Issues in Science and Technology* 17, n.º 4 (verão de 2001), https://issues.org/laget.
40. Jenny Howard, “Plague Was One of History’s Deadliest Diseases—Then We Found a Cure”, *National Geographic*, 6 de julho de 2020, www.nationalgeographic.com/science/article/the-plague.
41. Nidhi Subbaraman, “US Officials Revisit Rules for Disclosing Risky Disease Experiments”, *Nature*, 27 de janeiro de 2020, https://doi.org/10.1038/d41586-020-00210-5.
42. Sandra Kollen Ghizoni, “Creation of the Bretton Woods System”, Federal Reserve History, 22 de novembro de 2013, www.federalreservehistory.org/essays/bretton-woods-created.
43. Michael Bordo, Owen Humpage e Anna J. Schwartz, “U.S. Intervention During the Bretton Wood Era, 1962–1973”, Working Paper 11-08, Federal Reserve Bank of Cleveland, www.clevelandfed.org/en/newsroom-and-events/publications/working-papers/2011-working-papers/wp-1108-us-intervention-during-the-bretton-woods-era-1962-to-1973.aspx.
44. “DNA”, Interpol, www.interpol.int/en/How-we-work/Forensics/DNA.

45. "Population, Total—Estonia", World Bank, https://data.worldbank.org/indicator/SP.POP.TOTL?locations=EE.
46. "Estonia", Place Explorer, Data Commons, https://datacommons.org/place/country/EST?utm_medium=explore&mprop=count&popt=Person&hl.
47. "The Estonian Biobank", EIT Health Scandinavia, www.eithealth-scandinavia.eu/biobanks/the-estonian-biobank.
48. "International Driving Permit", AAA, www.aaa.com/vacation/idpf.html.
49. George M. Church e Edward Regis, *Regenesis: How Synthetic Biology Will Reinvent Nature and Ourselves* (Nova York: Basic Books, 2014).
50. "FBI Laboratory Positions", Federal Bureau of Investigation, www.fbi.gov/services/laboratory/laboratory-positions.
51. "New Cyberattack Can Trick Scientists into Making Dangerous Toxins or Synthetic Viruses, According to BGU Cyber-Researchers", Ben-Gurion University of the Negev, 30 de novembro de 2020, https://in.bgu.ac.il/en/pages/news/toxic_viruses.aspx.
52. Rami Puzis, Dor Farbiash, Oleg Brodt, Yuval Elovici e Dov Greenbaum, "Increased Cyber-Biosecurity for DNA Synthesis", *Nature Biotechnology* 38, n.º 12 (dezembro de 2020): 1379–81, https://doi.org/10.1038/s41587-020-00761-y.
53. Islamorada, site da Câmara Municipal da Flórida: https://www.islamorada.fl.us/village_council/index.php
54. Amy Webb entrevistou John Cumbers em 20 de maio de 2021.
55. Megan Molteni, "23andMe's Pharma Deals Have Been the Plan All Along", *Wired*, 3 de agosto de 2018, www.wired.com/story/23andme-glaxosmithkline-pharma-deal.
56. Ben Stevens, "Waitrose Launches DNA Test Pop-Ups Offering Shoppers Personal Genetic Health Advice", Charged, 3 de dezembro de 2019, www.chargedretail.co.uk/2019/12/03/waitrose-launches-dna-test-pop-ups-offering-shoppers-personal-genetic-health-advice.
57. Catherine Lamb, "CES 2020: DNANudge Guides Your Grocery Shopping Based Off of Your DNA", The Spoon, 7 de janeiro de 2020, https://thespoon.tech/dnanudge-guides-your-grocery-shopping-based-off-of-your-dna.
58. Brian Knutson, Scott Rick, G. Elliott Wimmer, Drazen Prelec e George Loewenstein, "Neural Predictors of Purchases", *Neuron* 53, n.º 1 (4 de janeiro de 2007): 147–56, https://doi.org/10.1016/j.neuron.2006.11.010.
59. "Researchers Use Brain Scans to Predict When People Will Buy Products", Carnegie Mellon University, 3 de janeiro de 2007, press release, disponível em EurekAlert, American Association for the Advancement of Science, www.eurekalert.org/pub_releases/2007-01/cmu-rub010307.php.
60. Carl Williott, "What's Better, Sex or Shopping? Your Brain Doesn't Know and Doesn't Care", MTV News, www.mtv.com/news/2134197/shopping-sex-brain-study.

61. "FAQs About 'Resource Profile and User Guide of the Polygenic Index Repository'", Social Science Genetic Association Consortium, www.thessgac.org/faqs.
62. Nanibaa' A. Garrison, "Genomic Justice for Native Americans: Impact of the Havasupai Case on Genetic Research", *Science, Technology and Human Values* 38, n.º 2 (2013): 201–23, https://doi.org/10.1177/0162243912470009.
63. Amy Harmon, "Indian Tribe Wins Fight to Limit Research of Its DNA", *New York Times*, 21 de abril de 2010, www.nytimes.com/2010/04/22/us/22dna.html.
64. Sara Reardon, "Navajo Nation Reconsiders Ban on Genetic Research", *Nature* 550, n.º 7675 (6 de outubro de 2017): 165–66, www.nature.com/news/navajonation-reconsiders-ban-on-genetic-research-1.22780.
65. "The Legacy of Henrietta Lacks", Johns Hopkins Medicine, www.hopkinsmedicine.org/henriettalacks.
66. "The Tuskegee Timeline", The U.S. Public Health Service Syphilis Study at Tuskegee, CDC.com, www.cdc.gov/tuskegee/timeline.htm.
67. "Need to Increase Diversity Within Genetic Data Sets: Diversifying Population-Level Genetic Data Beyond Europeans Will Expand the Power of Polygenic Scores", Science Daily, 29 de março de 2019, www.sciencedaily.com/releases/2019/03/190329134743.htm.
68. Dados do All of Us Research Program, National Institutes of Health, https://allofus.nih.gov.
69. Katherine J. Wu, "Scientific Journals Commit to Diversity but Lack the Data", *New York Times*, 30 de outubro de 2020, www.nytimes.com/2020/10/30/science/diversity-science-journals.html.
70. "Staff and Advisory Board", *Cell*, www.cell.com/cell/editorial-board, acesso em 15 de maio de 2021.

BIBLIOGRAFIA

Esta é uma bibliografia resumida. Para ver a lista completa de fontes usadas durante nossa pesquisa e redação, visite nosso repositório de mais informações no Dropbox (http://bit.ly/GenesisMachine) ou escaneie o QR code abaixo.

Abbott, Timothy R., Girija Dhamdhere, Yanxia Liu, Xueqiu Lin, Laine Goudy, Leiping Zeng, Augustine Chemparathy, *et al.* "Development of CRISPR as an Antiviral Strategy to Combat SARS-CoV-2 and Influenza", *Cell* 181, n.º 4 (14 de maio de 2020): 865–76.e12. https://doi.org/10.1016/j.cell.2020.04.020.

"About the Protocol". Convention on Biological Diversity, https://bch.cbd.int/protocol/background.

Agius, E. 1990. "Germ-Line Cells: Our Responsibilities for Future Generations", em *Our Responsibilities Towards Future Generations*, ed. S. BusuttillValletta. Malta: Foundation for International Studies, 1990.

Ahammad, Ishtiaque e Samia Sultana Lira. "Designing a Novel MRNA Vaccine Against SARS-CoV-2: An Immunoinformatics Approach", *International Journal of Biological Macromolecules* 162 (1º de novembro de 2020): 820–37. https://doi. org/10.1016/j.ijbiomac.2020.06.213.

Akbari, Omar S., Hugo J. Bellen, Ethan Bier, Simon L. Bullock, Austin Burt, George M. Church, Kevin R. Cook, *et al.* "Safeguarding Gene Drive Experiments in the Laboratory", *Science* 349 (2015): 972–79.

Alem, Sylvain, Clint J. Perry, Xingfu Zhu, Olli J. Loukola, Thomas Ingraham, Eirik Sovik e Lars Chittka. "Associative Mechanisms Allow for Social Learning and Cultural Transmission of String Pulling in an Insect". *PLOS Biology* 14 (2016): el00256.

Alivisatos, A. Paul, Miyoung Chun, George M. Church, Ralph J. Greenspan, Michael L. Roukes e Rafael Yuste. "The Brain Activity Map Project and the Challenge of Functional Connectomics". *Neuron* 74, n.º 6 (21 de junho de 2012):970–74. https://doi.org/10.1016/j.neuron.2012.06.006.

———. "A National Network of Neurotechnology Centers for the BRAIN Initiative", *Neuron* 88, n.º 3 (2015): 445–48. https://doi.org/10.1016/j.neuron.2015.10.015.
Allen, Garland. "Eugenics and Modern Biology: Critiques of Eugenics, 1910–1945". *Annals of Human Genetics* 75 (2011): 314–25.

———. "Mendel and Modern Genetics: The Legacy for Today". *Endeavour* 27 (2003): 63–68.

Andersen, Ross. "Welcome to Pleistocene Park". *The Atlantic*, abril de 2017, www.theatlantic.com/magazine/archive/2017/04/pleistocene-park/517779.

Anderson, Sam. "The Last Two Northern White Rhinos on Earth". *New York Times*, 6 de janeiro de 2021, www.nytimes.com/2021/01/06/magazine/the-lasttwo-northern-white -rhinos-on-earth.html.

Andrianantoandro, Ernesto. "Manifesting Synthetic Biology". *Trends in Biotechnology* 33, n.º 2 (1º de fevereiro de 2015): 55–56. https://doi.org/10.1016/j.tibtech.2014.12.002.

Arkin, Adam. "Setting the Standard in Synthetic Biology". *Nature Biotechnology* 26, n.º 7 (julho de 2008): 771–74. https://doi.org/10.1038/nbt0708-771.

Asseng, Senthold, Jose R. Guarin, Mahadev Raman, Oscar Monje, Gregory Kiss, Dickson D. Despommier, Forrest M. Meggers e Paul P. G. Gauthier. "Wheat Yield Potential in Controlled-Environment Vertical Farms". *Annals of National Academy of Sciences*, 23 de julho de 2020. https://doi.org/10.1073/pnas.2002655117.

Ball, Philip. "The Patent Threat to Designer Biology". *Nature*, 22 de junho de 2007. https://doi.org/10.1038/news070618-17.

Baltes, Nicholas J. e Daniel F. Voytas. "Enabling Plant Synthetic Biology Through Genome Engineering". *Trends in Biotechnology* 33, n.º 2 (1º de fevereiro de 2015):120–31. https://doi.org/10.1016/j.tibtech.2014.11.008.

Bartley, Bryan, Jacob Beal, Kevin Clancy, Goksel Misirli, Nicholas Roehner, Ernst Oberortner, Matthew Pocock, *et al.* "Synthetic Biology Open Language (SBOL) Version 2.0.0". *Journal of Integrative Bioinformatics* 12, n.º 2 (1º de junho de 2015):902–91. https://doi.org/10.1515/jib-2015-272.

Bartley, Bryan A., Jacob Beal, Jonathan R. Karr e Elizabeth A. Strychalski. "Organizing Genome Engineering for the Gigabase Scale". *Nature Communications* 11, n.º 1 (4 de fevereiro de 2020): 689. https://doi.org/10.1038/s41467-020-14314-z.

Beal, Jacob, Traci Haddock-Angelli, Natalie Farny e Randy Rettberg. "Time to Get Serious About Measurement in Synthetic Biology". *Trends in Biotechnology* 36, n.º 9 (1º de setembro de 2018): 869–71. https://doi.org/10.1016/j.tibtech.2018.05.003.

Belluck, Pam. "Chinese Scientist Who Says He Edited Babies' Genes Defends His Work". *New York Times*, 28 de novembro de 2018, www.nytimes.com/2018/11/28/world/asia/gene-editing-babies-he-jiankui.html.

Benner, Steven A. "Synthetic Biology: Act Natural"; *Nature* 421, n.º 6919 (janeiro de 2003): 118. https://doi.org/10.1038/421118a.

Berg, Paul, David Baltimore, Herbert W. Boyer, Stanley N. Cohen, Ronald W. Davis, David S. Hogness, Daniel Nathans, *et al.* "Potential Biohazards of Recombinant DNA Molecules". *Science* 185, n.º 4148 (26 de julho de 1974): 303. https://doi.org/10.1126/science.185.4148.303.

Bettinger, Blaine. "Esther Dyson and the 'First 10'". The Genetic Genealogist, 27 de julho de 2007, https://thegeneticgenealogist.com/2007/07/27/esther-dyson-and-the-first-10.

Bhattacharya, Shaoni. "Stupidity Should Be Cured, Says DNA Discoverer". *New Scientist*, 28 de fevereiro de 2003, www.newscientist.com/article/dn3451-stupidity-should-be-cured-says-dna-discoverer.

Biello, David. "3 Billion to Zero: What Happened to the Passenger Pigeon?" *Scientific American*, 27 de junho de 2014, www.scientificamerican.com/article/3-billion-to-zero-what-happened-to-the-passenger-pigeon.

Billiau, Alfons. "At the Centennial of the Bacteriophage: Reviving the Overlooked Contribution of a Forgotten Pioneer, Richard Bruynoghe (1881–1957)". *Journal of the History of Biology* 49, n.º 3 (1º de agosto de 2016): 559–80. https://doi.org/10.1007/s10739-015-9429-0.

Birch, Douglas. "Race for the Genome". *The Baltimore Sun*. 18 de maio de 1999. "Biosecurity and Dual-Use Research in the Life Sciences" em National ResearchCouncil, Committee on a New Government-University Partnership for Science and Security, *Science and Security in a Post 9/11 World: A Report Based on Regional Discussions Between the Science and Security Communities* (Washington, D.C.: National Academies Press, 2007), 57–68, www.ncbi.nlm.nih.gov/books/NBK11496.

Blake, William J. e Farren J. Isaacs. "Synthetic Biology Evolves". *Trends in Biotechnology* 22, n.º 7 (1º de julho de 2004): 321–24. https://doi.org/10.1016/j.tibtech.2004.04.008.

Blendon, Robert J., Mary T. Gorski e John M. Benson. "The Public and the Gene-Editing Revolution". *New England Journal of Medicine* 374, n.º 15 (14 de abril de 2016): 1406–11. https://doi.org/10.1056/NEJMp1602010.

Bonnet, Jérôme e Drew Endy. "Switches, Switches, Every Where, in Any Drop We Drink". *Molecular Cell* 49, n.º 2 (24 de janeiro de 2013): 232–33. https://doi.org/10.1016/j.molcel.2013.01.005.

Borrell, James. "All Our Food Is 'Genetically Modified' in Some Way—Where Do You Draw the Line?" The Conversation, 4 de abril de 2016, http://theconversation.com/all-our-food-is-genetically-modified-in-some-way-where-do-you-drawthe-line-56256.

Brandt, K. e R. Barrangou. "Applications of CRISPR Technologies Across the Food Supply Chain". *Annual Review of Food Sciences Technology* 10, n.º 133 (2019).

Bueno de Mesquita, B. e A. Smith. *The Dictator's Handbook: Why Bad Behavior Is Almost Always Good Politics*. Nova York: PublicAffairs, 2012.

Bueso, Yensi Flores e Mark Tangney. "Synthetic Biology in the Driving Seat of the Bioeconomy". *Trends in Biotechnology* 35, n.º 5 (1 de maio de 2017): 373–78. https://doi.org/10.1016/j.tibtech.2017.02.002.

Büllesbach, Erika E. e Christian Schwabe. "The Chemical Synthesis of Rat Relaxin and the Unexpectedly High Potency of the Synthetic Hormone in the Mouse". *European Journal of Biochemistry* 241, n.º 2 (1996): 533–37. https://doi.org/10.1111/j.1432-1033.1996.00533.x.

Burkhardt, Peter K., Peter Beyer, Joachim Wünn, Andreas Klöti, Gregory A. Armstrong, Michael Schledz, Johannes von Lintig e Ingo Potrykus. "Transgenic Rice (*Oryza sativa*) Endosperm Expressing Daffodil (*Narcissus pseudonarcissus*) Phytoene Synthase Accumulates Phytoene, a Key Intermediate of Provitamin A Biosynthesis". *Plant Journal* 11, n.º 5 (1997): 1071–78. https://doi.org/10.1046/j.1365-313X.1997.11051071.x.

Caliendo, Angela M. e Richard L. Hodinka. "A CRISPR Way to Diagnose Infectious Diseases". *New England Journal of Medicine* 377, n.º 17 (26 de outubro de 2017): 1685–87. https://doi.org/10.1056/NEJMcibr1704902.

Callaway, Ewen. "Small Group Scoops International Effort to Sequence Huge Wheat Genome". *Nature News*, 31 de outubro de 2017. https://doi.org/10.1038/nature.2017.22924.

Calos, Michele P. "The CRISPR Way to Think About Duchenne's". *New England Journal of Medicine* 374, n.º 17 (28 de abril de 2016): 1684–86. https://doi.org/10.1056/NEJMcibr1601383.

Carlson, Robert H. *Biology Is Technology: The Promise, Peril, and New Business of Engineering Life*. Cambridge, MA: Harvard University Press, 2010.

Carrington, Damian. "Giraffes Facing Extinction after Devastating Decline, Experts Warn". *The Guardian*, 8 de dezembro de 2016, www.theguardian.com/environment/2016/dec/08/giraffe-red-list-vulnerable-species-extinction.

Carter, William. Declaração Perante o House Armed Services Committee, Subcommittee on Emerging Threats and Capabilities, 115º Cong., 2ª sessão, 9 de janeiro de 2018, Homeland Security Digital Library, www.hsdl.org/?abstract&did=822422.

Ceballos, Gerardo, Paul R. Ehrlich, Anthony D. Barnosky, Andrés García, Robert M. Pringle e Todd M. Palmer. "Accelerated Modern Human–Induced Species Losses: Entering the Sixth Mass Extinction". *Science Advances* 1, n.º 5 (junho de 2015): e1400253. https://doi.org/10.1126/sciadv.1400253.

"Celera Wins Genome Race". *Wired*, 6 de abril de 2000, www.wired.com/2000/04/celera-wins-genome-race.

Cha, Ariana Eunjung. "Companies Rush to Build 'Biofactories' for Medicines, Flavorings and Fuels". *Washington Post*, 24 de outubro de 2013, www.washingtonpost.com/national/health-science/companies-rush-to-build-biofactories-for-medicines-flavorings-and-fuels/2013/10/24/f439dc3a-3032-11e3-8906-3daa2bcde110_story.html.

Chadwick, B. P., L. J. Campbell, C. L. Jackson, L. Ozelius, S. A. Slaugenhaupt, D. A. Stephenson, J. H. Edwards, J. Wiest e S. Povey. "Report on the Sixth International Workshop on Chromosome 9 Held at Denver, Colorado, 27 October 1998". *Annals of Human Genetics* 63, n.º 2 (1999): 101–17. https://doi.org/10.1046/j.1469-1809.1999.6320101.x.

Chalmers, D. J. *The Conscious Mind: In Search of a Fundamental Theory*. Série Philosophy of Mind. Nova York: Oxford University Press, 1996.

Check, Erika. "Synthetic Biologists Try to Calm Fears". *Nature* 441, n.º 7092 (1º de maio de 2006): 388–89. https://doi.org/10.1038/441388a.

Chen, Ming e Dan Luo. "A CRISPR Path to Cutting-Edge Materials". *New England Journal of Medicine* 382, n.º 1 (2 de janeiro de 2020): 85–88. https://doi.org/10.1056/NEJMcibr1911506.

Chen, Shi-Lin, Hua Yu, Hong-Mei Luo, Qiong Wu, Chun-Fang Li e André Steinmetz. "Conservation and Sustainable Use of Medicinal Plants: Problems, Progress, and Prospects". *Chinese Medicine* 11 (30 de julho de 2016). https://doi.org/10.1186/s13020-016-0108-7.

Chien, Wade W. "A CRISPR Way to Restore Hearing". *New England Journal of Medicine* 378, n.º 13 (29 de março de 2018): 1255–56. https://doi.org/10.1056/NEJMcibr1716789.

Cho, Renee. "How Climate Change Will Alter Our Food". State of the Planet, Columbia Climate School, 25 de julho de 2018, https://blogs.ei.columbia.edu/2018/07/25/climate-change-food-agriculture. Christensen, Jon. "Scientist at Work. Ingo Potrykus: Golden Rice in a Grenade-Proof Greenhouse". *New York Times*, 21 de novembro de 2000, www.nytimes.com/2000/11/21/science/scientist-at-workingo-potrykus-golden-rice-in-a-grenade-proof-greenhouse.html.

Christiansen, Jen. "Gene Regulation, Illustrated". Scientific American Blog Network, 12 de maio de 2016, https://blogs.scientificamerican.com/sa-visual/gene-regulation-illustrated.

Church, George. "Compelling Reasons for Repairing Human Germlines". *New England Journal of Medicine* 377, n.º 20 (16 de novembro de 2017): 1909–11. https://doi.org/10.1056/NEJMp1710370.

———. "Genomes for All". *Scientific American*, janeiro de 2006, www.scientificamerican.com/article/genomes-for-all. https://doi.org/10.1038/ scientificamerican0106-46.

———. "George Church: De-Extinction Is a Good Idea". *Scientific American*, 1º de setembro de 2013, www.scientificamerican.com/article/george-church-de-extinction-is-a-good-idea. https://doi.org/10.1038/scientificamerican0913-12.

Church, George e Ed Regis. *Regenesis: How Synthetic Biology Will Reinvent Nature and Ourselves*. Nova York: Basic Books, 2014.

Clarke, Arthur C. "Extra-Terrestrial Relays: Can Rocket Stations Give World-Wide Radio Coverage?" em *Progress in Astronautics and Rocketry*, ed. Richard B. Marsten, 19:3–6. Communication Satellite Systems Technology. Amsterdam: Elsevier, 1966. https://doi.org/10.1016/B978-1-4832-2716-0.50006-2.

"Cloning Insulin". Genentech, 7 de abril de 2016, www.gene.com/stories/cloning-insulin.

Coffey, Rebecca. "Bison versus Mammoths: New Culprit in the Disappearance of North America's Giants". *Scientific American*. www.scientificamerican.com/article/bison-vs-mammoths.

Cohen, Jacques e Henry Malter. "The First Clinical Nuclear Transplantation in China: New Information About a Case Reported to ASRM in 2003". Reproductive BioMedicine Online 33, n.º 4 (1º de outubro de 2016): 433–35. https://doi.org/10.1016/j.rbmo.2016.08.002.

Cohen S. N., A. C. Chang, H. W. Boyer e R. B. Helling. "Construction of Biologically Functional Bacterial Plasmids *in Vitro*". *Annals of National Academy of Sciences* 70, n.º 11 (1º de novembro de 1973): 3240–44. https://doi.org/10.1073/pnas.70.11.3240.

Coley, Conner W., Dale A. Thomas III, Justin A.M. Lummiss, Jonathan N. Jaworski, Christopher P. Breen, Victor Schultz, Travis Hart, *et al.* "A Robotic Platform for Flow Synthesis of Organic Compounds Informed by AI Planning". *Science* 365, n.º 6453 (agosto de 2019).

Committee on Strategies for Identifying and Addressing Potential Biodefense Vulnerabilities Posed by Synthetic Biology, Board on Chemical Sciences and Technology, Board on Life Sciences, Division on Earth and Life Studies, and National Academies of Sciences, Engineering, and Medicine. *Biodefense in the Age of Synthetic Biology*. Washington, D.C.: National Academies Press, 2018. https://doi.org/10.17226/24890.

Coxworth, Ben. "First Truly Synthetic Organism Created Using Four Bottles of Chemicals and a Computer". *New Atlas*. 21 de maio de 2010, https://newatlas.com/first-synthetic-organism-created/15165. Cravens, A., J. Payne e C. D. Smolke. "Synthetic Biology Strategies for Microbial Biosynthesis of Plant Natural Products". *Nature Communications* 10, n.º 2142 (13 de maio de 2019).

Cyranoski, David. "What CRISPR-Baby Prison Sentences Mean for Research". *Nature* 577, n.º 7789 (3 de janeiro de 2020): 154–55. https://doi.org/10.1038/d41586-020-00001-y.

Dance, Amber. "Science and Culture: The Art of Designing Life". *Anais do National Academy of Sciences* 112, n.º 49 (8 de dezembro de 2015): 14999–15001. https://doi.org/10.1073/pnas.1519838112.

Davey, Melissa. "Scientists Sequence Wheat Genome in Breakthrough Once Thought 'Impossible'". *The Guardian*, 16 de agosto de 2018, www.theguardian.com/science/2018/aug/16/scientists-sequence-wheat-genome-in-breakthrough-once-thought-impossible.

Diamond, Jared. *Collapse: How Societies Choose to Fail or Succeed*, rev. ed. Nova York: Penguin, 2011.

Dolgin, Elie. "Synthetic Biology Speeds Vaccine Development". *Nature Research*, 28 de setembro de 2020. https://doi.org/10.1038/d42859-020-00025-4.

Doudna, Jennifer A. e Samuel H. Sternberg. *A Crack in Creation: Gene Editing and the Unthinkable Power to Control Evolution*. Boston: Houghton Mifflin Harcourt, 2017.

Dowdy, Steven F. "Controlling CRISPR-Cas9 Gene Editing". *New England Journal of Medicine* 381, n.º 3 (18 de julho de 2019): 289–90. https://doi.org/10.1056/NEJMcibr1906886.

Drexler, Eric K. *Engines of Creation—The Coming Era of Nanotechnology*. Nova York: Anchor, 1987.

Duhaime-Ross, Arielle. "In Search of a Healthy Gut, One Man Turned to an Extreme DIY Fecal Transplant". The Verge, 4 de maio de 2016, www.theverge.com/2016/5/4/11581994/fmt-fecal-matter-transplant-josiah-zayner-microbiome-ibs-c-diff.

Dyson, Esther. "Full Disclosure". *Wall Street Journal*, 25 de julho de 2007, www.wsj.com/articles/SB118532736853177075.

Dyson, George B. *Darwin Among the Machines: The Evolution of Global Intelligence*. Nova York: Basic Books, 1997.

Eden, A., J. Søraker, J. H. Moor e E. Steinhart, eds. *Singularity Hypotheses: A Scientific and Philosophical Assessment*. The Frontiers Collection. Berlim: Springer, 2012.

Editors, The. "Why Efforts to Bring Extinct Species Back from the Dead Miss the Point". *Scientific American*, 1º de junho de 2013, www.scientificamerican.com/article/why-efforts-bring-extinct-species-back-from-dead-miss-point.

Ellison-Hughes, Georgina M. "First Evidence That Senolytics Are Effective at Decreasing Senescent Cells in Humans". EBioMedicine, 23 de maio de 2020, www.thelancet.com/journals/ebiom/article/PIIS2352-3964(19)30641-3/fulltext.

Endy, Drew. "Foundations for Engineering Biology". *Nature* 438, n.º 7067 (novembro de 2005): 449–53. https://doi.org/10.1038/nature04342.

"Engineered Swarmbots Rely on Peers for Survival". Duke Pratt School of Engineering, 29 de fevereiro de 2016, https://pratt.duke.edu/about/news/engineered-swarmbots-rely-peers-survival.

European Commission, Directorate-General for Research. *Synthetic Biology: A NEST Pathfinder Initiative*, 2007, www.eurosfaire.prd.fr/7pc/doc/1182320848_5_nest_synthetic_080507.pdf.

Evans, Sam Weiss. "Synthetic Biology: Missing the Point". *Nature* 510, n.º 7504 (junho de 2014).

Extance, Andy. "The First Gene on Earth May Have Been a Hybrid". *Scientific American*, 22 de junho de 2020, www.scientificamerican.com/article/the-first-gene-on-earth-may-have-been-a-hybrid.

Farny, Natalie G. "A Vision for Teaching the Values of Synthetic Biology". *Trends in Biotechnology* 36, n.º 11 (1º de novembro de 2018): 1097–1100. https://doi.org/10.1016/j.tibtech.2018.07.019.

"FBI Laboratory Positions". Federal Bureau of Investigation, www.fbi.gov/services/laboratory/laboratory-positions.

Filosa, Gwen. "GMO Mosquitoes Have Landed in the Keys. Here's What You Need to Know". *Miami Herald*, 3 de maio de 2021, www.miamiherald.com/news/local/community/florida-keys/article251031419.html.

Fisher, R. A. "The Use of Multiple Measurements in Taxonomic Problems", *Annals of Eugenics* 7, n.º 2 (1936): 179–88. https://doi.org/10.1111/j.1469-1809.1936.tb02137.x.

———. "The Wave of Advance of Advantageous Genes". *Annals of Eugenics* 7, n.º 4 (1937): 355–69. https://doi.org/10.1111/j.1469-1809.1937.tb02153.x.

Fralick, Michael e Aaron S. Kesselheim. "The U.S. Insulin Crisis—Rationing a Lifesaving Medication Discovered in the 1920s". *New England Journal of Medicine* 381, n.º 19 (7 de novembro de 2019): 1793–95. https://doi.org/10.1056/NEJMp1909402.

French, H. *Midnight in Peking: How the Murder of a Young Englishwoman Haunted the Last Days of Old China*, ed. rev. Nova York: Penguin, 2012.

Friedman, Jared. "How Biotech Startup Funding Will Change in the Next 10 Years", YC Startup Library, s.d., www.ycombinator.com/library/4L-how-biotech-startup-funding-will-change-in-the-next-10-years.

Funk, Cary. "How Much the Public Knows About Science, and Why It Matters". *ScientificAmerican*, 9 de abril de 2019, https://blogs.scientificamerican.com/observations/how-much-the-public-knows-about-science-and-why-it-matters.

Gao, Huirong, Mark J. Gadlage, H. Renee Lafitte, Brian Lenderts, Meizhu Yang, Megan Schroder, Jeffry Farrell, *et al.* "Superior Field Performance of Waxy Corn Engineered Using CRISPR-Cas9". *Nature Biotechnology* 38, n.º 579 (9 de março de 2020).

"Genetics and Genomics Timeline: 1995". Genome News Network, www.genomenewsnetwork.org/resources/timeline/1995_Haemophilus.php.

"George Church". *Colbert Report*, temporada 9, episódio 4, 4 de outubro de 2012 (vídeo). Comedy Central, www.cc.com/video-clips/fkt99i/the-colbert-report-george-church.

"George Church" (história oral). National Human Genome Research Institute, National Institutes of Health, 26 de julho de 2017, www.genome.gov/Multimedia/Transcripts/OralHistory/GeorgeChurch.pdf.

"German Research Bodies Draft Synthetic-Biology Plan". *Nature* 460, n.º 563 (julho de 2009): 563, www.nature.com/articles/460563a.

Gilbert, C. e T. Ellis. "Biological Engineered Living Materials: Growing Functional Materials with Genetically Programmable Properties". *ACS Synthetic Biology* 8, n.º 1 (2019).

Gostin, Lawrence O., Bruce M. Altevogt e Andrew M. Pope. "Future Oversight of Recombinant DNA Research: Recommendations of an Institute of Medicine Committee". *JAMA* 311, n.º 7 (19 de fevereiro de 2014): 671–72. https://doi.org/10.1001/jama.2013.286312.

Gronvall, Gigi Kwik. "US Competitiveness in Synthetic Biology". *Health Security* 13, n.º 6 (1º de dezembro de 2015): 378–89. https://doi.org/10.1089/hs.2015.0046.

Gross, Michael. "What Exactly Is Synthetic Biology?" *Current Biology* 21, n.º 16 (23 de agosto de 2011): R611–14. https://doi.org/10.1016/j.cub.2011.08.002.

Grushkin, Daniel. "The Rise and Fall of the Company That Was Going to Have Us All Using Biofuels". Fast Company, 8 de agosto de 2012, www.fastcompany.com/3000040/rise-and-fall-company-was-going-have-us-all-using-biofuels.

"Hacking DNA Sequences: Biosecurity Meets Cybersecurity". American Council on Science and Health, 14 de janeiro de 2021, www.acsh.org/news/2021/01/14/hacking-dna-sequences-biosecurity-meets-cybersecurity-15273.

Hale, Piers J. "Monkeys into Men and Men into Monkeys: Chance and Contingency in the Evolution of Man, Mind and Morals in Charles Kingsley's Water Babies". *Journal of the History of Biology* 46, n.º 4 (1º de novembro 2013): 551–97. https://doi.org/10.1007/s10739-012-9345-5.

Hall, Stephen S. "New Gene-Editing Techniques Could Transform Food Crops—or Die on the Vine". *Scientific American*, 1º de março de 2016, www.scientificamerican.com/article/new-gene-editing-techniques-could-transform-food-crops-ordie-on-the-vine. https://doi.org/10.1038/scientificamerican0316-56.

Harmon, Amy. "Golden Rice: Lifesaver?" *New York Times*, 24 de agosto de 2013, www.nytimes.com/2013/08/25/sunday-review/golden-rice-lifesaver.html.

———. "My Genome, Myself: Seeking Clues in DNA". *New York Times*, 17 de novembro de 2007, www.nytimes.com/2007/11/17/us/17dna.html.

———. "6 Billion Bits of Data About Me, Me, Me!" *New York Times*, 3 de junho de 2007, www.nytimes.com/2007/06/03/weekinreview/03harm.html.

Harmon, Katherine. "Endangered Species Get Iced in Museum DNA Repository". *Scientific American*, 8 de julho de 2009, www.scientificamerican.com/article/endangered-species-dna.

———. "Gene Sequencing Reveals the Dynamics of Ancient Epidemics". *Scientific American*, 1º de setembro de 2013, www.scientificamerican.com/article/gene-sequencing-reveals-the-dynamics-of-ancient-epidemics. https://doi.org/10.1038/scientificamerican0913-24b.

"He Jiankui's Gene Editing Experiment Ignored Other HIV Strains", Stat News, 15 de abril de 2019, www.statnews.com/2019/04/15/jiankui-embryo-editing-ccr5

Heinemann, Matthias e Sven Panke. "Synthetic Biology: Putting Engineering into Bioengineering". Em *Systems Biology and Synthetic Biology*, ed. Pengcheng Fu e Sven Panke, 387–409. Hoboken, Nova Jersey: John Wiley and Sons, 2009. https://doi.org/10.1002/9780470437988.ch11.

Herrera, Stephan. "Synthetic Biology Offers Alternative Pathways to Natural Products". *Nature Biotechnology* 23, n.º 3 (1º de março de 2005): 270–71. https://doi.org/10.1038/nbt0305-270.

"How Diplomacy Helped to End the Race to Sequence the Human Genome". *Nature* 582, n.º 7813 (24 de junho de 2020): 460. https://doi.org/10.1038/d41586-020-01849-w.

"How Do Scientists Turn Genes on and off in Living Animals?" *Scientific American*, 8 de agosto de 2005, www.scientificamerican.com/article/how-do-scientists-turn-ge.

Ingbar, Sasha. "Japan's Population Is in Rapid Decline". National Public Radio, 21 de dezembro de 2018, www.npr.org/2018/12/21/679103541/japans-population-is-in-rapid-decline.

Institute of Medicine, Committee on the Economics of Antimalarial Drugs. *Saving Lives, Buying Time: Economics of Malaria Drugs in an Age of Resistance*, eds. Kenneth J. Arrow, Claire Panosian e Hellen Gelband. Washington, D.C.: National Academies Press, 2004.

Institute of Medicine, Committee to Study Decision Making, Division of Health Sciences Policy. *Biomedical Politics*, ed. Kathi E. Hanna. Washington, D.C.: National Academies Press, 1991.

Isaacs, Farren J., Daniel J. Dwyer e James J. Collins. "RNA Synthetic Biology". *Nature Biotechnology* 24, n.º 5 (maio de 2006): 545–54. https://doi.org/10.1038/nbt1208.

Jenkins, McKay. *Food Fight: GMOs and the Future of the American Diet*. Nova York: Penguin, 2018.

Jia, Jing, Yi-Liang Wei, Cui-Jiao Qin, Lan Hu, Li-Hua Wan e Cai-Xia Li. "Developing a Novel Panel of Genome-Wide Ancestry Informative Markers for Bio-Geographical Ancestry Estimates". *Forensic Science International: Genetics* 8, n.º 1 (janeiro de 2014): 187–94. https://doi.org/10.1016/j.fsigen.2013.09.004.

Jones, Richard. "The Question of Complexity". *Nature Nanotechnology* 3, n.º 5 (maio de 2008): 245–46. https://doi.org/10.1038/nnano.2008.117.

Juhas, Mario, Leo Eberl e George M. Church. "Essential Genes as Antimicrobial Targets and Cornerstones of Synthetic Biology". *Trends in Biotechnology* 30, n.º 11 (1º de novembro de 2012): 601–7. https://doi.org/10.1016/j.tibtech.2012.08.002.

Kania, Elsa B. e Wilson Vorndick. "Weaponizing Biotech: How China's Military Is Preparing for a 'New Domain of Warfare'". Defense One, 14 de agosto de 2019, www.defenseone.com/ideas/2019/08/chinas-military-pursuing-biotech/159167.

Karp, David. "Most of America's Fruit Is Now Imported. Is That a Bad Thing?" *New York Times*, 13 de março de 2018, www.nytimes.com/2018/03/13/dining/fruit-vegetables-imports.html.

Keating, K. W. e E. M. Young. "Synthetic Biology for Bio-Derived Structural Materials". *Current Opinion in Chemical Engineering* 24, n.º 107 (2019).

Keim, Brandon. "James Watson Suspended from Lab, But Not for Being a Sexist Hater of Fat People". *Wired*, outubro de 2007, www.wired.com/2007/10/james-watson-su.

Kerlavage, Anthony R., Claire M. Fraser e J. Craig Venter. "Muscarinic Cholinergic Receptor Structure: Molecular Biological Support for Subtypes". *Trends in Pharmacological Sciences* 8, n.º 11 (1º de novembro de 1987): 426–31. https://doi.org/10.1016/0165-6147(87)90230-6.

Kettenburg, Annika J., Jan Hanspach, David J. Abson e Joern Fischer. "From Disagreements to Dialogue: Unpacking the Golden Rice Debate". *Sustainability Science* 13, n.º 5 (2018): 1469–82. https://doi.org/10.1007/s11625-018-0577-y.

Kovelakuntla, Vamsi e Anne S. Meyer. "Rethinking Sustainability Through Synthetic Biology". *Nature Chemical Biology*, 10 de maio de 2021, 1–2. https://doi.org/10.1038/s41589-021-00804-8.

Kramer, Moritz. "Epidemiological Data from the NCoV-2019 Outbreak: Early Descriptions from Publicly Available Data". Virological, 23 de janeiro de 2020, https://virological.org/t/epidemiological-data-from-the-ncov-2019-outbreak-early-descriptions-from-publicly-available-data/337.

Lander, Eric S. "Brave New Genome". *New England Journal of Medicine* 373, n.º 1 (2 de julho de 2015): 5–8. https://doi.org/10.1056/NEJMp1506446.

Lane, Nick. *The Vital Question: Energy, Evolution, and the Origins of Complex Life*. Nova York: W. W. Norton, 2015.

Lavickova, Barbora, Nadanai Laohakunakorn e Sebastian J. Maerkl. "A Partially Self-Regenerating Synthetic Cell". *Nature Communications* 11, n.º 1 (11 de dezembro de 2020): 6340. https://doi.org/10.1038/s41467-020-20180-6.

Lentzos, Filippa. "How to Protect the World from Ultra-Targeted Biological Weapons". *Bulletin of the Atomic Scientists*, 7 de dezembro de 2020, https://thebulletin.org/premium/2020-12/how-to-protect-the-world-from-ultra-targeted-biological-weapons.

Lin, F. K., S. Suggs, C. H. Lin, J. K. Browne, R. Smalling, J. C. Egrie, K. K. Chen, G.M. Fox, F. Martin e Z. Stabinsky. "Cloning and Expression of the Human Erythropoietin Gene. *Annals of National Academy of Sciences* 82, n.º 22 (1985): 7580–84. https://doi.org/10.1073/pnas.82.22.7580.

Liu, Wusheng e C. Neal Stewart. "Plant Synthetic Biology". *Trends in Plant Science* 20, n.º 5 (1º de maio de2015): 309–17. https://doi.org/10.1016/j.tplants.2015.02.004.

Lynas, Mark. "Anti-GMO Activists Lie About Attack on Rice Crop (and About So Many Other Things)". Slate, 26 de agosto de 2013, https://slate.com/technology/2013/08/golden-rice-attack-in-philippines-anti-gmo-activists-lie-about-protest-and-safety.html.

Macilwain, Colin. "World Leaders Heap Praise on Human Genome Landmark". *Nature* 405, n.º 6790 (1º de junho de 2000): 983. https://doi.org/10.1038/35016696.

Malech, Harry L. "Treatment by CRISPR-Cas9 Gene Editing—A Proof of Principle". *New England Journal of Medicine* 384, n.º 3 (21 de janeiro de 2021): 286–87. https://doi.org/10.1056/NEJMe2034624.

Mali, Prashant, Luhan Yang, Kevin M. Esvelt, John Aach, Marc Guell, James E. DiCarlo, Julie E. Norville e George M. Church. "RNA-Guided Human Genome Engineering via Cas9". *Science* 339, n.º 6121 (15 de fevereiro de 2013): 823–26. https://doi.org/10.1126/science.1232033.

Marner, Wesley D. "Practical Application of Synthetic Biology Principles". *Biotechnology Journal* 4, n.º 10 (2009): 1406–19. https://doi.org/10.1002/biot.200900167.

Maxson Jones, Kathryn, Rachel A. Ankeny e Robert Cook-Deegan. "The Bermuda Triangle: The Pragmatics, Policies, and Principles for Data Sharing in the History of the Human Genome Project". *Journal of the History of Biology* 51, n.º 4 (1º de dezembro de 2018): 693–805. https://doi.org/10.1007/s10739-018-9538-7.

Menz, J., D. Modrzejewski, F. Hartung, R. Wilhelm e T. Sprink. "Genome Edited Crops Touch the Market: A View on the Global Development and Regulatory Environment". *Frontiers in Plant Science* 11, n.º 586027 (2020).

Metzl, Jamie. *Hacking Darwin: Genetic Engineering and the Future of Humanity*. Naperville, IL: Sourcebooks, 2019.

Mitka, Mike. "Synthetic Cells". *JAMA* 304, n.º 2 (14 de julho de 2010): 148. https://doi.org/10.1001/jama.2010.879.

"Modernizing the Regulatory Framework for Agricultural Biotechnology Products". Federal Register, 14 de junho de 2019, www.federalregister.gov/documents/2019/06/14/2019-12802/modernizing-the-regulatory-framework-for-agricultural-biotechnology-products.

Molteni, Megan. "California Could Be First to Mandate Biosecurity for Mail-Order DNA". Stat News, 20 de maio de 2021, www.statnews.com/2021/05/20/california-could-become-first-state-to-mandate-biosecurity-screening-by-mail-order-dna-companies.

Moore, James. "Deconstructing Darwinism: The Politics of Evolution in the 1860s". *Journal of the History of Biology* 24, n.º 3 (1º de setembro de 1991): 353–408. https://doi.org/10.1007/BF00156318.

Mora, Camilo, Chelsie W. W. Counsell, Coral R. Bielecki e Leo V. Louis. "Twenty-Seven Ways a Heat Wave Can Kill You: Deadly Heat in the Era of Climate Change". *Circulation: Cardiovascular Quality and Outcomes* 10, n.º 11 (1º de novembro de 2017), https://doi.org/10.1161/CIRCOUTCOMES.117.004233.

Morowitz, Harold J. "Thermodynamics of Pizza". *Hospital Practice* 19, n.º 6 (1º de junho de 1984): 255–58. https://doi.org/10.1080/21548331.1984.11702854.

Mukherjee, Siddhartha. *The Gene: An Intimate History*. Nova York: Scribner, 2016.

Müller, K. M. e K. M. Arndt. "Standardization in Synthetic Biology". *Methods in Molecular Biology* 813 (2012): 23–43.

Musk, Elon. "Making Humans a Multi-Planetary Species". *New Space* 5, n.º 2 (1º de junho de 2017): 46–61. https://doi.org/10.1089/space.2017.29009.emu.

National Academies of Sciences, Engineering, and Medicine. *Biodefense in the Age of Synthetic Biology*. Washington, D.C.: National Academies Press, 2018. https://doi.org/10.17226/24890.

———. *The Current Biotechnology Regulatory System: Preparing for Future Products of Biotechnology*. Washington, D.C.: National Academies Press, 2017.

———. *Safeguarding the Bioeconomy*. Washington, D.C.: National Academies Press, 2020. https://doi.org/10.17226/25525.

Nielsen, Jens e Jay D. Keasling. "Engineering Cellular Metabolism". *Cell* 164, n.º 6 (10 de março de 2016): 1185–97. https://doi.org/10.1016/j.cell.2016.02.004.

"No More Needles! Using Microbiome and Synthetic Biology Advances to Better Treat Type 1 Diabetes". J. Craig Venter Institute, 25 de março de 2019, www.jcvi.org/blog/no-more-needles-using-microbiome-and-synthetic-biology-advances-better-treat-type-1-diabetes.

O'Neill, Helen C. e Jacques Cohen. "Live Births Following Genome Editing in Human Embryos: A Call for Clarity, Self-Control and Regulation". Reproductive BioMedicine Online 38, n.º 2 (1º de fevereiro de 2019): 131–32. https://doi.org/10.1016/j.rbmo.2018.12.003.

Ossola, Alexandra. "Scientists Build a Living Cell with Minimum Viable Number of Genes". *Popular Science*, 24 de março de 2016, www.popsci.com/scientists-create-living-cell-with-minimum-number-genes.

"Park History". Local da Conferência de Asilomar, www.visitasilomar.com/discover/park-history.

"Parties to the Cartagena Protocol and Its Supplementary Protocol on Liability and Redress". Convention on Biological Diversity, https://bch.cbd.int/protocol/parties.

Patterson, Andrea. "Germs and Jim Crow: The Impact of Microbiology on Public Health Policies in Progressive Era American South". *Journal of the History of Biology* 42, n.º 3 (29 de outubro de 2008): 529. https://doi.org/10.1007/s10739-008-9164-x.

People's Republic of China, State Council. Made in China 2025. Julho de 2015.

———. Notice on the Publication of the National 13th Five-Year Plan for S&T Innovation. Julho de 2016.

Pinker, Steven. "My Genome, My Self". *New York Times*, 7 de janeiro de 2009, www.nytimes.com/2009/01/11/magazine/11Genome-t.html.

"Polynucleotide Synthesizer Model 280, Solid Phase Microprocessor Controller Model 100B". National Museum of American History, https://americanhistory.si.edu/collections/search/object/nmah_1451158.

"President Clinton Announces the Completion of the First Survey of the Entire Human Genome". White House Press Release, 25 de junho de 2000. Human Genome Project Information Archive, 1990–2003, https://web.ornl.gov/sci/techresources/Human_Genome/project/clinton1.shtml.

"Press Briefing by Dr. Neal Lane, Assistant to the President for Science and Technology; Dr. Frances Collins, Director of the National Human Genome Research Institute; Dr. Craig Venter, President and Chief Scientific Officer, Celera Genomics Corporation; and Dr. Ari Patrinos, Associate Director for Biological and Environmental Research, Department of Energy, on the Completion of the First Survey of the Entire Human

Genome". White House Press Release, 26 de junho de 2000. Human Genome Project Information Archive, 1990–2003, https://web.ornl.gov/sci/techresources/Human_Genome/project/clinton3. shtml.

Puzis, Rami, Dor Farbiash, Oleg Brodt, Yuval Elovici e Dov Greenbaum. "Increased Cyber-Biosecurity for DNA Synthesis". *Nature Biotechnology* 38, n.º 12 (dezembro de 2020): 1379–81. https://doi.org/10.1038/s41587-020-00761-y.

Race, Tim. "New Economy: There's Gold in Human DNA, and He Who Maps It First Stands to Win on the Scientific, Software and Business Fronts". *New York Times*, 19 de junho de 2000, www.nytimes.com/2000/06/19/business/new-economythere-s-gold-human-dna-he-who-maps-it-first-stands-win-scientific.html.

"Reading the Book of Life: White House Remarks on Decoding of Genome". *New York Times*, 27 de junho de 2000, www.nytimes.com/2000/06/27/science/readingthe-book-of-life-white-house-remarks-on-decoding-of-genome.html.

Reardon, Sara. "US Government Lifts Ban on Risky Pathogen Research". *Nature* 553, n.º 7686 (19 de dezembro de 2017): 11. https://doi.org/10.1038/d41586-017-08837-7.

Regis, Ed. "Golden Rice Could Save Children. Until Now, Governments Have Barred It". *Washington Post*, 11 de novembro de 2019, www.washingtonpost.com/opinions/2019/11/11/golden-rice-long-an-anti-gmo-target-may-finally-get-chance-help-children.

———."The True Story of the Genetically Modified Superfood That Almost Saved Millions". *Foreign Policy*, 17 de outubro de 2019, https://foreignpolicy.com/2019/10/17/golden-rice-genetically-modified-superfood-almost-saved-millions.

Remington, Karin A., Karla Heidelberg e J. Craig Venter. "Taking Metagenomic Studies in Context". *Trends in Microbiology* 13, n.º 9 (1º de setembro de 2005): 404. https://doi.org/10.1016/j.tim.2005.07.001.

Rich, Nathaniel. "The Mammoth Cometh". *New York Times*, 27 de fevereiro de 2014, www.nytimes.com/2014/03/02/magazine/the-mammoth-cometh.html.

Ro, D. K., E. Paradise, M. Ouellet, K. J. Fisher, K. L. Newman, J. M. Ndungu, K.A. Ho, *et al.* "Production of the Antimalarial Drug Precursor Artemisinic Acid in Engineered Yeast". *Nature* 440, n.º 7086 (2006): 940–43. https://doi.org/10.1038/nature04640.

Robbins, Rebecca. "A Genomics Pioneer Is Selling a Full DNA Analysis for $1,400. Is It Worth It?" Stat News, 21 de março de 2017, www.statnews.com/2017/03/21/craig-venter-sequence-genome.

———. "Judge Dismisses Lawsuit Accusing Craig Venter of Stealing Trade Secrets". Stat News, 19 de dezembro de 2018, www.statnews.com/2018/12/19/judge-dismisses-lawsuit-accusing-craig-venter-of-stealing-trade-secrets.

Roosth, Sophia. *Synthetic—How Life Got Made*. Chicago: University of ChicagoPress, 2017.

Rutjens, Bastiaan. "What Makes People Distrust Science? Surprisingly, Not Politics". Aeon, 28 de maio de 2018, https://aeon.co/ideas/what-makes-people-distrust-science-surprisingly-not-politics.

Salem, Iman, Amy Ramser, Nancy Isham e Mahmoud A. Ghannoum. "The Gut Microbiome as a Major Regulator of the Gut-Skin Axis". *Frontiers in Microbiology* 9 (10 de julho de 2018). https://doi.org/10.3389/fmicb.2018.01459.

Scarfuto, Jessica. "Do You Trust Science? These Five Factors Play a Big Role". *Science*, 16 de fevereiro de 2020, www.sciencemag.org/news/2020/02/do-you-trust-science-these-five-factors-play-big-role.

Schmidt, Markus, Malcolm Dando e Anna Deplazes. "Dealing with the Outer Reaches of Synthetic Biology Biosafety, Biosecurity, IPR, and Ethical Challenges of Chemical Synthetic Biology". Em *Chemical Synthetic Biology*, ed. P. L. Luisi e C. Chiarabelli, 321–42. Nova York: John Wiley and Sons, 2011. https://doi.org/10.1002/9780470977873.ch13.

Scudellari, Megan. "Self-Destructing Mosquitoes and Sterilized Rodents: The Promise of Gene Drives". *Nature* 571, n.º 7764 (9 de julho de 2019): 160–62. https://doi.org/10.1038/d41586-019-02087-5.

Selberg, John, Marcella Gomez e Marco Rolandi. "The Potential for Convergence Between Synthetic Biology and Bioelectronics". *Cell Systems* 7, n.º 3 (26 de setembro de 2018): 231–44. https://doi.org/10.1016/j.cels.2018.08.007.

Simon, Matt. "Climate Change Is Turning Cities into Ovens". *Wired*. 7 de janeiro de 2021, www.wired.com/story/climate-change-is-turning-cities-into-ovens.

Skerker, Jeffrey M., Julius B. Lucks e Adam P. Arkin. "Evolution, Ecology and the Engineered Organism: Lessons for Synthetic Biology". *Genome Biology* 10, n.º 11 (30 de novembro de 2009): 114. https://doi.org/10.1186/gb-2009-10-11-114.

Sprinzak, David e Michael B. Elowitz. "Reconstruction of Genetic Circuits". *Nature* 438, n.º 7067 (novembro de 2005): 443–48. https://doi.org/10.1038/ nature04335.

Telenti, Amalio, Brad A. Perkins e J. Craig Venter. "Dynamics of an Aging Genome". *Cell Metabolism* 23, n.º 6 (14 de junho de 2016): 949–50. https://doi.org/10.1016/j.cmet.2016.06.002.

Topol, Eric. "A Deep and Intimate Inquiry of Genes". *Cell* 165, n.º 6 (2 de junho de 2016): 1299–1300. https://doi.org/10.1016/j.cell.2016.05.065.

US Department of Defense. "Summary of the 2018 National Defense Strategy of the United States of America: Sharpening the American Military's Competitive Edge". 2018, https://dod.defense.gov/Portals/1/Documents/pubs/2018-National-Defense-Strategy-Summary.pdf.

US Department of Health and Human Services, Office of the Assistant Secretary for Preparedness and Response (ASPR). "National Health Security Strategy, 2019–2222". ASPR, 2019, www.phe.gov/Preparedness/planning/authority/nhss/Pages/default.aspx.

US Department of Health and Human Services and US Department of Energy. "Understanding Our Genetic Inheritance. The Human Genome Project: The First Five Years, FY 1991–1995". DOE/ER-0452P, abril de 1990, https://web.ornl.gov/sci/techresources/Human_Genome/project/5yrplan/firstfiveyears.pdf.

US Department of State and US Agency for International Development, "Joint Strategic Plan FY 2018–2022", fevereiro de 2018, www.state.gov/wp-content/uploads/2018/12/Joint-Strategic-Plan-FY-2018-2022.pdf.

Venter, J. Craig. *Life at the Speed of Light*. Nova York: Viking, 2013.

Venter, J. Craig, Mark D. Adams, Antonia Martin-Gallardo, W. Richard McCombie e Chris Fields. "Genome Sequence Analysis: Scientific Objectives and Practical Strategies". *Trends in Biotechnology* 10 (1º de janeiro de 1992): 8–11. https://doi.org/10.1016/0167-7799(92)90158-R.

Venter, J. Craig e Claire M. Fraser. "The Structure of α- and β-Adrenergic Receptors". *Trends in Pharmacological Sciences* 4 (1º de janeiro de 1983): 256–58. https://doi.org/10.1016/0165-6147(83)90390-5.

Vinge, V. "The Coming Technological Singularity: How to Survive in the Post-Human Era". Em *Vision-21: Interdisciplinary Science and Engineering in the Era of Cyberspace*, NASA Conference Publication 10129, 1993, 11–22, http://ntrs.nasa.gov/archive/nasa/casi.ntrs.nasa.gov/19940022855_1994022855.pdf.

Waltz, Emily. "Gene-Edited CRISPR Mushroom Escapes US Regulation: Nature News and Comment". *Nature* 532, n.º 293 (2016), www.nature.com/news/gene-edited-crispr-mushroom-escapes-us-regulation-1.19754.

Webb, Amy. "CRISPR Makes It Clear: The US Needs a Biology Strategy, and Fast". *Wired*, 11 de maio de 2017, www.wired.com/2017/05/crispr-makes-clear-us-needs-biology-strategy-fast.

Wee, Sui-Lee. "China Uses DNA to Track Its People, with the Help of American Expertise". *New York Times*, 21 de fevereiro de 2019, www.nytimes.com/2019/02/21/business/china-xinjiang-uighur-dna-thermo-fisher.html.

Weiss, Robin A. "Robert Koch: The Grandfather of Cloning?" *Cell* 123, n.º 4 (18 de novembro de 2005): 539–42. https://doi.org/10.1016/j.cell.2005.11.001.

Weiss, Ron, Joseph Jacobson, Paul Modrich, Jim Collins, George Church, Christina Smolke, Drew Endy, David Baker e Jay Keasling. "Engineering Life: Building a FAB for Biology". *Scientific American*, junho de 2006, www.scientificamerican.com/article/engineering-life-building.

Weiss, Sheila Faith. "Human Genetics and Politics as Mutually Beneficial Resources: The Case of the Kaiser Wilhelm Institute for Anthropology, Human Heredity and Eugenics During the Third Reich". *Journal of the History of Biology* 39, n.º 1 (1º de maio de 2006): 41–88. https://doi.org/10.1007/s10739-005-6532-7.

White House, National Biodefense Strategy. Washington, D.C.: White House, 2018. White House. "White House Precision Medicine Initiative". https://obamawhitehouse.archives.gov/node/333101.

Wickiser, J. Kenneth, Kevin J. O'Donovan, Michael Washington, Stephen Hummel e F. John Burpo. "Engineered Pathogens and Unnatural Biological Weapons: The Future Threat of Synthetic Biology", CTC Sentinel 13, n.º 8 (31 de agosto de 2020): 1–7, https://ctc.usma.edu/engineered-pathogens-and-unnatural-biological-weapons-the-future-threat-of-synthetic-biology.

Wong, Pak Chung, Kwong-kwok Wong e Harlan Foote. "Organic Data Memory Using the DNA Approach". *Communications of the ACM* 46, n.º 1 (janeiro de 2003): 95–98. https://doi.org/10.1145/602421.602426.

Wood, Sara, Jeremiah A. Henning, Luoying Chen, Taylor McKibben, Michael L. Smith, Marjorie Weber, Ash Zemenick e Cissy J. Ballen. "A Scientist Like Me: Demographic Analysis of Biology Textbooks Reveals Both Progress and Long-Term Lags". *Anais do Royal Society B: Biological Sciences* 287, n.º 1929 (24 de junho de 2020): 20200877. https://doi.org/10.1098/rspb.2020.0877.

Woolfson, Adrian. *Life Without Genes*. Nova York: HarperCollins, 2000.

Wu, Katherine J. "Scientific Journals Commit to Diversity but Lack the Data". *New York Times*, 30 de outubro de 2020, www.nytimes.com/2020/10/30/science/diversity-science-journals.html.

Wurtzel, Eleanore T., Claudia E. Vickers, Andrew D. Hanson, A. Harvey Millar, Mark Cooper, Kai P. Voss-Fels, Pablo I. Nikel e Tobias J. Erb. "Revolutionizing Agriculture with Synthetic Biology". *Nature Plants* 5, n.º 12 (dezembro de 2019): 1207–10. https://doi.org/10.1038/s41477-019-0539-0.

Yamey, Gavin. "Scientists Unveil First Draft of Human Genome". *British Medical Journal* 321, n.º 7252 (1º de julho de 2000): 7.

Yang, Annie, Zhou Zhu, Philipp Kapranov, Frank McKeon, George M. Church, Thomas R. Gingeras e Kevin Struhl. "Relationships Between P63 Binding, DNA Sequence, Transcription Activity, and Biological Function in Human Cells". *Molecular Cell* 24, n.º 4 (17 de novembro de 2006): 593–602. https://doi.org/10.1016/j.molcel.2006.10.018.

Yetisen, Ali K., Joe Davis, Ahmet F. Coskun, George M. Church e Seok Hyun Yun. "Bioart". *Trends in Biotechnology* 33, n.º 12 (1º de dezembro de 2015): 724–34. https://doi.org/10.1016/j.tibtech.2015.09.011.

Zayner, Josiah. "How to Genetically Engineer a Human in Your Garage. Part III—The First Round of Experiments". Science, Art, Beauty, 15 de fevereiro de 2017, www.josiahzayner.com/2017/02/how-to-genetically-engineer-human-part. html.

Zimmer, Carl. "James Joyce's Words Come to Life, and Are Promptly Desecrated". *Discover*, 21 de maio de 2010, www.discovermagazine.com/planet-earth/james-joyces-words-come-to-life-and-are-promptly-desecrated.

ÍNDICE

Este livro foi impresso nas oficinas gráficas da Editora Vozes Ltda.,
Rua Frei Luís, 100 – Petrópolis, RJ.